Die

Fortschritte der Physik

im Jahre 1882.

Dargestellt

von

der physikalischen Gesellschaft zu Berlin.

XXXVIII. Jahrgang

Erste Abtheilung,

enthaltend:

Physik der Materie.

Redigirt von

Prof. Dr. F. Neesen

und

Dr. E. Rosochatius.

Berlin.

Druck und Verlag von Georg Reimer.

1887.

Die Fortschritte
der
Physik der Materie
im Jahre 1882.

Dargestellt

von

der physikalischen Gesellschaft zu Berlin.

Redigirt

von

Prof. Dr. F. Neesen

und

Dr. E. Rosochatius.

Berlin.

Druck und Verlag von Georg Reimer.

1887.

Vorwort.

Für diesen 38. Jahrgang hat Hr. Professor Dr. F. Neesen Litteraturnotizen gesammelt, diese unter die HHrn. Referenten vertheilt sowie an dieselben versendet, und der Unterzeichnete die übrige redactionelle Thätigkeit ausgeführt.

Der Hr. Verleger und der unterzeichnete Redacteur begegneten sich in dem Wunsche, dass jede der beiden ersten Abtheilungen, ähnlich wie die dritte Abtheilung seit dem 36. Jahrgange, einen besondern Band bilde. Um aber die grössere Zusammengehörigkeit der beiden ersten Abtheilungen gegenüber der dritten Abtheilung hervorzuheben, wird für jene ein gemeinsames Register am Schluss der zweiten Abtheilung gegeben werden. Aehnlich kurze Titel, wie Physik der Erde für die dritte Abtheilung, wurden dadurch erhalten, dass die Mousson'sche Bezeichnung verwendet wurde: Physik der Materie für die erste Abtheilung (Allgemeine Physik, Akustik), Physik des Aethers für die zweite Abtheilung (Optik, Wärmelehre, Elektricitätslehre).

Vom Jahre 1883 ab hat der jetzige Redacteur gleich beim Sammeln von Litteraturnotizen berücksichtigt, ob ein Citat sich auf eine Originalabhandlung bez. deren Uebersetzung, oder ob es sich nur auf einen Auszug bez. ein Referat der Abhandlung bezieht; denn er erstrebt das Ziel, dass einerseits die Referate in den Fortschritten der Physik nach den Originalabhandlungen gegeben werden, nur, falls eine Abhandlung weder für ihn noch den

Hrn. Referenten erreichbar ist, ausnahmsweise nach Referaten kurze Bemerkungen über den Inhalt derselben gemacht werden, und anderseits möglichst vollständig mitgetheilt wird, wo Uebersetzungen, grössere Auszüge und wichtigere Referate über eine Abhandlung veröffentlicht sind. Die Erreichung dieses Zieles kann wesentlich erleichtert und beschleunigt werden, wenn die HHrn. Verfasser physikalischer Abhandlungen allgemeiner, als bisher, die Güte haben würden, Separatabzüge von ihren Publicationen (von welchen die seit Anfang des Jahres 1884 erschienenen noch verwerthet werden können) an die Redaction zu schicken, und wenn diejenigen Herren, unter deren Leitung Arbeiten von physikalischem Interesse ausgeführt werden, der vorliegenden Publication die Gunst würden erweisen wollen, dass sie zu solchen Einsendungen anregten. — So weit ohne zu grossen Zeitaufwand bei der Vorbereitung des Manuscripts für den Druck festgestellt werden konnte, ob sich ein Citat auf ein Referat bezog, ist dies bereits in diesem Jahrgange kenntlich gemacht.

E. Rosochatius.

Erklärung der Citate.

Ein Kreuz (†) bedeutet, dass der Berichterstatter den citirten Abdruck nachgelesen, ein Sternchen (*), dass der Berichterstatter oder der Redacteur nochmals sich von der Richtigkeit des Citats überzeugt hat. [vor einem Citat bedeutet Auszug bezw. Referat der angegebenen Abhandlung in der dann genannten Zeitschrift. Ist ein Citat vollständig eingeklammert und befindet sich vor der Chiffer des Herrn Referenten eine andere, so ist das Referat fast wörtlicher Abdruck des citirten Referates[1]. Wenn der Herr Referent über russische Arbeiten von einem Herrn Verfasser freundlichst unterstützt wurde und er die Mittheilung desselben für das in diesen Berichten gegebene Referat benutzen konnte, befindet sich vor der Chiffer des Referenten der eingeklammerte Name des Verfassers.

Eine rund eingeklammerte (arabische) Zahl vor der (römischen) Bandzahl bezeichnet, welcher Reihe (Folge, Serie) einer Zeitschrift der betreffende Band angehört; eine eckig eingeklammerte [arabische] Zahl theilt mit, welcher Abtheilung des darauf angegebenen Bandes (bez. Jahrganges) die citirten Seiten angehören H bedeutet Heft, L Lieferung und (L) bei den Citaten aus Nature Brief, Briefliche Mittheilung, N (oder Nr.) Nummer.

Zeitschriften, von welchen für jedes Jahr ein Band erscheint, sind nach dieser Jahreszahl citirt, welche von der Jahreszahl des Erscheinens manchmal verschieden ist, wie bei den Rep. Brit. Ass., oder auch gleichzeitig nach dem Bande.

Im Folgenden ist angegeben, welche Abkürzungen für die Titel bei den Citaten benutzt sind. Abkürzungen, welche an sich vollständig verständlich sind, sind nicht mitgetheilt.

Manche nähere Angaben über die citirten Zeitschriften sind zu finden in diesen Berichten 1852, S. VIII-XXIV und 1854, S. X-XII etc.

Abh. d. Berl. Ak. = Physikalisch-mathematische Abhandlungen der Königlichen Preussischen Akademie der Wissenschaften zu Berlin. Aus dem Jahre .... Berlin: (Dümmler's Verlagsbuchhandlung in Comm.) 4⁰. — Erscheinen auch in einzelnen Heften. R.

Abh. d. Böhm. Ges. d. W. = Abhandlungen der königl. böhmischen Gesellschaft der Wissenschaften. Prag: Selbstverlag der Kgl. böhm. Ges. 4⁰. R.

Abh. d. Brem. naturw. Ver. = Abhandlungen hrsg. vom naturwissenschaftlichen Vereine zu Bremen. Bremen: Müller. gr. 8⁰.

---

[1]) Diese Unterscheidung der Referate ist bei diesem Jahrgange theilweise unterblieben.

Abh. d. k. bayr. Ak. = Abhandlungen der Münchener Akademie der Wissenschaften. 2. Classe. München. In einzelnen Heften erhalten. R.

Abh. d. G. d. W. zu Gött. = Abhandlungen der königlichen Gesellschaft der Wissenschaften zu Göttingen. Göttingen: Dieterich's Verl. gr. 4⁰.

Abh. d. k. sächs. G. d. W. = Abhandlungen der mathematisch-physikalischen Classe der Königl. Sächsischen Gesellschaft der Wissenschaften. Leipzig: Hirzel. Erscheint in einzelnen Nummern mit durchlaufender Paginirung, hoch 8⁰. R.

Abh. d. Senk. Naturf. Ges. = Abhandlungen hrsg. von der Senkenbergischen naturforschenden Gesellschaft. Frankfurt a/M. gr. 4⁰.

Ac. di Bologna sh. **Mem. di Bol.** und **Rend. di Bol.**

Ac. d. Brux. = **Ac. d. Belg.** sh. **Bull. de Belg.** und **Mem. de Belg.**

Ac. dei Lincei sh. **Atti dei Lincei.**

Act. de la soc. Helv. = **Verh. d. Schweiz. Naturf. Ges.** sh. **Verh.**

Act. soc. Ups. = Nova acta Regiae societatis scientiarum Upsaliensis. Upsala. R.

Act. Univ. Lund. = Acta Universitatis Lundensis. Lund. 4⁰.

Aerztl. Intellgzbl. München = Aerztliches Intelligenz-Blatt. Münchener medicinische Wochenschrift. Organ für amtliche und praktische Aerzte. Hrsg. von Bollinger. · · · . Red.: Leop. Graf. München: J. A. Finsterlin. Imp. 4⁰.

Allg. J. d. Uhrm. = Allgemeines Journal für Uhrmacherkunst. Red.: Ferd. Rosenkranz. Leipzig: Schlag. gr. 4⁰.

Allg. Wien. med. Zeitung = Allgemeine Wiener medizinische Zeitung. Red. u. Hrsg.: B. Kraus. Wien: Sallmayer in Comm. Fol.

D'Almeida J. sh. **J. de phys.**

Alpenpost = Neue Alpenpost. Red.: J. J. Binder u. J. E. Grob. Zürich: Orell, Füssli & Co. hoch 4⁰.

Alpine J. = The Alpine Journal. Zeitschrift des englischen Alpenklubs.

Amer. Chem. = The American Chemist. A monthly journal of theoretical, analytical and technical chemistry. New-Series. Citate, einzelnen Zeitschriften entnommen.

Amer. Chem. J. = American Chemical Journal.

Amer. Ass. bezieht sich auf die Verhandlung der nordamerikanischen Naturforscherversammlung sh. **Proc. Amer. Ass.**

Amer. J. of Math. = American Journal of Mathematics pure and applied. Editor in chief: J. J. Sylvester, Associate Editor in charge: W. E. Story. . . . Published under the auspices of the Johns Hopkins University. Baltimore: Murphy. 4⁰.

Amer. J. of science sh. **Sill. J.**

Ann. agron. = Annales de l'Institut national agronomique, administration, enseignement et recherches. Année · · · . Paris: impr. et lib. Tremblay. — Ministère de l'agriculture et du commerce. — 8⁰.

Ann. d. Bur. d. Long. sh. **Annu. de Bur. des Long.**

Ann. chim. phys. = **Ann. de chim.** = Annales de chimie et de physique, par MM. Chevreul, Dumas, Boussingault, Wurtz, Berthelot, Pasteur, avec la collaboration de M. Bertin. Paris: G. Masson. 8⁰. Erscheint in 12 Monatsheften. R.

Ann. d. Hydr. = Annalen der Hydrographie und maritimen Meteorologie. Organ des hydrographischen Amtes und der deutschen Seewarte. Hrsg. von dem hydrographischen Amt der kaiserlichen Marine. Berlin: Mittler & Sohn. Lex. 8°. 12 H. R.

Ann. d. mines = Annales des Mines ou Recueil de mémoires sur l'emploitation des mines et sur les sciences et les arts qui s'y rapportent, rédigées par les Ingénieurs des Mines et publiées sous l'autorisation du Ministre des travaux publics. Paris. 8°.

Ann. d. l'obs. d. Mosc. = Annales de l'Observatoire de Moscou.

Ann. d'ocul. = **Annales d'oculist** = Annales d'oculistique. Bruxelles: Bureaux, Avenue de la Toison d'Or, 74.

Ann. d. Phys. u. Chem. sh. **Wied. Ann.** [früher (vor 1877) **Pogg. Ann.**]

Ann. d. phys. CObs. = Annalen des physikalischen Central-Observatoriums, hrsg. v. H. Wild. St. Petersburg. (Leipzig: Voss's Sort.) Imp.-4°. R.

Ann. des mal. de l'oreille = Annales des Maladies de l'Oreille et du Larynx. Erscheint in Paris jährlich 6 Mal.

Ann. èc. norm. = **Ann. de l'éc. norm.** = Annales scientifiques de l'école normale supérieure publiée sous les auspices du ministre de l'instruction publique par un comité de rédaction ···. Paris: Gauthier-Villars. 4°. Das Erscheinen wurde durch den Krieg unterbrochen und 1872 mit einer neuen Serie wieder aufgenommen.

Ann. obs. Brux. = Annales de l'observatoire royal de Bruxelles, publiées aux frais de l'État. Bruxelles: F. Hayez. 4°.

Ann. soc. mét. d. France = Annales de la société météorologique de France. Diese Citate sind entnommen ZS. f. Met.

Ann. soc. scient. de Brux. = Annales de la société scientifique de Bruxelles. Bruxelles: F: Hayez. 8°.

Ann. tél. = Annales télégraphiques.

Annu. de Belg. = Annuaire de l'Academie royale des sciences, des lettres et des beaux arts de Belgique. Bruxelles: F. Hayez. kl. 8°. (Enthält Lebensbeschreibungen etc.)

Annu. de Bur. des Long. = Annuaire pour l'an . . . , publié par le bureau des longitudes. — Avec des Notices scientifiques. Paris: Gauthier-Villars. kl. 8°.

Annu. d. Club alpin = Annuaire du Club Alpin français. Paris: Hachette & Ce. 8°.

Annu. d. Soc. Met. It. = Annuario della Società meteorologica Italiana red. von Ragona.

Annu. obs. Brux. = Annuaire de l'observatoire royal de Bruxelles.

Arch. d. Genève sh. **Arch. sc. phys.**

Arch. d. Math. = Archiv der Mathematik und Physik mit besonderer Rücksicht auf die Bedürfnisse der Lehrer an höheren Unterrichtsanstalten. Gegründet von Grunert, fortgesetzt von R. Hoppe. Leipzig: C. A. Koch. Die Bände fallen nicht mit den Jahrgängen zusammen. 8°. R.

Arch. f. Anat. u. Physiol. = Archiv für Anatomie und Physiologie. Fortsetzung des von Reil, Reil und Autenrieth, J. F. Meckel, Joh. Müller, Reichert und Du Bois-Reymond herausgegebenen Archives. Hrsg. von Wilh. His und Wilh. Braune, und Emil Du Bois-Reymond. Leipzig:

Veit & Co. gr. 8⁰. 2 Abtheilungen zu 6 Heften und 1 Suppl.-Bd. 1. Anatomische Abtheilung. 2. Physiologische Abtheilung.

Arch. f. Augenheilk. = Archiv für Augenheilkunde. Unter Mitwirkung vom PAGENSTECHER in deutscher und englischer Sprache hrsg. von H. KNAPP und C. SCHWEIGGER. Wiesbaden: Bergmann. gr. 8⁰. 4 H.

Arch. f. mikrosk. Anat. = Archiv für mikroskopische Anatomie, hrsg. vom v. LA VALETTE ST. GEORGE und W. WALDEYER. Bonn: Cohen & Sohn. gr. 8⁰.

Arch. f. Ohrenheilk. = Archiv für Ohrenheilkunde im Verein mit A. BÖTTCHER, AD FICK, C. HASSE etc., hrsg. von A. v. TRÖLTZSCH, ADAM POLITZER und H. SCHWARTZE. Leipzig: F. C. W. Vogel. gr. 8⁰. 4 H.

Arch. f. Ophth. = ALBR. v. GRAEFE's Archiv f. Ophthalmologie. Hrsg. vom F. ARLT, F. C. DONDERS u. TH. LEBER. Berlin: Peters. gr. 8⁰.

Arch. f. path. Anat. = **Virchow Arch.** = Archiv für pathologische Anatomie und Physiologie und für klinische Medicin. Hrsg. v. RUD. VIRCHOW. Berlin: Georg Reimer. gr. 8⁰.

Arch. f. Pharm. = Archiv für Pharmacie. Zeitschrift des deutschen Apotheker-Vereins. Hrsg. vom Vereins-Vorstande unter Redaction von E. REICHARDT. Halle: Buchh. d. Waisenh. in Comm. 12 H. 8⁰. R.

Arch. f. Physiol. = **Du Bois Arch.** = Archiv für Physiologie (physiologische Abtheilung des Archivs für Anatomie und Physiologie). Unter Mitwirkung mehrerer Gelehrten hrsg. von EMIL DU BOIS-REYMOND. Leipzig: Veit & Co. gr. 8⁰. 6 H. u. 1 Suppl.-Bd. R.

Arch. f. Psych. = Archiv für Psychiatrie und Nervenkrankheiten. Hrsg. v. B. v. GUDDEN, L. MEYER, TH. MEYNERT, C. WESTPHAL. Red. v. C. WESTPHAL. Berlin: Hirschwald. gr. 8⁰.

Arch. Mus. Teyl. = **Arch. Teyler** = Archives du Musée Teyler. Haarlem. 4⁰.

Arch. Néerl. XVII = Archives néerlandaises des sciences exactes et naturelles publiées par la société hollandaise des sciences à Harlem, et rédigées par E. H. von BAUMHAUER, Secrétaire de la Société, avec la collaboration de MM. D. BIERENS de HAAN, C. A. J. A. OUDEMANS, W. KOSTER, C. H. D. BUYS BALLOT et C. K. HOFFMANN. Tome XVII. Haarlem: les héritiers Loosjes. 1882. 8⁰. 5 livraisons. R.

Arch. sc. phys. = Bibliothèque universelle et revue suisse. Archives des sciences physiques et naturelles. Lausanne: Bridel. 8⁰. 12 H. R.

Astr. Nachr. = **Astron. Nachr.** = Astronomische Nachrichten, begründet von H. C. SCHUMACHER. Unter Mitwirkung des Vorstandes der Astronomischen Gesellschaft, hrsg. von Professor Dr. A. KRUEGER, Director der Sternwarte in Kiel. CI. Band (Nr. 2401—2424). Kiel: Druck von C. F. Mohr (P. Peters). 4⁰. CII. Band (Nr. 2425—2448); CIII. Band (Nr. 2449—2472); CIV. Band (Nr. 2473 bis 2479, welche am 27. December 1882 abgeschlossen wurde, berücksichtigt). Erscheint in einzelnen Nummern. Die Bände fallen nicht mit Jahrgängen zusammen. R.

Astr. Soc. bezieht sich auf Berichte über die Astronomical Society of London in Nature etc.

Ath. = **Athen.** = **Athenaeum** = The Athenaeum, Journal of English and Foreign Literature, Science, the fine Arts, Music and Drama. For the year 1882. (In zwei Abtheilungen: I. von Januar bis Juni, II. von Juli bis December.) R.

Atti R. Acc. dei Lincei = Atti della R. Accademia dei Lincei (3. Ser.) (Dec.

1881 bis Nov. 1882). 1) Transunti (Trans.) delle letture fatte nelle adunanze col bulletino bibliografico. 2) Memorie (Mem.) della Classe di scienze fisiche, matematiche e naturali. R.

Atti Acc. Pont. dei Linc. = Atti dell' Accademia pontificia dei Nuovi Lincei.

Atti di Napoli = Atti della Reale Accademia delle scienze fisiche e matematiche, Napoli. 4⁰.

Atti di Torino = Atti della Reale Accademia delle scienze. Torino. 8⁰.

Atti R. Ist. Ven. = **Atti d. R. Inst. Ven.** = Atti del Reale Istituto Veneto di scienze, lettere ed arti.

Aus all. Weltth. = Aus allen Welttheilen. Illustrirtes Familienblatt für Länder- und Völkerkunde und verwandte Fächer. Red.: Hugo Toeppen. Leipzig: Mutze. gr. 4⁰.

Ausl. = **Ausland** = Das Ausland, Wochenschrift für Länder- und Völkerkunde, unter Mitwirkung von Frdr. Ratzel und anderen Fachmännern hrsg. Stuttgart: Cotta. gr. 4⁰. 52 Nrn. R.

Basler Verh. = Verhandlungen der naturforschenden Gesellschaft in Basel. Basel: Schweighauser. gr. 8⁰.

Bayr. Ind. u. Gewbl. = Bayerisches Industrie- und Gewerbeblatt. Zugleich Organ des bayerischen Dampfkessel-Revisions-Vereins. Hrsg. vom Ausschuss des polytechn. Vereins in München, red. von Egb. Hoyer. München: Literar.-artist. Anstalt. 6 H. Lex. 8⁰.

Behm's Jahrbuch = **Behm's geogr. Jahrb.** bedeutet: Geographisches Jahrbuch. Unter Mitwirkung von H. Berghaus, C. Bruhns, A. Grisebach, J. Hann etc. Hrsg. von E. Behm. Gotha: J. Perthes. 8⁰.

Beibl. = Beiblätter zu den Annalen der Physik und Chemie. Hrsg. unter Mitwirkung befreundeter Physiker von G. u. E. Wiedemann. Bd. VI. Leipzig: Johann Ambrosius Barth. 1882. 8⁰; Bd. VII 1883. Jährlich 12 Nummern. R.

Beng. Soc. bezieht sich auf die Verhandlungen der englischen asiatischen Gesellschaft.

Ber. d. chem. Ges. = Berichte der deutschen chemischen Gesellschaft. Red.: Wichelhaus. Berlin: Friedländer & Sohn in Comm. Erscheint in einzelnen Nummern, ungefähr jede 14 Tage eine Nummer ausser Sommermonaten, jährlich 19 N. R.

Ber. d. naturf. Ges. Bamb. = Berichte der naturforschenden Gesellschaft zu Bamberg.

Ber. d. naturf. Ges. Freib. = Berichte der naturforschenden Gesellschaft in Freiburg.

Ber. d. naturw. Ges. Chemn. = Bericht der naturwissenschaftlichen Gesellschaft in Chemnitz.··· Chemnitz: Bülz.

Ber. d. Oberhess. Ges. = Bericht der oberhessischen Gesellschaft für Natur- und Heilkunde. Giessen: Ricker in Comm. gr. 8⁰.

Ber. d. sächs. Ges. d. Wiss. sh. **Leipz. Ber.**

Ber. d. ung. Acad. = Literarische Berichte aus Ungarn über die Thätigkeit der ungar. Akademie der Wissenschaften. Hrsg. von P. Hunfalvy. Budapest: Knoll. 8⁰.

Ber. d. Wien. Ak. sh. **Wien. Ber.**

Berl. klin. Wochenschr. = Berliner klinische Wochenschrift. Organ f. prakt. Aerzte. Mit Berücksichtigung der preuss. Medicinalverwaltung und Medicinalgesetzgebung nach amtlichen Mittheilungen. Red.: C. A. EWALD. Berlin: Hirschwald. 52 N. gr. 4⁰.

Berl. Monatsber. = Monatsberichte der Königlich Preussischen Akademie der Wissenschaften zu Berlin. Berlin: (Dümmler's Vlgsbuchhandlung) Bis 1881; von 1882 ab

Berl. Sitzber. = Sitzungsberichte der Königl. Preussischen Akademie der Wissenschaften zu Berlin. Berlin: (Dümmler's Verl. in Comm.) 52 N. Lex. 8⁰.

Berl. stat. Jahrb. = Statistisches Jahrbuch der Stadt Berlin ... Hrsg. v. RICH. BÖCKH. Berlin: Simion. gr. 8⁰.

Bern. Mitth. = Mittheilungen der Naturforschenden Gesellschaft in Bern.... Bern: Huber & Co. in Comm. 8⁰. R.

Biederm. CBl. f. Agr. Chem. = BIEDERMANN's Central-Blatt für Agrikulturchemie und rationellen Landwirtschafts-Betrieb. Referirendes Organ für naturwissenschaftliche Forschungen in ihrer Anwendung auf die Landwirtschaft. Fortgesetzt unter der Red. v. MOR. FLEISCHER und unter Mitwirkung von E. BORGMANN, O. KELLNER, A. KERN, etc. Leipzig: Leiner. 12 H. gr. 8⁰.

Bih(ang) Sv. Vet. Ak. Handl. = Bihang till Kongl. Svenska Vetenskaps-Akademiens Handlingar. Stockholm.

du Bois Arch. = **du Bois-Reymond Arch.** sh. **Arch. f. Physiol.**

Boll. soc. geogr. Ital. = Bollettino della Società geografica italiana (seit 1868). Red. DALLA VEDOVA.

Bol. d. Soc. geogr. Mex. = Boletin de la Sociedad de Geografia y Estadistica de la Republica Mexicana (in zwanglosen Heften. Ser. III. seit 1873.

Bot. Ztg. = Botanische Zeitung. Red.: A. DE BARY, L. JUST. Leipzig: Felix. 4⁰. 52 N.

Brioschi Ann. = Annali di matematica pura ed applicata, diretti da F. BRIOSCHI e L. CREMONA in continuazione degli Annali già pubblicati in Roma del Prof. TORTOLINI. Milano: 4⁰.

Brit. J. of photogr. bezieht sich auf die Verhandlungen der photographischen Gesellschaft in London, die der Red. nicht direct zugänglich waren.

Brit. med. J. = The British Medical Journal being the Journal of the British Medical Association, edited by ERNEST HART. London. 4⁰.

Bull. Brux. = **Bull. de Belg.** = **Bull. de Brux.** = Académie Royale des sciences, des lettres et des beaux-arts de Belgique. Bulletins des séances de la Classe des sciences. Bruxelles: F. Hayaz. 2 Bände im Jahre. 8⁰. R.

Bull. d'enc. = Bulletin de la société d'encouragement pour l'industrie nationale, par COMBES et PELIGOT. Paris. Nach verschiedenen Journalen citirt. 4⁰.

Bull. de Marseille = Bulletin de la société scientifique et industrielle de Marseille.

Bull. de Moscou = Bulletin de la Société Impériale des naturalistes de Moscou. Moscou. Red. von RENARD.

Bull. de Mulhouse = Bulletin de la société industrielle de Mulhouse.

Bull. de Nancy = Bulletin de la société de géographie de l'Est. Nancy.

Bull. d. Neuch. = Bulletin de la société des sciences naturelles de Neuchatel.

Bull. de Pét. = Bull. de Pétersb. = Bulletin de l'Académie Impériale de St. Pétersbourg. St. Pétersbourg et Leipzig. gr. 4⁰. R.

Bull. de Toulouse = Bulletin de la société des sciences physique et naturelle de Toulouse.

Bull. Phil. Soc. Washington = Bulletin of the Philosophical Society of Washington. Washington. 8⁰.

Bull. sc. math. = Bulletin des sciences mathématiques et astronomiques, rédigé par MM. G. Darboux et J. Hoüel avec la collaboration des MM. André, Lespiault, Painvin et Radau, sous la direction de la commission des hautes études. Paris: Gauthier-Villars. 8⁰.

Bull. soc. Belg. de Géogr. = Bulletin de la société belge de géographie. Bruxelles.

Bull. soc. chim. = Bulletin de la Société Chimique de Paris comprenant le procès-verbal des séances, les mémoires présentées à la société, l'analyse des travaux de chimie .... Comité de rédaction: MM. Ph. de Clermont, P.-T. Clève .... Secrétaire de la rédaction: M. Th. Schneider. Paris: G. Masson. 2 Bände im Jahre, jeder besteht aus 12 H. R.

Bull. soc. math. = Bulletin de la société mathématique de France publié par les secrétaires. Paris: au siége de la société..., 8⁰.

Bull. soc. min. = Bull. de la Soc. Min = Bull. soc. min. de France = Bulletin de la société mineralogique de France.

Bull. soc. philomat. = Bulletin de la société philomatique de Paris. R.

Bull. Soc. Vaud. = Bulletin de la société vaudoise des sciences naturelles. Publié, sous la direction du Comité, par M. F. Roux. Lausanne: F. Rouge.

Cambridge Phil. Soc. = nach Berichten in Nature etc.

Carinthia = Carinthia. Zeitschrift für Vaterlandskunde, Belehrung und Unterhaltung. Hrsg. vom Geschichtsvereine und naturhistorischen Landesmuseum in Kärnten. Red.: Markus Frhr. v. Jabornegg. Klagenfurt: v. Kleinmayr in Comm. 12 Nrn. 8⁰.

Carl Rep. = Repertorium für Experimental-Physik, für physikalische Technik, mathematische und astronomische Instrumentenkunde. Hrsg. von Ph. Carl ... XVIII. Bd. ..., München und Leipzig: R. Oldenbourg. 1882. R.

Cas. = Casopis: Zeitschrift zur Pflege der Mathematik und Physik, red. mit besonderer Rücksicht auf Studirende der Mittel- und Hochschulen von F. J. Studnička, hrsg. vom Vereine böhmischer Mathematiker in Prag. Prag. (Böhmisch.) 8⁰.

CBl. f. Agr. Ch. sh. **Biederm. CBl. f. Agr. Chem.**

CBl. f. Augenheilk. = Centralblatt für praktische Augenheilkunde. Hrsg. von J. Hirschberg. Leipzig: Veit & Co. gr. 8⁰. 12 N.

CBl. f. d. Forstw. = Centralblatt für das gesammte Forstwesen. Hrsg. von Gustav Hempel. Wien: Frick. 12 H.

CBl. f. d. med. Wiss. = Centrbl. f. d. med. Wiss. = Centralblatt für die medicinischen Wissenschaften. Red. von H. Kronecker und H. Senator. Berlin: Hirschwald. gr. 8⁰. 52 N.

Centrztg. f. Opt. u. Mech. = Central-Zeitung für Optik und Mechanik. Red.: Osc. Schneider. Leipzig: Gressner & Schramm. gr. 4⁰. 24 N.

Chem. CBl. = Chemisches Centralblatt. Repertorium für reine, pharmazeutische, physiologische und technische Chemie. Red.: RUD. ARENDT. Hamburg und Leipzig: Leopold Voss. Wöchentlich eine Nummer. R.

Chem. Ind. = Die chemische Industrie. Monatsschrift, hrsg. vom Verein zur Wahrung der Interessen der chemischen Industrie Deutschlands. Red. von EMIL JACOBSEN. Berlin: Springer. hoch 4⁰.

Chem. News = The Chemical News and Journal of Physical Science. With which is incorporated the „Chemical Gazette". A Journal of Practical Chemistry in all its applications to pharmacy, arts and manufactures. Edited by WILLIAM CROOKES. Vol. XLV (No. 1154—1179). London: Published at the office, Boy Court, Ludgate Hill, E. C. Vol. XLVI (No. 1180—1205). 4⁰. R.

Chem. Ztg. = Chemiker-Zeitung. Central-Organ für Chemiker, Techniker, Fabrikanten, Apotheker, Ingenieure. Chemisches Central-Annoncenblatt. Hrsg.: G. KRAUSE. Köthen: Verlag der Chemiker-Ztg. gr. 4⁰. 52 N.

Cim. = Il nuovo Cimento, Giornale fondato per la fisica e la chimica da C. MATTEUCCI e R. PIRIA continuato per la fisica experimentale e matematica da E. BETTI e R. FELICI. Pisa: Tip. Pieraccini dir. da P. Salvioni. Jährlich 2 Bände, erscheint in Heften. R.

Civiling. = Der Civilingenieur. ··· hrsg. von E. HARTIG. Neue Folge. Leipzig: Felix. gr. 4⁰. 8 H.

Coast Survey of the U. S. Rep. sh. **Rep.**

Comptes rendus de l'acad. des sc. de Stockholm = Kongliga Svenska Vetenskaps-Akademiens Handlingar. Ny Följd.

Cosmos di Cora = Cosmos. Communicazione sui progressi più recenti e notevoli della geografia e delle scienze affini di Guido Cora.

C. R. = Comptes rendus hebdomadaires des séances de l'Académie des sciences, publiés, conformément à une décision de l'académie en date de 13 Juillet 1835 par MM. les secrétaires perpétuels. Tome XCIV, XCV ··· 1882. Paris: Gauthier-Villars. 4⁰. In jedem Jahr 2 Bände. (Jan.—Juni), (Juli bis Dec.). R.

Crelle J. = Journal für die reine und angewandte Mathematik. In zwanglosen Heften. Hrsg. von L. KRONECKER und K. WEIERSTRASS. Mit thätiger Beförderung hoher Königlich-Preussischer Behörden. Fortsetzung des von A. L. CRELLE [1826—1856] und C. W. BORCHARDT [1856—1880] herausgegebenen Journals. Berlin: Georg Reimer. gr. 4⁰. Erscheint in Bänden zu vier Heften. R.

d'Almeida J. sh. **J de phys.**

Danske. Geogr. Selsk. Tidskr. = Det Danske Geografiske Selskabs Tidskrift Kopenhagen. Vom 2. Bde. an kürzer: Geografisk Tidskr. betitelt. Seit Jan. 1877 monatliche Hefte.

Denkschr. d. K. Acad. d. Wiss. Wien sh. **Wien. Denkschr.**

Dingl. J. = DINGLER's Polytechnisches Journal. Hrsg. von JOH. ZEMAN und FERD. FISCHER. 243.—246. Bd. [= (5) XLIII—XLVI] Jahrgang 1882 ···. Augsburg: Cotta'sche Buchh. Jährlich 4 Bände und zu jedem Bande ein Atlas mit 30—40 Tafeln. Jeder der Bände 243 und 244 besteht aus 6 Heften, jeder der Bände 245 und 246 besteht aus 13 Heften. R.

Diss. = **Dissert.** = Inaugural-Dissertation ···.

Dtsch. Arch. f. klin. Med. = Deutsches Archiv für klinische Medicin. Hrsg. v. ACKERMANN, BAUER, BÄUMLER etc. Red. von H. v. ZIEMSSEN und F. A. ZENKER. Leipzig: F. C. W. Vogel, 2 Bde zu je 6 H. gr. 8⁰.

Dtsch. Bauz. = Deutsche Bauzeitung. Verkündigungsblatt des Verbandes deutscher Architekten- und Ingenieur-Vereine. Red.: K. E. O. Fritsch und F. W. Büsing. Berlin: Toeche in Comm. 104 N. hoch 4⁰.

Dtsch. geogr. Blätter = Deutsche geographische Blätter. ··· Neue Folge d. Mittheilungen d. früher. Ver. f. d. deut. Nordpolarfahrt. Red. M. Lindeman. Bremen: v. Halem in Comm. 4 H. gr. 8⁰. 1. Jahrg. 1877.

Dtsch. Indztg. = Deutsche Industriezeitung. Organ der Handels- und Gewerbekammern zu Chemnitz, Dresden, Plauen und Zittau. Red.: Max Diezmann. Chemnitz: Bülz in Comm. 52 N. Imp. 4⁰.

Dtsch. med. Wochenschr. = Deutsche medicinische Wochenschrift. Mit Berücksichtigung der öffentlichen Gesundheitspflege und der Interessen des ärztlichen Standes. Red.: P. Börner. Berlin: Georg Reimer. 52 N. gr. 4⁰.

Dtsch. Rundsch. f. Geogr. = Deutsche Rundschau für Geographie und Statistik. Unter Mitwirkung hervorragender Fachmänner hrsg. von Frdr. Umlauft. Wien: Hartleben. 12 H. gr. 8⁰.

Dtsch. ZS. f. prakt. Med. = Deutsche Zeitschrift für praktische Medicin. Red.: C. F. Kunze. (52 N. jährl.) Leipzig: Veit & Co.

D. R. P. = Deutsches Reichs Patent; für jedes Patent erscheint eine besondere Patentschrift.

Dubl. J. of med. sc. = Journal of medical science. Dublin.

Dubl. Phil. Trans. = Philosophical Transactions of the Roy. Soc. of Dublin.

Du Bois Arch. = **Du Bois-Reymond Arch.** sh. **Arch. f. Physiol.**

Edinb. Trans. = Transactions of the Royal Society of Edinburgh. Edinburgh. 4⁰.

Electr. = The Electrician. A weekly journal of theoretical and applied electricity and chemical physics. London: James Gray. Fol.

Electricien = L'Electricien. Paris. 4⁰.

Elektr. ZS. = Elektrotechnische Zeitschrift. Hrsg. vom elektrotechnischen Verein. Red. von K. Ed. Zetzsche. Berlin: Springer. 12 H. hoch 4⁰.

Eng. and Min. J. = The Engineering and Mining Journal. New-York.

Engineering = Engineering: An Illustrated Weekly Journal. Edited by W. H. Maw and J. Dredge. London. Offices for Advertisements and Publication, ···. Fol. Vol. XXXIII. — From January to June 1882 (N. 836—861). London: 1882; Vol. XXXIV. — From July to December 1882 (N. 862 bis 887) ···. Erscheint in Wochennummern. R.

Erdm. J. sh. **J. f. prakt. Chem.**

Erlang. Ber. = **Erl. Sitzber.** = Sitzungsberichte der physikalisch-medizinischen Societät zu Erlangen. Erlangen. 8⁰. R

Explorat. = L'Exploration. Journal des conquêtes de la civilisation sur tous les points du globe. Fortsetzung des seit 1875 erschienenen L'explorateur géographique et commerciale, welcher 1876 einging.

Forh. Christiania = Forhandlinger i Videnskabs-Selskabet i Christiana Aar ···.

Frankl. J. = The Journal of the Franklin Institute. Philadelphia. Nach englischen Journalen citirt.

Gaea = Gaea. Natur und Leben. Zeitschrift zur Verbreitung naturwissenschaftlicher und geographischer Kenntnisse, sowie der Fortschritte auf dem Gebiete der gesammten Naturwissenschaften. Unter Mitwirkung von R. Avé-Lallemant, O. Buchner, J. Egli hrsg. von Herm. J. Klein. Köln: Mayer. 12 H. Lex. 8⁰.

Gaz(z). chim. (Ital.) = Gazzetta chimica Italiana, citirt nach Chem. CBl., Ber. d. chem. Ges., J. chem. soc. etc.

Geol. Soc. bezieht sich auf die Verhandlungen der Englischen Geologischen Gesellschaft nach Phil. Mag.

G. d. mat. = Giornale matematico ad uso degli studenti delle università italiane pubblicato per cura del Prof. G. Battaglini. Napoli. gr. 8⁰.

G. d. Palermo = Giornale di scienze naturali ed economiche pubblicato per cura del consiglio di perfezionamento annesso al R. Ist. tecnico di Palermo.

Gesundheit = Gesundheit. Zeitschrift für körperliches und geistiges Wohl hrsg. von Carl Reclam. Elberfeld: Loll. 24 N. gr. 4⁰. 1. Jahrg. erschien Oct. 1875 bis Sept. 1876.

Gewerbehalle = Gewerbehalle. Organ für den Fortschritt in allen Zweigen der Kunstindustrie ··· red. von Ludw. Eisenlohr und Carl Weigle. Stuttgart: Engelhorn. 12 H. Fol.

Globus = Globus. Illustrirte Zeitschrift für Länder- und Völkerkunde. Mit besonderer Berücksichtigung der Anthropologie und Ethnologie. Begründet von Karl Andree. ··· hrsg. von R. Kiepert. Braunschweig: Vieweg & Sohn. hoch 4⁰.

Gött. Nach. = Nachrichten von der Königlichen Gesellschaft der Wissenschaften und der Georgia-Augusta-Universität zu Göttingen. Göttingen: Dietrich's Verlag. 8⁰. Nach der polytechnischen Bibliothek und einigen übersandten Abhandlungen.

Gräfe's Arch. f. Oph. sh. **Arch. f. Ophth.**

Groth ZS. f. Kryst. sh. **ZS. f. Kryst.**

Grun. Arch. sh. **Arch. d. Math.**

Heidelberger Physiol. Unters. = Untersuchungen aus dem physiologischen Institute der Universität Heidelberg. Hrsg. von W. Kühne (= Ergänzungshefte zu den Verhandlungen des naturhistorisch-medicinischen Vereins zu Heidelberg). Heidelberg: C. Winter. gr. 8⁰.

Humb. = **Humboldt** = Humboldt. Monatsschrift für die gesammten Naturwissenschaften. Hrsg. v. G. Krebs. 1. Jahrg. 1882. Stuttgart: Encke. 12 H. hoch 4⁰.

Hunfalvy Litt. Ber. sh. **Ber. d. ung. Akad.**

Hydr. Ann. sh. **Ann. d. Hydr.**

Hydrog. Not. = Hydrographic Notices. Washington.

Jahrb. d. Math. = Jahrbuch über die Fortschritte der Mathematik im Verein mit anderen Mathematikern und unter besonderer Mitwirkung von Fel. Müller und Alb. Wangerin hrsg. von Carl Ohrtmann. Berlin: Georg Reimer. 8⁰.

Jahrb. d. Medic. sh. **Schmidt's Jahrb. d. Med.**

Jahrb. d. schweiz. A. C. = Jahrbuch des schweizerischen Alpen-Clubs.

Jahrb. f. Min. = Neues Jahrbnch für Mineralogie, Geologie und Petrefaktenkunde. ... hrsg. von E. W. Benecke, C. Klein und H. Rosenbusch. Stuttgart: Schweizerbart.

Jahrb. geol. Reichsanst. = Jahrbuch der k. k. geologischen Reichsanstalt. Wien: Hölder. 4 H. R.

Jahrb. d. met. Centralanst. = Jahrbuch der k. k. Centralanstalt für Meteorologie und Erdmagnetismus. Wien. R.

Jahresber. d. schles. Ges. = Jahresber. d. schles. Ges. f. vaterl. Cultur. Die Gesellschaft veröffentlicht Abhandlungen der schlesischen Gesellschaft für vaterländische Cultur. Breslau.

Jahresh. d. Ver. f. Würt. = Jahreshefte für vaterländische Naturkunde in Württemberg. Hrsg. von dessen Redactions-Commission H. v. Fehling, O. Fraas, F. v. Krauss, P. v. Zech. Stuttgart: Schweizerbart. gr. 8⁰.

J. chem. soc. = The Journal of the Chemical Society of London by Foster etc. Editor H. Watts. London (Van Voorst). Jährlich 2 Bd. in 12 Heften. Der eine Band enthält Abhandlung, der andere Referate. R.

J. de(s) math. = Journal de mathématiques pures et appliquées fondé en 1836 et publié jusqu'en 1874 par J. Liouville. Publié par H. Resal avec la collaboration de plusieurs savants. Paris: Gauthier-Villars. 4⁰. R.

J. d. Pharm. = **J. de Pharm. et de Chim.** = Journal de Pharmacie et Chimie. Paris. Erscheint in Heften. Nach Citaten anderer Zeitschriften.

J. de phys. (2) I = Journal de physique théorique et appliquée, fondé par J.-Ch. d'Almeida et publié par MM. E. Bouty, A. Cornu, E. Mascart, A. Potier. 2e Série. Tome 1.— Année 1882. — Paris: au bureau du Journal de Physique ... 1882. 8⁰. Erscheint in 12 Monatsheften. R.

J. d. russ. chem.-phys. Ges = Journal der physico-chemischen Gesellschaft zu St. Petersburg. (Russisch.) 1. Abtheilung [1]: Chemie, 2. Abtheilung [2]: Physik.

J. éc. pol. = Journal de l'école polytechnique, publié par le conseil d'instruction de cet établissement. Paris: Gauthier-Villars. 4⁰.

Jelinek ZS. sh. **ZS. f. Met.**

Jen. ZS. = Jenaische Zeitschrift für Naturwissenschaft, hrsg. von der medicinisch-naturwissenschaftlichen Gesellschaft zu Jena. Jena: Fischer. gr. 8⁰. (Mit den Sitzungsberichten der Gesellschaft.)

J. f. Gasbel. = Journal f. Gasbeleuchtung u. Wasserversorgung. Organ d. Vereins v. Gas- u. Wasserfachmännern Deutschlands mit seinen Zweigvereinen hrsg. von N. H. Schilling und H. Bunte. München: Oldenbourg. 24 N. Lex. 8⁰.

J. f. prakt. Chem. (2) = Journal für praktische Chemie. Neue Folge hrsg. von Hermann Kolbe und Ernst von Meyer Band XXV, XXVI. (Journal für praktische Chemie gegründet von Otto Linné Erdmann. CXXXIII., CXXXIV. Band.) Leipzig: Johann Ambrosius Barth. 1882. 8⁰. Der Jahrgang (= 2 Bände) besteht aus 22 Nummern, von denen zuweilen mehrere gemeinsam erscheinen. R.

J. Frankl. Inst. = **J. of the Franklin Inst.** sh. **Frankl. J.**

Inaug.-Diss. = Inaugural-Dissertation ...

Ind. Antiq. = The Indian Antiquary a journal of oriental research in archeology, history, literature, languages, philosophy, religion, folklore etc. Edited by Jas. Burgess. Bombay. 4⁰.

Ind. Bl. = Industrie-Blätter. Wochenschrift für gemeinnützige Erfindungen ··· Hrsg. von E. JACOBSON. Berlin: Gaertner. gr. 4⁰.

J. of Telegr. Eng. = Journal of the Society of the Telegraph Engineers. London.

Iron = Iron. An illustrated weekly Journal of Science, Metals & Manufactures in Iron and Steel. London. 2 Bde. Fol.

J. Scott. Met. Soc. = Journal of the Scottish Meteorological Society.

Isis = Isis. Zeitschrift für alle naturwissenschaftliche Liebhabereien.··· Hrsg. von KARL RUSS und BRUNO DÜRIGEN. Berlin: Gerschel. 52 Nrn. gr. 4⁰.

Iswestija. Eine russische geographische Zeitschrift in russischer Sprache, aus der Peterm. Mitth kürzere Auszüge bringen.

Klin. Mon.-Bl. f. Augenheilk. = Klinische Monatsblätter für Augenheilkunde. Hrsg v. W. ZEHENDER. Stuttgart: Enke. gr. 8⁰.

Kolbe J. sh. J. f. prakt. Chem.

K. Sv. Vet. Ak. Handl. = Kongliga Svenska Vetenskaps-Akademiens Handlingar. Stockholm. R.

La Lum. électr. sh. **Lum. électr.**

La Nat. = **La Nature** = La Nature Revue des sciences et de leurs applications aux arts et à l'industrie Journal hebdomadaire illustré fondé par M. le ministre de l'instruction publique d'une souscription pour les bibliothèques populaires et scolaires. Rédaction en chef GASTON TISSANDIER. 10. Année 1882 1., 2. semestre. Paris: G. Masson. gr. 8⁰. Jährlich 2 Bände.

Lancet = The Lancet. A journal of british and foreign medicine, physiology, surgery, chemistry, criticism, literature and news. Edited by JAMES G. WAKLEY.

Landw. Jahrb. = Landwirthschaftliche Jahrbücher. Zeitschrift für wissenschaftliche Landwirthschaft und Archiv des Königl. Preuss. Landes-Oekonomie-Kollegiums. Hrsg. von H. THIEL. Berlin: Parey. 6 H. gr. 8⁰.

Landw. Versuchs-St. = Die landwirthschaftlichen Versuchs-Stationen. Organ für naturwissenschaftliche Forschungen auf dem Gebiete der Landwirthschaft. Unter Mitwirkung sämmtlicher deutscher Versuchs-Stationen hrsg. von FRDR. NOBBE. Berlin: Parey. 6 H. gr. 8⁰.

Leipz. Abh. = sh. **Abh. d. k. sächs Ges. d. W.**

Leipz. Ber. = Berichte über die Verhandlungen der königlich sächsischen Gesellschaft der Wissenschaften zu Leipzig. Mathematisch-physikalische Classe. Leipzig: Hirzel. 8⁰. R.

Leipz. Jahrb. d. Ver. f. Erdk. = Mittheilungen des Vereins für Erdkunde zu Leipzig. Nebst dem . . . Jahresbericht des Vereins. Leipzig: Dunker u. Humblot. (Seit 1872 als Fortsetzung d. Jahresberichte.)

L'Électricien sh. **Électricien.**

Leop. = Leopoldina. Amtliches Organ der kaiserl. Leopoldinisch-Carolinischen deutschen Akademie d. Naturforscher Hrsg. unter Mitwirkung der Sektionsvorstände von dem Präs. C. H. KNOBLAUCH. Halle a. S. Leipzig: Engelmann in Comm. 15 N. gr. 4⁰.

Lieb. Ann. = Just. Liebig's Annalen der Chemie. Hrsg. von F. WÖHLER,

H. Kopp, A. W. Hofmann, A. Kekulé, E. Erlenmeyer, J. Volhard. Leipzig: C. F. Winter. 8⁰. R.

Liouville J. sh. **J. de math.**

Liter. CBl. = Literarisches Centralblatt für Deutschland. Hrsg. u. verantwortl. Red. Fr. Zarncke. Leipzig: Avenarius. 52 N. gr. 4⁰.

Lond. phys. Soc. bezieht sich auf die Verhandlungen der Physikalischen Gesellschaft zu London nach Berichten in Nature etc.

London Trans. = **Trans. Roy. Soc.** sh. **Phil. Trans.**

Lotos = Lotos. Jahrbuch für Naturwissenschaft. Im Auftrage des Vereines „Lotos" hrsg. von Th. Knoll. Prag: Tempsky. gr. 8⁰.

Lund's Univ. Åarsskrift sh. **Act. Univ. Lund.**

Lum. électr. = La lumière électrique Journal universel de l'électricité — Directeur: Dr. Cornelius Herz — ··· Tome VI. Paris: Aux bureaux du journal ··· 1882. 4⁰.

Manch. Soc. = **Manch. Philos. Soc.** bezieht sich auf die Verhandlungen der naturwissenschaftlichen Gesellschaft zu Manchester nach Berichten in Nature etc.

Masch.-Constr. = Der practische Maschinen-Constructeur. Zeitschrift für Maschinen- und Mühlenbau, Ingenieure und Fabrikanten. ··· hrsg. v. Wilh. Heinr. Uhland. Leipzig: Baumgärtner. 24 H. gr. 4⁰.

Math. Ann. = Mathematische Annalen. In Verbindung mit C. Neumann, begründet durch Rud. Frdr. Alfr. Clebsch. ··· hrsg. von Fel. Klein u. Adph. Mayer. Leipzig: B. G. Teubner. gr. 8⁰.

Math. Soc. bezieht sich auf die Verhandlungen der Londoner mathematischen Gesellschaft nach Berichten in Nature etc.

Mém. c. de Belg. = Mémoires couronnés et mémoires des savants étrangers publiés par l'academie royale des sciences, des lettres et des beaux-arts de Belgique. Bruxelles: F. Hayez. 4⁰.

Mém. de Belg. = Mémoires de l'académie royale des sciences, des lettres et des beaux-arts de Belgiqne. Bruxelles. F. Hayez. 4⁰.

Mém. de Bordeaux = Mémoires de la société des sciences physiques et naturelles à Bordeaux. Bordeaux, Paris. 8⁰.

Mém. de Cherbourg = Mémoires de la société des sciences de Cherbourg. Paris et Cherbourg. 8⁰. R.

Mém. de Liège = Mémoires de la société royale des sciences de Liège. Liège. 8⁰.

Mém. de Lille = Mémoires de la société des sciences de l'agriculture et des arts de Lille et publications faites par ses soins. Paris, Lille. 8⁰.

Mém. de Paris = Mémoires de l'Académie des sciences de l'Institut de France. 4⁰.

Mém. p. de Paris = Mémoires présentés par divers savants à l'Académie des sciences de l'Institut de France et imprimés par son ordre. Paris. 4⁰.

Mém. de St.-Pétersb. = Mémoires de l'académie impériale des sciences de St.-Pétersbourg. St.-Pétersbourg. Leipzig: Voss' Sort. Imp. 4⁰. R.

Mém. de Toulouse = Mémoires de la société des sciences physique et naturelle de Toulouse.

Mem. di Bol. = **Mem. di Bologna** = Memorie dell' Accademia Reale di scienze dell' Istituto di Bologna. 4 Hefte. 4⁰.

Mem. di Modena = Memorie della Accademia Reale di Modena. Modena.

Mem. di Torino = Memorie della Reale Accademia delle scienze di Torino. Torino.

Mem Ist. Lomb. = Memorie del Reale Istituto Lombardo di Scienze e Lettere.

Mem. Ist. Ven. = Memorie del Reale Istituto Veneto.

Mem. Manch. Soc. = Memoirs of the literary and philosophical society of Manchester. London: H. Baillière.

Mem. of Russ. geogr. Soc. bezieht sich auf die Sapiski (Memoiren) der Kais. Russischen Geographischen Gesellschaft. Petersburg.

Mém. p. de Paris = Mémoires presentés par divers savants à l'academie des sciences de l'Institut de France. Paris. 4⁰.

Mem. Roy. Astr. Soc. = Memoirs of the Royal Astronomical Society. London. 4⁰.

Mem. Spettr. = Memorie della società degli spettroscopisti italiani, gegründet 1872.

Mess of Math. = The Messenger of Mathematics edited by Allen Whitworth, C. Taylor, R. Pendlebury, J. W. L. Glaisher. London and Cambridge: Macmillan and Co. 8⁰.

Met. Ital. = Meteorologia Italiana. Memorie e Notizie.

Met. Soc. bezieht sich auf Verhandlungen der Meteorologischen Gesellschaft zu London nach Berichten in Nature etc.

Microsc. Soc. bezieht sich auf das Journal der Londoner Mikroskopischen Gesellschaft, das nach Nature und Athen. citirt ist.

Min. Mitth. = **Miner. u. petrogr. Mittheil.** = Mineralogische und petrographische Mittheilungen, hrsg. von G. Tschermak. Wien: Hölder. gr. 8⁰.

Mitt. a. d. Geb. d. Seew. = Mittheilungen aus dem Gebiete des Seewesens. Hrsg. vom k. k. hydrographischen Amte, Marine-Bibliothek. Nebst Kundmachung für Seefahrer und Hydrographische Nachricht. Pola. Wien: Gerold's Sohn in Comm gr. 8⁰.

Mitt. d. Arch. Ver. Böhmen = Mittheilungen des Architekten- und Ingenieur-Vereins im Königreich Böhmen. Red.: R. v. Schubert-Soldern und Jos. Saska. Prag: Rziwnatz in Comm. 4 H. Imp. 4⁰.

Mitt. d. d. ö. A. V. = Mittheilungen des deutschen und österreichischen Alpenvereins, red. von Th. Trautwein. Wien. München: Lindauer in Comm. 10 H. gr. 8⁰.

Mitt d. Ges. f. Natur- u. Völkerk. = Mittheilungen der Deutschen Gesellschaft für Natur- und Völkerkunde Ostasiens hrsg. vom Vorstande. Yokohama. Berlin: Asher & Co. gr 4⁰.

Mitt. d. naturf. Ges. in Bern sh. **Bern. Mitth.**

Mitt. d. naturw. Ver. f. Neuvorpomm. = Mittheilungen aus dem naturwissenschaftlichen Vereine von Neu-Vorpommern und Rügen in Greifswald. Red. v. Th. Marsson. Berlin: Gaertner. gr. 8⁰.

Mitt. naturw. Ver. Steiermark = Mittheilungen des naturwissenschaftlichen Vereins für Steiermark. Unter Mitverantwortung der Direction red. von Aug. v. Mojsisovics. Graz: Wiessner in Comm.

Mitt. f. Erdk. Leipzig sh. **Leipz. Jahrb. d. Ver. f. Erdk.**

Mitt. geo. Ges. Wien = Mittheilungen der k. k. geographischen Gesellschaft in Wien. Red. von Jos. CHAVANNE. Wien: Verlag der „Steyrermühl". 12 H. gr. 8⁰.

Monatsber. d. preuss. Ak. d. Wiss. = **Monatsber. d. Berl. Ak.** sh. **Berl. Monatsb.**

Monatschr. für Ohrenheilk. = Monatschrift für Ohrenheilkunde, sowie für Kehlkopf-, Nasen-, Rachen-Krankheiten. Hrsg. von Jos. GRUBER, J. M. ROSSBACH, N. RÜDINGER, LEOP. v. SCHRÖTTER, R. VOLTOLINI und WEBER-LIEL. Berlin: Expedition der allgemeinen medicinischen Centralzeitung. 12 N. Fol.

Monatsh. f. Chem. = **Monatshefte d. Chem.** = Monatshefte für Chemie und verwandte Theile anderer Wissenschaften. Gesammelte Abhandlungen aus den Sitzungsberichten der Kaiserl. Akademie der Wissenschaften. Wien: Gerold's Sohn in Comm. 12 H. gr. 8⁰.

Mondes = Cosmos Les Mondes Revue hebdomadaire des sciences et de l'industrie fondée et dirigée par M. l'abbé F. MOIGNO. 31ᵉ Année. – 3ᵉ Série. Tome I, II, III (Von No. 10 des Tome III ··· fondée par M. l'abbé F. MOIGNO et publiée sous la direction par M. l'abbé H. VALETTE.) Paris. 1882. R.

Mon. ind. belge = Moniteur industriel belge. Bruxelles.

Mon. scient. = Le Moniteur scientifique Journal des sciences pures et appliquées à l'usage des chimistes, des pharmaciens et des manufacturiers avec une revue de physique et d'astronomie par M. R. RADAU. Année de publication par le Dr. QUESNEVILLE. Paris. Nach anderen Journalen.

Month. Not. = **Monthl. Not.** = Monthly Notices of the Royal Astronomical Society. Band und Jahr fällt nicht zusammen.

Münch. Sitzber. = **Münch. Ber.** = Sitzungsberichte der mathematisch-physikalischen Classe der k. b. Akademie der Wissenschaften zu München. München: G. Franz in Comm. Im Jahre 1882 erschienen 5 Hefte. gr. 8⁰. R.

Müttr. Beobergebn. = Beobachtungsergebnisse der von den forstlichen Versuchsanstalten des Königreichs Preussen, des Herzogthums Braunschweig, der thüringischen Staaten, der Reichslande mit dem Landesdirectorium der Provinz Hannover eingerichteten forstlich-meteorologischen Stationen. Hrsg. von A. MÜTTRICH. Berlin: Springer. 12 N. 8⁰. sh. ZS. f. Forst- und Jagdwesen.

Nach. d. Götting. Ges. d. W. sh. **Gött. Nach.**

Natur = Die Natur. Zeitung zur Verbreitung naturwissenschaftlicher Kenntniss und Naturanschauung für Leser aller Stände. Organ des „Deutschen Humboldt-Vereins". Begründet unter Hrsg. von OTTO ULE und KARL MÜLLER. Hrsg. von KARL MÜLLER Halle: Schwetschke. 52 N. gr. 4⁰.

Nature = Nature, a weekly illustrated journal of science. Volume XXV. November 1881 to April 1882 (No. 636. 5. January 1881 — No. 652. 27. April 1882) London and New York: Macmillan and Co. 1882; Volume XXVI. May 1882 to October 1882 ···; Volume XXVII. November 1882 to April 1883 (No. 675. 5. October 1882 — No. 687. 28. December 1882). Erscheint in Wochennummern. R.

Naturen (holländisch Journal) nach Citaten.

Naturf. = Der Naturforscher, Wochenblatt zur Verbreitung der Fortschritte in den Naturwissenschaften. Hrsg. v. WILH. SKLAREK. Berlin: Dümmler's Verlag. 52 N. 4⁰.

Nat. Tijdsch. v. Ned. Indie = Natuurkundig Tijdschrift voor Nederlandsch-Indië, uitgegeven door de Koninklijke Natuurkundige Vereeniging in Nederlandsch-Indië, onder redactie van H. Onnen. Batavia. (Tijdschrift voor Nederl. Indië.)

N. Cim. sh. **Cim.**

Nederl. met. Jaarb. = Nederlandsch meteorologisch Jaarboek 1876 hrsg. von Buys-Ballot. Querfolio.

N. Jahrb. f. Min. sh. **Jahrb. f. Min.**

Nieuw. Arch. = Nieuw Archief voor Wiskunde. Amsterdam.

North. Chin. Branch. of R. As Soc. = Journal of the North-China Branch of the Royal Asiatic Society. Shanghai. 8°.

Nouv. Ann. = Nouvelles annales de mathématiques. Journal des candidats aux écoles polytechnique et normale, rédigé par MM. Gerono et Ch. Brisse. Paris: Gauthier-Villars. 8°.

Nov. Act. Ups. = Nova acta Regiae Societatis Upsaliensis.

Nuovo Cimento sh. **Cim.**

Nyt Mag. = Nyt Magazin for Naturvidenskaberne, ··· udgivet ved Th. Kjerulf····. Christiania: P. T. Mallings Boghandel. gr. 8°.

Observatory = The Observatory, a monthly review of astronomy. Edited by W. N. M. Christie. London.

Öf. af Finska Vet. Soc. Förh. = Öfversigt af Finska Vetenskaps Societetens Förhandlingar. Helsingfors.

Öfvers. Svensk. Vet. Ak. Förh. = Öfversigt af Kongl. Vetenskaps-Akademiens Förhandlingar. Stockholm. 8°. R.

Oesterr. med. Jahrb. = Medizinische Jahrbücher. Hrsg. von der k. k. Gesellschaft der Aerzte, red. von E. Albert und E. Ludwig. Wien: Braumüller. 4 H. gr. 8°.

Oesterr. ZS. f. Bergw. = Oesterreichische Zeitschrift für Berg- und Hüttenwesen. Red.: Hanns Höfer und C. v. Ernst. Wien: Manz. 52 N. gr. 4°.

Org. f. Eisenbahnw. = Organ für die Fortschritte des Eisenbahnwesens in technischer Beziehung. ··· Hrsg. von E. Heusinger v. Waldegg. Wiesbaden: Kreidel. 6 H. gr. 4°.

Org. f. Rübenz. Ind. = Organ des Centralvereins für Rübenzucker-Industrie in der österreichisch-ungarischen Monarchie. Zeitschrift für Landwirthschaft und technischen Fortschritt der landwirthschaftlichen Gewerbe. Red. v. Otto Kohlrausch. Wien: Frick in Comm.

Overs. Danske Vid. Selsk. = **Overs. k. dan. Vidensk. Selsk. Forh.** = Oversigt over det Kongelige Danske Videnskabernes Selskabs Forhandlinger og dets Medlemmers Arbejder ···. Kopenhagen. 8°. Es erscheinen im Jahre gewöhnlich 4 Nummern, oft ist ein französisches Resumé hinzugefügt. R.

Peterm. Mitth. = A. Petermann's Mittheilungen aus Justus Perthes' geographischer Anstalt. Hrsg. von E. Behm. Gotha: J. Perthes. 4°. R.

Pflüg. Arch. = **Pflüger Arch.** = Archiv für die gesammte Physiologie des Menschen und der Thiere. Hrsg. von E. F. W. Pflüger. Bonn: Strauss. R.

Pharm. Centralh. = Pharmaceutische Centralhalle für Deutschland. Zeitung für wissenschaftliche und geschäftliche Interessen der Pharmacie. Hrsg. v. Dr. HERM. HAGER und EWALD GEISSLER. Berlin: Springer in Comm. 52 N. 8⁰.

Pharm. ZS. = Pharmaceutische Zeitschrift für Russland. Hrsg. von der pharmaceutischen Gesellschaft zu St. Petersburg. Red.: EDWIN JOHANSON. St. Petersburg: Ricker. 52 N. gr. 8⁰.

Phil. Mag. (5) XIII. bez. XIV. = The London, Edinburgh and Dublin Philosophical Magazine and Journal of Science. Conducted by Sir ROBERT KANE, Sir WILLIAM THOMSON and WILLIAM FRANCIS. ··· Vol. XIII u. XIV. — Fifth Series ··· 1882. London: Taylor and Francis. 8⁰. Erscheint in 12 Monatsheften. R.

Phil. Trans. = **Phil. Trans. Lond.** = Philosophical Transactions of the Royal Society of London. 4⁰.

Phot. Arch. = Photographisches Archiv. Hrsg. v. P. E. LIESEGANG. Düsseldorf: Liesegang. 20 H. gr. 8⁰.

Phot. Corresp. = Photographische Correspondenz. Zeitschrift für Photographie u. verwandte Fächer. Organ der photogr. Gesellschaft in Wien, ··· red. v. E. HORNIG. Wien: Verlag der photographischen Correspondenz. 24 H. gr. 8⁰.

Phot. Mitth. = Photographische Mittheilungen. Zeitschrift des Vereins zur Förderung der Photographie. Hrsg. von HERM. W. VOGEL. Berlin: Oppenheim 24 H. gr. 8⁰.

Phot. Soc. London bezieht sich auf die Verhandlungen der Londoner photographischen Gesellschaft nach Berichten in englischen Journalen.

Phys. Soc. bezieht sich auf die Verhandlungen der physikalischen Gesellschaft in London in Nature etc. sh. Proc. Phys. Soc.

Pogg. Ann. = Annalen der Physik und Chemie, hrsg. zu Berlin von J. C. POGGENDORF. Leipzig: Barth. Bis CLX POGGENDORF jetzt von WIEDEMANN red. sh. Wied. Ann.

Pol. Notizbl. = **Polyt. Notizbl.** = Polytechnisches Notizblatt für Chemiker, Gewerbtreibende, Fabrikanten und Künstler. Gegründet von RUD. BÖTTGER. Hrsg. u. red. von THEODOR PETERSEN. Frankfurt a. M.: Expedition. 24 N. 8⁰. R.

Prag. Ber. = Sitzungsberichte der königl. böhmischen Gesellschaft der Wissenschaften zu Prag. Prag: Tempsky in Comm. gr. 8⁰. R.

Prag. med. W. = Prager medizinische Wochenschrift. Red.: FRDR. GANGHOFNER u. OTTO KAHLER. Prag: Tempsky. 52 N. fol.

Preuss. Stat. = Preussische Statistik (amtliches Quellenwerk). Hrsg. in zwanglosen Heften v. Kgl. statistischen Büreau in Berlin. Berlin: Verlag d. k. statist. Büreaus. Imp 4⁰.

Proc Amer. Acad. = Proceedings of the American Academy of sciences and arts Boston.

Proc. Amer. Ass. = Proc. of the American Association for the advancement of science.

Proc. Amer. Phil. Soc. = Proceedings of the American Philosophical Society. Philadelphia. 8⁰.

Proc. California Acad. = Proceedings of the Academy of Sciences in California. San Francisco.

Proc. Camb. Soc. = Proceedings of the Cambridge Philosophical Society. Cambridge. 8⁰.

Proc. Dubl. Soc. = The Scientific Proceedings of the Royal Dublin Society.

Proc. Glasgow Soc. = Proceedings of the Philosophical Society at Glasgow.

Proc. Manch. Soc. = Proceedings of the Literary and Philosophical Society of Manchester. Manchester 8°.

Proc. Math. Soc. = Proceedings of the Mathematical Society. London: C. F. Hogdson and Son. 8°.

Proc. Phys. Soc. = Proceedings of the Physical Society of London. From January 1882 to March 1884. Vol. V. (Part I—V, berücksichtigt sind Part I und II) London: Printed by Taylor and Francis …. MDCCCLXXXIV. 8°.

Proc. R. Edinb. Soc. = **Proc. Soc. Edinb.** = Proceedings of the Royal Society of Edinburgh. Edinburgh.

Proc. Roy. Geogr. Soc. = Proceedings of the Royal Geographical Society. London.

Proc. Roy. Soc. = Proceedings of the Royal of London. London: Taylor und Francis. 8. Erscheint in einzelnen Nummern.

Progr. = Programm (bezieht sich auf Schulprogramme).

Publ. d. astro-phys. Obs. zu Potsdam = Publicationen des astro-physikalischen Observatoriums zu Potsdam. Potsdam. Leipzig: Engelmann in Comm. 4°.

Publ d. l'ass. Franç. = Publications de l'association Française pour l'avancement des sciences. (Verhandlung der Gesellschaft französicher Naturforscher, den Rep. d. engl. Ges. entsprechend.)

Quart. J. Met. Soc. = Quarterly Journal of the Meteorological Society. (schottische meteorologische Gesellschaft, ganz entsprechend für die englische Gesellschaft.)

Quart. J. of Math. = The quartely Journal of pure and applied Mathematics, by J. J. Sylvester, N. M. Ferrers, G. G. Stokes, A. Cayley, M. Hermite. London. R.

Rec. trav. chim. = **Rec des trav. chim. des Pays. Bas.** = Recueil des travaux chimiques des Bays-Bas par MM. W. A. Van Drop, A. P. N. Franchimont, … (Tome I.) Leide: A. W. Sijthoff. (1882.) 8°.

Rend. Acc. d. Lincei sh. **Atti R. Acc. dei Lincei.**

Rend. di Bol. = Rendiconto delle sessioni dell' accademia reale delle scienze dell' Istituto di Bologna. Bologna. 8°.

Rend. di Nap(oli) = Rendiconto dell' accademia delle scienze fisiche e matematiche di Napoli. Napoli. 4°. R.

Rend. Lomb. = **Rend. Ist. Lomb.** = Reale Istituto Lombardo di science e e lettere. Rendiconti. Classe di scienze matematiche e naturali. Milano. R.

Rep. anal. Chem. = Repertorium der analytischen Chemie für Handel, Gewerbe und öffentliche Gesundheitspflege. Organ des Vereins analytischer Chemiker. Red.: J. Skalweit. Hamburg: Voss. (seit 1881).

Rep. Brit. Ass. = Report of the (52) meeting of the British Association for the advancement of science, held at (Southampton) August (1882). London: John Murray (1883). 8°.

Rep. d. Phys. = sh. **Carl Rep.**

Rep. f. Met. = Repertorium für Meteorologie, hrsg. von der kaiserlichen Akademie der Wissenschaften, red. v. Heinr. Wild. St. Petersburg. Leipzig: Voss' Sort. Imp. 4. R.

Rep. Smith. Inst. sh. **Smiths. Rep.**

Rep. U. S. C. S. = Report of the Superint. of the U. S. Coast Survey. Washington.

Rev. scient. = La Revue scientifique de la France et de l'étranger. Revue des cours scientifiques (3e série) ··· Paris: G. Baillière et Cie. Jährlich 2 Bände zu je 25 oder 26 N.

Riv. scient. ind. = **Riv. scient.-indust.** = Rivista scientifico-industriale. Firenze (von Vimercati). Nach Citaten in anderen Journalen.

Schmidt's Jahrb. d. Med. = Schmidt's Jahrbücher der in- und ausländischen gesammten Medizin. Red. v. Adf. Winter. Leipzig: O. Wigand. Im Jahre erscheinen mehrere Bände.

Schr. d Königsb. Ges. = Schriften der physikalisch-ökonomischen Gesellschaft zu Königsberg. XXII. Jahrgang. 1881. (1., 2. Abtheilung) Königsberg: in Comm. bei W. Koch. 1882. 4⁰; XXIII. Jahrgang. 1882. (1. Abtheilung.) R.

Schweiz. Denkschr. = Neue Denkschriften der allgemeinen Schweizerischen Gesellschaft für die gesammten Naturwissenschaften. Zürich. = Nouveaux mémoires etc. R.

Science = Science. An illustrated Journal published weekly. Cambridge, Mass: The Science Company.

Scient. Amer. = Scientific American. New-York. Nach verschiedenen Journalen citirt.

Scient. Proc. Ohio. Mech. Inst. = Scientific Proceedings of the Ohio Mechanics' Institute. Publishing Committee: Robt. B. Warder, Editor; Lewis M. Hosea; Jas B. Stanwood; Osmond Stone; H. T. Eddy. Vol. I. 1882. Cincinnati, Ohio: Ohio Mechanics' Institute, department of science and arts. 8⁰.

Sill. J. (3) = The American Journal of Science. Editors: James D. and E. S. Dana, and B. Silliman. Associate editors: Professors Asa Gray, Josiah P. Cooke, and John Trowbridge, of Cambridge, Professors H. A. Newton and A. E. Vervill, of New Haven, Professor George F. Barker, of Philadelphia. — 3. Series. Vol. XXIII. — [Whole Number CXXIV.] Nos 133—138. January to June, 1882 ···. New Haven, Comm.: J. D. & E. S. Dana. 1882. 8⁰; Vol. XXIV. — [Whole Number, CXXIV.] Nos 139 bis 144. July to December, 1882 ···. 8⁰. 12 Monatshefte. R.

Sirus = Sirus. Zeitschrift für populäre Astronomie ···. Hrsg. ··· von Herm. J. Klein. Leipzig: Scholtze. 12 H. gr. 8⁰.

Sitzber. d. Bayr. Akad. sh. **Münch. Ber.** = **Münch. Sitzber.**

Sitz. d. Jen. Ges. f. Med. u. Nat. sh. **Jen. ZS.**

Sitzber. d. Wien. Ak. sh. **Wien. Ber.**

Smiths. Contrib. = Smithsonian Contributions to Knowledge. Washington: Smithsonian Institution.

Smiths. Inst. = **Smiths. Rep.** = Annual report of the board of regents of the Smithsonian Institution. Washington. 8⁰. R.

Soc. mét. de France bezieht sich auf die Schriften der meteorologischen französischen Gesellschaft.

Svensk. Vet. Handl. = Kongliga Svenska Vetenskaps-Akademiens Handlingar.

Tagbl. d. Naturf.-Vers. in Salzburg = Tageblatt der 54. Versammlung deutscher Naturforscher und Aerzte in Salzburg vom 18. bis 24. September 1881. Unter Red. von HERM. PICK. Salzburg: Mayr. gr. 4°.

Tech. Bl. = Technische Blätter. Vierteljahrsschrift d. deutschen polytechnischen Vereins in Böhmen. Red. von EMAN. CZUBER …. Prag: Calwe in Comm. gr. 8°.

Telegr. J. = Telegraphic Journal, gegr. 1872.

Tijdschr. Aardrijks Gen. = Tijdschrift van het Aardrijkskund Genootschap te Amsterdam.

Trans. Cambr. Soc. = Transactions of the Philosophical Society of Cambridge. Cambridge. 4°.

Trans. Con. Acad. = Transactions of the Connecticut Academy of Arts and sciences. New-Haven.

Trans. Dubl. Soc. = The Scientific Transactions of the Royal Dublin Society. 4°.

Trans Edinb. Soc. = **Trans. Edinb. Roy. Soc** = Transactions of the Royal Society of Edinburgh.

Trans. Royal Soc. of London sh. **Phil. Trans.**

Trans. Edinb. Geol. Soc. = Transactions of the Geological Society of Edinburgh.

Trans. N. Z. Inst. = Transactions and Proceedings of the New Zealand Institute.

Trans. R. S. of Victoria = Transactions and Proceedings of the Royal Society of Victoria. Melbourne.

Tschermak Mitth. sh. **Min. Mitth.**

U. S. Coast Survey sh. **Rep. U. S. C. S.**

Verh. d. Ges. f. Erdk. = Verhandlungen der Gesellschaft für Erdkunde zu Berlin. 8°. (Enthaltend Sitzungsberichte, Nachrichten über andere Gesellschaften etc. sh. ZS. f. Erdk.

Verh. d. k. k. geol. Reichsanst. = Verhandlungen der k. k. geologischen Reichsanstalt. Wien: Hölder. 17—18 N. Lex.-8°. R

Verh. d. naturf. Ges. zu Basel = Verhandlungen der naturforschenden Gesellschaft in Basel. Basel: Schweighauser. 8°. R.

Verh. d. Naturf. Vers. in Salzburg sh. **Tagbl. d. Naturf.-Vers. in Salzburg.**

Verh. d. naturw. Ver. f. Rheinl. = Verhandlungen des naturhistorischen Vereines der preussischen Rheinlande und Westphalens. Hrsg. von C. J. ANDRÄ. Bonn: Cohen & Sohn in Comm. gr. 8°.

Verh. d. phys. Ges. Berlin = **Verh. physik. Ges. Berlin** = Verhandlungen der physikalischen Gesellschaft zu Berlin. Berlin: Georg Reimer. 8°. R.

Verh. d. physiol. Ges. Berl. = Verhandlungen der physiologischen Gesellschaft zu Berlin enthalten in DU BOIS-Arch. R.

Verh. d Schweiz. Naturf. Ges. in Aarau, 1881, LXIV = Verhandlungen der Schweizerischen Naturforschenden Gesellschaft in Aarau, den 7., 8., 9. und 10. August 1881. — 64. Jahresversammlung. — Jahresbericht 1880/81. Aarau: Druck von H. R. Sauerländer. 1881. 8°. R.

———— **in Linthal,** 1882, LXV = … in Linthal den 11., 12. und

13. September 1882. — 65. Jahresversammlung. — Jahresbericht 1881/82. Glarus: Buchdruckerei von Frid. Schmidt. 1882. 8°. R.

Verh. d. Ver. f. Gewerbfl. = Verhandlungen des Vereins zur Beförderung des Gewerbefleisses. Red.: HERM. WEDDING. Berlin: Simion. 10 H. gr. 4°.

Verh. Polyt. Ges. Berlin = Verhandlungen der Polytechnischen Gesellschaft zu Berlin. 8°.

Versl K Ak. d. Wet. (Afd. Nat.) = Verslagen en Meddeelingen d. Koninklijke Akademie van Wetenschappen Afdeeling Natuurkunde. Amsterdam

Vidensk. Selsk. Skr. = Videnskabs Selskabs Skriften, naturvidenskabelig og matematisk Afd. Erscheint in einzelnen Heften. Kopenhagen. 4°. R.

Vierteljschr. d. Astr. Ges. = Vierteljahrschrift der Astronomischen Gesellschaft. Hrsg. von E SCHÖNFELD, A. WINNECKE. Leipzig: W. Engelmann. 8°.

Vierteljschr. d. naturf. Ges Zürich. = Vierteljahrschrift der naturforschenden Gesellschaft in Zürich. Red von RUD. WOLF. Zürich: Höhr in Comm. 8°. R.

Virchow's Arch. sh. **Arch. f. path. Anat.**

Wied. Ann. = Annalen der Physik und Chemie. Unter Mitwirkung der Physikalischen Gesellschaft zu Berlin und insbesondere des Herrn H. HELMHOLTZ hrsg. von G. WIEDEMANN. Leipzig: J. A. Barth. 8°. 3 Bände. R.

Wien. Anz. = **Wien. Anzeig.** = Anzeiger der Kaiserlichen Akademie der Wissenschaften. — Mathematisch naturwissenschaftliche Classe. — XIX. Jahrgang. 1881. N. I—XXVIII. Wien: Aus der K. K. Hof- und Staatsdruckerei, 1882. 8° R.

Wien. Ber. = Sitzungsberichte der mathematisch-naturwissenschaftlichen Classe der Kaiserlichen Akademie der Wissenschaften. LXXXIV. Bd. ··· Abtheilung (I. Abtheilung enthält die Abhandlungen aus dem Gebiete der Mineralogie, Botanik, Zoologie, Geologie und Paläontologie. II. Abtheilung ··· Mathematik, Physik, Chemie, Mechanik, Meteorologie und Astronomie. III. Abtheilung ··· Physiologie, Anatomie und theoretischen Medicin.) Jahrgang 1881 (2. Hälfte) ···. Wien: in Comm. bei Carl Gerold's Sohn. 1882. — LXXXV. Bd. LXXXVI. Bd. ··· Jahrgang 1882 ··· 1882. 1883. Der Band jeder Abtheilung besteht aus 5 Heften. R.

Wien. Denkschr. = Denkschriften der Kaiserlichen Akademie der Wissenschaften. Mathematisch naturwissenschaftliche Classe. Wien: Gerold's Sohn in Comm. Imp. 4°.

Wien. med. Blätter = Wiener medizinische Blätter ···. Hrsg. von WILH. SCHLESINGER Red.: G. A. EGGER. Wien: Braumüller in Comm. 52 Nrn. Imp. 4°. (I. Jahrg. 1878.)

Wien. med. Wochenschr. = Wiener medizinische Wochenschrift. Hrsg. u. Red.: L. WITTELSHÖFER. Wien: Seidel u. Sohn in Comm. gr. 8°.

Wien. med. Presse = Wiener medizinische Presse. Organ für praktische Aerzte. Hrsg. u. Chef-Red.: JOH. SCHNITZLER. Mit Beiblatt: Wiener Klinik. Vorträge aus der gesammten praktischen Heilkunde. Wien: Urban und Schwarzenberg. 12 H. gr. 8°.

Wien. med. Rundschau = Medicinisch-chirurgische Rundschau ··· hrsg. von W. F. LOEBISCH. Wien: Urban u. Schwarzenberg. 12 H. gr. 8°.

Wochensch. D. Ing. = Wochenschrift des Vereines Deutscher Ingenieure sh, ZS. D. Ing.

Wolf Vierteljahrsschrift = **Wolf ZS.** sh. **Vierteljschr. d. naturf. Ges. Zürich.**

Württemb. Jahrb. f. Statistik = Württembergische Jahrbücher für Statistik und Landeskunde. Hrsg. v. dem k. statistisch-topograph. Bureau. Stuttgart: Kohlhammer. Lex. 8⁰.

Würzb. Sitzber. = Sitzungsberichte der physikalisch-medicinischen Gesellschaft zu Würzbburg. Würzburg: Stahel. gr. 8⁰.

Würz. Verh. = Verhandlungen der physikalisch-medicinischen Gesellschaft in Würzburg. Würzburg: Stahel. gr. 8⁰.

Zool. Anzeiger = Zoologischer Anzeiger hrsg. v. J. Vict. Carus. Leipzig: Engelmann. 26 N. gr. 8⁰.

ZS. anal. Chem = Zeitschrift für analytische Chemie. Hrsg. von C. Remigius Fresenius unter Mitwirkung von Heinr. Fresenius. Wiesbaden: Kreidel. 4 H. gr. 8⁰.

ZS. d. d. ö. A. V. = Zeitschrift des deutschen und österreichischen Alpenvereins. Redigirt von Th. Trautwein. Wien. München: Lindauer in Comm. gr. 8⁰.

ZS. d. geol. Ges. = **ZS. d. deutschen geol. Ges.** = Zeitschrift der deutschen geologischen Gesellschaft. Berlin: Hertz 4 H. gr. 8⁰.

ZS. d. Ges. f. Erdk. sh. **ZS. f. Erdk.**

ZS. D. Ing. = Zeitschrift des Vereins deutscher Ingenieure. Red.: Th. Peters. Nebst Wochenschrift desselben Vereines. Berlin: Springer in Comm. 12 H. u. 52. N. Imp. 4⁰.

ZS. d. k. preuss. statist. Bur. = Zeitschrift des königl. preussischen statistischen Bureaus. Red. von Ernst Engel. Berlin: Verlag des k. stat. Bureaus. Imp. 4⁰.

ZS. f. angew. Elektr. = Zeitschrift für angewandte Elektricitätslehre ··· Hrsg. von F. Uppenborn jun. München: Oldenbourg. 24 N. Lex. 8⁰.

ZS. f. Berg- u. Hüttenw. = Zeitschrift für das Berg-, Hütten- und Salinenwesen in dem preussischen Staate, hrsg. im Ministerium der öffentl. Arbeiten. Berlin: Ernst & Korn. 6 H. gr. 4⁰.

ZS. f. Biol. = Zeitschr. f. Biologie von M. v. Pettenkofer u. C. Voit. München: Oldenbourg. 4 H. gr. 8⁰.

ZS. f. Erdk. = Zeitschrift der Gesellschaft für Erdkunde zu Berlin ··· hrsg. von W. Koner. Nebst: Verhandlungen der Gesellschaft für Erdkunde zu Berlin. Red.: G. Nachtigal. Berlin: D. Reimer. 6 H. u. 18 N. 8⁰.

ZS. f. Forst- und Jagdwesen = Zeitschrift für Forst- und Jagdwesen. Zugleich Organ für forstliches Versuchswesen. Hrsg. ··· v. B. Danckelmann. Berlin: Springer. (Mit Müttr. Beobergebn.)

ZS. f. Gasb. = **ZS. f. Gasbeleuchtung** = ZS. f Gasbeleuchtung und Wasserversorgg.

ZS. f. Instrk. II = Zeitschrift für Instrumentenkunde. Organ für Mittheilungen aus dem gesammten Gebiete der wissenschaftlichen Technik. — Hrsg. von E. Abbe in Jena, Fr. Arzberger in Wien, C. Bamberg in Berlin, ··· Red.: Georg Schwirkus. Zweiter Jahrgang. 1882. Berlin: Julius Springer. R.

ZS. f. Kryst. = Zeitschrift für Krystallographie und Mineralogie unter Mitwirkung zahlreicher Fachgenossen des In- und Auslandes, hrsg. von P.

Groth. VI. Bd. ··· Leipzig: Wilhelm Engelmann. 1882. 6 H. R. VII. Bd. ··· 1883.

ZS. f. Math. (u. Phys) = Zeitschrift für Mathematik und Physik, hrsg. unter der verantwortlichen Redaction von O. Schlömilch, E. Kahl und M. Cantor. XXVII. Jahrgang ··· Leipzig: B. G. Teubner. 8⁰.

ZS. f. Met. = Zeitschrift der österreichischen Gesellschaft für Meteorologie. Red. von J. Hann. Wien: Braumüller. 12 H. Lex. 8⁰.

ZS. f. Naturw. = **ZS. f. ges. Naturw.** = Zeitschrift für Naturwissenschaften···. Hrsg. vom naturwissenschaftlichen Vereine für Sachsen und Thüringen in Halle ···. Berlin: Parey. 6 H. gr. 8⁰.

ZS. f. Ohrenheilk. = Zeitschrift für Ohrenheilkunde. Unter Mitwirkung von C. Agnew, E. Berthold, G. Brunner etc. hrsg. von H. Knapp und S. Moos. Wiesbaden: Bergmann. 4 H. gr. 8⁰.

ZS. f. physiol. Chem. = Zeitschrift für physiologische Chemie unter Mitwirkung von E. Baumann, Gätgens, O. Hammersten etc. hrsg. von F. Hoppe-Seyler. Strassburg: Trübner. gr. 8⁰.

ZS. f. vergl. Augenheilk. = Zeitschrift für vergleichende Augenheilkunde, unter Mitwirkung von O. Bollinger, L. Franck, R. Leuckart u. A. hrsg. von K. Berlin und O. Eversbusch. Leipzig: F. C. W. Vogel. 2 H. gr. 8⁰. (Erscheint mit der Deutschen Zeitschrift für Thiermedicin und vergleichende Pathologie ···)

ZS. f. Verm. = Zeitschrift für Vermessungswesen. Organ des deutschen Geometervereins. Unter Mitwirkung von F. R. Helmert und F. Lindemann hrsg. von W. Jordan. Stuttgart: Wittwer in Comm. 24 H. gr. 8⁰.

ZS. f. wiss. Geogr. = Zeitschrift für wissenschaftliche Geographie, in Verbindung mit O. Delitsch, J. I. Egli, Th. Fischer etc. hrsg. von J. I. Kettler Lahr: Schauenberg. 6 H. Lex. 8⁰.

ZS. f. wiss. Zool. = Zeitschrift für wissenschaftliche Zoologie, hrsg. von Carl Thdr. v. Siebold u. Alb. v. Köllicker unter der Red. von Ernst Ehlers. Leipzig: Engelmann. gr. 8⁰.

Zürch. Vierteljschr. sh. **Vierteljschr. d. naturf. Ges. Zürich.**

Bedeutung der Abkürzungen für die einzelnen Abschnitte.

I. Allgemeine Physik.
- I. 1. Maass und Messen.
  - I. 1a. Allgemeine Laboratoriumseinrichtungen.
- I. 2. Dichtigkeit.
- I. 3. Molecularphysik.
  - I. 3a. Krystallographisches.
- I. 4. Mechanik.
- I. 5. Hydrodynamik.
- I. 6 Aërodynamik.
- I. 7. Cohäsion und Adhäsion.
  - I. 7A. Elasticität und Festigkeit.
  - I. 7B. Capillarität.
  - I. 7C. Löslichkeit.
  - I. 7D. Diffusion.
  - I. 7E. Absorption.

II. Akustik.
- II. 8. Physikalische Akustik.
- II. 9. Physiologische Akustik.

III. Optik.
- III. 10. Theorie des Lichtes.
- III. 11. Fortpflanzung, Spiegelung und Brechung des Lichtes.
- III. 12. Objective Farben, Spectrum, Absorption.
- III. 13. Photometrie.
- III. 14. Phosphorescenz und Fluorescenz.
- III. 15. Interferenz, Polarisation, Doppelbrechung, Krystalloptik.
  - III. 15A. Circularpolarisation.
  - III. 15B. Krystalloptik.
- III. 16. Chemische Wirkungen des Lichtes.
- III. 17. Physiologische Optik.
  - III. 17A. Der dioptrische Apparat des Auges.
  - III. 17B. Physiologie der Retina.
  - III. 17C. Farbensinn.
  - III. 17D. Psychische Verarbeitung der Gesichts-Eindrücke.
  - III. 17E. Wirkungen des Lichtes auf Pflanzen und niedere Thiere.

VI. 41 C. Die Fixsterne und Nebel.
VI. 41 D. Die Sonne.
VI. 41 E. Die Kometen.
VI. 41 F. Die Sternschnuppen.
VI. 41 G. Meteorsteine.
VI. 41 H. Das Polar- und Zodiakallicht.

VI. 42. Meteorologie.
VI. 42 A. Allgemeines. Theorien. Kosmische Meteorologie; allgemeine Eigenschaften der Atmosphäre (Zusammensetzung etc.).
VI. 42 B. Apparate.
VI. 42 C. Meteorologische Optik.
VI. 42 D. Temperatur.
VI. 42 E. Luftdruck und Höhenmessungen.
VI. 42 F. Winde.
VI. 42 G. Feuchtigkeit, Wolken und Nebel.
VI. 42 H. Atmosphärische Niederschläge.
VI. 42 J. Allgemeine Beobachtungen (Klimatologie), Beobachtungen auf Reisen.

VI. 43. Erdmagnetismus.

VI. 44. Atmosphärische Elektricität (Gewitter etc.).

VI. 45. Physikalische Geographie.
VI. 45 A. Physik der Erde.
1. Ortsbestimmungen, Pendelbeobachtungen, allgemeine Eigenschaften der Erde (Dichte etc.)
2. Boden- und Erdtemperatur.
3. Vulkane.
4. Erdbeben.
5. Hebungen und Senkungen, Gebirge, Thalbildungen, Niveauveränderungen, besondere Verwitterungserscheinungen.
6. Theorien der Erdbildung.

VI. 45 B. Physik des Wassers.
1. Meere (Oceanographie).
2. Seen und Flüsse.
3. Quellen, Grundwasser.
4. Eis, Eiszeit, Gletscher, Glacialphysik.

VI. 46. Geographie und Reisen, in denen physikalische Beobachtungen sich vorfinden.

Inhalt.

Erster Abschnitt.

Allgemeine Physik.

2. Dichtigkeit.

3. Molecularphysik.

Seite

4. Mechanik.

5. Hydrodynamik.

6. Aerodynamik.

7. Cohäsion und Adhäsion.

A. Elasticität und Festigkeit.

Zweiter Abschnitt.

Akustik.

8. Physikalische Akustik.

9. Physiologische Akustik.

Verzeichniss der Herren, welche für die 1. Abtheilung des XXXVIII. Jahrganges (1882) der Fortschritte der Physik Berichte geliefert haben.

Herr Dr. Böttger (*Bgr.*) in Berlin.
- Prof. Dr. Chwolson (*O. Chw.*) in Petersburg.
- Dr. Giese (*W. G.*) in Berlin.
- Dr. Grunmach (*L. Grnm.*) in Berlin.
- Prof. Dr. Hammerl (*H.*) in Mährisch-Trübau.
- Dr. Hecht (*B. Ht.*) in Königsberg i./O.-P.
- Prof. Dr. Hoh (*Hh.*) in Bamberg.
- Prof. Dr. Hoppe (*He.*) in Berlin.
- Prof. Dr. Kayser (*H. K.*) in Hannover.
- Prof. Dr. Liebisch (*Lh.*) in Göttingen.
- Prof. Dr. Neesen (*Nn.*) in Berlin.
- Dr. Pernet (*Pt.*) in Berlin.
- Dr. Rosochatius (*E. R.*) in Berlin.
- Dr. Schönach (*Schön.*) in Wien.
- Prof. Dr. Volkmann (*P. V.*) in Königsberg i./O.-Pr.
- Dr. Wiechert (*E. Wt.*) in Königsberg i./O.-Pr.

Erster Abschnitt.

Allgemeine Physik.

1. Maass und Messen.

A. F. SUNDELL. Remarks on absolute systems of physical units. Phil. Mag. (5) XIV, 81-109†.

Unter Bezugnahme auf WEBER'S „Elektrodynamische Maassbestimmungen“, MAXWELL'S „Treatise on electricity and magnetism“, KOHLRAUSCH'S „Leitfaden der praktischen Physik“ und WIEDEMANN'S „Lehre vom Galvanismus“ giebt der Herr Verfasser die Theorie des absoluten Maasssystems, schliesst daran eine Vergleichung desselben mit dem Gravitationssystem, dessen Fundamentaleinheiten die Längen-, Zeit- und Krafteinheit sind, und setzt das elektrostatische, das elektromagnetische, das GAUSS-WEBER'sche und das elektrodynamische Maasssystem, sowie deren gegenseitige Beziehungen an der Hand von Beispielen auseinander. *L. Grnm.*

L. GRUNMACH. Ueber Maass und Messen, insbesondere über die Entwickelung und Begründung des metrischen Maasssystems. Verh. Polyt. Ges. Berlin vom 7. Decbr. 1882. 1-28†.

Verfasser entwickelt die theoretische Ableitung der drei Fundamentaleinheiten des absoluten Maasssystems, der Einheit des Raumes, der Zeit und der Materie und giebt deren praktische Definitionen. In ausführlicherer Weise werden insbesondere die historische Entwickelung des metrischen Maasssystems, die

Bildung der internationalen Metercommission und die Aufgaben, mit denen letztere betraut ist, behandelt, sowie in Kürze die Methoden und Instrumente der Präcisionsmessung der drei Fundamentalgrössen erörtert. *L. Grnm.*

A. Ledieu. Considérations sur la théorie générale des unités. C. R. XCV, 1328-1332†.

Der Autor betrachtet als Fundamentalgrössen einer formalen Metrologie Länge, Masse, Zeit und Kraft, weist auf den Zusammenhang zwischen abgeleiteten und Fundamentalgrössen, sowie auf den Unterschied zwischen theoretischer und praktischer Definition von Einheiten hin und bespricht die Herstellung von Normalmaassen, welche unmittelbar nur für Länge und Masse vorhanden seien. *L. Grnm.*

L. Loewenherz. Zur Geschichte der Entwickelung der mechanischen Kunst. ZS. f. Instrk. II, 212-219, 254-260, 275-285, 365-376, 447-459†.

Nach einer einleitenden Uebersicht über die Entwickelung der mechanischen Kunst bei den Alten und im Mittelalter beschreibt der Herr Verfasser, um eine Vorstellung über die Leistungen jener Zeitepochen zu geben, ein aus dem elften Jahrhundert stammendes arabisches Astrolabium sowie einige der von dem berühmten Danziger Astronomen Hevelius im siebenzehnten Jahrhundert angewandten Apparate und schliesst hieran die Mittheilung historischer Notizen über die Herstellung optischer Gläser, über die Herstellung von Kreistheilungen, ferner über die verschiedenen Constructionsarten von Kreis-Theilmaschinen und über wichtige ältere und neuere mechanische Werkstätten, welche sich mit den zuletzt genannten Problemen beschäftigten. *L. Grnm.*

Th. Baumann. Erinnerungen aus meinem Leben, ein Beitrag zur Geschichte der Präcisionsmechanik. ZS. f. Instrk. II, 46-51†.

Enthält neben einer kurzen Schilderung der Lehr- und Wanderjahre des Seniors der Berliner Mechaniker manche interessante Mittheilung über mechanische Künstler und Gelehrte, welche Zeitgenossen des Verfassers waren, namentlich über Bessel.

L. Grnm.

Tammen. Nutzung der Gauss'schen Reihe für die Experimentalphysik. Carl Rep. XVIII, 129-140†.

An der Hand einiger der Mechanik entlehnter Aufgaben wird gezeigt, wie die gesuchte Grösse dargestellt werden kann durch eine Potenzreihe, deren erste Coefficienten mit Hülfe der Methode der kleinsten Quadrate aus den Versuchsreihen zu bestimmen sind. *L. Grnm.*

C. Wolf. Deux étalons de l'aune et du pied de roi, recemment retrouvés. C. R. XCV, 977-978†; Mondes (3) III, 570-572†.

Herr C. Wolf macht der Pariser Akademie über einen metrologisch interessanten Fund Mittheilung. Er entdeckte nämlich im August 1882 im Marine-Arsenal zu Cherbourg erstens einen eisernen getheilten Maassstab, welcher die Pariser Elle repräsentirt, und dessen Etalon die Aufschrift trägt: „Etalon de l'aune de Paris, vérifié le 26. 8bre 1768 à 12° du thermomètre de M. de Réaumur, Canivet à la Sphère, à Paris", und zweitens einen getheilten eisernen Maassstab, der den französischen Fuss repräsentirt und mit der Inschrift versehen ist: Pied de France étalonné le 26. 8bre 1768 à 12° du thermomètre de M. de Réaumur, Canivet à la Sphère, à Paris. Beide Maassstäbe sind gut erhalten und in sofern von historischem Interesse, als sie bisher die einzigen mit Etalons versehenen Maassstäbe sind, welche bereits vor der Einführung des metrischen Maasssystems behufs Herstellung eines einheitlichen Maasssystems construirt worden sind. Ein Decret Ludwigs des XV. vom 16. Mai 1766 ordnete nämlich an, dass zur sicheren Fundirung eines einheitlichen

Maass- und Gewichtswesens für ganz Frankreich Normalmaasse sowohl für das Pariser Pfundgewicht, als für den „pied de roi“ und die Pariser Elle angefertigt und in die wichtigsten Städte zur Aufbewahrung versandt werden sollten. Die beiden aufgefundenen Maassstäbe, welche in der vorliegenden Mittheilung eingehend beschrieben werden, stammen nun aus jener Zeitepoche.

L. Grnm.

C. Wolf. Recherches historiques sur les étalons de l'Observatoire (et les appareils, qui ont servi à les construire). Ann. chim. phys. (5) XXV, 5-112†; J. de phys. (2) I, 252-255*.

In der vorliegenden umfangreichen Abhandlung hat Herr C. Wolf seine eingehenden Studien über sämmtliche im Pariser Observatorium befindliche Urmaasse niedergelegt. Das Wesentlichste der Ergebnisse dieser Untersuchungen ist bereits nach einem in den „Comptes rendus“ veröffentlichten Resumé im vorigen Jahrgange dieser Berichte S. 23—25 vom Referenten besprochen worden.

L. Grnm.

Tresca. Sur les procédés employés pour la confection et le tracé des étalons métriques. C. R. XCV, 673†.

In einer kurzen Notiz wird der Pariser Akademie von Dumas ein vollständiger Bericht über die Herstellung der neuen metrischen Prototype, über die Construction der Comparatoren und über die Methode der Theilung der Maassstäbe in Aussicht gestellt.

L. Grnm.

Comité international des poids et mesures. Procès-verbaux des séances de 1881. Paris: Gauthier-Villars. 1882. 136 S.†

Die Sitzungsprotokolle der internationalen Metercommission aus der Session 1881 liefern ausser den in extenso mitgetheilten Correspondenzen und diplomatischen Verhandlungen Bericht über die internen Angelegenheiten, Geschäfte und Arbeiten des Comités während des Jahres 1881, von denen an dieser Stelle besonders erwähnt werden mögen: ein Bericht von Dumas über Vergleichungen einiger neuer Etalons des Meters und des Kilogramms mit den alten Prototypen der Archive, ein Bericht der Herren Ibañez und Hirsch über den geodätischen Comparator, einer von Herrn Marek über die Bunge'sche Vacuumwage und der an ihr sowie an anderen Instrumenten ausgeführten Verbesserungen, sowie eine Mittheilung von Dumas über die von der französischen Section für die Herstellung der neuen Prototype veranschlagten Preise, der zufolge ein Prototyp des Meters aus reinem Platin-Iridium (90 pCt. Platin und 10 pCt. Iridium) 9000 Francs, ein Platin-Iridium-Meterstab aus der Legirung des Jahres 1874 6000 Francs und ein Prototyp des Kilogramms 3000 Francs kosten würde.

Es wird dann das Programm für die demnächst auszuführenden wissenschaftlichen Arbeiten festgesetzt und beschlossen, mit dem Drucke des zweiten Bandes der „Traraux et mémoires du bureau international" (über die in dem inzwischen erschienenen ersten Bande enthaltenen Arbeiten ist vom Referenten im vorigen Jahrgange dieser Berichte S. 4—10 und 736—737 berichtet worden) sofort zu beginnen.

Der den Sitzungsprotokollen beigefügte Anhang enthält den fünften ausführlichen Bericht des Comités der internationalen Metercommission an die Signatarmächte über die Gesammtthätigkeit während des Jahres 1881, über die vorgenommenen baulichen Veränderungen, über die Maschinen, Instrumente, über Personal und Bibliothek des Bureaus, ferner die Correspondenzen mit den einzelnen Regierungen sowie die Rechnungsabschlüsse.

L. Grnm.

Denkschrift betreffend die Thätigkeit der Kaiserlichen Normal-Aichungs-Kommission von ihrer Einsetzung im Jahre 1869 bis zum Frühjahr 1882. Mit 9 Anlagen, enthaltend statistische Nachweisungen bis einschliesslich 1880 und sonstige technische Erläuterungen und Zusammenstellungen. Berlin, Mai 1882. gr. 4°. 62 S.†

Nachdem in der Einleitung der Denkschrift die Geschichte der Entstehung der Normal-Aichungs-Commission dargelegt, die Organisation derselben und die ihr obliegenden Aufgaben erörtert sind, wird in dem darauf folgenden Capitel die eigentliche Thätigkeit der Commission von 1869 bis 1882 behandelt. Ueber die rein wissenschaftlichen Untersuchungen, welche während dieses Zeitraumes auf den Gebieten des Messens und Wägens und besonders auch der Thermometrie angestellt, und deren Ergebnisse in den von der Commission herausgegebenen „Metronomischen Beiträgen" No. 1, No. 2 und No. 3 niedergelegt sind*), ist in diesen Berichten XXVI, 10—13, XXXII, 31—33, XXXIV, 11, XXXVII, 719—729 eingehend berichtet worden. Es dürfte daher an dieser Stelle in Rücksicht auf die Fülle des Materials und auf den Charakter einzelner Arbeiten, die naturgemäss gewerbliche Zwecke verfolgen und das Maass- und Gewichtswesen für den öffentlichen Verkehr betreffen, wohl nur eine Inhaltsangabe der Denkschrift genügen, um über die Gesammtthätigkeit der Commission ein Bild zu gewinnen. Es werden erstens die Arbeiten zum Zweck der Einführung der neuen Maass- und Gewichtsordnung besprochen, welche in der Aufstellung der technischen Vorschriften, in der technischen Ausrüstung der Aufsichtsbehörden und der Aichämter nnd in den zur Sicherung der technischen Grundlagen der Normale erforderlichen Präcisionsarbeiten bestanden; zweitens die Arbeiten wegen Ausdehnung des Geltungsbereiches der Maass- und Gewichtsordnung; drittens die Arbeiten wegen Zulassung neuer Arten von Maassen und Messwerkzeugen, Gewichten und Waagen zur Aichung; viertens die Arbeiten zur Prüfung und Beglaubigung technischer Hülfsmittel der Zoll- und Steuerverwaltung, sowie zur Sicherung der technischen Arbeiten anderer Verwaltungszweige und der wissenschaftlichen Arbeiten von deutschen und ausländischen Behörden, öffentlichen Instituten und Privaten; fünftens Arbeiten zur Sicherung und Verbesserung der Technik des Aichungswesens und eigentliche Aichungsarbeiten

*) Inzwischen sind auch die Metronomischen Beiträge No. 4 und No. 5 erschienen, welche barometrische Untersuchungen resp. Längenmaassbestimmungen enthalten. D. Ref.

der Commission, sechstens die Statistik des Aichungswesens. In dem folgenden Capitel werden dann die Folgerungen besprochen, welche sich aus den bisherigen Erfahrungen der Normal-Aichungs-Commission ergeben, und welche die dringende Nothwendigkeit der Durchführung regelmässiger periodischer Nachaichungen klarlegen.

Anhangsweise sind der Denkschrift neun Anlagen beigefügt, von denen die erste die Instruction für die Normal-Aichungs-Commission, die anderen statistische Nachweisungen und Zusammenstellungen, sowie technische Erläuterungen enthalten.

L. Grnm.

CH. M. SCHOLS. Le calcul de distance et de l'azimut au moyen de la longitude et de la latitude. Arch. néerl. XVII, 101-108†.

Der Herr Verfasser zeigt, wie sich die von Herrn HELMERT in seinem Werke „Die mathematischen und physikalischen Theorien der höheren Geodäsie" entwickelten Formeln vereinfachen lassen zur Berechnung der Distanz und des Azimuts aus Länge und Breite.

L. Grnm.

ANTON SCHELL. Die Tachymetrie, mit besonderer Berüksichtigung des Tachymeters von TICHÝ und STARKE. Für Terrain- und Trace-Studium bearbeitet. Wien: L. W. Seidel & Sohn. 1880. 93 S. 8°; [ZS. f. Math. u. Phys. XXVII, 15-21†.

— — ZS. f. Math. u. Phys. XXVII, 114-117†.

Nach dem von Herrn BOHN in der angeführten Zeitschrift gegebenen Referate werden in der Einleitung des SCHELL'schen Werkes zunächst die Formeln entwickelt zur Berechnung der Entfernung und relativen Höhe eines Punktes aus dem Winkel, unter welchem eine bekannte Länge einer vertical aufgestellten Latte erscheint und der Neigung des nach dem Anfangspunkte des Lattenabschnittes gerichteten Zielstrahles gegen die Horizontale. Es folgt hierauf die Theorie des anallatischen Fernrohres nebst Maassangaben hinsichtlich der Fernrohre, welche an den zwei Arten der von Starke und Kammerer angefertigten Tachymeter vorkommen. In dem ersten Theile wird dann speciell die Einrichtung und Handhabung des Tachymeters von Tichý und Starke beschrieben und die Prüfung desselben sowie die Genauigkeitsgrenze der damit ausgeführten Messungen erörtert, während im zweiten Theile das Wesentlichste der tachymetrischen Aufnahmen behandelt wird.

Das von Starke und Kammerer theodolithartig ausgeführte Tachymeter gestattet die Messung von Horizontal- und Verticalwinkeln, sowie die Ermittelung der schiefen Distanz. Mittelst des Tachymeters von Tichý und Starke, dessen distanzmessendes Fernrohr mit einer Libelle versehen ist, und welches somit als Universalnivellirinstrument angewandt werden kann, lassen sich die für die Construction eines Planes nöthigen Elemente, Horizontaldistanz und Höhe, unmittelbar auf dem Felde erhalten. Zu diesem Zwecke ist das Fernrohr des letztgenannten Tachymeters mit einem Ocular-Filar-Schraubenmikrometer versehen, und an dem Verticalkreise sind ausser der gewöhnlichen Gradtheilung noch zwei diametral gegenüberliegende, je einen Bogen von 90° umfassende Tachymetertheilungen angebracht. Diese Einrichtung ermöglicht die räumliche Bestimmung eines Punktes, sowohl nach der gebräuchlichen Methode, durch Ermittelung der schiefen Distanz und des Verticalwinkels, als auch nach der Tichý'schen Methode durch Bestimmung der Horizontaldistanz und der Höhe. Herr Bohn unterzieht diese Einrichtung einer ausführlichen Kritik und erhebt gegen die Zweckmässigkeit derselben sowie gegen die von Herrn Schell in seiner Schrift behandelte Auswerthungsmethode der Genauigkeitsgrenzen einige Bedenken, welche Herr Schell in seiner Antikritik zu widerlegen sucht. *L. Grnm.*

Haupt. Ein Mittel zur Steigerung der Genauigkeit von Basismessungen. ZS. f. Instrk. II, 241-252†.

Nach einer kurzen Besprechung der in den letzten Jahren bei Strehlen und bei Berlin, bei Strassburg im Elsass und bei

Göttingen, und bei Aarberg in der Schweiz ausgeführten Basismessungen werden unter besonderer Berücksichtigung der von der trigonometrischen Abtheilung der Landes-Aufnahme vom General COMSTOCK und vom General IBAÑEZ mit dessen neuem Basismessapparate angestellten Messungen (vergleiche diese Berichte XXXVII, 37—39 und 743—744) die Unsicherheiten der Maassbestimmungen in der Luft und deren Ursachen erörtert. Der Herr Verfasser erblickt die Hauptquelle aller Unregelmässigkeiten in der Schwierigkeit einer genauen Temperaturbestimmung der Maassstäbe beim Messen in der Luft und schlägt daher vor, Grundlinien nur mit in Wasser oder in anderen Flüssigkeiten liegenden Messstangen zu messen. *L. Grnm.*

FRANZ LORBER. Ueber das Praecisions-Polarplanimeter.
ZS. f. Instrk. II, 327-331, 345-357†; Wien. Ber. [2] LXXXVI, 657-668*.

— — Zur Genauigkeit des Praecisions-Polarplanimeters.
ZS. f. Instrk. II, 425-431†.

Das Präcisions-Polarplanimeter unterscheidet sich dadurch von dem gewöhnlichen Polarplanimeter, dass bei dem ersteren die Messrolle ihre Bewegungen nicht auf der Planunterlage, sondern auf einer besonderen, die Planunterlage nicht berührenden Scheibe *S* ausführt, welche durch eine am Ende ihrer schief liegenden Axe angebrachten Laufrolle *L* in Umdrehung versetzt wird. Die auf dem Plane aufliegende Laufrolle *L* beschreibt beim Nachfahren einer Figur mit dem Fahrstifte *F* einen Kreisbogen, dessen Mittelpunkt im Pole *P* liegt. Der Fahrarm *GF* ist mit dem Pol-

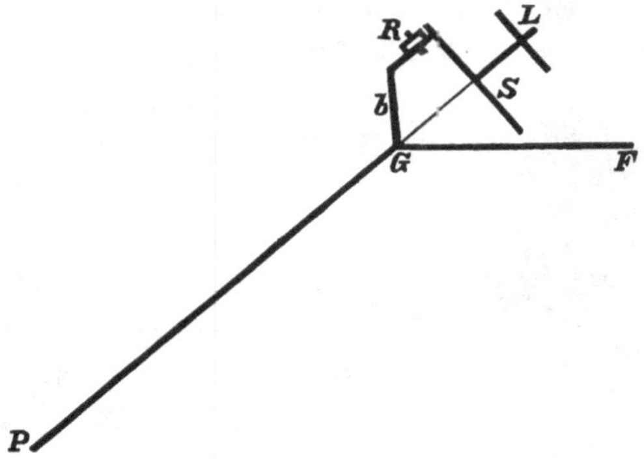

arme *PG* durch ein Gelenk *G* verbunden und um letzteres drehbar; in Folge dessen wird mittelst des senkrecht zu *GF* stehenden Armes *b* ein den Rahmen der Messrolle *R* tragender Schlitten senkrecht zu *PG* verschoben, und hierdurch die Verschiebung der Messrolle in dem zum Schlitten parallelen Durchmesser der Scheibe *S* bewirkt. Die Anzahl der von der Messrolle gemachten Umdrehungen wird auf einem Zählrädchen und auf der Rolle selbst abgelesen.

Der Autor entwickelt zunächst eine Theorie des Präcisions-Polarplanimeters und schliesst daran eine Discussion der Instrumentalfehler sowie eine Untersuchung über den Genauigkeitsgrad von Messungen, welche mit einem etwas modificirten Instrumente, bei welchem Fahrarm und Polarm zum Verschieben eingerichtet sind, ausgeführt worden waren. Es ergiebt sich, dass die Unsicherheiten in den Messungen bei der Anwendung des Präcisions-Polarplanimeters überwiegend auf Justirungsfehler, bei der Anwendung des gewöhnlichen Polarplanimeters dagegen überwiegend auf Umfahrungsfehler zurückzuführen sind. *L. Grnm.*

Klinkerfues' rectificirender Planimeter, Ellipsograph und Pantograph. D. R. P. 13646 vom 16. Juli 1880; [Dingl. J. CCXLII, 413-415†.

Das Princip des Klinkerfues'schen rectificirenden Planimeters, welches auch als Ellipsograph und als Pantograph angewandt werden kann, beruht auf folgender mathematischen Betrachtung: Wird in dem rechtwinkligen Dreieck *ADC*, in welchem *DB* senkrecht auf *AC* steht, *BC* als constant und gleich der Einheit angenommen, so ist für verschiedene Werthe von *DB* und *AB* stets $\overline{AB}.1 = \overline{DB}^2$. Ist nun *A* auf *EB*, *D* auf *FB* und *C* auf *DG* verschiebbar, und lässt sich die ganze Figur um *B* als Pol drehen, so ist $BD = r$ ein Radiusvector, und *D* beschreibt bei der Drehung des Systems um den Winkel

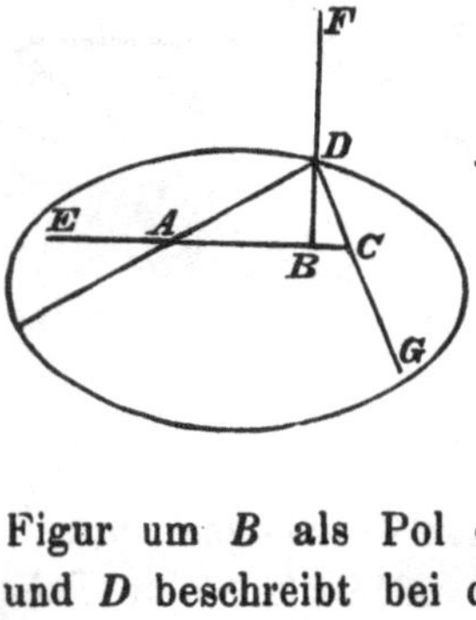

$d\varphi$ auf der Curve das Linienelement $\sqrt{r^2 d\varphi + dr^2}$, während A gleichzeitig das Linienelement $\sqrt{r^4 d\varphi^2 + 4r^2 dr^2}$ beschreibt, dessen zu AB senkrechte Componente $r^2 d\varphi$ ist. Ist nun in A ein Rädchen angebracht, dessen Scheibe, um die Normalbewegung auf AB zum Ausdruck zu bringen, stets senkrecht zu AB festgehalten wird, und in D ein nach allen Seiten frei bewegliches Rädchen, so entspricht der von der Rolle D durchlaufene Weg dem Umfang und der von der Rolle A durchlaufene Weg der Fläche der umschriebenen Figur. *L. Grnm.*

E. Sprenger. Universal-Messtischapparat. ZS. f. Instrk. II, 44-46†.

In die mit dem Dreifusse fest verbundene Büchse aus Rothguss ist die Alhidadenaxe von Hartguss eingesetzt. Auf dieser aussen conischen Büchse sitzt eine zweite Büchse mit zwei starken Ansätzen, deren ersterer den Limbus trägt, während auf den zweiten ein trichterförmiger Teller geschraubt ist. Letzterer liegt etwa 5 mm höher als Kreis und Alhidade, welche er vor äusseren Einwirkungen schützt, und ist mit drei vorspringenden Lappen zur Aufnahme der Messtischplatte versehen. Der Limbus ist vollständig verdeckt bis auf zwei diametral gegenüberliegende mit Glasschiebern verschlossene Durchbrechungen. Auf der Alhidade ist der aus einem Stücke gegossene Fernrohrträger befestigt, in welchem sich die Ringlager für die Fernrohraxe befinden. Mit letzterer ist der Verticalkreis fest verbunden, welcher in derselben Weise wie der Horizontalkreis verdeckt ist, und seine Theilung an der inneren Seite enthält, so dass die Ableselupen mit Reversionsprismen versehen sind.

Um das Instrument auch als Messtisch anwenden zu können, ist demselben auch eine sicher aufstellbare Bussole beigegeben. Für diesen Zweck muss der obere Theil des Universal-Instruments zuerst fortgenommen werden, um dann nach Befestigung der Messtischplatte auf dem Teller, wieder sammt dem Lineal mit dem Untergestell verbunden zu werden. *L. Grmn.*

WILHELM TINTER. Der Fadendistanzmesser. ZS. f. Instrk. II, 117-134, 157-167†.

Die Construction und Theorie des REICHENBACH'schen und des PORRO'schen Fadendistanzmessers werden zunächst in ausführlicher Weise behandelt und die verschiedenen Methoden zur Bestimmung ihrer Constanten an der Hand numerischer Beispiele erläutert. Daran schliesst sich eine Untersuchung über die Veränderlichkeit des Werthes der Constanten, aus welcher der Herr Verfasser zu dem Schlusse gelangt, dass bei denjenigen Instrumenten, bei welchen der Abstand der Horizontalfäden, um einen bestimmten mikrometrischen Winkel zu erhalten, durch Schräubchen oder Federn geändert werden kann, die Aenderungen der Constanten grösser sind, als bei den Instrumenten, bei welchen die Horizontalfäden auf einer und derselben Fadenplatte in unverrückbarer Entfernung befestigt sind. An ERTEL'schen Instrumenten wurden nach dieser Richtung ungünstigere Erfahrungen gemacht als an Instrumenten von STARKE und FENNEL, die PORRO'sche Einrichtung wurde am vortheilhaftesten befunden. Der Einfluss von Temperaturänderungen äussert sich bei den verschiedenen Constructionsarten des Fadendistanzmessers in verschiedener, gesetzmässig aber bisher noch nicht festgestellter, Weise. *L. Grmn.*

O. VON HOLCK. Instrument zum Doppelwinkelmessen mit dazugehörigem Stationszeiger. ZS. f. Instrk. II, 463†.

Das Instrument ist wie ein Spiegelsextant eingerichtet, besitzt aber nicht einen, sondern zwei übereinander angeordnete mittelst Alhidaden drehbare Spiegel; die Bilder derselben werden vom festen Spiegel, dessen oberer und unterer Theil belegt, während der mittlere Theil unbelegt ist, reflectirt und wie gewöhnlich mit Hilfe eines Fernrohres beobachtet. Um die Scale zum Ablesen der zwei Winkel benutzen zu können, sind die Theilstriche doppelt von links nach rechts und umgekehrt bezeichnet.

Die Schenkel des zum Instrumente gehörigen Stationszeigers lassen sich vermittelst Gelenke verlängern oder verkürzen und zusammenklappen. *L. Grmn.*

HARTMANN. Ueber ein neues Scalenfernrohr für Spiegelablesung. CARL Rep. XVIII, 182-185†.

Das Scalenfernrohr zeichnet sich durch grosse Stabilität, sowie symmetrische Anordnung der einzelnen Theile aus; der Scalenträger kann nach jeder Richtung verstellt, das Fernrohr in verticaler Ebene um grössere Winkel geneigt und nach jeder der beiden zu einander senkrechten Drehungsebenen mikrometrisch verstellt werden. *L. Grmn.*

ZARTH und SPLITTEGARB's Entfernungsmesser. DINGL. J. CCXLIV, 297†.

Beschreibung einer einfachen Vorrichtung, um die Entfernung eines Objectes durch die Grösse des Winkels, den zwei auf das Object gerichtete Sehstrahlen bei unveränderlicher Basis mit einander bilden, zu messen. *L. Grnm.*

L. CEREBOTANI. Verfahren von einem beliebigen Standplatz aus Entfernungen zu bestimmen und Curven abzustechen .... Eltville (u. Berlin: Germania in Comm.). 18 S. u. 1 Taf.†

Das Verfahren und die Einrichtung des Entfernungsmessers beruht auf dem Satze, dass in Fig. 1 $AP : AB = dn : dB$, ist, und

Fig. 1.

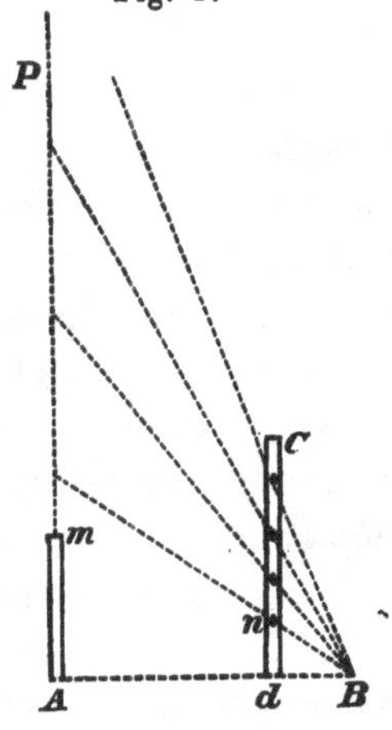

Fig. 2.

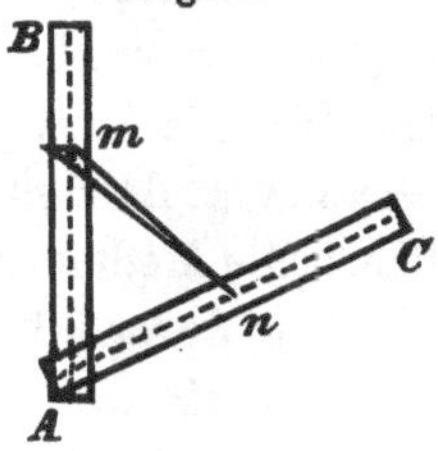

dass dB constant bleibt, während dn veränderlich gemacht ist. Der Curvenabstecher (Fig. 2) besteht im Wesentlichen aus zwei metrisch getheilten, um A drehbaren Schienen AB und AC und aus dem um m drehbaren und auf AB verschiebbaren Stiele mn

L. Grnm.

Sir J. WHITWORTH's Mechanical Papers. London: Spon. [Nature XXVII, 208†.

Gelegentlich der amtlichen Beglaubigung von etwa 300 WHITWORTH'schen Maassstäben als Normale Seitens des Handelscollegiums hat man einige unter den Ingenieuren längst bekannte Aufsätze WHITWORTH's von Neuem publicirt. Der erste derselben handelt von ebenen Metallflächen und deren Herstellungsmethode.

WHITWORTH's Normal-Yard ist ein Endmaassstab aus Metall; von ihm ist der „Standard inch“ des WHITWORTH'schen Systems abgeleitet. Das bisherige englische Normalmaass ist ein Strichmaassstab aus Bronze, der seine wahre Länge bei 62° Fahrenheit hat; die Länge wird durch zwei Striche auf Goldplättchen angegeben. *L. Grnm.*

Weights and measures. [Nature XXVII, 131†.

In vorliegendem Artikel ist ein kurzer Auszug aus einem von dem Handelscollegium erstatteten Bericht enthalten über die Vergleichungen der englischen Normalmaasse*) der königlichen Münze, des königlichen Observatoriums und der Royal Society, welche gesetzlicher Bestimmung gemäss alle zehn Jahre zu erfolgen haben. Die Methoden der Vergleichung, bei welchen man die Arbeiten des Bureau international des poids et mesures benutzen konnte, sowie die Correctionen der Standards werden in einem Anhange von H. J. CHANEY mitgetheilt.

Es folgen einige Mittheilungen über die französischen Nor-

*) Parliamentary copies of the emperial standards of measure and weights.

mal-Toisen, über die Einführung des metrischen Systems in die Türkei (durch Beschluss des Sultans vom 1. März 1881), über Vergleichstabellen von türkischen und metrischen Maassen, sowie über einige metronomische und technische Fragen, mit denen sich das Handelscollegium beschäftigt hat, die sich auf die Feststellung eines einheitlichen Systems für Schrauben und Drahtleeren, einer Einheit für Gaslicht, auf Mittel zur Messung von elektrischen Kräften, zur Messung der Entzündungstemperatur des Petroleums u. A. beziehen. *L. Grnm.*

A. FISCHER. Versuche den Gang der Temperaturen des Platin-Iridium- und des Messing-Stabes am BRUNNER-schen Basis-Apparat, sowie den Temperatur-Unterschied beider Stäbe selbst durch Thermo-Elemente zu bestimmen. Astr. Nachr. CIII, No. 2451, 33-46*.

— — Thermoëlektrische Bestimmung des Ganges der Temperaturen in den Stäben eines Metallthermometers. [ZS. f. Instrk. II, 376-378†.

Der Herr Verfasser hat auf thermoëlektrischem Wege die Temperaturdifferenzen in den beiden Stäben des Metallthermometers des dem Königl. Geodätischen Institute gehörigen BRUNNER'-schen Basismessapparates bei verschiedenen meteorologischen Verhältnissen durch vorläufige Versuche zu bestimmen versucht. Das Metallthermometer besteht aus einem Platin-Iridiumstabe und einem Messingstabe von denselben Dimensionen (4,02 m lang, 21 mm breit und 5 mm dick), welche getrennt durch einen Zwischenraum von 7 mm über einander gelagert und in der Mitte fest verbunden sind. Von den Löthstellen der aus Eisen- und Neusilberdraht bestehenden Thermo-Elemente waren die einen an die Stäbe festgeklemmt, während die anderen freien in mit Wasser gefüllte Glasröhren tauchten, deren Temperatur durch ein Quecksilberthermometer bestimmt wurde. Zur Messung diente ein SIEMENS'sches astatisches Spiegelgalvanometer. — Die Untersuchungen ergaben, dass beide Metalle der Luft gegenüber etwas zurückblieben, und dass bei steigender Temperatur die beiden

Stäbe langsamer nachfolgen, und zwar wächst die Differenz, je höher die Lufttemperatur ist und je schneller sie zunimmt. Der Metallstab ist immer kälter als die Luft, wenn deren Temperatur steigt, und stets wärmer, wenn sie fällt. Der Uebergang vom positiven zum negativen Zeichen des Temperaturunterschiedes tritt etwa eine Stunde später ein, als der Wechsel der Lufttemperatur; die Temperaturdifferenz der beiden Metallstäbe betrug im Mittel etwa 0,05° C. *L. Grnm.*

R. Wagner. Sichtbarmachung der Libelle eines Nivellirinstruments neben dem Fernrohrgesichtsfelde. ZS. f. Instrk. II, 229†.

Mittelst eines Planspiegels und einer nahe am Ocular des Fernrohres angebrachten Linse wird das vergrösserte Bild der parallel zur Fernrohraxe gelagerten Libelle neben dem des Objectes beobachtet. *L. Grnm.*

C. Bohn. Selbstleuchtendes Fadenkreuz. ZS. f. Instrk. II, 12-13†.

Der Herr Verfasser ersetzt die Spinnfäden auf der Fadenplatte durch ein Mikroskopdeckgläschen, auf welches mit Leuchtfarbe (im Wesentlichen Schwefelkalcium) Linien aufgetragen sind. Das diffuse Tageslicht, welches durch das Ocular zu den Linien gelangen kann, genügt schon zur Erregung des Leuchtens, zweckmässiger aber ist es, die Erregung durch Vorhalten einer Kerzen- oder Lampenflamme vor das Ocular zu bewirken. Bei mässig dunklem Himmel konnte Verfasser den Kreuzungspunkt der Striche bequem auf kleine Sterne einstellen, bei Beobachtungen lichtstarker Sterne, wie des Jupiter, erschienen die Striche wie dunkle Fäden. *L. Grnm.*

L. C. Wolff. Selbstleuchtendes Fadenkreuz. ZS. f. Instrk. II, 90-92†.

Zur Erzeugung eines selbstleuchtenden Striches schlägt Verfasser vor, eine Glasplatte durch einen feinen Schnitt in zwei Theile zu zerlegen, die Schnittflächen eben abzuschleifen und zwischen dieselbe Leuchtfarbe zu bringen, alsdann die beiden Hälften wieder an einander zu fügen und so zusammenzudrücken, dass die überschüssige Farbe herausquillt. *L. Grnm.*

A. Cuvillier. Mesures de précision. Mondes (3) I. No. 10, 370-371†.

Beschreibung eines einfachen Tasterapparates, mit Hülfe dessen sich Dicken bis auf 0,01 mm bestimmen lassen sollen. *L. Grnm.*

C. Klebe. Dickenmesser. Bayr. Ind. u. Gewbl. 1882, 38. Dingl. J. CCXLVI, 79-81†.

Der Apparat ist ein zweckmässig construirter Mikrometertaster. Ein empfindliches Fühlhebelwerk ermöglicht es, das Messobject stets mit demselben Drucke gegen die beiden Tasterspitzen zum Anliegen zu bringen. *L. Grnm.*

G. Paus. Apparat zum Messen der Concavität oder Convexität optischer Gläser. D. R. P. 16648. Mai 1881. [ZS. f. Instrk. II, 155†.

Ein Sphärometer, bei dem die Bewegung des auf der Linsenoberfläche tastenden Metallstiftes mittelst eines Fühlhebelsystems auf einen über eine Scale einspielenden Zeiger übertragen wird. *L. Grnm.*

Goulier. Calibreur de tubes. Mondes (3) II. No. 9, 346-347†.

Verfasser schlägt zur Messung des Calibers von Barometerröhren die Anwendung des in der Artillerie unter dem Namen „étoile mobile“ bekannten, zur Messung der Weite von Geschützrohren dienenden Apparates vor, und zwar in zwei Dimensionen, einen für Röhren von 7 mm bis 10,5 mm Durchmesser, den andern für Röhren von 10 mm bis 15,5 mm Durchmesser.

L. Grnm.

E. A. Brauer. Axen-Correction und Compensationsgehänge von F. Sartorius in Göttingen. ZS. f. Instrk. II, 385-389†.

Für die Justirung der Axen einer gleicharmigen Wage sind die drei Bedingungen zu erfüllen, 1) dass die Axen selbst unter einander parallel werden, 2) die Endaxen von der Mittelaxe gleich weit entfernt sind, und 3) alle drei Axen in derselben Horizontalebene liegen. Man kann nun von der genauen Erfüllung der ersten Bedingung absehen, wenn, wie bei der Sartorius'schen Construction, dafür gesorgt ist, dass die Mittelkraft aus den in den einzelnen Punkten der Axschneide wirkenden Einzeldrucken stets genau in denselben Punkt der Axe gebracht wird.

Das Carneol- oder Stahlprisma der Endaxe ist in den oberen Theil des Metallsattels schwalbenschwanzförmig ohne Anwendung von Klemmschrauben eingelassen; der Sattel ist vierkantig prismatisch ausgearbeitet, auf das Ende des Wagebalkens aufgeschoben und durch einen Keil und verschiedene Klemmschrauben befestigt, welche es ermöglichen, die Lage der Axen zu justiren, und zwar so, dass die einzelnen Justirungen hinsichtlich der richtigen Axenentfernung (durch Beobachtung des Einspielens bei gleicher Belastung) und hinsichtlich der Höhenlage (durch Empfindlichkeitsbestimmungen bei verschiedenen Belastungen) möglichst unabhängig von einander erfolgen können.

Durch das Sartorius'sche Compensationsgehänge soll der Druck der Last derartig auf die Axen übertragen werden, dass stets derselbe Punkt der Stahlprismen als mittlerer Angriffspunkt der in den einzelnen Punkten der kleinen Berührungsfläche wirkenden Einzeldrucke resultirt. Dieser Zweck wird erreicht, wenn die Schale durch ein Kreuzgelenk mit der Pfanne verbunden ist, und wenn dafür gesorgt ist, dass die Bewegung in den Axen desselben ohne Reibung erfolgen kann. Der aus Aluminium bestehende Wagebalken ist aus einem Stück gearbeitet mit Ausnahme desjenigen Theiles, in welchen die Mittelaxe ohne Spannung so eingelassen ist, dass die Schneide ohne Unterbrechung auf ihrem Carneollager ruht. *L. Grnm.*

M. THIESEN. Zur Theorie der Waage und Wägung. ZS. f. Instrk. II, 358-365†.

Es werden die Grundgleichungen der Theorie der ideellen Wage, insbesondere die Ausdrücke für die Empfindlichkeit und die Schwingungsdauer entwickelt und in eingehender Weise discutirt. *L. Grnm.*

W. DITTMAR. Mikroskopische Ablesung für feine Waagen. ZS. f. Instrk. II, 63-64†.

Etwas oberhalb der gewöhnlichen (fixen) Scale ist an die Zunge in schiefer Stellung eine feingetheilte Elfenbeinscale angebracht, welche mit Hülfe eines in die Vorderwand des Wagekastens in geneigter Stellung eingesetzten Mikroskops beobachtet wird. *L. Grnm.*

AUGUST REITZE. Zeigerwaage. ZS. f. Instrk. II, 115†.

Der Apparat ist eine Combination von Laufgewichts- und Neigungswage; auf der einen Seite des Balkens befinden sich in gleichen Abständen von einander Schneiden zur Aufnahme von Gehängen mit Haken, an welche ein Laufgewicht angehängt wird. *L. Grnm.*

A. RUEPRECHT. Eine Demonstrationswaage für physikalische Vorlesungen. ZS. f. Instrk. II, 99-104†.

Mit Hülfe der vom Verfasser construirten Wage lassen sich die Gesetze der Wage und deren Wirkungsweise in bequemer und anschaulicher Weise einem grösseren Zuhörerkreise vorführen. Der Wagebalken ist mit vier Gehängen versehen, einem innern und einem äussern Paar; das äussere Paar ist doppelt so weit von der Mittelaxe entfernt, als das innere. Ausser den zur Aufnahme dieser vier Gehänge dienenden vier fixen, aber justirbaren Seitenaxen trägt der Balken an seinen äussersten Enden noch ein Paar mobiler Axen, um den Einfluss der Verrückung der Axen in verticaler wie in horizontaler Richtung demonstriren zu können. Auf die mit einem Laufgewicht versehene Zunge des Wagebalkens lässt sich eine Hülse aufsetzen, die einen rechtwinklig nach unten gebogenen Bügel trägt, welcher eine Verlängerung der Zunge bildend die Schwingungen der Wage in vergrössertem Maasse markirt.

Unter den mannichfachen Versuchen, zu deren Vorführung die Wage geeignet ist, seien folgende hervorgehoben: die Theilbarkeit des Hebels, Abhängigkeit der Empfindlichkeit der Wage von der Länge der Hebelarme und der Entfernung zwischen Schwerpunkt und Auflagelinie der Mittelschneide, Indifferenz der Wage, Vor- und Nachtheile der kurzarmigen Wage, Wägen mit ungleicharmiger Wage, Bestimmung des Verhältnisses der Hebelarme, Bestimmung des specifischen Gewichtes fester und flüssiger Körper bei Anwendung eines zweckmässig eingerichteten Steigapparates für das Wassergefäss, etc. *L. Grnm.*

Paul Bunge. Schnellarbeitende Complementenwaage für wissenschaftliche Zwecke. ZS. f. Instrk. II, 423†.

Der Balken trägt nur eine Schale, welche mit einer rechtwinklig zur Endschneide des Balkens stehenden Schneide auf einer planparallelen Platte hängt, deren untere Fläche auf der Endschneide des Balkens ruht. Beide Schneiden werden durch die Arretirung abgehoben. Von den im unbelasteten Zustande der Wage auf der Schale befindlichen Gewichtsstücken werden bei Aufbringung der Last so viele fortgenommen, als zur Herstellung des Gleichgewichtes erforderlich ist. *L. Grnm.*

R. FERRINI. Ueber die Spiegelmessung kleiner Winkeldrehungen. Centrztg. f. Opt. u. Mech. III, 157-158; [Beibl. VI, 891†.

Auseinandersetzung und Vergleichung der GAUSS'schen und der THOMSON'schen Methode der Spiegelablesung.

L. Grnm.

THEODOR v. OPPOLZER. Beitrag zur Ermittelung der Reduction auf den unendlich kleinen Schwingungsbogen. Wien. Anz. 1882, Nr. XXI, 209-210†.

Der Herr Verfasser findet für den Fall, dass im Verlaufe der Beobachtung die Grösse des Schwingungsbogens durch Widerstände abnimmt, und unter der Annahme, dass sich die Widerstände in eine Reihe nach steigenden Potenzen der Geschwindigkeit entwickeln lassen, für eine Amplitude α_p, die p Schwingungen von der Amplitude α_0 absteht, den Ausdruck

$$\alpha_p = \frac{\alpha_0}{(1+\beta\alpha_0)e^{\varepsilon p} - \beta\alpha_0},$$

in welchem e die Basis der natürlichen Logarithmen und β und ε Constanten sind. Die theoretisch abgeleitete Formel wird durch das Experiment bestätigt.

Ist T' die aus p Schwingungen abgeleitete, nicht reducirte Schwingungsdauer, ist ferner α_a die Amplitude beim Beginne, α_e diejenige beim Schlusse der Beobachtung, so stellt sich die Correction in der Form dar

$$-\frac{T'}{\varepsilon p}\{\alpha_a^2 S(\alpha_a\beta) - \alpha_e^2 S(\alpha_e\beta)\},$$

in welcher

$$S(\alpha\beta) = \frac{(\mathrm{arc}\,1')^2}{16(\alpha\beta)^2}\{\alpha\beta - \log\mathrm{nat}(1+\alpha\beta)\}$$

bedeutet und mit dem Argumente $(\alpha\beta)$ in eine Tafel gebracht werden kann, was durch Herrn F. K. GINZEL geschehen ist.

L. Grnm.

W. Meyer. Registrirung der Secundenschläge einer Pendeluhr mittelst des Mikrophons. L'Électricien Nr. 20; ZS. f. Instrk. II, 192-193†.

Der Herr Verfasser hat seine früheren Untersuchungen, um die Secundenschläge einer Pendeluhr mit Hülfe des Mikro-Telephons in verschiedenen Beobachtungsräumen hörbar zu machen und örtlich getrennte Uhren direct mit einander zu vergleichen, bezüglich welcher auf diese Berichte XXXVII, 33 verwiesen sei, inzwischen mit günstigem Erfolge fortgesetzt. Mit Vortheil ist das Mikrophon im Coincidenz-Telephon angewandt worden, bei welchem die von den beiden Uhren ausgehenden Ströme zunächst jeder einen Rheostat durchlaufen, sich dann vor dem Eintritte in das Telephon vereinigen und hernach wieder sich trennen, um zu den resp. Batterien zu gehen. Durch die Rheostaten sollen die Ströme so regulirt werden können, dass die Secundenschläge der beiden Uhren im Telephon Töne von gleicher Stärke und Klangfarbe hervorbringen, deren Coincidenz leicht zu beobachten ist.

In neuerer Zeit hat ferner der Herr Verfasser das an einer Pendeluhr angebrachte Mikrophon direct mit einem Chronographen in Verbindung gebracht, indem er denselben zwischen das Mikrophon und eine Batterie von 5 Meidinger Elementen einschaltete; die Secunden der Uhr werden auf dem Streifen des Chronographen registrirt. Hierbei hat zwar die Inconstanz des mikrophonischen Stromes in sofern zu Störungen Veranlassung gegeben, als die durch die Secundenschläge bewirkten Contactveränderungen im Mikrophon bisweilen nicht intensiv genug sind. Indessen soll die Vorrichtung im Allgemeinen einen Monat hindurch ohne jede Nachregulirung gut functionirt haben.

L. Grnm.

Franz. Ueber Zeitbestimmungen und deren Anwendungen auf Zeitsignale, Uhrenbeobachtungen, Normaluhren und Zeitbälle. Schr. d. Königsb. Ges. XXII. Abth. I. 4-7†.

Der Herr Verfasser setzt in einem Vortrage die gebräuchlichsten Methoden der Zeitbestimmung, nämlich die Beobachtungen mit Auge und Ohr, die durch elektrisches Registriren und die Bestimmungen zur See durch Messungen der Sonnenhöhe mit dem Spiegelsextanten auseinander und bespricht dann die Anwendungen der Zeitbestimmungen zur Prüfung des Ganges der Uhren, sowie die Art und Weise der Zeitvermittelung. Das Publicum und die Uhrenfabrikanten erfahren die Zeit durch die Telegraphenämter, welche sie wieder von den Sternwarten erhalten. Um den Schiffern in besuchten Häfen Gelegenheit zu bieten, ihre Chronometer täglich selbst zu controliren, hat man Zeitbälle eingerichtet, die sich auf einem weit sichtbaren Thurme befinden und durch ihren Fall eine volle Stunde angeben.

L. Grnm.

LATIMER CLARK. A Treatise on the Transit Instrument as applied to the Determination of Time. For the use of Country Gentlemen. London. 72 S. Text, 29 S. Tafeln; [Phil. Mag. (5) XIV, 319†.

Populäre Darstellung und Lösung des durch die Ueberschrift gekennzeichneten Problems. *L. Grnm.*

FENON's System der Zeitberichtigung öffentlicher Uhren auf elektrischem Wege. DINGL. J. CCXLVI, 503-507†.

Bei dem FENON'schen System wird zur Erzielung der Uebereinstimmung in den Zeitangaben der öffentlichen Uhren die Elektricität nicht als Triebkraft angewandt, sondern als Mittel, um die Unstetigkeiten im Gange gewöhnlicher, durch Federkraft oder Gewichte getriebener Pendeluhren in regelmässigen Zeitintervallen auszugleichen. Das System, welches sowohl den mit Stiftenradhemmung, als auch den mit Steigradhemmung ausgestatteten Uhren angepasst ist, ermöglicht es, die Zeigerstellung sowohl beim Vorgehen als beim Nachgehen innerhalb bestimmter Grenzen zu reguliren. *L. Grnm.*

MARTIN. Horloges pneumatiques à Paris. Mondes (3) I, 133-137†; DINGL. J. CCXLIV, 201-202†.

Die seit Einführung der pneumatischen Uhren in Paris hinzugekommenen Verbesserungen beziehen sich auf den Dreiweghahn, welcher in jeder Minute eine bestimmte Menge comprimirter Luft aus dem Betriebscylinder in das Röhrennetz einströmen und auf den Kolben der Secundäruhren wirken lässt, welcher den Zweck hat, den empfangenen Luftstoss auf das Zeigerwerk der letzteren zu übertragen. Wegen der näheren Beschreibung muss auf den vorliegenden Aufsatz verwiesen werden. *L. Grnm.*

The BRUSSEL's Chronograph. Nature XXVI, 107-108†.

In Nature XXIII, 59—62 ist die Beschreibung eines grösseren, von der Londoner Firma Dent und Co. construirten Chronographen enthalten, welche ihre Besprechung gefunden hat, in diesen Berichten XXXVI, 1054. Der jetzt beschriebene Chronograph ist das zweite von der genannten Firma ausgeführte Exemplar, welches einige Verbesserungen gegenüber der ersten Construction enthält und für das Königliche Observatorium zu Brüssel bestimmt ist. Es kam bei diesem Chronographen besonders darauf an, vier Punktirstifte gleichzeitig in einem Raume von $^1/_6$ Zoll functioniren zu lassen, da die Ganghöhe der Spirale, in welcher der Secundenstift seine Punkte auf der Trommel registrirt, nur $^3/_{20}$ Zoll beträgt. Die Stifte, welche aus Nadeln mit grossen Knöpfen an ihren unteren Enden bestehen, sind fächerförmig angeordnet; sie werden durch Metallstücke, welche um eine zur Trommelaxe parallele Axe drehbar sind, geführt und von 4 Armen gegen die Trommel fallen gelassen. Bei den älteren Punktirvorrichtungen drückte der Stift so lange gegen das Papier, als der Beobachter den Finger auf dem Knopf hielt; bei dem Brüsseler Chronographen werden die Stifte nach der Punktirung sofort durch Spiralfedern zurückgezogen. *L. Grnm.*

Edward S. Holden. The Washburn Chronograph. Nature XXVI, 368-370†.

Der in Rede stehende Chronograph, welcher seit einer grossen Reihe von Jahren regelmässig und sicher functioniren soll, ist ein Repräsentant der Form, welche die amerikanischen Fabrikantan Alvan Clark and Sons, Fauth and Co., Stackpole and Brothers in der Regel den Cronographen zu geben pflegen. Die Trommel, welche eine Länge von 14 Zoll und einen Durchmesser von 7 Zoll hat und Papierstreifen für eine Beobachtungsdauer von 2 Stunden und 40 Minuten aufnehmen kann, wird durch ein Gewicht von 15 Pfund getrieben; zur Verlangsamung des Sinkens wird gewöhnlich ein doppelter Flaschenzug angewandt. Der Regulator ist ein doppeltes Kegelpendel, dessen Pendelgehänge bei zu schneller Rotation einen Haken fassen und einen an letzterem sitzenden kleinen Cylinder so lange mitnehmen, bis die Umdrehungsgeschwindigkeit verlangsamt ist und die Pendelgehänge vom Haken wieder abfallen. Solcher Berührungen der Gehänge mit dem Haken finden 60 bis 90 Mal in der Minute statt; die in Folge dessen auftretenden Geschwindigkeitsänderungen sollen unerheblich und für alle astronomischen Zwecke zu vernachlässigen sein. Eine Zeitsecunde übersetzt sich auf dem Papierstreifen in 0,36 Zoll. Der den Schreibstift tragende Wagen wird von einer Schraube ohne Ende verschoben und kann ausgehoben und an beliebige Stellen der Schraube gesetzt werden; auch die Trommel kann aus ihren Lagern gehoben werden. *L. Grnm.*

W. R. Eckard's Chronograph for Engineering Purposes with the Hipp Escapement. Engineering XXXIII, 552-553†; Dingl. J. CCXLVI, 499-501†.

Zur Messung und Registrirung der Geschwindigkeit der Pumpen bei den Wasserhaltungsmaschinen der Tiefgruben auf Comstock Lode wendet Verfasser mit Erfolg einen mit dem Hipp-schen Federechappement versehenen registrirenden Chronographen an, der durch ein kleines Gewicht getrieben wird. Das zur Aufnahme der Diagramme dienende Papier muss mit grosser Sorgfalt um die rotirende Trommel gelegt werden. Die beiden Markirstifte zur Registrirung der Secunden und der Geschwindigkeitscurve werden durch Stahlfedern gebildet, deren Endzapfen zwischen regulirbaren Schraubenspitzen spielen, und deren Druck mittelst eines durch ein Gewicht gespannten Stahldrahtes so regulirt werden kann, dass die Spitzen, ohne das Papier direct zu berühren, nur den Russ von demselben fortnehmen und somit eine weisse zusammenhängende Curve auf dunkelm Grunde verzeichnen. *L. Grnm.*

HUGUENIN's Registrir-Chronograph. D. R. P. 17344 v. 8. Juni 1881; [DINGL. J. CCXLIV, 380†.

Das Einstellen und Ingangsetzen dieses Chronographen wird durch Niederdrücken eines und desselben Drückers ermöglicht; die Wirkungsweise ist ohne Zeichnung schwer auseinanderzusetzen. *L. Grnm.*

FR. ARZBERGER. Ueber elektrische Uhren. ZS. f. Instrk. II, 51-53†.

Nach dem Hrn. Verfasser hat folgende von ihm angegebene Einrichtung für elektrische Nebenuhren sich als sehr zweckmässig bewährt: Auf der Zeigerwelle sitzt ein Zahnrad, welches dadurch, dass in seine Zähne ein schwingender Anker *K* mit seinen Klauen eingreift, ruckweise je um einen halben Zahn vorgeschoben und dann festgehalten wird. Der an der Zeigerwelle steckende Zeiger macht mit dem Rade bei jedem Ruck des Ankers ebenfalls eine Vorwärtsbewegung um einen halben Zahn. Enthält das Zahnrad z. B. 30 Zähne, und ist der Anker *K* mit dem Anker eines Elektromagneten verbunden, der durch ein Gewicht oder eine Feder vom Magneten entfernt wird, sobald der Strom unterbrochen wird, so wird bei Stromschluss $^1/_{60}$ und bei darauffolgender Stromunterbrechung abermals $^1/_{60}$ des Umkreises vom Zeiger zurückgelegt. Diese Anordnung würde einer Nebenuhr mit Secundenzeiger entsprechen, deren Normaluhr etwa jede gerade Secunde den Contact schliesst und jede ungerade Secunde den Contact unterbricht. *L. Grnm.*

M. GROSSMANN. Die Mittel für die Registrirung von Zeit-Beobachtnugen. Notizkalender für Uhrmacher, 1882; ZS. f. Instrk. II, 223†.

Verfasser hat besondere Beobachtungsuhren im Formate von Taschenuhren in 4 verschiedenen Formen construirt. Bei der ersten, den alten Chronoskopuhren entsprechenden Form wird durch den ersten auf den Drücker ausgeübten Druck die Uhr in Gang gesetzt, ein zweiter Druck arretirt die Uhr, ein dritter bewirkt, dass Secunden- und Minutenzeiger in die Nulllage zurückspringen. Bei der zweiten Form werden diese drei Drucke nicht an einem und demselben, sondern an drei verschiedenen Drückern ausgeführt. Von den beiden die Auslösung und die Arretirung der Uhr vermittelnden Drückern steht, um jeden Irrthum zu vermeiden, stets nur derjenige aus dem Gehäuse hervor, welcher unmittelbar benutzt werden soll. Der dritte für die Nulleinstellung bestimmte Drücker kann nach Belieben benutzt werden, oder nicht, sodass auch eine selbstthätige Summirung der beobachteten Zeitintervalle ausgeführt werden kann. Bei der dritten Form fehlt der Minutenzeiger, bei der vierten die Vorrichtung für die Nullstellung. Die Uhren schlagen $^1/_5$ Sekunden, doch hat Verfasser auch $^1/_{40}$ und $^1/_{25}$ Secunden schlagende Uhren construirt; die letzteren werden als akustische Entfernungsmesser im Feuergefecht benutzt, zur Beobachtung der Zeitdifferenz zwischen dem Aufblitzen des Geschützes und dem Hören des Knalls. Bei den zur Registrirung bestimmter Zeitmomente dienenden Punktirchronographen markirt ein mit dem Secundenzeiger verbundener feiner Zeiger bei jedem Drucke den augenblicklichen Stand des Zeigers auf dem Zifferblatt durch einen Tintenpunkt.

L. Grnm.

J. Bartz. Transportable Sonnenuhr. ZS. f. Instrk. II, 36†.

Bei der vorliegenden Construction wird die Zeitangabe nicht durch den Schatten eines der Erdaxe parallelen Stiftes, sondern durch eine Vorrichtung bewirkt, welche in der Aequatorialebene um einen der Erdaxe gleichgerichteten Stift drehbar ist und welche es ermöglicht, den Lauf der Sonne zu verfolgen und die dem Beobachtungsmoment entsprechende Zeit auf einer der Aequatorialebene parallelen, getheilten Platte abzulesen.

L. Grnm.

J. Gillebert's Controluhr. Dingl. J. CCXLVI, 498-499†.

In das Uhrgehäuse ist ein Markirstift mit Knopf und ein Farbebehälter eingehängt, welcher an seinem unteren Ende beiderseitig eine kleine Oeffnung hat. Beim Aufdrücken des Knopfes dringt der Stift durch den Farbebehälter und markirt auf das am Zeiger befestigte Papierblatt einen Punkt.

L. Grnm.

Alph. Lemoine. Elektrische Uhr. D. R. P. 17867 v. 17. Nov. 1881 u. D. R. P. 18555 vom 17. Nov. 1881. La Nat. 1881 Decbr. [ZS. f. Instrk. II, 186†; [Dingl. J. CCXLV, 213-214†.

Das die Zeiger treibende Uhrpendel trägt an seinem unteren Ende eine Platte aus weichem Eisen und eine horizontale Axe, an der ein mit einer schmetterlingsförmigen Windfahne aus Glimmer oder Papier versehenes Stäbchen leicht drehbar hängt. Bei einer passenden Anfangsgeschwindigkeit stellt sich das die Windfahne tragende Stäbchen in Folge des Luftwiderstandes schräg und senkt sich mit abnehmender Geschwindigkeit des Pendels. Hat letztere eine gewisse untere Grenze erreicht, so ist das Stäbchen soweit gesunken, dass es eine Contactfeder schleift und dadurch einen elektrischen Strom schliesst. In Folge dessen wird die Eisenplatte des Pendels von einem Elektromagneten gehoben, und das Spiel beginnt von Neuem.

L. Grnm.

Barbey. Elektrische Uhr mit stetiger Kraft. Allg. J. d. Uhrm. 1882, Nr. 10; ZS. f. Instrk. II, 195-196†.

Die bewegende Spiralfeder ist, um eine grössere Stärke der Feder zu ermöglichen, nicht auf der Welle des Gangrades, sondern auf dem Stundenrade angebracht. Ein von der Stundenwelle bewegtes Eingriffrad, dessen Welle der Zeigerwelle parallel ist, trägt ein Sperrrad, dessen Sperrkegel beim Vorrücken um einen Zahn den Strom einer Batterie von zwei Leclanche'schen Elementen schliesst. Die Nachspannung der Feder wird dadurch vollzogen, dass ein am Anker des hierdurch erregten Elektromagneten befestigter Sperrkegel das Sperrrad des Federhauses um einen Zahn zurückrückt. *L. Grnm.*

Lassance's elektrische Uhr. La lum. électr. VI, 574; Dingl. J. CCXLV, 327-328†.

Bei dieser Uhr wirkt der Elektromagnet nur während des Niederganges des Pendels auf dasselbe; am oberen und unteren Ende der metallnen Pendelstange ist je eine Contactfeder angebracht, welche in den beiden äussersten Stellungen des Pendels je einen Contact schleifen und in Folge dessen den Strom durch einen Elektromagneten schliessen, so dass dieser auf eine längs der Pendelstange verschiebbare Eisenmasse wirkt und das Niedergehen des Pendels veranlasst. Beim Niedergange des Pendels verlassen jene Federn die Contacte, und der Stromschluss wird durch den Elektromagnet selbstthätig bewirkt, während in der tiefsten Stellung des Pendels eine kurze Nebenschliessung den Elektromagnet unwirksam macht. *L. Grnm.*

H. Grau. Elektrische Normaluhr. D. R. P. 13289 v. 29. Juli 1880; [ZS. f. angew. Elektr. 1881, 442: Dingl. J. CCXLV, 449-451†.

Das Pendel trägt an seinem obern Ende, nahe unter der Aufhängefeder, einen starken Messingring, um dessen Mittelpunkt es frei schwingt. In die vordere Flachseite dieses Ringes ist eine Rinne eingedreht, in welche eine bis zur Hälfte mit reinem Quecksilber gefüllte Glasröhre eingelegt ist. An beiden Seiten dieser Glasröhre sind oberhalb der Quecksilberkuppen Platindrähte derart eingeschmolzen, dass in der Mittellage des Pendels beide Drähte in das Quecksilber eintauchen, dass aber bei einer kleinen Schwingung nach links der links befindliche Platindraht aus dem Quecksilber herausragt, während der rechts befindliche stets, auch bei der Schwingung des Pendels nach rechts, in Quecksilber taucht. Die Pendelfeder besteht aus zwei isolirt mit einander verbundenen vernickelten Stahlfedern, deren jede mit je einem der erwähnten Platindrähte und der Pole der Batterie verbunden sind. Bei jeder Pendelschwingung nach rechts wird der Strom geschlossen und der unterhalb des Uhrwerks angebrachte Elektromagnet erregt, der seinen Anker anzieht und dadurch mittelst einer Hebelvorrichtung ein Sperrrad um einen Zahn vorwärts schiebt, welches mittelst gewöhnlicher Räderübertragung die Zeiger treibt. In jeder Minute erhält das Pendel durch einen fallenden Körper einen constanten Antrieb.

L. Grnm.

Spellier's elektrische Uhr. Dingl. J. CCXLVI, 502—503†.

Der Stromschliesser der Normaluhr hat folgende Einrichtung: Auf der Axe des Hemmungsrades der Uhr steckt eine mit vorstehenden Platinstiften versehene Metallscheibe, an welche concentrisch eine kleine Platinscheibe befestigt ist, auf der die eine von zwei mit Platinenden versehenen Federn beständig schleift, während die andere bei Berührung der Platinstifte den Strom schliesst, beim Abgleiten von derselben ihn unterbricht. Die Dauer des Stromschlusses kann durch Verstellen der zweiten Feder regulirt werden. Es werden an der Hand von Skizzen die Vorrichtungen besprochen, welche den Einfluss der Veränderlichkeit der Stromstärke, ferner die Gefahr, dass der vom Pendel bewirkte Contact kein guter ist, und dass die Schwingungsdauer des Pendels durch den Stromschliesser beeinflusst wird, beseitigen sollen.

L. Grnm.

Francis E. Nipher. Break-circuit arrangement for transmitting clock-beats. Sill. J. (3) XXIV, 54†.

Beschreibung einer einfachen Uebertragungsvorrichtung von Pendelschlägen für telegraphische Zwecke. *L. Grnm.*

Schweizer's elektrische Uhr. D. R. P. 17632 vom 23. Juni 1881; [Dingl. J. 245, 22-24†; [ZS. f. Instrk. II, 343†; Engineering XXXIII, 10.

Der Gang der Uhr erfolgt auch hier durch einen Elektromagneten, welcher bei abwechselnder Stromschliessung und Unterbrechung seinen Anker anzieht resp. abstösst und hierdurch mittelst Hebel- und Zahngetriebe ein Sperrrad treibt. Eine besondere Vorrichtung lässt bei zu geringer Stromstärke einen Stromschluss gar nicht eintreten. *L. Grnm.*

Fr. v. Lössl. Auto-dynamische Uhr. ZS. f. Instrk. II, 195†; Centrztg. f. Opt. u. Mech. III, Nr. 8.

Aus mehreren centrisch gefalteten und über einander geschichteten Ringplatten, welche an ihren inneren und äusseren Peripherien mittelst aufrecht stehender Kranzringe luftdicht mit einander verbunden sind, ist ein Doppelcylinder gebildet, welcher nach Art der Aneroiddosen unten und oben mit einer Deckelscheibe luftdicht verschlossen ist und den Spannungsänderungen der in ihm enthaltenen Luft durch Ausdehnung oder Zusammenziehung seiner Längsaxe folgen kann. Der Motor steht durch ein Rohr mit der Deckelscheibe in Verbindung und überträgt deren auf- und niedersteigende Bewegungen der Art, dass das Treibgewicht der Uhr, welches als Kraft-Accumulator und als Regulator wirkt, stets im aufgezogenen Zustande erhalten wird. Eine nach diesem Principe construirte Uhr soll seit sieben Jahren sicher functioniren. *L. Grnm.*

TENNE. Geschwindigkeitsmesser. ZS. f. Instrk. II, 114†.

Der zur Messung von Umlaufsgeschwindigkeiten dienende Apparat besteht aus einer von der Maschine getriebenen Contactvorrichtung, durch deren Anker ein Sperrrad bei jedem Contactschlage um einen Zahn weiter getrieben wird. Ein hierdurch in Bewegung gesetzter Schreibstift verzeichnet auf einer durch ein Uhrwerk getriebenen Trommel die entsprechenden Ordinaten.

L. Grnm.

EMIL SCHNEIDER. Geschwindigkeitsmesser. D. R. P. 15528 vom 28. Oct. 1880; [DINGL. J. CCXLV, 19-20†.

Der Apparat dient zur Anzeige der Geschwindigkeit rotirender Maschinentheile. Die Bewegung der letzteren wird durch ein Kegelrad auf eine im Boden des Apparates wasserdicht gelagerte Spindel übertragen, welche an ihrem oberen, in das Gehäuse *a* hineinragenden Ende 4 Flügel trägt. In dem oberen Theile dieses Gehäuses hängt ferner ein Gefäss *b*, in welchem ein Schwimmer auf- und niedergehen kann. Die Gefässe *a* und *b* sind mit Glycerin oder einer anderen geeigneten Flüssigkeit gefüllt, welche bei der Umdrehung der Spindel durch die 4 Flügel mehr oder weniger in den Raum zwischen den Gefässen *a* und *b* verdrängt wird und eine auf- und niedergehende Bewegung des Schwimmers zur Folge hat, die durch ein Zahnradgetriebe auf einen über eine Scale einspielenden Zeiger übertragen wird.

L. Grnm.

Kurbelkraftmesser von Professor Dr. WÜST in Halle a. S. DINGL. J. CCXLIII, 186-188†.

Beschreibung und Zeichnungen werden von einem Kraftmesser gegeben, mit welchem zwei verschiedene Diagramme bei Kraftmessungen erhalten werden können. Viele kurze Diagramme dienen dazu, das arithmetische Mittel der grössten und kleinsten Kraftwerthe zu erhalten, während aus einem Diagramme, welches erkennen lässt, wie sich die Grösse der Kraft mit der Zeit ändert, das Verhältniss jenes arithmetischen Mittels zur Mittelkraft bestimmt wird. Mit Hülfe beider Diagramme kann man den Werth der Mittelkraft gewinnen. *E. R.*

W. P. Tatham's Dynamometer. [Dingl. J. CCXLIII, 274-276†.

Bericht über ein Riemenscheibendynamometer (s. diese Berichte XXXVII, 53) nach der Mittheilung im Journal of the Franklin Institute 1881, CXII, 321. Die Einrichtung ist so getroffen, dass die Differenz der Spannungen im führenden und im geführten Trumm direct möglichst genau abgewogen werden kann.
E. R.

J. Raffard's Arbeitsmesser. [Dingl. J. CCXLVI, 209†.

Nach Revue industrielle 1882, 213 wird über zwei Dynamometer berichtet, von welchen auch Zeichnungen gegeben werden. Der eine Arbeitsmesser ist ein Bremsapparat mit Gurtbremse, soll zur Messung der Leistung kleiner Kraftmaschinen dienen und hat Aehnlichkeit mit dem Imray'schen Bremszaune; der andere Arbeitsmesser ist eine dynamometrische Wage, ähnlich der von Hochette und soll zur Untersuchung von Arbeitsmaschinen dienen.
E. R.

W. Froude. Dynamometer. Engineering XXXIII, 241; [Dingl. J. CCXLIV, 352-353†.

Bei diesem Dynamometer ist statt der Reibung eines festen Körpers auf einem anderen festen Körper die innere Reibung einer Flüssigkeit benutzt. *E. R.*

J. Matter's Registrirdynamometer. [Dingl. J. CCXLIV, 286 bis 287†.

Nach Bulletin de Mulhouse LI, 433. 1881 wird der Apparat beschrieben und abgebildet, welcher sowohl die Spannung, als auch die Geschwindigkeit eines eine Arbeitsmaschine treibenden Riemens aufzeichnet und gestattet, den Arbeitsverbrauch (das Product aus Spannung und Geschwindigkeit) in jedem Augenblicke direct abzulesen. *E. R.*

Wilh. Ostwald. Ueber die Anfertigung und Correction von Büretten. J. f. prakt. Chem. (2) XXV, 452-458; Chem. CBl. (3) XIII, 698-699†.

Der Herr Verfasser theilt zunächst die bekannte Methode der Calibrirung durch successives Auswägen des Füllwassers mit und beschreibt dann folgenden einfachen Apparat: das obere Rohrende einer Pipette von 2 resp. 5 ccm Inhalt enthält über und unter dem Nullstriche eine möglichst genaue Theilung, während am unteren Ende unterhalb der zweiten Marke ein Rohr seitlich angeschmolzen ist, welches parallel der Pipette nach oben geführt und mittelst Gummischlauch und Quetschhahn *a* mit der zu calibrirenden Bürette verbunden wird. Ein zweiter Quetschhahn *b* verschliesst das untere Ende der Messpipette. Man füllt die Bürette mit luftfreiem Wasser und stellt dessen Niveau durch Oeffnen des Hahnes *a* auf Null ein, verschliesst hierauf den Hahn *a* und lässt das Wasser durch Oeffnen des Hahnes *b* aus der Messpipette bis zur unteren Marke ausfliessen. Dann stellt man durch Oeffnen des Hahnes *a* das Niveau des Wassers in der Bürette auf Theilstrich 2 und liest am getheilten Rohre der Pipette das Volumen ab. Diese Operation wird in geeigneter Weise wiederholt. Die Berechnung der Correctionstabelle wird an einem Beispiele erläutert. *L. Grnm.*

Magnus Blix. Ein neues Myographion. ZS. f. Instrk. II, 1-5†.

Der Autor untersucht die Abhängigkeit der Länge des Muskels von der Spannung mit Hülfe eines Myographions von folgender Form: Auf einer Holzplatte lässt sich eine Messingscheibe mittelst Zahnstange und Trieb zwischen Messingschienen bewegen.

Auf dieser Messingscheibe ist der Hebel sowohl wie die feuchte Kammer nebst Zubehör befestigt. Der aus einem dünnen Blechstreifen bestehende Schreibhebel trägt an dem einen Ende eine vertical stehende etwas gekrümmte Stahlspitze zur Befestigung des Muskels und setzt sich dann in eine prismatische Hülse fort, die den Schreibstift trägt. Der Hebel wird umfasst von einem Bügel, der mit einer stählernen Rolle auf dem geraden Rande des Hebels entlang läuft. An diesem Bügel ist eine seidene Schnur befestigt, welche über eine grosse leicht bewegliche, von der Holzplatte getragene Rolle läuft und durch ein Gewicht gespannt wird. Um die Reibung des Schreibstifts auf der Schreibplatte möglichst zu beseitigen, wird letztere unter dem Einflusse eines Elektromagneten mit automatischer Stromunterbrechung in beständiger Vibration erhalten. *L. Grnm.*

E. BOECKER. Ein neues Mikrotom mit automatischer Messerführung. ZS. f. Instrk. II, 209-212†.

Das zweckmässig befestigte Messer des Mikrotoms steht mit der Führungsrichtung des Schlittens fast parallel und lässt sich sicher und bequem an der Schnittlinie des Objects entlang führen. *L. Grnm.*

F. HILGENDORF. Apparat für mikroskopische geometrische Zeichnungen. ZS. f. Instrk. II, 459-460†.

Der Apparat besteht in einem Pantographen, an welchem statt des Führungsstiftes ein mit einer Lupe von 3- bis 4facher Vergrösserung versehener Diopter angebracht ist. *L. Grnm.*

C. VERNON BOYS. On integrating and other apparatus for the measurement of mechanical and electrical forces. Proc. Phys. Soc. V, 8-28†; Phil. Mag. (5) XIII, 77-95†.

— — Apparatus for calculating efficiency. Proc. Phys. Soc. V, 28-35*; Phil. Mag. (5) XIII, 193-199†.

Beschreibung verschiedener Integrationsmaschinen, über welche zum Theil in früheren Jahrgängen dieser Berichte XXXVI, 8—9, XXXVII, 43 referirt worden ist. *L. Grnm.*

A. Weinhold. Anleitung zum Experimentiren im Unterricht an Gymnasien, Realschulen und Gewerbeschulen. Leipzig: Quandt & Händel. 1881. 677 S. gr. 8°.; [ZS. f. Math. u. Phys. XXVII, h-l Abt., 30-38†.

Das vorliegende Werk enthält nicht nur eine Sammlung und sorgfältige Beschreibung der bekannten wichtigeren Versuche für die verschiedenen Zweige der Physik, sondern bereichert thatsächlich die Methodik des physikalischen Unterrichts durch eine Reihe instructiver neuer Versuchsanordnungen und Demonstrationsapparate, welche an der Hand trefflicher Illustrationen erläutert werden. Ausserdem bietet das Buch in Bezug auf die Einrichtung von physikalischen Auditorien und Laboratorien viel Lehrreiches. Eine Beschreibung oder auch nur Aufzählung der verschiedenen Demonstrationsapparate würde den Rahmen dieser Berichte überschreiten, zumal manche derselben, wie z. B. der Quecksilberdestillirapparat, das Demonstrationsthermometer u. a. ihre Besprechung in den Berichten bereits gefunden haben.

L. Grnm.

M. Th. Edelmann. Neuere Apparate für naturwissenschaftliche Schule und Forschung. 1. Band. Stuttgart: Schweizerbach. 1882. 224 S. mit 26 Tafeln; [Beibl. VI, 711-712†.

Ausser den in einer früheren Broschüre (unter obigem Titel im Jahre 1879 erschienenen) bereits beschriebenen Apparaten (s. diese Berichte XXXV, 29) sind in dem vorliegenden erweiterten Buche noch folgende Instrumente und Apparate näher beschrieben: Lamont's erdmagnetische Variationsapparate; Weber's Erdinductor; Luftpumpe mit Reservoirsteuerhahn; Ausdehnungsapparat; Apparat für Bestimmung von Ausdehnungs- und Torsionsmodulis; Pneumatometer; Cylinder - Quadrantelektrometer;

WIEDEMANN'sches Galvanometer; astasirende Magnete nach HAUY und DU BOIS-REYMOND; physikalisches Universalstatif; WEBER's Schwingungsgalvanometer; Galvanometer für starke Ströme; Dynamoëlektrische Vorlesungsmaschine; von BEETZ's Universalcompensator; Mischkalorimeter, Luftelektrometer. *L. Grnm.*

F. MOIGNO. L'art et la practique des projections. Mondes (3) III, 1-4, 41-44†.

Durch obige Ueberschrift scheint der Verfasser die Aufmerksamkeit seiner Leser auf den von ihm verfassten Katalog seiner reichhaltigen Glasphotographiensammlung lenken zu wollen.

L. Grnm.

L. DUMNYS. Physik ohne Apparate. La Nat. X, 159-160. 1882; [Beibl. VI, 402†.

Als Beispiel einer optischen Täuschung wird vorgeschlagen, die Höhe eines Hutes etwa an einer Mauer abzuschätzen; zur Demonstration der Trägheit, des molecularen Widerstandes und gleichzeitig der Compressibilität der Metalle lege man den Abdruck eines Petschaftes in Siegellack auf einen Ambos und auf denselben eine geschmolzene Bleikugel, so erhält man durch einen heftigen Schlag auf die letztere einen genauen Abdruck des Siegels, ohne dasselbe zu zerbrechen. *L. Grnm.*

L. G. TROMELIN. Physik ohne Apparate. La Nat. X, 94 und 112; [Beibl. VI, 848, 897†.

Lässt man von einer angezündeten Kerze mehrere Tropfen aus einer Entfernung von 15 bis 20 cm in ein mit Wasser gefülltes Gefäss fallen und bringt dann in die Mitte der halbkugelförmig erstarrten Tropfen ein Stückchen Seife, so werden diese, wahrscheinlich in Folge der schnellen Lösung der Seife in Wasser, wie durch einen Wind abgestossen. — Zum Nachweise der Leitungsfähigkeit der Metalle für Schall fasse man eine Uhr mit einer Feuerzange und halte deren anderes Ende ans Ohr. — Zum Nachweise des Princips der Trägheit umwickele man eine mit Flüssigkeit gefüllte und gut zugestöpselte Flasche mit einem Tuche und stosse damit gegen eine Wand, dann treibt die Flüssigkeit den Stöpsel heraus. *L. Grnm.*

E. LIESEGANG. Die Projectionskunst für Schulen, Familien und öffentliche Vorstellungen. Düsseldorf: Liesegang 1882. 194 S.; [Beibl. VI, 712†.

Ausführliche Beschreibung der Projectionsapparate nebst Zubehör, Anleitung zum Malen auf Glas und Beschreibung physikalischer Experimente. *L. Grnm.*

1A. Allgemeine Laboratoriumseinrichtungen.

ARTHUR W. WRIGHT. Ein Apparat für die Destillation des Quecksilbers im Vacuum. SILL. J. (3) XXII, 479; ZS. f. Instrk. II, 461†; Chem. CBl. (3) XIII, 103-104†.

Der Apparat besteht, wie der von L. WEBER angegebene, aus einer U-förmig gebogenen Doppelbarometerröhre. Der eine, etwa 5 bis 6 mm weite Schenkel *a* derselben steht in einem mit dem zu destillirenden Quecksilber gefüllten Gefässe, endigt oben in eine Kugel und ist dann durch eine knieförmig gebogene, etwa 15 mm weite, Glasröhre mit dem zweiten engeren, nämlich nur 1 mm weiten, Schenkel *b* verbunden, welcher ebenfalls U-förmig umgebogen und mit einer kleinen Kugel zur Aufnahme des zur Füllung nöthigen, schon gereinigten Quecksilbers versehen ist. Von der oberen knieförmigen Biegung zweigt sich eine seitliche Röhre ab, die zur Luftpumpe führt, mit deren Hülfe die Luft aus dem Apparate ausgepumpt wird. Die obere Kugel der ersten Barometerröhre *a* wird durch einen Kreisbrenner erwärmt, das destillirte Quecksilber tropft aus dem unteren Ansatzrohre der Röhre *b* in ein darunter gestelltes Gefäss.

L. Grnm.

H. MICHAELIS. Automatischer Gasverschluss. Ber. d. chem. Ges. XV, Nr. 10, 1397-1398; Chem. CBl. XIII, 692-693†.

Der Apparat, welcher von dem Uhrenfabrikanten F. L. LÖBNER in Berlin hergestellt wird, hat die Form und Einrichtung einer gewöhnlichen Weckeruhr. Er wird mittelst der beiden am Gehäuse befindlichen Schlauchtüllen in die Gasleitung eingeschaltet, und der über dem Zifferblatte spielende Zeiger auf die Stunde und Minute eingestellt, zu welcher der Gaszufluss unterbrochen werden soll. Die Auslösungsvorrichtung besteht in der Uebertragung der Drehung eines Rades auf einen zwischen dem Zu- und Ausströmungsrohre angebrachten Hahn. Durch Drehung eines mit diesem Hahne in Verbindung stehenden Armes, welcher aus dem am oberen Theile des Gehäuses befindlichen Schlitze hervorragt, lässt sich der Gaszufluss auch unabhängig vom aufgezogenen Uhrwerk verändern resp. abstellen. Der Apparat, zunächst nur für Leucht- und Heizzwecke bestimmt, dürfte auch zur automatischen Arretirung von Gasmotoren anzuwenden sein.

L. Grnm.

H. LASPEYRES. Ueber Lampen für monochromatisches Licht. ZS. f. Instrk. II, 96-98†.

Die nach den Angaben des Verfassers von DESAGA ausgeführte Lampe besteht aus einem BUNSEN'schen Brenner mit einem Schieber zum Reguliren des Luftzutritts und einer abnehmbaren Platinkappe mit schlitzförmiger Gasausströmungsöffnung. An dem Brennerrohre ist ein Zugschirm, der die vom glühenden Platin ausgehenden weissen Lichtstrahlen abhält, ferner ein Teller zum Auffangen der abtropfenden Salze und drittens ein rechtwinklig aufwärts gebogener Arm befestigt, um welchen sich ein mit drei radialen Armen versehener Träger dreht. An diese Arme können mittelst Hülsen und Klemmschrauben die Behälter für die Metallsalze befestigt werden, welche aus 55 mm langen und 4 bis 5 mm dicken, ein wenig gekrümmten Hohlcylindern aus Platindrahtgaze bestehen. Für die Anwendung von Thalliumsalzen ist der Hohlcylinder aus Platindrahtgaze zu ersetzen durch ein ebenso gestaltetes Bündel von langfaserigem, in Salzsäure mehrfach ausgekochtem und dazwischen geglühtem Asbest. *L. Grnm.*

Apparat zur Aufsaugung und Bestimmung von Gasen. La Nat. X, 272; [Beibl. VI, 518†.

Der zur Aufnahme der gashaltigen, festen oder flüssigen Substanzen dienende Apparat besteht aus einem unten durch einen Kautschukpfropfen verschlossenen cylindrischen Gefässe, welches oben durch einen weit gebohrten Hahn mit einem zu drei über einander befindlichen Kugeln aufgeblasenen Gefässe verbunden ist. Die oberste Kugel, aus welcher ein seitliches Rohr nach den Absorptionsapparaten führt, die mit einer Luftpumpe in Verbindung stehen, ist durch einen Kork mit eingesetztem Tropftrichter verschlossen, durch welchen Säuren zur Entwickelung von Kohlensäure etc. eingelassen werden können. *L. Grnm.*

A. Martens. Instrumentenstativ mit Kugelgelenken und Klemmringen. ZS. f. Instrk. II, 112†.

Der Herr Verfasser sucht eine möglichst grosse Beweglichkeit des Instruments durch eine Gliederung des Stativs zu erreichen, indem er statt der früher von ihm angewandten Scharniere eine oder mehrere hohle Gelenkkugeln von grossem Durchmesser zwischen ringförmigen Auflagerflächen mittelst Klemmschrauben, denen starke, zwischen die beiden Ringe eingelegte, Federn entgegenwirken, festklemmt. Um ein sicheres Festklemmen und zugleich eine leichte Auslösbarkeit der Klemmung zu erzielen, sind die beiden Auflagerflächen nicht symmetrisch zum Mittelpunkte der Kugel angeordnet. *L. Grnm.*

V. Neyreneuf. Niveau à gaz. J. de phys. (2) I, 460-461†.

Der Hauptzweig einer Y-förmigen Röhre steht mit der Gasleitung in Verbindung, während die beiden Seitenarme durch gleich weite Kautschukröhren mit zwei genau identischen Brennern von weiter Oeffnung verbunden sind. Mittelst eines Hahnes oder einer Klemmschraube kann man den Gasdruck allmählich vermindern. Befinden beide Brenner sich auf demselben Niveau, so ist die Leuchtkraft und Grösse der Flammen für die verschiedensten Drucke dieselbe. Dies hört auf, wenn einer der Brenner höher gestellt wird; man kann dann bei Verminderung des Gasdruckes an der geringeren Leuchtkraft des niedriger stehenden Brenners Niveaudifferenzen bis auf Bruchtheile des Millimeters constatiren. Es gelang mittelst einer solchen Y-förmigen Röhre die beiden Brenner so genau in dasselbe Niveau zu bringen, dass kathetometrisch eine Niveaudifferenz nicht wahrgenommen werden konnte. *L. Grnm.*

P. Casamajor. New filtering apparatus. Chem. News. XLV, 148-149†; Chem. CBl. XIII, 419†.

Eine durchlöcherte und in ihrer Mitte mit einem beiderseits offenen Platinrohre zusammengelöthete Platinplatte, welche mit Filtrir- oder Asbestpapier bedeckt ist, wird möglichst nahe auf den Boden einer Platin- oder Porzellanschale gelegt, in welcher der Niederschlag nachher erhitzt werden soll. Das Platinrohr wird durch einen Kautschukschlauch mit dem kurzen Schenkel einer zweimal rechtwinklig gezogenen und vertical aufgestellten Glasröhre und durch den längeren Schenkel der letzteren mit einem Aspirator verbunden. Hierauf wird das Filtrirpapier mit destillirtem Wasser befeuchtet und die Schale damit gefüllt, um sobald die lange verticale Röhre mittelst des Aspirators gefüllt ist, mit der Filtration zu beginnen. *L. Grnm.*

Beaumont Jeanneret-Grosjean. Filtration under pressure. Chem. News. XLV, 167†.

Verfasser hat Casamajor's Filtrirscheiben in Verbindung mit gewöhnlichen Trichtern vielfach mit gutem Erfolge anwenden können, wenn nur die Filtrirscheiben möglichst gleichmässig geebnet waren. Beim Filtriren mit der SPRENGEL'schen Wasserluftpumpe empfiehlt es sich, keine höheren Drucke, als 250 mm Quecksilber, anzuwenden, da sonst die Substanz so rasch trocknet, dass sie leicht reisst. *L. Grnm.*

P. CASAMAJOR. Note on filtering discs. Chem. News. XLVI, 8-9†.

Die vorstehend erwähnte Art, gewöhnliche Trichter mit Filtrirscheiben zu verbinden, findet der Autor recht zweckmässig; die Scheibe soll durch einen vertical an ihr befestigten in die Trichterröhre hineinragenden Stab in richtiger Lage gehalten werden; vor Einsetzung der Platinscheibe soll eine Papierscheibe von etwas grösserem Durchmesser darauf gelegt, mit Wasser befeuchtet und, behufs Herstellung eines guten Verschlusses, deren überstehender Rand fest gegen die Trichterwände angedrückt werden. *L. Grnm.*

A. MAYER. Eine praktische Pipette. Arch. f. Pharm. XVII, 524-525; Chem. CBl. XII, 693†.

Ueber das obere Rohr einer gewöhnlichen Pipette ist mittelst Kautschukschlauch eine Glasröhre geschoben, deren oberes Ende eine etwa 2 mm weite Oeffnung hat, welche beim Aufsaugen mit dem Finger verschlossen wird. Man zieht das obere Rohr hoch, bis die Kugel der Pipette mit Flüssigkeit gefüllt ist, und lässt alsdann durch Lüften des Fingers die Flüssigkeit ruhig auslaufen. *L. Grnm.*

A. SAFARIK. Ueber Versilberung des Glases zu optischen Zwecken. Centrztg. f. Opt. u. Mech. 1882. Nr. 1-3; [ZS. f. Instrk. II, 109†.

Zur Reinigung des zu versilbernden Spiegels benutzt man rauchende Salpetersäure (bei schon versilberten Spiegeln) oder einen aus geschlemmtem Tripel und Aetzammoniak angerührten dünnen Brei. Leicht angreifbare Glassorten, wie extraschweres Flintglas, werden mit Alkohol und etwas Polirroth, dann mit Alkohol und zuletzt mit destillirtem Wasser gereinigt, sorgfältig mit Leinwand abgetrocknet und dann wieder, bevor sie ins Silberbad kommen, in ein Bad destillirten Wassers getaucht. Als Silberbad wendet man zweckmässig, nach dem Vorgange von C. LEA, gleiche Volumina einer dreiprocentigen Seignettesalzlösung und einer ammoniakalischen Silberlösung, die drei Procent salpetersaures Silber enthält, an. Der Spiegel muss während des Versilberns mit der Fläche nach unten frei und ohne Berührung der Gefässwände in die Flüssigkeit tauchen, das Eintauchen geschieht schief und mit einer Kante voran, damit die Luftbläschen, welche Löcher oder dünne Stellen in der Silberschicht hervorbringen würden, entweichen können. Die Dauer des Processes beträgt im Sommer 10 bis 15 Minuten, im Winter 20 bis 30 Minuten. Der Spiegel wird dann mit destillirtem Wasser abgespült, und nachdem er trocken geworden, anfänglich mit reiner weisser Baumwolle, um welche feines weiches Waschleder zu einem Ballen gebunden ist, und zum Schlusse mit feinstem Polirroth polirt.

L. Grnm.

A. A. COMMON. Glasversilberung. Scient. Americ. XLVI, 132. 1882; [Beibl. VI, 517†.

Eine 10 procentige Silbernitratlösung wird mit Ammoniak bis zur wieder eintretenden Klärung versetzt, darauf wird eine 10 procentige Lösung von Kalihydrat zugesetzt und wieder Ammoniak, schliesslich setzt man eine 5 procentige Lösung von Traubenzucker hinzu und trägt auf das gereinigte Glas auf.

L. Grnm.

Verhüten des Anlaufens von Silber. Centrztg. f. Opt. u. Mech. III, 106-107; [Beibl. VI, 406†.

Man bestreicht das Silber mit durch Weingeist verdünntem Collodium; der Ueberzug wird durch heisses Wasser entfernt.

L. Grnm.

Reinigung von Messing- und Stahlartikeln. Centrztg. f. Opt. u. Mech. III, 117. 1882; [Beibl. VI, 519†.

Messing reinigt man durch Eintauchen in eine Mischung von 1 Theil Salpetersäure und $^1/_2$ Theil Schwefelsäure, Abspülen mit Wasser und Abreiben mit Sägemehl. Stahl wäscht man mit einer Cyankaliumlösung von 1 : 6 und bürstet dann mit einem Teige aus 1 Theil Cyankalium, 1 Theil Castilseife, 2 Theilen Schlemmkreide und Wasser. Zur Entfettung benutzt man zuvor warme Soda- oder Pottaschelösung. *L. Grnm.*

Eisen vor dem Rost zu schützen. Centrztg. f. Opt. u. Mech. III, 70; [Beibl. VI, 519-520†.

Man erhitze die eisernen Gegenstände etwa 15 bis 30 Minuten lang, bis sie mit einem glänzenden schwarzen Ueberzuge versehen sind. *L. Grnm.*

Kitt zum Vereinigen von Glasstücken. Polyt. Notizbl. XXXVII, 173, 1882; [Beibl. VI, 898†.

Einer Lösung von 1 g fein zerschnittenem Kautschuk in 64 g Chloroform setzt man 16 g gepulverten Mastix zu. *L. Grnm.*

Kitt für Metall auf Glas. Polyt. Notizbl. XXXVII, 30; [Beibl. VI, 260†.

2 Theile Silberglätte und 1 Theil Bleiweiss werden mit abgekochtem Leinöl und Copallack (1 Theil Copallack auf 3 Theile Leinöl) zu einem Teige verarbeitet. *L. Grnm.*

Löthen. Centrztg. f. Opt. u. Mech. III, 106; [Beibl. VI, 898†.

Man passe die zu löthenden Gegenstände genau auf einander, nachdem ein Stück Blattzinn zwischen sie gebracht, binde sie mit Draht zusammen, bestreiche sie mit Löthwasser und erhitze sie über der Lampe bis zum Schmelzen des Zinns.

Um an einem Stücke mehrere Löthungen anzubringen, wende man zuerst feines Loth aus zwei Theilen Blei, 1 Theil Zinn und 2 Theilen Wismuth, dann leichter schmelzendes Wismuthloth aus 4 Theilen Blei, 4 Theilen Zinn und 1 Theil Wismuth an.

Ein geeignetes Loth für Messing, Kupfer, Eisen sind ausgewalzte Silbermünzen oder eine Legirung aus gleichen Theilen Kupfer und Zinn.

Flussmittel für Hartloth ist Borax, für weiches Loth Chlorzink (50procentige Salzsäure mit Zink gesättigt) oder Harz.

L. Grnm.

Flüssigkeit des Loths. Centrztg. f. Opt. u. Mech. III, 117; [Beibl. VI, 705-706†.

Eine Legirung aus 4 Theilen Blei, 4 Theilen Zinn und 1 Theil Wismuth schmilzt leicht und kann gelöthet werden mit einer solchen aus 2 Theilen Blei, 2 Theilen Wismuth und 1 Theil Zinn. Quecksilber macht das Loth noch flüssiger, als Wismuth; eine Lgierung aus gleichen Theilen Wismuth, Blei und Quecksilber schmilzt schon bei 50° C. *L. Grnm.*

Kalt zu löthen. Centrztg. f. Opt. u. Mech. III, 178; [Beibl. VI, 898†.

Das Loth erhält man durch Verreiben von mittelst Zink gefälltem Kupfer mit der doppelten Menge Quecksilber; als Löthwasser dient zweiprocentiges Natriumamalgam. *L. Grnm.*

HAGER. Platinirung zinnener, messingener, weissblechener und kupferner Geräthschaften. Centrztg. f. Opt. u. Mech. III, 107; [Beibl. VI, 406†.

Ein Theil Platinchlorid in 15 Theilen Weingeist und 50 Theilen Aether werden auf die blanke Metallfläche aufgetragen und der Ueberzug, nachdem er getrocknet, durch Reiben mit einem Tuche glänzend gemacht. *L. Grnm.*

HARTMANN. Hartmischung für dünne Stahlartikel. Centrztg. f. Opt. u. Mech. III, 94; [Beibl. VI, 405†.

Einer Mischung aus 4,75 Quart Thran, 2 Pfund Rindstalg und 0,25 Pfund Wachs wird 1 Pfund Harz beigefügt, oder es werden 1 Pfund Pech und 3 Pfund Harz zusammengeschmolzen und dann 4,75 Wallrathöl, 20 Pfund geschmolzener Talg und 4,5 Rindsfussöl zugesetzt. Man taucht entweder den erhitzten Stahlgegenstand in die kalte Mischung, oder den kalten in die erhitzte Mischung, reibt nach dem Erkalten den Stahl mit Leder ab und erhitzt ihn über Kohlenfeuer. *L. Grnm.*

J. J. HESS. Schwärzung der Grade in versilberten Scalen. Centrztg. f. Opt. u. Mech. III, 106; [Beibl. VI, 519†.

Russ und Wachs werden mit Terpentinöl zu einer weichen Salbe geschmolzen und mit einem weichen Pinsel eingerieben; ferner wird Einbrennen mit Kupferoxyd empfohlen. *L. Grnm.*

J. J. HESS. Metalllacke. Centrztg. f. Opt. u. Mech. III, 90-91; [Beibl. VI, 405†.

Der Lack besteht aus 10 Theilen Rubinschellack, 5 g Sandarakharz, 10 g Benzoëharz, 3 g Copaivabalsam, 3 g Leinölfirniss und 100 bis 150 g reinem Alkohol. Zum Färben der Lacke dienen alkoholische Extracte von Gummigutt, Drachenblut, Sandelholz, Curcuma. Zum Lackiren eiserner Gegenstände, die höheren Temperaturen, Säuredämpfen etc. ausgesetzt werden, empfiehlt sich eine Mischung aus 2 g Damarharz, 4 g Terpentinöl, 1 g Siccativ und 2 g Leinölfirniss. Hellen, harten Lack erhält man durch Lösen von ungeschmolzenem Ganshaut-Kopal in durch Kalk entwässertem Terpentinöl. *L. Grnm.*

A. CROVA. Vernis à écrire sur le verre. J. de phys. (2) I, 42-43†.

Man bilde eine Mischung von 500 g Aether, 30 g Sandarach und 30 g Glaserkitt und füge zu derselben so lange in kleinen Mengen Benzin hinzu, bis das Gemisch, auf eine Glasplatte ausgebreitet, derselben das Aussehen des Mattschliffes giebt.

L. Grnm.

Litteratur.

J. RENÉ BENOIT. Etude sur l'appareil de M. FIZEAU pour la mesure des dilatations. Arch. sc. phys. VII, 98.
S. diese Berichte XXXVII, 7—8. *L. Grnm.*

J. M. SCHAEBERLE. Ueber die Nivellirung der Axe eines Passageinstruments. Astr. Nachr. CII, Nr. 2428, 57.

C. BRAUN. Astr. Nachr. CII, Nr. 2448, 375.

GIUSEPPE JUNG. Compensazione degli errori proporzionali per undato sistema di osservazione dirette. Rend. Lomb. (2) XIII, 238.

Versilberung kleiner Gegenstände durch Ansieden. Polyt. Notizbl. XXXVII, 109.

Verfahren zur Befestigung von Glas oder Emaille auf Glas. Polyt. Notizbl. XXXVII, 30.

OUDINET. Principes de la construction des instruments de précision. Paris: libr. du Dictionnaire des arts et manufactures. In 16° avec 120 gravures sur bois. 2 Fr. — N. z.

L. COCHARD. Le chronographe-pendule de M. CASPERSON. Nancy: Berger-Levrault & Co. In 8° 7 p. avec dessins et planches. — N. z.

Autodynamische Uhr. Centrztg. f. Opt. u. Mech. 1882. Nr. 6.

F. LEGAL. La marche et la conduite des chronomètres d'après les travaux de M. M. CASPARI, LIEUSSON, DE MAGNAC etc. Nancy: Berger-Levrault & Co. 32 S. 8°. N. z.

J. KRAUSE. Entfernungsmesser-Konstructionen. Centrztg. f. Opt. u. Mech. 1882. Nr. 11, 122-124.

F. GÜNTHER. Der Aequidistanzmesser. Centrztg. f. Opt. u. Mech. III, Nr. 17.

J. KAJABA. Ein Beitrag zur Theorie der in der Praxis hauptsächlich verwendeten Polarplanimeter. Wien. Ber. [2] LXXXVI, 635—656*.

HUGO KRÜSS. Die wissenschaftlichen Instrumente auf der Gewerbeausstellung in Nürnberg. Centrztg. f. Opt. u. Mech. III, Nr. 21 u. 22.

F. WEYDE. Anleitung zur Herstellung von physikalischen und chemischen Apparaten mit möglichst einfachen Mtteln . . . . Wien: Sallmayer. 80 S. u. 36 lith. Taf. 8°. 2,60.

PICOU. Sensibilité des appareils de mesure. Rev. scient. XXX, 694.

LÉAUTÉ. Sur un perfectionnement applicable à tous les régulateurs à force centrifuge. Paris. 1880. N. z.

GILETTO. Intorno alla curva di frequendus degli errori accidentali. Giorn. d'Artigl. e Gen. 1882. Pt. I, II.

LORENZONI. Di uno modificazione al cronografo di FUESS ecsequita del meccanico G. CAVIGNATO. Atti d. R. Inst. Ven. (5) VII, disp. 99. 1881.

ALBERTOTTI. Sulla micrometria. Giorn. R. Ac. di medicina di Torino. XLV, Nr. 1 u. 2. 1882.

O. J. BROCH. Beretning om den internationale Meter-Commission of 20 de Mai 1875 og om Moderne i den ved samme oprettede internationale Comite for Maal og vaegt i Arene. 1875—1879. Nyt. Mag. XXV, 149-214†.

JEUNIAN. Sur la burette à gaz du docteur BUNTE. Ann. d. mines (7) XX. 1881.

J. H. POYNTING. On the Estimation of Smal Excesses of Weight by the Balance from the Time of Vibration and the angular Deflection of the Beam. Mem. Manch. Soc. (3) VII, 23-30*.

BOTTO. Telemetri a specchi dei sistemi WALDON, AZEMAR, PRATTE WATKIN. Giorn. d'Artigl. e Gen. 1882, p. I, 16 u. p. II, 11-12.

VINAYEK NIRAYEU NENE. On a method of tracing periodicites in a Series of observations when the periods are unknow. Proc. Roy. Soc. XXXIV, 168*. Titel.

W. B. COOPER. The Phonodynamograph. Engineering XXXIV, 120†.

Bericht über eine Beschreibung des Apparates von Hrn. W. B. COOPER, welche vom Franklin Institute of America veröffentlicht ist.

C. K. WEAD. To cut a millimeter screw. SILL. J. (3) XXIII, 176-177.

SOLOWJEFF. Die Maasseinheiten im Kasan'schen Gouvernement. Kasan 1883. 12 S. (Russisch.)

A. SUNDELL. Bemerkungen über absolute Maass-Systeme in der Physik. Acta Soc. scientiarum Fennicae XII, 351-381.

M. GOLDSTEIN. Apparat zur Durchwaschung von Flüssigkeiten, die mit Wasser nicht gemengt werden können und darin schwer lösslich sind. J. d. russ. chem.-phys. Gesells.; chem. Theil. Bd. XIV, 152.

---

2. Dichtigkeit.

EILHARD WIEDEMANN. Eine kleine Veränderung am Pyknometer. WIED. Ann. XVII, 983-985†.

Um den Fehler zu vermeiden, welcher bei der Bestimmung des spec. Gewichtes mittelst des Pyknometers durch die den Körpern anhaftende Luft entsteht (namentlich bei pulverförmigen Körpern oder solchen, welche sich beim Erwärmen zersetzen oder schmelzen), hat der Hr. Verf. ein Pyknometer construirt, dessen eingeriebener Stöpsel von einem am Boden des Pyknometers etwas umgebogenen Glasrohre durchsetzt ist. Das Glasrohr trägt am oberen Ende einen Schliff, auf welchen ein zweites enges, stumpfwinkelig gebogenes Glasrohr aufgesetzt ist. Dieses ist mit einem Glashahn versehen und führt zu einer Quecksilberluftpumpe; es trägt einen vertical stehenden kleinen Trichter, der ebenfalls durch einen Hahn abgesperrt werden kann, und durch welchen nach dem Evacuiren des Pyknometers das Wasser eingefüllt wird. Die Messungen, welche mit diesem Pyknometer an Glaspulver und gefälltem Baryumsulfat angestellt wurden, ergaben Zahlen, die erst in der dritten Decimale Abweichungen zeigen. *Bgr.*

W. Spring. Sur le poids spécifique du soufre de H. Ste-Claire-Deville. Bull. de Belgique (3) II, 83-87. 1881†.

Mittelst des von ihm construirten Compressionsapparates hat der Hr. Verf. den von Deville durch Erschöpfen von Schwefelblumen mit siedendem Schwefelkohlenstoff dargestellten unlöslichen Schwefel in zusammenhängende Stücke comprimirt und die Dichtigkeit desselben bestimmt. Dieselbe ist 1,9556 bei 0°, liegt mithin zwischen der Dichte des plastischen Schwefels (1,930) und derjenigen des prismatischen (1,960). Die Differenz zwischen den Dichtigkeiten 1,960 und 1,9556 liegt innerhalb der Grenzen der Beobachtungsfehler, sodass man die Dichte des von Deville dargestellten unlöslichen Schwefels derjenigen des monoklinen gleich setzen darf. *Bgr.*

G. Brügelmann. Bemerkungen zur Ermittelung des specifischen Gewichtes fester und flüssiger Körper. ZS. anal. Chem. XXI, 178-182†.

Bei flüssigen Körpern lässt man aus einer Mohr'schen Pipette, die in Zehntel-Cubikcentimeter geteilt ist, eine bestimmte Menge ausfliessen und bestimmt das Gewicht der ausgeflossenen Menge. Von festen Körpern wägt man vorher eine bestimmte Menge ab, bringt dieselbe dann in eine mit einer passenden Flüssigkeit (Benzol, Toluol oder Xylol) gefüllte Bürette und bestimmt so das Volumen der Substanzmenge. Die Verdrängung etwa vorhandener Luft hängt allein von dem vollständigen Benetzen und durchdringen des pulverisirten festen Körpers, nicht von einem Erhitzen bis zum Kochen, wie dies im Pyknometer geschieht, ab. (Vgl. Phipson, Dingl. J. CLXVI, 79; ZS. anal. Chem. I, 451.)

Bgr.

M. DEL LUPO. Bestimmung des specifischen Gewichtes fester Körper, welche in allen Flüssigkeiten löslich sind. Riv. Scient. Industr. XIII, 161-169. 1881. [Beibl. VI, 529†.

Man nimmt einen Körper, der in Wasser löslich, in Alkohol aber unlöslich ist, zu Hülfe. Hat man gleiche Volumina des zu untersuchenden und des Vergleichkörpers, beide in derselben Wassermenge gelöst, so findet man das spec. Gew. des ersteren, wenn man das Product aus der Dichte seiner Lösung bezogen auf Wasser und der Dichte des im Wasser löslichen, im Alkohol aber unlöslichen Körpers durch die Dichte der Lösung des letzteren dividirt. *Bgr.*

W. CHANDLER ROBERTS and T. WRIGHTSON. On the Fluid Density of certain Metals. Proc. Phys. Soc. London, V. Part II, 97-104†; Phil. Mag. (5) XIII, 360-367†.

Die Herren Verfasser haben mittelst des von ihnen construirten Onkosimeters (vgl. diese Berichte 1881, 63) die Veränderungen des spec. Gew. einer Reihe von Metallen beim Uebergang aus dem festen in den flüssigen Aggregatzustand untersucht. Die Resultate sind in der folgenden Tabelle enthalten:

Metall.	Dichte im festen Zustande.	Dichte im flüssigen Zustande.	Veränderung des Volumens beim Schmelzen des (kalten) Metalls in Procenten.	
Wismuth	9,82	10,055	Volumenverminderung	2,3
Kupfer	8,8	8,217	Volumenzunahme	7,1
Blei	11,4	10,37	"	9,93
Zinn	7,5	7,025	"	6,76
Zink	7,2	6,48	"	11,1
Silber	10,57	9,51	"	11,2
Gusseisen No. 4, Cleveland	6,95	6,88	"	1,02.

Am Schlusse der Abhandlung befindet sich eine Besprechung der Untersuchung von den Herren NIES und WINKELMANN (vgl. diese Berichte XXXVII, 806) über denselben Gegenstand.

Bgr.

ALEXEJEFF. The specific gravity of liquid steel. J. d. russ. chem.-phys. Ges. XII; [Nature XXVI, 138†.

Die Dichte des flüssigen Stahls wurde gleich 8,05 gefunden; sie ist mithin grösser als diejenige des festen Stahls.

Bgr.

D. H. MARSHALL, C. MICHIE SMITH and R. T. OMOND. Experiments to Determine the Lowering of the Maximum Density Point of Water by Pressure. Proc. R. Edinb. Soc. 1881-82. 626-629†.

— — On the Lowering of the Maximum Density Point of Water by Pressure. Proc. R. Edinb. Soc. 1881-82. 809-813†.

TAIT. Note on the Preceding Paper. Proc. R. Edinb. Soc. 1881-82. 813-814†.

Die Methode bestand darin, mittelst eines sehr empfindlichen Galvanometers die Aenderungen zu messen, welche die Temperatur vom Wasser beim Aufhören eines starken Druckes, dem es ausgesetzt war, erfährt. Nach THOMSON ist diese Temperaturänderung von der absoluten Temperatur t des Wassers, seinem Druck p, seinem Ausdehnungscoefficienten e bei der Temperatur t und dem Drucke p, und seiner spec. Wärme k für constanten Druck bei demselben Drucke und derselben Temperatur abhängig. Findet eine Temperaturänderung von t auf $t - \delta t$ statt, so ist

$$\delta t \propto \frac{t.e}{k} \delta p.$$

Das Vorzeichen von δt ist nur abhängig von dem Vorzeichen von e. Ist $e +$ (bei Wasser über 4°), so ist δt auch $+$, d. h. einer plötzlichen Abnahme des Druckes entspricht eine Abnahme der Temperatur; ist $e -$ (bei Wasser unter 4°), so ist δt —, d. h. einer plötzlichen Abnahme des Druckes entspricht eine Zunahme der Temperatur. Hat endlich ein Körper bei einer bestimmten Temperatur seine grösste Dichte, dann findet bei einer Veränderung des Druckes keine Temperaturveränderung statt. Befindet sich Wasser bei $+4^\circ$ unter einem starken Drucke, so findet beim Aufhören desselben eine Temperaturveränderung statt, aus welcher hervorgeht, dass $e+$ ist. Das Wasser besitzt mithin unter diesem Drucke nicht seine grösste Dichte bei $+4^\circ$. Die Resultate der Versuche sind graphisch dargestellt (unter der von Tait in seiner Bemerkung weiter ausgeführten Annahme, dass die Erniedrigung der Temperatur der Maximaldichte proportional dem ausgeübten Drucke erfolgt). Beträgt der Druck z. B. 600 Atmosphären, so findet bei einer Temperatur von 15° beim plötzlichen Aufhören des Druckes eine Abkühlung von 0,68° statt, während bei einer Anfangstemperatur von 0° die Abkühlung 0,15° beträgt. Die Maximaldichte des Wassers liegt bei diesem Druck mithin unter dem Gefrierpunkte. Bei einem Drucke von 150 Atmosphären beträgt dagegen die Temperaturabnahme 0,13° für die Anfangstemperatur von 15°, während sich bei einer Anfangstemperatur von 1,5° die Temperatur beim Aufhören des Druckes nicht ändert. Die Maximaldichte des Wassers liegt mithin bei diesem Drucke zwischen 1° und 2°. *Bgr.*

Bouquet de la Grye. Sur la densité et la chloruration de l'eau de mer puisée à bord du Travailleur en 1881. C. R. XCIV, 1063-1066†.

Die Dichte wurde nach dreierlei Methoden bestimmt: 1) durch directe Wägung; 2) mittelst eines Aräometers; 3) durch Berechnung aus dem Salzgehalte. Die erhaltenen Zahlen sind in einer Tabelle zusammengestellt. Aus derselben geht hervor, dass die Dichte und der Salzgehalt zunehmen, wenn man aus dem Atlantischen Ocean in das Mittelmeer gelangt (Golf von Gascogne 1,02718; bei den Berlingasinseln an der Küste von Portugal 1,02795; am Cap Forcas in der Meerenge von Gibraltar 1,02855; in der Breite von Nizza 1,02964). Das Wasser an der Oberfläche ist weniger salzhaltig und weniger dicht als das in der Tiefe. Diese Resultate bestätigen das Vorhandenhein einer Niveaudifferenz zwischen dem Mittelländischen Meere und dem Atlantischen Ocean, die daher rührt, dass wie bei communicirenden Röhren die weniger dichte Flüssigkeit (Atlantischer Ocean) höher steht als die dichtere (Mittelländisches Meer). Der Herr Verfasser berechnet aus der Differenz zwischen der Dichte des Meerwassers die Grösse dieser Niveaudifferenz und zeigt die Uebereinstimmung seiner Resultate mit denen, welche BOURDALOUE durch das directe Nivelliren erhalten hat. *Bgr.*

J. BIEL. Specifisches Gewicht der Bromwasserstoffsäure. Chem. CBl. (3) XIII, 147-148; [Beibl. VI, 530†.

Aus den Untersuchungen des Hrn. Verfassers resultirt die folgende Tabelle ($t = 15^0$).

pCt.	Spec. Gew.	pCt.	Spec. Gew.	pCt.	Spec. Gew.	pCt.	Spec. Gew.	pCt.	Spec. Gew.
1	1,0082	11	1,085	21	1,172	31	1,270	41	1,388
2	1,0155	12	1,093	22	1,181	32	1,281	42	1,401
3	1,0230	13	1,102	23	1,190	33	1,292	43	1,415
4	1,0305	14	1,110	24	1,200	34	1,303	44	1,429
5	1,038	15	1,119	25	1,209	35	1,314	45	1,444
6	1,046	16	1,127	26	1,219	36	1,326	46	1,459
7	1,053	17	1,136	27	1,229	37	1,338	47	1,474
8	1,061	18	1,145	28	1,239	38	1,350	48	2,490
9	1,069	19	1,154	29	1,249	39	1,362	49	1,496
10	1,077	20	1,163	30	1,260	40	1,375	50	1,513.

Die Zunahme des spec. Gewichtes für 1 pCt. HBr ist mithin in concentrirten Lösungen grösser als in verdünnten. *Bgr.*

HAGER. Bestimmung des specifischen Gewichtes der Schwefelsäure. Pharm. Centralh. 1882, Nr. 44; [Arch. f. Pharm. XVII, 933-934†; [Chem. CBl. (3) XIII, 776.

Man streut auf eine 4—5 cm hohe Schicht Schwefelsäure einige Bittersalzkrystalle. Dieselben dürfen nicht untersinken, wenn die Säure nicht leichter als 1,829—1,830 ist. Mit der reinen Schwefelsäure von 1,836—1,840 spec. Gew. verfährt man ebenso, wirft aber 4—6 glatte, nicht verwitterte Eisenvitriolkrystalle darauf. Zwei Drittel derselben müssen am Niveau bleiben. (Spec. Gew. des Eisenvitriols 1,834—1,835; des Bittersalzes 1,826—1,829.)

Bgr.

G. Lunge. Die Volumengewichte von concentrierten Sodalösungen. Chem. Ind. 1882, 320; [Dingl. J. CCXLVI, 488†.

Die Zahlen gelten für 30°, welche Temperatur derjenigen der grössten Löslichkeit (34°) sehr nahe steht:

Vol.-Gew.	Proc. Na_2CO_3.	Na_2CO_3 im Liter.
1,310	28,13	368,5 g
1,300	27,30	354,9
1,290	26,46	341,3
1,280	25,62	327,9
1,270	24,78	314,7
1,260	23,93	301,5
1,250	23,08	288,5
1,240	22,21	275,4
1,230	21,33	262,3
1,220	20,47	249,3
1,210	19,61	237,3
1,200	18,76	225,1
1,190	17,90	214,0
1,180	17,04	201,1
1,170	16,18	189,3
1,160	15,32	177,7
1,150	14,47	166,4
1,140	13,62	155,3

Bgr.

G. Chancel. Méthode expéditive pour la détermination de la densité des gaz. C. R. XCIV, 626-630†.

Der Hr. Verfasser wägt ein bestimmtes Gasvolumen und vergleicht das Gewicht desselben mit demjenigen eines gleich grossen Luftvolumens. Hierzu dient ihm ein Glasballon von etwa 200 ccm

Inhalt, in dessen Hals sich eine seitliche Oeffnung mit einem gläsernen Ansatzrohre zum Anstecken eines Gummischlauches befindet. Der Ballon ist durch einen eingeriebenen hohlen Stopfen verschlossen, der oben in eine mit einem Hahn versehene Röhre verjüngt ist und seitswärts ebenfalls eine Oeffnung besitzt, an welche eine senkrecht nach unten gebogene Glasröhre angeschmolzen ist, die fast bis auf den Boden der Flasche reicht. Die Oeffnungen im Halse des Ballons und in dem Stopfen sind in gleicher Höhe angebracht, so dass durch geeignete Drehung die innere Glasröhre und das äussere Ansatzstück mit einander communiciren. Man füllt nun den Ballon mit Wasser und wägt ihn; dann füllt man ihn mit trockener Luft und wägt wieder. Man erhält auf diese Weise das Gewicht des im Kolben enthaltenen Wassers und berechnet daraus sein Volumen. Als Tara dient am besten ein zweiter gleich grosser und aus demselben Glase gefertigter Ballon. Man leitet nun durch das seitliche Ansatzstück das Gas ein, dessen spec. Gewicht bestimmt werden soll. Ist dasselbe leichter als die Luft, so stellt man den Ballon aufrecht; ist es schwerer, so befestigt man ihn an einem Stativ in umgekehrter Lage. Die Glasröhre, in welche der Stopfen ausläuft, steht mit einer breiten Röhre in Verbindung, in deren Axe sich ein Thermometer befindet. Das Ganze steht in einem Holzkasten, der an zwei gegenüberliegenden Seiten durch Glaswände verschlossen ist. Ist der Ballon gefüllt, so unterbricht man durch Umdrehen des Stopfens den Gaszutritt, schliesst den Hahn, notirt Thermometer- und Barometerstand und wägt. Ist nun V das das Volumen des Ballons (in ccm); a das Gewicht der in dem Ballon enthaltenen Luftmenge; e die Gewichtsdifferenz zwischen dem mit dem Gase und dem mit Luft gefüllten Ballon; t die Temperatur; H der Barometerstand, so ist das Gewicht des in dem Ballon eingeschlossenen Gases

$$p = a \pm e.$$

Die Dichte ist dann

$$D = \frac{p(1 + 0{,}003665 . t)}{V . 0{,}001293 . H} .$$

(Die Bestimmung von V ist nach der vorstehenden Mittheilung nicht genau, weil nach dem Entfernen des Wassers das Gewicht von Ballon + eingeschlossener Luft bestimmt wurde.)

Bgr.

HEINRICH GOLDSCHMIDT und VICTOR MEYER. Ueber Gasdichtebestimmung. Ber. d. chem. Ges. XV, 137-141†.

Um die Dichte eines Gases mehrere Male rasch nach einander zu bestimmen, wurde die Verdrängungsmethode von V. MEYER (vgl. diese Berichte XXXVI, 131) in folgender Weise modificirt. Das Gefäss, in welchem die Bestimmung ausgeführt werden soll, wird mit trockner Luft gefüllt, auf die Temperatur, bei welcher die Dichte bestimmt werden soll, erhitzt, und es wird alsdann die Luft durch Salzsäuregas in ein mit Wasser gefülltes Gasmessrohr geleitet. Dann wird unter fortwährendem Erhitzen die Salzsäure durch einen Luftstrom verdrängt und nun das zu untersuchende Gas eingeleitet, bis es den Apparat vollständig anfüllt. Endlich verdrängt man es mittelst Luft oder Wasserstoff in einen Kugelapparat, der mit einer das Gas aufnehmenden Absorptionsflüssigkeit gefüllt ist. Durch Wägung des Kaliapparates erhält man das Gewicht des Gases; aus dem Volumen der verdrängten Luft berechnet man ihr Gewicht; der Quotient aus beiden Zahlen giebt die Dichte. Bei Versuchen bis zur Temperatur des siedenden Diphenylamins ist das Gefäss, welches zur Bestimmung dienen soll, ein 200 mm hoher Glascylinder von etwa 30 mm Durchmesser, an welchen unten und oben Capillarröhren zum Ein- resp. Austritt der Luft angeschmolzen sind. Der Mantel, in welchen dieses Gefäss mittelst eines in 2 Hälften zerschnittenen Korkes eingesetzt wird, ist cylindrisch mit kugelförmig aufgeblasener Basis. Beim Erhitzen bis zur Temperatur des siedenden Schwefels oder Phosphorpentachlorids wurde statt des cylindrischen ein kugelförmiges Gefäss angewandt, welches in einen Tiegel eingesetzt werden konnte. Ueber die bei dissociirbaren Verbindungen nothwendigen Correcturen und über den Gebrauch des kugelförmigen Apparates als Luftthermometer siehe die Abhandlung, in welcher sich auch Skizzen desselben befinden.

Bgr.

Victor Meyer und Heinrich Goldschmidt. Zur Bestimmung des specifischen Gewichtes permanenter Gase bei hoher Temperatur. Ber. d. chem. Ges. XV, 1161 bis 1164†.

Für höhere Temperaturen wenden die Herren Verfasser innen glasirte Porzellancylinder (von Gosse in Bayeux hergestellt) an, deren capillare Ansatzröhren bei einer lichten Weite von weniger als 1 mm eine Wandstärke von 4 mm besitzen (Inhalt etwa 100 ccm, Wandstärke des nicht capillaren Teiles 2 mm). Die Röhre wird in einem Fletcher'schen Röhrenofen erhitzt. Die Luft wird durch das zu untersuchende Gas selbst (nicht durch Cl H) in ein Kalilauge enthaltendes Absorptionsgefäss getrieben und gemessen. Dann wird das Gas mittelst trockner Luft in ein gewogenes Absorptionsgefäss getrieben und gemessen. Die Bestimmung der Dichte des Cyangases ergab folgende Werthe (für C_2H_2 berechnet = 1,80).

t	100°	182°	250°	310°	456°	800°	
d	1,82	1,83	1,79	1,76	1,81	1,78	1,81.

Das Cyangas ändert mithin seine Dichte bis zu einer Temperatur von 800° nicht. Im Fletcher'schen Gebläseofen auf 1200° erhitzt zersetzt es sich unter Stickstoffentwickelung. *Bgr.*

Victor Meyer. Bemerkungen über Dampfdichtebestimmung. Ber. d. chem. Ges. XV, 2775-2778†.

Der Hr. Verfasser macht darauf aufmerksam, dass das von ihm zuerst angewandte Luftverdrängungsverfahren eigentlich nur bei hoch siedenden Verbindungen und solchen, welche Metalle angreifen, Anwendung finden sollte. Bei Körpern, welche nicht höher als 260° sieden und eine Erhitzung von 30° über den Siedepunkt vertragen, ist das Quecksilberverdrängungsverfahren (Ber. d. chem. Ges. X, 2068) anzuwenden. Als Heizflüssigkeiten dienen Wasser, Xylol, Anilin, Aethyl- und Amylbenzoat, Diphenylamin. Substanzen, welche beim Atmosphärendrucke nicht flüchtig sind, oder eine Erhitzung über den Siedepunkt nicht ertragen, werden, wenn sie nicht über 310° sieden und auf Quecksilber nicht einwirken, nach der Methode von Hrn. Hofmann untersucht; schwer flüchtige zwischen 260° und 420° siedende Verbindungen, welche auf Metalle nicht einwirken, dagegen nach der Verdrängungsmethode mittelst Wood'schen Metalls (Ber. d. chem. Ges. IX, 1216). Nur zur Bestimmung der Dampfdichte noch höher siedender Verbindungen sowie aller Verbindungen, die auf Metalle einwirken, dient die Luftverdrängungsmethode. In dem (sehr seltenen) Falle, dass ein schwer flüchtiger Körper nur bei vermindertem Drucke unzersetzt verdampft, wäre das von Habermann modificirte Dumas-sche Verfahren anzuwenden. *Bgr.*

M. Th. Edelmann. Pneumatometer. Edelmann. Neuere Apparate f. ntw. Schule u. Forschung. Stuttgart 1882 I, 134-148†.

Ein Apparat, welcher auch zur Bestimmung der Dampfdichte benutzt werden kann. Der Bericht folgt im Abschnitt I, 6.

L. Troost. Détermination des densités de vapeur dans des ballons de verre à la température d'ébullition du sélénium. C. R. XCV, 30-33†; Chem. News XLVI, 47.

Das Erhitzen geschah in Ballons aus schwer schmelzbarem Glase von ungefähr 300 ccm Inhalt, welche mittelst des Dampfes von siedendem Selen (Sdp. 665°) erhitzt wurden. Der Graphittiegel, welcher das Selenbad enthielt, war so auf einem Parot'schen Gasofen aufgestellt, dass sein oberer Theil aus dem Ofen herausragte. Der Hr. Verfasser bestimmte auf diese Weise die Dampfdichte des Jods zu 8,57, und 8,53, woraus folgt, dass der Joddampf bei 665° noch denselben Ausdehnungscoefficienten besitzt wie die Luft. Die Dampfdichte des Schwefels ist bei 665° gleich 2,93. Der Schwefel geht (ähnlich wie der Sauerstoff) mit Erhöhung der Temperatur allmählich aus einem allotropen Zustande in einen andern über. *Bgr.*

Hans Jahn. Ueber die Dampfdichte des Brom. Ber. d. chem. Ges. XV, 1238-1243; Wien. Ber. [2] LXXXV, 778-796*; Chem. CBl. (3) XIII, 445-446; Wien. Anz. 1882. Nr. IX, 78†.

Die Dampfdichte des Broms wurde nach der Bunsen'schen Methode bei Temperaturen zwischen 102° und 228° bestimmt. Das Brom war nach den Angaben von Stas bereitet. Die Resultate sind:

T	102°,6	131°,92	175°,58	210°,32	227°,92
D	5,7306	5,640	5,6035	5,5450	5,5243.

Die letzte Zahl ist identisch mit der aus dem Stas'schen Atomgewicht des Broms (79,951) berechneten: 5,5247. Das Brom erreicht mithin bedeutend schneller seine normale Dampfdichte als das Chlor. *Bgr.*

L. Pebal und G. Schacherl. Ueber die Dampfdichte der Unterchlorsäure. Lieb. Ann. CCXIII, 113-124; [Beibl. VI, 609-610†.

Die Herren Verfasser haben die Dampfdichte dieser gefährlichen und schwierig zu behandelnde Verbindung nach der wenig modificirten Bunsen'schen Methode bestimmt, um zu untersuchen, ob der Verbindung die Formel Cl_2O_4 zukommt. Die Dichte bei 10,7° und 718,05 mm Druck ist 2,3894, bezogen auf H = 1 gleich 34,50. Die Formel ClO_2 würde die Dichte 33,64, die Formel Cl_2O_4 die Dichte 67,29 verlangen. Die geringe Abweichung des gefundenen Werthes von dem theoretischen für ClO_2 giebt keinen Grund für die Annahme, dass im gasförmigen Zustande (1° oberhalb des Siedepunktes, wo das Avogadro'sche Gesetz streng genommen nicht anwendbar ist) Molecüle von der Zusammensetzung Cl_2O_4 existiren. *Bgr.*

J. Ogier. Sur la densité de vapeur du chlorure de pyrosulfure. C. R. XCIV, 217-220†.

Der Herr Verfasser hat die Bestimmung der Dampfdichte, welche bereits mehrfach ausgeführt ist, nach der Methode des

Hrn. V. MEYER und derjenigen von DUMAS wiederholt. Bei der Bestimmung im Anilindampfe wurde im Mittel die Zahl 3,70 gefunden. Die DUMAS'sche Methode ergab bei 170° die Dichte 3,73. Da die theoretische Dampfdichte (O = 16) doppelt so gross ist (7,44), so untersuchte der Hr. Verfasser, ob sich die Verbindung unter den Versuchsbedingungen zersetzte. Die Untersuchung hatte ein negatives Ergebniss. Umgekehrt gelang es ihm auch nicht die Verbindung durch Einwirkung der möglichen Zersetzungsprodukte (SO_3 und SO_2Cl_2; SO_3, SO_2 und Cl_2; S_2Cl_2 und O_5; SO_2, O_2 und $SOCl_2$; SO_2, O und SO_2Cl_2; S_2O_4, Cl_2, O) auf einander zu erhalten. Der Hr. Verfasser hält dafür, dass die Verbindung unterhalb 250°, bei welcher Temperatur sie in SO_2, SO_3 und Cl zerfällt, beständig ist, sodass die Formel $S_2O_5Cl_2$ nur dann gültig wäre, wenn man annimmt, dass die Verbindung im Gaszustande 8-volumig ist. *Bgr.*

MACALUSA E GRIMALDI. Sulla influenza della condensazione igroscopica del vetro nella determinazione della densità del vapor acquea. Atti R. Acc. d. Linc. (3) Transunti VI, 264-269†; Naturf. XV.

Die Herren Verfasser bestimmten mit zwei Glasgefässen, bei denen das Verhältniss der Oberfläche zum Volumen sehr verschiedene Werthe besass (0,59 und 3,79) die Dampfdichte des Wassers bei etwa 108°. Es ergaben sich die Werthe bezw. 0,6343 und 0,645, welche beide grösser sind, als die theoretische Dampfdichte 0,622. Aus der Differenz zwischen diesen beiden Zahlen glauben sie behaupten zu können, dass (entgegen den Versuchsergebnissen von WÜLLNER und GROTRIAN, WIED. Ann. XI, 545) eine oberflächliche Condensation des Wasserdampfes auf der Wand von Glasgefässen stattfindet, die bei niederen Temperaturen wahrscheinlich einen noch beträchtlicheren Werth besitzt. *Bgr.*

M. SALEJEFF. Ueber das specifische Volumen der Elemente in flüssigen und festen Verbindungen. I. Ab-

handlung. J. russ. chem.-phys. Ges. XIV, 241-253; [Chem. CBl. (3) XIII, 740-743†.

Die Verbindung der meisten Metalle mit Sauerstoff erfolgt unter beträchtlicher Volumenveränderung; nur beim Quecksilber, dessen Oxyd bei verhältnissmässig niedriger Temperatur entsteht und zerfällt, scheint keine oder doch nur eine unbedeutende Volumenveränderung stattzufinden. Aus dem Molecularvolumen von HgO (19) und dem Atomvolumen von Hg (15) folgt das Atomvolumen des O gleich 4. Das spec. Gewicht des Sauerstoffs folgt daraus gleich $\frac{16}{4} = 4$; seine Verdichtungsgrösse (d. h. der Quotient aus dem spec. Gewichte des verdichteten Elementes durch sein spec. Gewicht im Normalzustande) ist

$$\frac{4000,0}{0,089578\,(\text{spec. Gew. H}).16} = 2790.$$

Das Volumen des Wasserstoffs im H_2O berechnet sich zu 7:

$$18\,(H_2O \text{ bei } 4^0) - 4 = 14 = H_2.$$

Sein spec. Gewicht ist $\frac{1}{7}$, seine Verdichtungsgrösse 1594. Aus den für H und O bereits gewonnenen, ihr spec. Volumen betreffenden Daten leitet der Hr. Verfasser das Volumen beider Elemente, sowie dasjenige des C ab, und zwar 1) in allen gesättigten einatomigen Verbindungsformen der Fettreihe und 2) in einigen ungesättigten Verbindungen. Es lassen sich der Volumengrösse nach folgende fünf Gruppen unterscheiden: 1) Aldehyde und Ketone mit dem kleinsten Volumen; 2) Säuren; 3) Alkohole; 4) Kohlenwasserstoffe, zusammengesetzte Aether und Säureanhydride; 5) einfache Aether. Ist A das Volumen der Körper der ersten Gruppe, so sind die der folgenden Gruppen bezw. $A+1$, $A+2$, $A+3$, $A+10$.

Das Volumen der Verbindung ist sonach abhängig von ihrem Typus; da aber das Volumen des H und O unabhängig ist von der Anzahl der O-Atome, so ist für das Gesammtvolumen der Verbindung die Anzahl der C-Atome massgebend. Mit dem Eintritte von 1 C wächst das Volumen bei den untersuchten Körpergruppen um 3; somit ist nur die Kenntniss der Volumengrösse von C_1 erforderlich, um das Volumen von $C_n = C_1 + 3(n-1)$ zu erkennen. Jene aber ergiebt sich aus folgender Zusammenstellung:

I. Einfache Verbindungsformen.

1) Verbindungen mit dem Volumen $C_1 : 9$

Säuren, $C_nH_{2n}O_2 : (C_n)9 + 3(n-1) + (H_{2n})7(2_{n-1}) + 14 + (O_2)4{,}2.$

Alkohole, $C_nH_{2n+2}O : (C_n)9 + 3(n-1) + (H_{2n+2})7(2_{n+2}) + O(4).$

2) Verbindungen mit dem Volumen $C_1 : 15$

Aldehyde und Ketone, $C_2H_{2n}O : (C_n)15 + 3(n-1) + (H_{2n})7(2_n) + (O)8.$

Kohlenwasserstoffe, $C_nH_{2n+2} : (C_n)15 + 3(n-1) + (H_{2n+2})7(2_{n+2}).$

II. Zusammengesetzte Verbindungsformen.

1) Verbindungen mit dem Volumen $C_1 : 15$

Einfache Aether, $C_nH_{2n+2}O : (C_n)15 + 3(n-1) + (H_{2n+2})7(2_{n+2}) + (O)4.$

2) Verbindungen mit dem Volumen $C_1 : 21$

Zusammengesetzte Aether, $C_nH_{2n}O_2 : [(C_n)9 + 3(n-1) + (H_{2n-1})7(2_{n-1}) + (O_2)4{,}2] + [(C_n)15 + 3(n-1) + (H_{2n+1})7(2_{n+1})] = (C_n)21 + 3(n-1) + (H_{2n})7(2_n) + (O_2)4{,}2.$

3) Verbindungen mit dem Volumen $C_1 : 27$

Säureanhydride, $C_nH_{2n-2}O_3 : [(C_n)15 + 3(n-1) + (H_{2n-1})7(2_{n-1}) + (O)4]_2 + (O)8 = (C_n)27 + 3(n-1) + (H_{2n-2})7(2_{n-2}) + (O_3)4{,}2 + 8.$

Das Volumen des H ist mithin 7 und 14, das des O 4 und 8, das des C jedes Multiplum von 3 : 3, 6, 9, 12, 15 ...

Bgr.

W. LOSSEN. Untersuchungen über die specifischen Volumina flüssiger Verbindungen. I. Einleitung. LIEB. Ann. CCXIV, 84-137†.

Der Hr. Verfasser giebt eine eingehende Uebersicht über die einschlägige Litteratur und kritisirt die Folgerungen, zu denen Hr. H. SCHRÖDER auf Grund des von ihm zusammengestellten Beobachtungsmaterials über die spec. Vol. metamerer Verbindungen, sowie über die spec. Vol. der Säuren und der Alkohole gelangt ist (Ber. d. chem. Ges. XIII, 1561). Er stellt dann eine grosse Zahl von Dichtigkeitsbestimmungen organischer Verbindungen zusammen, aus denen er unter Zugrundelegung der Stas'schen Atomgewichte die spec. Volumina berechnet. Die Sätze, zu denen er hierbei gelangt, sind wesentlich die folgenden:

1. Die specifischen Volumina der bisher untersuchten Fettsäuren stimmen nahezu mit den nach Kopp's Regeln berechneten überein.

2. Die specifischen Volumina der Fettalkohole weichen von den nach Kopp's Regel berechneten mehr oder minder ab. Dasjenige des Holzgeistes ist grösser als das berechnete. Alle übrigen bleiben im Allgemeinen um so mehr hinter den berechneten zurück, je höher das Molecurlargewicht des Alkohols ist. Die Differenz zwischen zwei aufeinander folgenden Gliedern der normalen Reihe ist kleiner als 22.

3. Die specifischen Volumina der Aether stimmen nahezu mit den nach Kopp's Regel berechneten Werthen überein.

4. Die specifischen Volumina der Aldehyde sind meistens kleiner, als die nach Kopp's Regel berechneten. Bei Acetaldehyd und Cuminaldehyd stimmen sie nahezu mit den berechneten überein. Die Differenzen zwischen den spec. Vol. der Aldehyde sowie des Acetons und denjenigen der zugehörigen Alkohole ist ziemlich constant (4,9 bis 5,9); die Differenzen zwischen den spec. Vol. der Aldehyde und der zugehörigen Säuren wechseln mehr.

5. Die spec. Vol. ungesättigter Verbindungen sind meistens etwas grösser, als die nach der Regel berechneten. Die Unterschiede sind indess nicht grösser als die bei den gesättigten Verbindungen gefundenen. Vergleicht man die ungesättigten Verbindungen mit den entsprechenden um 2H reicheren gesättigten Verbindungen, so ergiebt sich ein Unterschied von 5,9 Einheiten, statt der nach Kopp's Regel geforderten Differenz von 11 Einheiten. Hierin schliessen sie sich mithin ganz den Aldehyden im Vergleich zu ihren Alkoholen an.

6. Für die Abweichungen der Glieder der aromatischen Reihe lassen sich allgemeine Regeln nicht aufstellen. Das spec. Vol. ist in manchen Fällen zu klein, in andern stimmt es mit dem nach Kopp's Regel berechneten überein.

Hinsichtlich der Constanz des spec. Vol. der Elemente in den einzelnen Verbindungen kommt der Hr. Verfasser zu dem Resultate, dass nicht einmal die einwerthigen Elemente, wie z. B. das Chlor, in allen Verbindungen dasselbe spec. Vol. besitzen. Die Verschiedenheit, welche das spec. Vol. mehrwerthiger Atome in den einzelnen Verbindungen besitzt, kann mithin entweder überhaupt nicht oder doch nicht ausschliesslich durch den verschiedenen Grad der Sättigung derselben erklärt werden. Es scheint dem Hrn. Verf. möglich für die spec. Vol. der einzelnen Classen zusammengehöriger Verbindungen ein Gesetz aufzustellen, das dem ähnlich ist, welches KOPP als für die verschiedensten Verbindungen gültig ansah. *Bgr.*

A. ZANDER. Ueber die specifischen Volumina einiger Allyl-, Propyl- und verwandter Verbindungen. LIEB. Ann. CCXIV, 138-193†.

Die Resultate, welche der Hr. Verfasser bei seinen Bestimmungen erhielt, sind in umstehender Tabelle zusammengestellt.

Auf Grund dieser Zahlen gelangt der Hr. Verfasser zu folgenden Schlüssen:

1. Die Normalpropylverbindungen haben in der Regel ein anderes, und zwar bald ein kleineres, bald ein grösseres specifisches Volumen, als die entsprechenden Isopropylverbindungen. Dasselbe gilt auch für die untersuchten Buttersäure- und Isobuttersäureester. Bei Verbindungen, welche zweimal Propyl enthalten, sind die Differenzen indess nicht entsprechend grösser. Das spec. Vol. des Dipropyls und des Dipropylanilins ist sogar erheblich grösser als das der entsprechenden Isoverbindungen.

2. Das specifische Volumen der Allylverbindungen ist erheblich grösser, als es sich ergiebt, wenn man es, ausgehend von dem gefundenen spec. Vol. analog zusammengesetzter Normalpropylverbindungen, berechnet. Die Differenz zwischen Beobachtung und Berechnung beträgt bei den bis jetzt untersuchten Verbindungen im Mittel 3,8 Einheiten für jede im Molecül enthaltene Allylgruppe.

	Formel.	Siedepunkt.	Spec. Gew. bei 0°.	Spec. Gew. bei den Siedepunkten.	Vol. bei den Siedepunkten (das bei 0°=1 gesetzt).	Spec. Volumen.
Allylalkohol	$C_3H_5(OH)$	96,5°	0,8724	0,7830	1,11453	73,9
Allylchlorid	C_3H_5Cl	46,0	0,9610	0,9002	1,06747	84,7
Allylbromid	C_3H_5Br	70—71	1,4593	1,3333	1,09417	90,5
Allyljôdid	C_3H_5J	102,5—102,8°	1,8696	1,6601	1,12602	100,9
Allyläther	$(C_3H_5)_2O$	94,3	0,8223	0,7217	1,14097	135,5
Diallyl	C_6H_{10}	59,5	0,7074	0,6508	1,08681	125,7
Diallylanilin	$C_6H_5N(C_3H_5)_2$	243,5—244,5	0,9680	0,7667	1,26045	225,2
Triallylanilin	$(C_3H_5)_3N$	155—156	0,8206	0,6826	1,20229	200,3
Propylalkohol	$C_3H_7(OH)$	97,4	0,8177	0,7369	1,10956	81,2
Isopropylalkohol	$C_3H_7(OH)$	82,7—82,9	0,7996	0,7231	1,10565	82,8
Propylchlorid	C_3H_7Cl	46,5	0,9123	0,8536	1,06876	91,7
Isopropylchlorid	C_3H_7Cl	36,5	0,8825	0,8326	1,05699	94,0
Propylbromid	C_3H_7Br	71,0	1,3835	1,2639	1,09465	97,0
Isopropylbromid	C_3H_7Br	60,0	1,3397	1,2368	1,08312	99,2
Propyljodid	C_3H_7J	102,5	} nach	1,5867	—	106,8
Isopropyljodid	C_3H_7J	89,0	} Brown	1,5650	—	108,3
Propyläther	$(C_3H_7)_2O$	90,7	0,7633	0,6743	1,13220	150,9
Isopropyläther	$(C_3H_7)_2O$	68,5—69,0	0,7435	0,6715	1,10733	151,6
Dipropyl	C_6H_{14}	69,0	0,6753	0,6129	1,10171	140,0
Diisopropyl	C_6H_{14}	58,0	0,6829	0,6286	1,08636	136,5
Dipropylanilin	$C_6H_5N(C_3H_7)_2$	245,4	0,9240	0,7267	1,27156	243,1
Diisopropylanilin	$C_6H_5N(C_3H_7)_2$	221,0	0,9338	0,7504	1,24466	235,4
Tripropylanilin	$(C_3H_7)_3N$	156,5	0,7699	0,6426	1,19830	222,1
Aceton	C_3H_6O	56,3	0,8125	0,7489	1,08505	77,3
Propionsäure	$C_3H_6O_2$	140,5—140,9	1,0199	0,8657	1,17811	85,3
Propylenbromid	$C_3H_6Br_2$	141,5—141,9	1,9617	1,6944	1,15783	118,9
Trimethylenbromid	$C_3H_6Br_2$	165,0	2,0060	1,7101	1,17300	117,8
Propylenglykol	$C_3H_6(OH)_2$	188—189	1,0527	0,8899	1,18289	85,2
Trimethylenglykol	$C_3H_6(OH)_2$	214,0	1,0625	0,9028	1,17701	84,0

Bgr.

A. Zander. Notiz über das specifische Volumen von Flüssigkeiten. Ber. d. chem. Ges. XV, 1430-1431†.

Der Hr. Verfasser kündigt unter Bezugnahme auf Hrn. SCHIFF's Veröffentlichung über denselben Gegenstand das Erscheinen der vorstehend besprochenen Abhandlung an. *Bgr.*

Litteratur.

BUCHHOLZ. Poröses Porzellan. Polyt. Notizbl. XXXVII, 20-21†.

Mittheilung über die Herstellung von Porzellan, welches mit Poren versehen ist.

ARNOLD. Ueber das specifische Gewicht von zu subcutanem Gebrauch verwendeten Medicamenten. Arch. f. Pharm. XVII, 46-49†.

Von ausschliesslich pharmakologischem resp. medicinischem Interesse.

DIETERICH. Specifisches Gewicht von Wachs, Ceresin etc. Geschäftsber. von DIETERICH, 1882; Arch. f. Pharm. XVII, 454-455†.

Bestimmung des spec. Gew. von weissem und gelbem Wachs, sowie von Stoffen, die zur Verfälschung desselben dienen, um aus dem spec. Gew. die Verfälschung zu erkennen. Rein technisch.

---

3. Molecularphysik.

THEODOR HOH. Entwicklungsgeschichte der physikalischen Atomistik. Ber. naturf. Ges. Bamb. XII.

Wie der Herr Verfasser in seiner Vorrede bemerkt, bildet die vorliegende Abhandlung den ersten Theil einer unter vorstehendem Titel zusammengefassten grösseren litterarischen Arbeit und behandelt speciell die naturwissenschaftliche Stellung und die Systeme der Atomistik. Der Herr Verfasser bespricht in einer allgemeinen und besonderen Einleitung die Berechtigung und die Grenzen des naturwissenschaftlichen Materialismus, die

Stellung der Atomistik in ihm, die Uebereinstimmung und Verschiedenheit der philosophischen und physikalischen Atomlehre endlich die wichtigsten Systeme der letzteren, soweit sie nicht rein speculative, sondern empirische Bedeutung haben, aber doch nicht eigentlich den concreten Werth bestimmter Einzelforschungen besitzen, deren Darlegung dem zweiten Theile vorbehalten bleibt. Im dritten Theile verspricht der Hr. Verf. die Erörterung der Frage, ob zur Zeit der Atomismus Bedürfniss sei, ob er ganz oder theilweise aufgegeben werden müsse und ob eine andere Lehre ihn mit Erfolg ersetzen könne. Die beiden letzten Abschnitte sind für die nächsten Vereinsberichte in Aussicht genommen. *Schön.*

K. Lasswitz. Die Lehre von den Elementen während des Ueberganges von der scholastischen Physik zur Corpusculartheorie. Progr. d. Ernest. Gymn. Gotha 1882; [Beibl. VI, 424-426; [Chem. C.-Bl. (3) XIII, 545-546.

Die vorliegende Abhandlung beschäftigt sich mit einem sehr wenig bekannten Gebiete der Geschichte der theoretischen Physik, indem sie die Entwickelung der physikalischen Grundbegriffe vom Ende des 15. bis zum Anfange des 17. Jahrhunderts untersucht, also in einer Zeit, in welcher das geschlossene System der aristotelischen Philosophie zerfällt, und die Neugeburt der Naturwissenschaft sich vorbereitet. Es wird versucht, die Abhängigkeit der physikalischen Grundanschauungen von den herrschenden Richtungen der Philosophie einerseits und die Beeinflussung der Umgestaltung der allgemeinen philosophischen Weltansicht durch das Suchen nach brauchbaren Principien der Naturerkenntniss andererseits an der Hand eingehenden Quellenstudiums in neues Licht zu stellen. *H.*

G. D. Liveing. Address to the Chemical Section of the British Association. Rep. Brit. Assoc. 1882, 479; [Chem. N. XLVI, Nr. 1188, 97†; Nature XXVI, 402.

Der Herr Verfasser bespricht die wichtigsten Fortschritte auf dem Gebiete der physikalischen Chemie, namentlich die dynamische Gastheorie, die Thermochemie, die Dissociation, die Spectralanalyse, und die Anwendung der letzteren auf die Himmelskörper. *H.*

J. B. DUMAS. HENRI SAINTE CLAIRE DEVILLE et la Dissociation. Mondes (3) I, 306†.

Der Herr Verfasser gibt eine Uebersicht über die Arbeiten von SAINTE CLAIRE-DEVILLE und hebt dessen Verdienste um die Aufstellung der Gesetze der Dissociation hervor. *H.*

EUGEN DREHER. Beiträge zu unserer modernen Atom- und Molecular-Theorie auf kritischer Grundlage. Halle: Pfeffer 1882; [ZS. f. Naturw. LV, 206-207†.

Das 142 Seiten starke Büchlein liefert in drei grösseren Aufsätzen über „die philosophische Grundlage der Chemie“, „die Spectralanalyse und die Ursache der Phosphorescenz der leuchtenden Materie“, einige im Ganzen zwar wenig Neues enthaltende, doch in der getroffenen Zusammenstellung interessante kritische Bemerkungen über verschiedene in älterer und neuester Zeit ausgesprochene physikalisch-chemische Theorien und bringt in dem letzten Aufsatze des Verfassers Untersuchungen über die Phosphorescenz der leuchtenden Materie. *H.*

W. C. WITTWER. Grundzüge der mathematischen Chemie. ZS. f. Math. u. Phys. XXVII, 289-310, 329-340†.

In der ersten Abhandlung befasst sich der Herr Verfasser mit dem Kalium, den Verbindungen des Kalium mit Sauerstoff und denen des Kalium mit Sauerstoff und Wasserstoff; in der zweiten mit Natrium, mit den Verbindungen des Natrium mit

Sauerstoff und denen des Natrium mit Sauerstoff und Wasserstoff und dann kommt noch Lithium und dessen Verbindungen mit Sauerstoff und Wasserstoff an die Reihe. *H.*

ARDUIN. Constitution des Corps. MOIGNO. Réponse. Mondes (3) I, 188 und 194.

Herr MOIGNO hält die von Herrn ARDUIN aufgestellte Hypothese von einer continuirlichen Materie für eine physikalische Unmöglichkeit, da dann die Materie keine Vibrationen mehr ausführen kann. Nach ARDUIN ist jedoch unter der continuirlichen Materie ein überall sich befindliches Medium zu denken, in welchem die chemischen Atome und Molecüle ihre Vibrationen, Oscillationen und Rotationen ausführen. *H.*

FR. D. BROWN. Atomic Attraction. Nature XXVI, 332.

Die Gravitationstheorie nimmt an, dass Körper mit einer Kraft sich anziehen, die abhängig ist von der Masse der beiden Körper und ihrer Entfernung, gleichgültig ob noch andere Körper in der Nähe der beiden Körper sind. Die Anziehung zwischen Atomen und Molecülen, die die Bildung von chemischen Verbindungen zur Folge hat, ist eine ganz andere, bei dieser, d. i. die Affinität, ist angenommen, dass, wenn zwei oder mehrere Atome sich mit einander verbinden, sie nicht mehr fähig sind eine bemerkenswerthe Anziehung auf andere Atome auszuüben. Der Herr Verfasser entwickelt nun eine Affinitätstheorie, nach welcher die Atome nach ihrer Verbindung auch noch eine Anziehungskraft auf die sie umgebenden Atome ausüben, er wendet die Gravitationstheorie auch zur Erklärung der chemischen Vorgänge an. *H.*

RAOUL PICTET. Contribution de l'astronomie à la solution d'un problème de Physique moléculaire. Arch. sc. phys.

(3) VII, 513; Naturf. XV, Nr. 36; Mondes (3) 382 u. 408, Nature XXVI, 310.

A. S. HERSCHEL. M. RAOUL PICTET's Corpuscular Theory of Gravitation. Nature XXVI, 343.

Die erste Abhandlung enthält das Wichtigste von einer mündlichen Besprechung zwischen R. PICTET und DUMAS. Es wird besonders folgende Frage discutirt: Ist die gegenseitige Anziehung der Materie eine fundamentale Eigenschaft derselben, oder ist die Anziehung nur das Resultat einer dynamischen Wirkung eines Mediums, in welchem die Materie sich befindet? Man kann also entweder sagen, die Materie zieht die Materie ohne Zuhilfenahme eines activen Mediums an, oder die Anziehung als Kraft besteht nicht, sie ist nur die Manifestation der Stösse des Aethers, welche die Körper nach dem NEWTON'schen Gesetze zu nähern strebt. In dem ersten Falle nimmt man das Attractionspotential der Materie wie ein in jedem materiellen Theilchen als erstes vorhandenes Capital an, in dem zweiten Falle ist dieses Potential gleich Null und man nimmt an, dass eine gewisse Quantität von lebendiger Kraft am Anfange der Zeit der Masse des Universum mitgetheilt worden sei. Mathematisch ausgedrückt, in dem ersten Fall ist $\frac{1}{2}mv^2 +$ Potential $=$ const., in dem zweiten Falle ist $\frac{1}{2}mv^2 =$ const.

Nach der ersten Hypothese wird ein Körper als Grundeigenschaften eine gewisse Trägheits- und Attractionsmenge besitzen; nach der zweiten sind Trägheit und Bewegung die fundamentalen Eigenschaften. In der Molecularphysik wird man sich nach der ersten Hypothese besonders auf das Atomgewicht der Körper stützen, welches mit Rücksicht auf den Fall der Körper gleichzeitig die Idee der Trägheit und der Anziehung repräsentirt. In der zweiten Hypothese werden sich die physikalisch-chemischen Phänomene von dem Volumen der Atome und von dem Medium, in welchem die studirten Erscheinungen vor sich gehen, ableiten lassen. Zur experimentellen Entscheidung dieser zwei Hypothesen kann die Bestimmung der Beschleunigung „g“ dienen; nach der ersten Hypothese muss g eine constante Grösse sein, nach der zweiten ist sie jedoch eine veränderliche Grösse mit Maxima und Minima, denn $\frac{1}{2}Mv^2$ d. i. die gesammte lebendige Kraft des Sonnensystems ist nicht in regelmässiger und bestimmter Weise vertheilt, es muss daher auch die Acceleration Veränderungen erleiden.

Herr Herschel ist ebenfalls durch eine Reihe von Betrachtungen zu einem ähnlichen Vergleich von Potential und der körperlichen Theorie der Anziehungskraft gelangt, jedoch auf einem ganz anderen Wege und theilt nicht die Schlussfolgerungen des Herrn Pictet, dass die scheinbare Gravitationskraft auf einem Planeten in irgend einer Weise von der momentanen Geschwindigkeit eines anderen Planeten abhängig sei, sondern dass sie nur ein constanter Effect des irdischen Mediums sei. Herr Herschel hat jedoch seine Ansichten von dem ersten Character der thermodynamischen Principien nicht veröffentlicht, weil bei ihrer Anwendung zur Erklärung der Leitungs- und Strahlungserscheinungen grosse Schwierigkeiten auftreten. *H.*

C. Maze. Du Mouvement Atomique. Mondes (3) II, 332.

Herr Maze gibt eine Recension über eine Abhandlung von Herrn Marcellin Langlois, betitelt: „Ueber Atombewegung". In derselben ist keine Definition von Atom gegeben, das Molecül ist der geometrische Ort der Atombewegung; das Molecül der einfachen 2-atomigen Gase besteht aus zwei mit einander verbundenen Atomen, welche sich gleichförmig auf einer Kugeloberfläche, das ist eben das Molecül, bewegen. Die Bewegung geht nach folgenden zwei Gesetzen vor sich: 1. Die moleculare Tension oder die Centrifugalkraft der Atome ist gleich $^1/_3$ des Druckes, der auf die Oberfläche des Molecüls ausgeübt wird. 2. Die translatorische Bewegung ist eine gleichförmige. Da die Molecüle sphärisch und einander gleich sind, so zeigen einfache Betrachtungen der Elementargeometrie, dass die verschiedenen Gruppirungen auf die sechs fundamentalen Typen der Krystallographie sich zurückführen lassen. Nichts beweist a priori, dass das Molecül von Gold und das von Wasserstoff einander gleich sind.

Die Theorie der Rotation der Atome auf sphärischen Oberflächen der Molecüle führt jedoch zu sehr interessanten Resultaten. Die Betrachtung der Gruppirung der Molecüle in einer festen Hülle erlaubt die Geschwindigkeit der Rotationsbewegung zu bestimmen und die Frage zu beantworten, ob dieselbe in allen Körpern dieselbe ist. Es lässt sich ferner aus der Rotationsbewegung die Geschwindigkeit des Schalles in der Luft, das MARIOTTE'sche Gesetz ableiten, und kann man a priori die specifischen Wärmen der einfachen und zusammengesetzten Gase berechnen. *H.*

A. TRÈVE. Sur un phénomène de mécanique moléculaire. C. R. XCV, 1304-1305.

Bei dem bekannten Stossapparat aus Elfenbeinkugeln springt die letzte Kugel, so weit hinaus, als die erste gehoben wird, die dazwischen befindlichen bleiben vollständig in Ruhe. Streut man nun auf die Oberfläche der Kugeln Feilspäne, so wird derselbe nach den Beobachtungen des Hrn. Verfassers in derselben Richtung fortgeschleudert, in welcher der Stoss erfolgt; jedoch nicht alle um den Aufhängepunkt der Kugeln sich befindlichen Feilspäne fliegen fort, sondern nur ein Theil derselben. Wurde der Stoss von der Linken zur Rechten ausgeführt, so wurden nur die Feilspäne in Bewegung gesetzt, die sich auf der rechten Hälfte der Kugeln befanden. Bei der letzten Kugel wurden die Feilspäne in der dem Stoss entgegengesetzten Richtung fortgeschleudert. Der Hr. Verf. sucht diese Erscheinung aus der Einwirkung der materiellen Theilchen auf den dazwischen befindlichen Aether und dessen Rückwirkung auf erstere zu erklären. *H.*

G. LEMOINE. Théories des équilibres chimiques. Paris: Dunoel 1881; Ann. chim. phys. (5) XXVI, 289-405.

Der Herr Verfasser zieht in den Bereich seiner theoretischen Untersuchung begrenzte und unbegrenzte Zersetzungen und Verbindungen, Dissociationserscheinungen, allotropische Umwandlungen und Aetherificationen. Er unterscheidet bei der chemischen Wirkung der Gase zwei Fälle: 1) den bei sehr schwachen Drucken, und 2) den bei starken Drucken. Die Grenze zwischen beiden hängt von der Distanz ab, innerhalb welcher die chemische Wirkung stattfindet.

Die für die Dissociationserscheinungen aufgestellte Formel erlaubt zu bestimmen 1) den progressiven Gang der Reaction, 2) den Einfluss des Druckes auf die Grenze und 3) den Einfluss des Ueberschusses eines der Elemente auf die Grenze. Die gefundenen Formeln werden auf die Dissociation von Jodwasserstoff, die Verbindung von Methyloxyd und Clorwasserstoff und den kohlensauren Kalk angewandt. Der Hr. Verfasser bringt daran anschliessend die Hauptprincipien der Dissociationstheorie von Guldberg und Waage und einen Vergleich der verschiedenen Theorien, die auf das Studium der Geschwindigkeit der Reactionen basirt sind.

Im zweiten Theile der Abhandlung sind die Theorien über den chemischen Gleichgewichtszustand auf Grund der mechanischen Wärmetheorie enthalten. *H.*

Maumené. La chemie vraie. Mondes (3) I, 51†.

Versuche haben ergeben, dass die auf 325° erhitzte Schwefelsäure bei chemischen Reactionen immer mehr Wärme entwickeln soll, als die nicht erhitzte. Der Herr Verfasser hat nun eine allgemeine chemische Theorie aufgestellt, welche diese Erscheinungen vollständig erklären soll und die besonders gegen die thermochemischen Grundsätze gerichtet ist. *H.*

N. Menschutkin. Zur Beurtheilung der Zulässigkeit der Theorien von Bergmann und Berthelot über die chemischen Reactionen. J. russ. chem.-phys. Ges. XIV, 160 bis 161; [Chem. CBl. (3) XIII, 746†.

Der Herr Verfasser untersuchte die Einwirkung zweier verschiedener Basen auf eine Säure in molecularen Mengenverhältnissen. Das Resultat war entweder vollständige Verdrängung einer Base durch die andere, entsprechend der Theorie BERGMANN's und der Regel der grössten Arbeit BERTHELOT's, oder Vertheilung der Basen bei Verbindung mit der Säure, entsprechend der Theorie BERTHELOT's. Keine von diesen Theorien ist, einzeln für sich genommen, genügend zur Aufklärung der gefundenen Versuchsresultate. *H.*

M. MENDÉLÉEFF. Les nouveaux metaux. J. russ. chem.-phys. Ges. XIII, 517-520; [Bull. soc. chim. XXXVIII, 139†; [Chem. CBl. (3) XIII, 209-210†.

Von den zahlreichen neuen Metallen, welche in der letzten Zeit in dem Gadolinit und in dem Cerit von MARIGNAC, DELAFONTAINE, CLÈVE und NILSON entdeckt worden sind, existiren in Wirklichkeit nach MENDELEEFF nur zwei, nämlich Scandium und Ytterbium; alle anderen Metalle, besonders die, welche mit den erwähnten ähnliche Spectra geben, scheinen Mischungen zu sein. MENDELEEFF ist überzeugt, dass das periodische Gesetz beim Studium der Metalle von Gadolonit und Cerit seine volle Bestätigung erlangen wird, und basirt seine Behauptung auf folgende zwei Thatsachen: 1) Die Aenderung des Atomgewichtes von Ce. und Y., welche er im Jahre 1870 vorgeschlagen hatte, eben auf Grundlage des periodischen Gesetzes, ist heute gerechtfertigt durch eine grosse Anzahl von Untersuchungen und neuen Beobachtungen. 2) Die Anwendung des periodischen Gesetzes auf die Metalle des Gadolonit und Cerit hat MENDELEEFF erlaubt vom Jahre 1871 die Eigenschaften des Ecabor vorauszusagen, welche heute durch die Untersuchungen von CLÈVE und NILSON über das Scandium bestätigt worden sind. Der Abhandlung ist eine neue Tabelle über das periodische System beigegeben. *H.*

THOMAS BAYLEY. On the Connexion between the Atomic Weight and the Chemical and Physical Properties of Elements. Phil. Mag. (5) XIII. 26†.

Der Herr Verfasser stellt eine ähnliche Classification der Elemente auf, wie seiner Zeit Herr MENDELEEFF. *H.*

B. BRAUNER. Ueber die Stellung der seltenen Erdmetalle im periodischen System der Elemente. Ber. d. chem. Ges. XV, 115-121†; Chem. CBl. (3) XIII, 84-85.

Der Herr Verfasser sucht die von NILSON und PETTERSSON gegen das periodische System gemachten Einwände zu entkräftigen. Die schwedischen Gelehrten gehen nämlich von der Annahme aus, dass die hauptsächlichsten d. h. für die Valenz am meisten characteristischen Oxyde der Erdmetalle nach der Formel R_2O_3 zusammengesetzt sind und deswegen alle diese Elemente in die III. Gruppe des Systems gestellt werden müssten. Es ergibt sich jedoch, dass nicht alle seltenen Erdmetalle nach der Zusammensetzung der Oxyde R_2O_3 d. i. in die III. Gruppe ins System zu stellen sind.

Das Cerium findet mit dem Atomgewicht 141 und dem höheren Oxyd CeO_2 seine Stellung in der IV. Gruppe 8. Reihe; das Didym kommt mit dem Atomgewicht 146.6 und den Verbindungen Di_2O_5 und $Di_2O_5+3H_2O$ in die V. Gruppe 8. Reihe zu stehen. Dass das Lathan, La = 139 mit dem Oxyd R_2O_3, in der III. Gruppe 8. Reihe als Analogon von Sc, Y und Yb seinen Platz findet, dürfte wohl jetzt allgemein angenommen werden.

Wenn es bisher nicht gelungen ist, auch für die übrigen seltenen Erdmetalle die entsprechenden Plätze zu finden, so dürfte die Ursache davon vorzugsweise darin liegen, dass die meisten dieser Elemente noch nicht mit Rücksicht auf das periodische System der Elemente studirt sind; es müsse besonders die Zusammensetzung der höheren Oxyde festgestellt werden. *H.*

W. Müller-Erzbach. Die nach dem Grundsatz der kleinsten Raumerfüllung abgeleitete chemische Verwandtschaft einiger Metalle in ihren Kieselfluorverbindungen. Ber. d. chem. Ges. XV, 1301-1303†; [Beibl. VI, 721.

Nachdem C. Setterberg grössere Mengen von metallischem Cäsium dargestellt und das spec. Gew. desselben bestimmt hat, war es für den Hrn. Verf. vom grössten Interesse zu wissen, ob dieses Metall bei seiner Verbindung mit anderen Elementen eine Contraction würde erkennen lassen, welche nach dem für die bekannteren Verbindungsgruppen fester Körper nachgewiesenen Princip des kleinsten Raumes das Cäsium ebenfalls den übrigen Metallen voranstellt. Zur Prüfung anwendbar sind nur die Kieselfluormetalle; es wird jedesmal die Summe der Volumina von einem Kieselfluormetalle und einem zweiten unverbundenen Metall mit dem Volumen derselben Elemente in anderer Gruppirung verglichen und da, wo sich das kleinere Gesammtvolumen ergiebt, wird die betreffende Gruppe als durch stärkere Affinität gebunden betrachtet. Aus den aufgeführten Beispielen ergiebt sich für die Verwandtschaft des Complexes $SiFl_6$ die Reihenfolge Cs-Rb-Ka-Na-Ba, was mit den vorliegenden Erfahrungen übereinstimmt und somit als eine weitere Bestätigung für den Grundsatz der kleinsten Raumerfüllung anzusehen ist. *H.*

Leigh Clifford. Physico-chemical Lecture-Experiments. Nature XXVI, 126†.

Der Herr Verfasser zerreibt, um die chemische Affinität zwischen zwei trockenen festen Körpern zu zeigen, in einer Schale Aetzsublimat und Jodkalium zusammen, wodurch das scharlachrothe Quecksilberjodid entsteht. *H.*

L. Cailletet et Bardet. Sur divers hydrates qui se forment par la pression et la détente. C. R. XCV, 58-61; J. de phys. (2) I, 456; Ber. d. chem. Ges. XV, 2227

Comprimirt man Phosphorwasserstoff bei Gegenwart von Wasser und vermindert dann plötzlich den Druck, so bildet sich ein weisser krystallinischer Körper, der wieder verschwindet, sobald die Druckverminderung eine gewisse Grenze überschritten hat. Presst man gleiche Volumina Phosphorwasserstoff und Kohlensäure bei Gegenwart von Wasser zusammen, so erhält man eine weisse Krystallmasse, die noch bei 22° existenzfähig ist. Ebenso erhält man mit Phosphorwasserstoff und Schwefelkohlenstoff und Wasser Hydrate. Schwefelwasserstoff gibt mit Wasser ein Hydrat, welches bei 1° unter dem Drucke von 2.0 Atmosph., bei 25° unter 16 Atmosph. Druck entsteht und dessen kritischer Punkt bei 29° liegt. Auch Ammoniak kann mit Wasser ein Hydrat liefern, aber nur, wenn das Gas mit Luft gemengt angewendet wird, weil es sonst zu leicht condensirbar ist.

H.

W. Spring. Soudure et Agglomeration par Pression. Mondes (3) 642, 170.

— — Bildung von Legirungen durch Druck. Ber. d. chem. Ges. XV, 595.

Der Herr-Verfasser hat seine Versuche, pulverförmige Substanzen durch hohen Druck wieder zusammenzuschweissen auf eine grosse Anzahl von Körpern ausgedehnt. Bleistaub wird z. B. bei einem Drucke von 2000 Atm. in festes Blei umgewandelt, bei 5000 Atm. wird das Metall wie flüssig, bei 6000 Atm. sieht es aus wie Wismuth und hat einen krystallinischen Bruch. Schwefel geht durch hohen Druck von einem allotropischen Zustande in den anderen über. Hr. Spring glaubt den allgemeinen Satz aufstellen zu können, dass die Materie den Zustand annimmt, welcher dem Volumen, welches die Materie einzunehmen gezwungen ist, entspricht. Um diesen Satz noch mehr geltend zu machen, hat der Hr. Verf. auch versucht Legirungen durch hohen Druck darzustellen. Ein grobes Pulver aus Feilspänen von Wismuth, Cadmium und Zinn, der Wood'schen Legirung entsprechend gemischt, gab bei einem Drucke von 7500 Atm. einen Metallblock, dessen physikalische Eigenschaften, denen der WOOD'schen Legirung vollkommen entsprechen, der Schmelzpunkt desselben war 70°. Auf dieselbe Weise wurde eine ROSE'sche Legirung erhalten, ebenso wurde aus einem Gemische von Zink- und Kupferspänen ein Block hergestellt, welcher dem gewöhnlichen Messing ganz ähnlich ist, nur ist die Farbe etwas dunkler. *H.*

THOMAS CARNELLEY. Chemical Symmetry, or the Influence of Atomic Arrangement on the Physical Properties of Compounds. Phil. Mag. (5) XIII, 112 u. 180.

Der Herr Verfasser zeigt in einer längeren Abhandlung, welchen Einfluss die Atomlagerung in isomeren Kohlenstoffverbindungen auf die physikalischen Eigenschaften derselben ausübt und zwar 1. auf den Schmelzpunkt, 2. die Löslichkeit, 3. die Bildungswärme, 4. die Verbrennungswärme, 5. die Wirkung des polarisirten Lichtes, 6. das specifische Brechungsvermögen und 7. auf die färbenden Eigenschaften der chemischen Verbindungen.

Die Schlüsse, zu welchen der Herr Verfasser gelangt, sind folgende:

1. Von zwei oder mehreren isomeren Verbindungen haben diejenigen, deren Atome symmetrischer und compacter geordnet sind, einen höheren Schmelzpunkt, als die, in welchen die Atome unsymmetrisch angeordnet sind, oder deren Atome lange Ketten bilden; ferner haben diejenigen isomeren Körper den höchsten Schmelzpunkt, welche die grösste Zahl von Seitenketten besitzen.

2. Von zwei isomeren Körpern löst sich derjenige leichter, welcher den niedrigeren Schmelzpunkt hat, in welchem also die Atomgruppirung weniger symmetrisch ist.

3. Die Stabilität somit auch die Bildungswärme von isomeren Verbindungen ist grösser bei den symmetrischen, als bei den unsymmetrischen, daher auch die Verbrennungswärme der ersteren kleiner, als bei den letzteren.

4. Jede organische Verbindung, welche die Polarisationsebene dreht, enthält ein asymmetrisches Kohlenstoffatom; Derivate

von optisch activen Verbindungen verlieren ihr Drehungsvermögen, wenn die Asymmetrie ihrer Kohlenstoffatome verschwindet; wenn das Gegentheil eintritt, verlieren sie in der Regel dasselbe nicht.

5. Den Einfluss der Atomanordnung auf das moleculare Brechungsvermögen hat Hr. Brühl nachgewiesen.

6. Hr. Liebermann hat unlängst einen Versuch gemacht, die Fluorescenzerscheinungen der Anthracenreihe mit der chemischen Constitution der Glieder dieser Reihe in Beziehung zu bringen.

7. Den Einfluss der Atomgruppirung auf die färbenden Eigenschaften der Verbindungen hat Hr. Otto Witt studirt und folgende Sätze aufgestellt:

a) Die färbenden Eigenschaften der aromatischen Verbindungen sind bedingt durch das gleichzeitige Vorhandensein einer farbengebenden Gruppe (Chromophor) und einer salzbildenden Gruppe (Chromogen).

b) Der Chromophor übt seine färbende Wirkung viel mehr in den Salzen eines Farbstoffes aus, als wenn der letztere im freien Zustande vorhanden ist.

c) Von zwei Farbstoffen, die beide in anderen Beziehungen eine ähnliche Constitution besitzen, hat derjenige die grössere färbende Kraft, deren Salze am beständigsten sind.

Bezüglich der Details und der Belege für obige Sätze muss auf die Originalabhandlung verwiesen werden. *H.*

H. Demarçay. Die Valenz des Schwefels. Rev. scient. XXVIII, 721-724, 1881; [Beibl. 1882, 265.

Der Herr Verfasser nimmt anormale und normale Verbindungen an, in letzteren hat ein Element den höchsten Sättigungswerth, sie werden mit Hülfe von Temperaturerniedrigung aus anormalen erhalten. In Bezug auf den Schwefel sollen folgende Sätze gelten:

1. Die Werthigkeit des Schwefels ist in seinen normalen Verbindungen gleich 4.

2. Von einer gewissen Temperatur an aufwärts kommen Verbindungen mit zweiwerthigem Schwefel vor; diese sollen sich bei Temperaturerniedrigung entweder durch Polymerisation oder durch Aufnahme neuer Elemente in normale Verbindungen umwandeln. *H.*

C. W. BLOMSTRAND. Contributions à la question de la valence du soufre. Overs. Danske Vid. Selsk. 1882, Nr. 3, 31-32†.

Um experimentelle Grundlagen für die Vierwerthigkeit des Schwefels zu erhalten, hat der Verf. den Metallstickstoffbasen entsprechende Metallschwefelbasen darzustellen versucht und beschreibt vorläufig solche von Platin; z. B. Platosemidiäthylsulfinchlorid und Platosäthylsulfinchlorid, welche Verbindungen dem PEYRONE'schen Chlorid, sowie REISET's zweiter Basis entsprechen würden. *H.*

ORLOWSKY. Sur l'affinité du soufre et de sélénium pour les métaux. Bull. soc. chim. XXXVIII, 136.

Der Herr Verfasser hat gefunden, dass Schwefel sich sehr leicht mit den Alkalimetallen verbindet, um hauptsächlich Polysulfüre zu bilden. Von den schweren Metallen verbindet es sich am leichtesten mit Kupfer, besonders wenn dasselbe im Zustande eines Kupferoxydulsalzes sich befindet; die Affinität des Schwefels für Hg, Ag, Fe und Pb ist kleiner und scheint für Cr, Al und Mg am schwächsten zu sein.

Das Selen verhält sich analog wie Schwefel, nur mit dem Unterschiede, dass seine Affinität zu Silber grösser ist, als zu Kupfer. Verfasser schlägt nun auf Grund dieser Thatsachen vor: a) den Schwefel als Reagens von Kupferoxydulsalzen in Gegenwart von Kupferoxydulsalzen anzuwenden, b) vermittels des Schwefels die vollständige Trennung des Kupfers aus seinen Lösungen in Gegenwart von anderen Mineralsalzen auszuführen, c) die Verbindung des Kupfers mit dem Schwefel als Vorlesungsversuch zu benutzen, nm den Unterschied eines Gemenges und einer chemischen Verbindung zu zeigen. *H.*

B. Brauner. Beitrag zur Chemie der Ceritmetalle. Monatshefte der Chemie, III, 1-60. 1882; [Beibl. VI, 418.

Die umfangreiche Arbeit zerfällt in zwei Theile; der erste mehr experimentelle Theil enthält die Darstellung des Certetrafluorids CeF_4 und verschiedener Doppelsalze desselben, desgleichen eines Didympentoxyds. Der Verfasser hat ferner das Atomgewicht des Didyms zu 146,58 und das des Lanthans zu 138,88 gefunden ($O = 16$) und giebt ferner geschichtliche Notizen über die Atomgewichte des Cers, Lanthans und Didyms.

Im theoretischen Theile findet sich 1) eine Uebersicht der Valenzlehre, 2) Betrachtungen über den Grenzwerth der seltenen Erdmetalle und ihre Stellung im periodischen System, 3) eine Betrachtung über die Erweiterung der Regelmässigkeit in den Verbindungsformen, 4) eine Untersuchung über die Constitution der Hexachloride, 5) ein Versuch die beiden entgegengesetzten Ansichten über die Valenztheorie zu vereinigen. *H.*

Edmund J. Mills and H. Bicket. Researches on Chemical Equivalens. I. Manganous and Nickelous Sulphates. Phil. Mag. (5) XIII, 169†.

Edmund J. Mills and Bertram Hunt. ... II. Nickelous and Cadmic Sulphates. Phil. Mag. (5) XIII, 177†.

Die Herren Mills und Bicket haben, um die chemische Aequivalenz von Mangan und Nickel zu bestimmen, die Fällbarkeit gemischter Lösungen von Mangan- und Nickelsulfat durch kohlensaures Natrium untersucht. Die Salze werden vollkommen chemisch rein dargestellt, die Trennung des Nickels von Mangan geschah nach der von Beilstein und Jawein angegebenen Methode. Zu den Versuchen wurden die Salze in verschiedenen Verhältnissen von 0,1 Nickel- zu 0,9 Mangansulfat und umgekehrt angewendet. Ferner wurden die getrennten Sulfate für sich auf ihre Fällbarkeit durch kohlensaures Natrium geprüft. Folgende Schlüsse ziehen die Herren Verfasser aus ihren Versuchen.

1) Die Fällbarkeit ist eine lineare Function der Masse, sie lässt sich durch eine lineare Function darstellen.

2) Wenn die gemischten Mangan- und Nickelsulfatlösungen durch kohlensaures Natrium gefällt werden, so fallen gleiche Gewichte derselben gleichartig aus. Es ist die Anziehung des einen Salzes zu dem Reagens das Umgekehrte des Anderen.

3) Werden die Sulfate einzeln mit dem Natriumcarbonat versetzt, so werden sie ganz gleichartig ausgefällt.

4) Die Temperatur ist innerhalb gewisser Grenzen ohne Einfluss auf die Fällung.

Die Herren MILLS und HUNT haben in analoger Weise die Fällbarkeit gemischter Lösungen von Nickel- und Cadmiumsulfat geprüft. Hier ergab sich, dass diese Fällungen mit einander nicht zu vergleichen seien. *H.*

F. KRAFFT. Ueber neunzehn höhere Normalparaffine C_nH_{2n+2} und ein einfaches Volumgesetz für den tropfbar flüssigen Zustand. I. und II. Ber. d. chem. Ges. XV, 1687-1727; [Beibl. VI, 769-771.

Durch Reduction der Fettsäuren und ihrer Ketone (nach vorheriger Behandlung mit PO_5) vermittelst Jodwasserstoffphosphormischung ist es dem Herrn Verfasser gelungen, eine homologe Reihe nachweislich normaler Kohlenwasserstoffe darzustellen, welche in ihrem unteren Theile von C_9H_{20} bis zu $C_{24}H_{50}$ vollständig, und für welche nach oben bis zum fünfunddreissigsten Gliede einige Repräsentanten gegeben werden. Aus den Eigenschaften der letzteren kann man durch einfache Interpolation mit Sicherheit diejenigen der noch fehlenden Zwischenstufen der Paraffinreihe ableiten. Der Herr Verfasser hat für eine grosse Anzahl Hydrocarbüre den Schmelzpunkt s, das spec. Gewicht d_s im flüssigen Zustande, das Molecularvolumen v und den Siedepunkt S unter ca. 15 mm bestimmt. Aus dem specifischen Gewichte der geschmolzenen Hydrocarbüre bei der Schmelztemperatur s folgt, dass gleiche Volumina geschmolzener Normalparaffine nahezu gleiches Gewicht haben. Dieser Satz gilt für die lange Reihe der höheren Sumpfgashomologen, also 25 vom Undecan bis zum Pentatriacontan $C_{35}H_{72}$, von denen 17 vom Verfasser untersucht sind. Die Werthe von d_s schwanken nur um 1 pCt., während das Moleculargewicht von 156 auf 492 steigt. Der Grund für die entdeckte Thatsache wird in der ähnlichen procentischen Zusammensetzung (der Gehalt an C und H ändert sich von $C_{11}H_{24}$ bis $C_{35}H_{72}$ nur um $\pm 0{,}751$ pCt.) der Hydrocarbüre neben der gleichmässigen Aenderung ihrer Eigenschaften erblickt und die Richtigkeit dieser Ansicht an Volumengewichtsbestimmungen, welche der Verfasser gelegentlich der Arbeiten über die höheren Fettsäuren ausgeführt hat, nachgewiesen.

In der Essigsäurereihe nimmt das specfische Gewicht mit dem Wachsen der homologen Reihe ab; es hat dies offenbar seinen Grund in dem Sinken des Sauerstoffgehaltes, da das procentische Verhältniss von C zu H ein constantes bleibt. Bei den Ketonen zeigt sich ganz dasselbe und nähern sich die Werthe für d_s, je geringer der Sauerstoffbetrag wird, mehr und mehr denjenigen für die Hydrocarbüre. Hieraus leitet der Verfasser den allgemeinen Satz ab: Gleiche Volumina von procentisch und thermisch (der Gesammtwärmeinhalt dem Moleculargewicht proportional) vergleichbaren Flüssigkeiten haben gleiches Gewicht, oder auch das Molecularvolumen dieser Flüssigkeiten ist dem Moleculargewichte proportional. Was die Volumenvermehrung durch CH_2 betrifft, so findet Hr. Krafft 17,83 für die Normalparaffine, 17,79 für die höheren Ketone, 17,92 für die gemischten Ketone und 17,90 für die höheren Fettsäuren also eine regelmässige Zunahme.

H.

L. Troost. Sur l'équivalent des iodures de phosphore.

C. R. XCV, 293-295; [Ber. d. chem. Ges. XV, 2357.

Der Herr Verfasser hat bei möglichst niederer Temperatur und unter vermindertem Drucke die Dampfdichte des Phosphordijodids und Phosphortrijodids bestimmt. Das erstere besitzt die Dampfdichte 19,7, so dass P_2J_4 geschrieben werden muss; das letztere dagegen die Dampfdichte 14,29, so dass seine Formel PJ_3 bleibt. *H.*

Fileti. Peso molecolare del cloruro mercurioso.

Gaz. Chim. XI, H. 7 u. 8, 341-346, 1881; [Beibl. 1882, 147.

Zur Entscheidung der Frage, ob dem Quecksilberchlorür die Formel Hg_2Cl_2 oder HgCl zukommt, bestimmt der Verfasser die Dampfdichte mit dem Apparate von V. MEYER und findet dieselbe zu 8.01 resp. 8.30. Der theoretische Werth für HgCl ist 8.14, für Hg_2Cl_2 16.28. *H.*

P. HAUTEFEUILLE et J. CHAPPUIS. Sur la composition et l'équivalent en volume de l'acide pernitrique. C. R. XCIV, 1306-1310.

Die Herren Verfasser haben in einer früheren Untersuchung gezeigt, dass bei der Darstellung von Ozon aus trockener Luft eine Uebersalpetersäure sich bildet. Um die Zusammensetzung dieser Säure zu bestimmen, haben die Herren Verfasser das Gemenge von NO, Ozon und der Uebersalpetersäure abgekühlt, jedoch war die Menge der gebildeten Krystalle von der Uebersalpetersäure viel zu gering. Sie bestimmten daher ihre Zusammensetzung durch Absorption des dieselbe enthaltenden Gemisches mittels Schwefelsäure; die Versuche ergaben eine Zusammensetzung aus 2 vol. N und 6 vol. O.

Die Zusammensetzung wurde von den Herren Verfassern auch aus der Contraction abgeleitet, welche ein Gasgemenge von N und O bei der Bildung der Uebersalpetersäure erleidet. Als Formel für diese Säure ergeben die Bestimmungen NO_3.

H.

W. ROSER. Ueber die Wasserabspaltung innerhalb des Molecüls. Ber. d. chem. Ges. XV, 1322†.

Untersuchungen über eine Pyrocichonsäure und deren Bildung aus Terpentinöl ergeben, dass der fragliche Körper das Anhydrid $C_6H_6O_3$ einer zweibasischen Säure $C_6H_8O_4$ ist, welche selbst nicht beständig aus ihren Salzen frei gemacht in Anhydrid und Wasser zerfällt. Der Verfasser weist bei dieser Gelegenheit auf das ähnliche Verhalten der γ-Oxysäuren hin, welche ebenfalls Wasser abspalten und in Lactone übergehen. *H.*

L'Attraction mutuelle des Minerais. Mondes (3) II, 83.

Hr. DOELTER hat beobachtet, dass die in verschiedenen Mineralien enthaltene Eisenmenge nicht allein den Grad der Anziehung durch einen Elektromagneten bestimmt. Sulfüre und Sulfate, welche sehr viel Eisen enthalten, werden sehr wenig angezogen, während die Anziehung von Oxyden, Carbonaten und Silicaten sehr stark ist. Diese Verschiedenheit der Grösse der Anziehung kann bei der mechanischen Trennung von Mineralien sehr gute Dienste leisten. *H.*

EDWARD WILSON. The Molecular Volume of Solids. Proc. Roy. Soc. XXXII, 457-492†.

Der Herr Verfasser sucht die Beziehung zwischen dem Molecularvolumen eines festen Körpers und seiner chemischen Constitution festzustellen. Als Molecularvolumen wird das Volumen der Repulsionssphäre definirt, d. h. desjenigen Raumes, innerhalb dessen die Repulsivkraft des Molecüls die Annäherung eines anderen Molecüls hindert. Es lässt sich leicht nachweisen, dass auch bei dieser Definition das Molecularvolumen dem Quotienten aus dem Moleculargewichte und dem specifischen Gewichte gleich ist. Ebenso wie jedes Atom ein unveränderliches Atomgewicht hat, wird dasselbe auch ein bestimmtes Atomvolumen haben, welches aber nicht wie das Atomgewicht in Verbindungen beibehalten wird. Dieses Atomvolumen kann auch nur bei wenigen Elementen, die bei terrestrischen Temperaturen im atomischen Zustande vorkommen, wie Quecksilber, Cadmium und Zink experimentell bestimmt werden. Für die übrigen Elemente muss man es aus einer Vergleichung der specifischen Gewichte der verschiedenen Verbindungen, in denen das fragliche Element enthalten ist, abzuleiten versuchen. Der Verfasser stellt nun folgende Sätze auf:

1) Verbinden sich eine Anzahl gleichartiger Atome, so ist das Volumen des resultirenden Molecüles gleich dem des unverbundenen Atomes.

2) Verbinden sich ungleichartige Atome, so ist das Volumen eines jeden Atomes in der Verbindung ein Submultiplum oder ein einfacher aliquoter Theil des Atomvolumens.

3) Jedes Element kann in seinen verschiedenen Verbindungen verschiedene Volumina annehmen, aber diese verschiedenen Volumina stehen zu einander im einfachen summarischen Verhältniss, wie 1 : 2, 1 : 3, 2 : 3 etc.

Zur Begründung dieser Sätze giebt der Verfasser in einer Reihe von Tabellen eine erschöpfende Zusammenstellung von Molecularvolumen. *H.*

R. SCHIFF Beziehungen der Molecularvolumina zur Atomverkettung. Ber. chem. Ges. XV, 1270-1274.

Der Herr Verfasser hat nach einer früher beschriebenen Methode eine eingehende Untersuchung der Molecularvolumina unternommen. Als Ergebniss derselben ergiebt sich: Das Atomvolumen des Kohlenstoffes ist veränderlich und zwar wird es sowohl durch Aenderung der Atomverkettung bei gleicher Valenzbeanspruchung als auch durch lückenhafte Aneinanderreihung (sogen. Doppelbindung) afficirt. In der Fettreihe hat beim Siedepunkte die normale Verbindung, bei höherem Siedepunkte, geringere Dichte und grösseres Molecularvolumen; in der aromatischen Reihe hat beim Siedepunkte, die normale Verbindung, bei niederem Siedepunkte, grössere Dichte und kleineres Molecularvolumen. In der Fettreihe hat beim Siedepunkte die secundäre Verbindung, bei niederem Siedepunkte, grössere Dichte und kleineres Molecularvolumen, in der aromatischen Reihe hingegen hat beim Siedepunkte die secundäre Verbindung, bei höherem Siedepunkte, geringere Dichte und grösseres Molecularvolumen. Es sind also in diesen beiden Reihen die normalen Substanzen der einen mit den secundären der anderen und umgekehrt vergleichbar. Man findet nun, dass 2 vergleichbare Substanzen, von welchen die erste 2 Atome C mehr als die zweite, und diese 4 Atome H weniger als die erste enthält, genau gleiches Molecularvolumen haben. Es ist also $2C = 4H$ jedoch genau nur bei Vergleichung vergleichbarer Verbindungen.

Die Bestimmung der Volumendifferenz für eine oder mehrere sogenannte Doppelbindungen zeigt, dass jede sogenannte Doppelbindung oder wie der Herr Verfasser sich ausdrückt, jede Lücke das Volumen um 4 Einheiten erhöht, was wenig zu Gunsten der Doppelbindungen spricht, vielmehr zur Annahme loserer Bindungen drängt. *H.*

Ilosvay. Sur quelques données physiques de l'oxysulfure de carbone. Bull. soc. chim. XXXVII, 294; [Ber. d. chem. Ges. XV, 1186.

Der Herr Verfasser hat das Kohlenoxysulfid von dem beigemengten Schwefelkohlenstoffe durch geglühte Holzkohle gereinigt. Der Ausdehnungscoefficient des Gases für $1 + 100\alpha$ ist bei constantem Drucke 1.37908 und bei constantem Volumen 1.37317. Der kritische Punkt liegt bei 105°. Der verflüssigte Körper ist farblos, leicht beweglich und stark lichtbrechend. Bei plötzlicher Druckverminderung in Cailletet's Apparat verwandelt es sich in kleine feste, nur kurze Zeit beständige Flocken. Das flüssige Kohlenoxysulfid löst Schwefel, es mischt sich mit Alkohol und Aether, nicht mit Wasser oder Glycerin. *H.*

H. Fritz. Zwei Mittheilungen.

A. Ueber die gegenseitigen Beziehungen der physikalischen Eigenschaften technisch wichtiger Metalle und einiger anderer Stoffe.

B. Zur Periodicität der Hagelschäden. Zürch. Vierteljschr. XXVI, 1881, 149†.

A. Bezeichnet K_1 den Werth der Bruchbelastung eines Quadratmillimeters in kg, $\varDelta$ die Dichtigkeit, a den Coefficienten der Ausdehnung durch Wärme pro Grad Celsius zwischen 0° und 100°, E den Elasticitätscoefficienten und α eine Constante, die nahe 100 ist, so besteht folgende Beziehung zwischen diesen Grössen für die Metalle Stahl, Gusseisen, Messing, Bronze und für Glas und Eis: $K_1 = \alpha . \Delta \left(\frac{a}{E}\right)^2$; die berechneten K_1 stimmen mit den beobachteten K innerhalb gewisser Grenzen. Ferner ergeben sich für die Metalle gewisse Gesetzmässigkeiten, wenn man berechnet $K_4 = \frac{t\Delta}{A}$ und $K_5 = \Delta^2 t \frac{s}{A}$, wo t die Schmelztemperatur, s die specifische Wärme, A die chemischen Aequivalente und Δ die Dichtigkeit bedeutet. Der Verfasser zeigt ferner, dass entgegen dem Ausspruche GROVE's ein Zusammenhang zwischen specifischer Wärme der Metalle und ihrer Dichtigkeit oder ihrem Ausdehnungscoefficienten für Wärme sich nachweisen lasse.

B. s. Abschnitt VI. *H.*

P. CAZENEUVE et DIDELOT. Sur quelques propriétés physiques du camphre bichloré. C. R. XCIV, 1058-1059; [Ber. d. chem. Ges. XV, 1344.

Der von den Herren Verfassern dargestellte Dichlorcampher $C_{10}H_{14}Cl_2$ ist unlöslich in Wasser, löslich in Alkohol in der Kälte wenig, in der Hitze anscheinend in allen Verhältnissen, in Chloroform und Schwefelkohlenstoff löst er sich leicht, und in Aetherdampf zerfliesst er. In Essigsäure ist er unlöslich. Mit wässerigem Aldehid verbindet er sich zu einer flüssigen Verbindung, die schwerer als Wasser ist; mit Chloralhydrat giebt er keine Verbindung. Die Dichte desselben ist 1 : 2, sein Schmelzpunkt liegt bei 96°, sein Rotationsvermögen ist $(\alpha)j = +57.3°$. Er krystallisirt nur aus Alkohol gut und zwar in doppelbrechenden Prismen mit rhombischer Basis von 100° 40′, einem Doma von 122° 55′, die zuweilen so verkürzt sind, dass die Krystalle als Octaëder erscheinen. *H.*

H. SCHRÖDER. VIII. Untersuchungen über die Volumenconstitution flüssiger Verbindungen. WIED. Ann. XVI, 660-694.

Der Herr Verfasser dehnt seine Untersuchung über die Volumenconstitution flüssiger Verbindungen auf Stickstoff-, Schwefel-, Jod-, Brom- und Chlorverbindungen aus. Zur leichteren Uebersicht und Benutzung für fernere Untersuchungen stellt der Herr Verfasser in einer Tabelle alle auf ihre Ausdehnung durch die Wärme untersuchten und behandelten Verbindungen, nach der Grösse ihres Volumens beim Siedepunkte und nach ihrer Sterenzahl geordnet, mit Angabe ihrer abgeleiteten Volumenconstitution zusammen. *H.*

H. Schröder. Untersuchungen über die Abhängigkeit der Molecularrefraction flüssiger Verbindung von ihrer chemischen Zusammensetzung. Münch. Ber. 1882, 57-104; Wied. Ann. XV, 636-675.

Der Herr Verfasser stellt nachstehende Regeln auf über den Einfluss der Elementaratome und zwar des Kohlenstoffs, Wasserstoffs und Sauerstoffs auf die Molecularrefraction: $Mr = P \cdot \frac{A-1}{d}$, wo P das Moleculargewicht, A den Brechungsindex für einen Strahl von unendlicher Wellenlänge und d die Dichte der chemischen Verbindung bedeutet.

1) CO übt den nämlichen Einfluss auf die Molecularrefraction einer Verbindung aus wie CH_2.

2) Der Einfluss von O_2 d. h. der zwei Atome Sauerstoff des Carboxyls $= CO_2H$ einer Säure auf ihre Molecularrefraction ist ganz der nämliche wie der Einfluss von CH_2. Verallgemeinert kann man auch sagen: Die Einflüsse der Componenten und beziehungsweise der Elementaratome einer Verbindung auf ihre Molecularrefraction stehen in einfachen Verhältnissen d. h. im Verhältnisse einfacher ganzer Zahlen.

3) Der Einfluss des Sauerstoffatoms im Hydroxyl $= OH$ einer Verbindung ist der dritte Theil des Einflusses von

$$Mr.CH_2 = Mr\,OH_2 = Mr\,O_2$$

des Carboxyls. Es haben C, H und O in OH gleiche Atomrefraction $= 2.33$ im Propylalkohol und der Propionsäure; in CO aber hat O die doppelte $= 2 \times 2.33$.

Dieses gemeinschaftliche Maass, mit welchem die Refractionen der Elementaratome, hier im Propylalkohol und der Propionsäure, gemessen als vielfache Werthe mit einfachen ganzen Zahlen erscheinen, bezeichnet der Verfasser mit Refractionsstere oder kurz Stere. Für den Propylalkohol und die Propionsäure ist also die Stere = 2.33. Die Stere der Buttersäure wäre = 2,37. Man kann also sagen: dem Atome Kohlenstoff, dem Atome Wasserstoff und dem Atome des einwerthig gebundenen Sauerstoffs in OH kommt eine Refractionsstere, dem zweiwerthig an C gebundenen O in CO aber kommen zwei Refractionssteren zu.

Drückt man nun die Molecularrefraction der Alkohole, Säuren, Aldehyde, Ketone und Ester nach den ermittelten Thatsachen in Steren aus und schreibt die Anzahl Refractionssteren rechts oben neben das Zeichen eines Elementes, während die Zahl rechts unten die Anzahl der Atome bezeichnet, so erhält man Formeln, welche die Refactionsconstitution ausdrücken; für obengenannte Verbindungen sind dieselben vom Verfasser berechnet und in Tabellen zusammengestellt.

4) Der Herr Verfasser wendet das mitgetheilte Gesetz auch auf die ungesättigten Verbindungen der Fettreihe an. Bei diesen Verbindungen stimmen die Volumenconstitution und die Refractionsconstitution nicht mehr überein, während dies bei den gesättigten Verbindungen ausnahmslos der Fall ist. Die einwerthig verbundenen Elementaratome des Kohlenstoffs, Wasserstoffs und Sauerstoffs tragen eine Stere sowohl zur Volumenconstitution als zur Refractionsconstitution bei; das 2werthig verbundene Sauerstoffatom trägt 2 Steren sowohl zur Volumenconstitution als zur Refractionsconstitution bei. Aber die Volumenconstitution zweier doppelt verbundener Kohlenstoffatome ist ausgedrückt durch die Formel C_2^3 d. h. sie haben 3 Steren Raumerfüllung; die Refractionsconstitution derselben ist dagegen ausgedrückt durch die Formel C_2^4 d. h. sie üben einen Einfluss von 4 Refractionssteren.

5) Auch für aromatische Verbindungen stimmen Volumenconstitution und Refractionsconstitution nicht überein. Den 6 Kohlenstoffatomen des Phenyls kommt die Volumenconstitution C_6^8 zu, d. h. sie tragen 8 Steren zur Raumerfüllung bei. Ihre

Refractionsconstitution aber ist $= C_6^{12}$ d. h. sie tragen 12 Steren zur Molecularrefraction bei.

6) Zum Schlusse bringt der Herr Verfasser noch einige Regelmässigkeiten, die sich auf die Veränderlichkeit des Refractionsmaasses oder der Grösse der Stere beziehen und macht auf die Thatsache besonders aufmerksam, dass die entwickelten Gesetze geeignet sind, in vielen Fällen über die chemische Natur der Substanzen, namentlich darüber, ob ihr Sauerstoff einwerthig oder zweiwerthig an Kohlenstoff gebunden ist, ob sie mehrwerthig verbundene Kohlenstoffatome haben, ob sie den Benzolkern enthalten u. s. w. bündigen Aufschluss zu geben. *H.*

H. Schröder. Fernere Untersuchungen über die Abhängigkeit der Molecularrefraction flüssiger Verbindungen von ihrer chemischen Constitution. Ber. d. chem. Ges. XV, 594-999.

Der Herr Verfasser constatirt, dass die nach den Lorenz'schen Constanten berechneten Molecularrefractionen Schritt für Schritt zu den nämlichen Resultaten führen, zu welchen er früher bei Anwendung der Formel $\frac{n-1}{d}$ gekommen ist. Doch treten die einfachen Beziehungen der Einflüsse der Componenten und beziehungsweise der Elementaratome in noch schärferer und noch prägnanterer Weise hervor. Ebenso ergiebt sich, dass es vortheilhafter ist, die wirklich beobachteten Brechungsexponenten bei der Rechnung anzuwenden als den für einen Strahl von unendlicher Wellenlänge daraus berechneten Exponenten *A*.

H.

H. Landolt. Ueber die Molecularrefraction flüssiger organischer Verbindungen. Lieb. Ann. CCXXIII, 75-113; Berl. Sitzber. 1882, 64-93; [Ber. d. chem. Ges. XV, 1031-1040.

Auf theoretischem Wege und zwar von verschiedenen Gesichtspunkten ausgehend kamen die Herren A. Lorentz und

L. LORENZ zu dem übereinstimmenden Resultate, dass die Beziehung zwischen der Fortpflanzungsgeschwindigkeit des Lichtes und der Körperdichte sich durch die Formel $\frac{n^2-1}{(n^2+2)d} = \text{const.}$ ausdrücken lassen muss, worin n den Brechungsindex und d die Dichte der Substanz bedeutet; bisher galt der empirische Ausdruck $\frac{n-1}{d}$ als vollkommen mit den Beobachtungen im Einklange stehend. Der Herr Verfasser untersucht nun, welche von den beiden Formeln den Beobachtungen besser entspricht und kommt dabei zu folgenden Resultaten: 1) Jeder der beiden Ausdrücke entspricht der Bedingung der Constanz nur annähernd. Die LORENZ'sche Formel oder kürzer die n^2-Formel giebt bei steigender Temperatur zunehmende Werthe, die n-Formel dagegen abnehmende. 2) Die Quotienten der n^2-Formel ändern sich, wenn die Substanz aus dem flüssigen in den dampfförmigen Aggregatzustand übergeht, in weit geringerem Grade als die der n-Formel. Bis zu 30° geben bei Flüssigkeiten beide Formeln Werthe, welche auf drei Decimalen constant bleiben. 3) Bei der Anwendung auf Mischungsrechnungen liefert die n^2-Formel keine genaueren Resultate als die andere. Für die optisch-chemische Analyse ist die n-Formel vorzuziehen.

Der Quotient $\frac{n-1}{d}$, die sogenannte spec. Brechung, ist vielfach benutzt worden, um Beziehungen zwischen der chemischen Zusammensetzung und dem Brechungsvermögen organischer Substanzen abzuleiten, woraus sich folgende Schlussresultate ergeben:

I. Bei Körpern, deren C-Atome sämmtlich nur durch eine Valenz vereinigt sind, und welche ferner die O-Atome in gleicher Weise gebunden enthalten, übt die übrige Verschiedenheit in der Atomgruppirung keinen bestimmt nachweisbaren Einfluss auf die Molecularrefraction aus; dieselbe ist bei isomeren und metameren Substanzen dieser Art übereinstimmend. II. Gleichen Differenzen in den empirischen chemischen Formeln gesättigter Körper entsprechen constante Unterschiede im Refractionsäquivalent. Man kann daher durch passende Zusammenstellung verschiedener Substanzen aus deren Molecularrefraction die Atomrefraction ihrer Elemente ableiten. III. Die Molecularrefraction einer gesättigten Kohlenstoffverbindung ergiebt sich mit Zugrundelegung ihrer chemischen Formeln durch Summirung der Atomrefractionen. IV. Berechnet man aus den Atomrefractionen die Molecularrefraction ungesättigter organischer Verbindungen d. h. solcher, welche sogenannte doppelte Kohlenstoffbindungen enthalten, so zeigt sich, dass diese Werthe stets erheblich kleiner werden als die beobachteten Molecularrefractionen. V. Sauerstoff und Kohlenstoff haben eine wechselnde Atomrefraction. VI. Aus der für eine Verbindung berechneten Molecularrefraction und dem Moleculargewichte kann bei bestimmtem specifischen Gewichte der Brechungsindex *n* abgeleitet werden.

Der Verfasser prüfte nun, ob die angeführten Resultate sich auch bei Anwednung der Lorenz'schen Formel wieder zeigen und kommt zu dem Ergebnisse, dass die theoretische Formel ganz zu den nämlichen Beziehungen zwischen chemischer Zusammensetzung und Licht-Brechung führt, als der empirische Ausdruck $\frac{n-1}{d}$. Die von Herrn Brühl und vom Herrn Verfasser aufgestellten Regeln gewinnen dadurch eine erhöhte Sicherheit und man ist nun im Stande die betreffenden Rechnungen auf 2 Arten durchzuführen, welche einander controliren. *H.*

J. W. Brühl. Die chemische Constitution organischer Körper in Beziehung zu deren physikalischen Eigenschaften.

IV. Ueber den Zusammenhang zwischen den optischen und den thermischen Aeusserungen flüssiger Kohlenverbindungen. Lieb. Ann. CCXI, 121-178 u. 371.

I. Der Herr Verfasser untersucht die Beziehungen zwischen dem Lichtbrechungsvermögen und der Verbrennungswärme flüssiger Kohlenstoffverbindungen und zwar 1) den Einfluss der Oxydation der Körper auf das Brechungsvermögen und die Verbrennungswärme derselben. 2) Den Einfluss der Substitution des Wasserstoffs durch Halogene. 3) Bei homologen Reihen. 4) Die optischen und thermischen Erscheinungen bei den Isomeren von gleichem Sättigungsgrade. 5) Polymere Verbindungen. 6) Das Verhalten der Isomeren ungleichen Sättigungsgrades. Der Verfasser kommt zu folgenden Resultaten:

1. Das Lichtbrechungsvermögen eines Körpers nimmt bei allmählicher Vereinigung desselben mit Sauerstoff stetig ab, es wird um so kleiner, je mehr Sauerstoffatome in die Verbindung eintreten, ebenso wie dies betreffs der Verbrennungswärme der Fall ist. Ganz entsprechend wirkt eine Entziehung von Wasserstoff, oder eine Vertretung desselben durch Sauerstoff, so dass sowohl das Lichtbrechungsvermögen, als auch die Verbrennungswärme bei den Kohlenwasserstoffen grösser sind als bei gleichen Gewichtsmengen aller derjenigen Körper, welche durch Oxydation der Kohlenwasserstoffe entstehen, also der dazugehörigen Alkohole, Aldehyde, Säuren, Oxysäuren u. s. w. Die Differenzen der Constanten benachbarter Glieder einer Oxydationsreihe nehmen bei analoger chemischer Structur der Verbindungen in allen Fällen, sowohl in thermischer, als auch in optischer Beziehung mit wachsendem Moleculargewichte ab.

2. Es existirt eine vollkommene Uebereinstimmung der optischen und der thermischen Eigenschaften auch der halogen substituirten organischen Verbindungen. Das specifische Brechungsvermögen dieser Körper und ihre specifische Verbrennungswärme, d. h. die lichtbrechende Kraft und die Verbrennungswärme für gleiche Gewichtsmengen Substanz, ist um so kleiner, je mehr der Wasserstoff durch Halogen ersetzt wird. Diese Werthe sind bei den bromirten Producten kleiner als bei den chlorirten und sie sind am kleinsten bei den Jodverbindungen.

3. In den homologen Reihen stimmen die optischen und thermischen Erscheinungen ebenfalls vollständig überein.

4. Das thermische Verhalten isomerer Körper gleichen Sättigungsgrades ist dem optischen analog. Ebenso wie das Brechungsvermögen isomerer Alkohole und isomerer Körper anderer

Classen der Fettreihe identisch ist, so entwickeln dieselben auch bei der Verbrennung gleiche oder nahezu gleiche Wärmemengen.

5. Durch Polymerisation wird sowohl das Lichtbrechungsvermögen als auch die Verbrennungswärme gleicher Gewichtsmengen der Körper vermindert und beide Constanten nehmen um so stärker ab, je höher das Moleculargewicht der neuentstandenen Verbindung ist.

6. Die doppelte Bindung von Kohlenstoffatomen, welche das Lichtbrechungsvermögen der Körper verstärkt, erhöht auch ihre Verbrennungswärme; beide Constanten derjenigen Körper, welche solche Doppelbindungen enthalten, sind grösser als die Constanten der Isomeren, in denen diese Bindungen fehlen und durch zweifache Verkettung des Sauerstoffs mit Kohlenstoff, oder durch eine ringförmige Gruppirung — sei es der Kohlenstoffatome, sei es von Sauerstoff und Kohlenstoffatomen — ersetzt werden. Die allgemeine Uebereinstimmung des thermischen und optischen Verhaltens der flüssigen organischen Substanzen macht es ferner wahrschsinlich, dass auch durch die doppelte Bindung des Sauerstoffs die Verbrennungswärme der Körper, ebenso wie ihr Lichtbrechungsvermögen — aber in geringerem Maasse, als durch zweifache Verkettung von Kohlenstoffatomen — erhöht wird.

II. Aus den Beobachtungen zieht nun der Verfasser einige Schlussfolgerungen über das Wesen der doppelten Bindung der Atome und kommt dabei zu folgendem Resultate: Die sogenannte Doppelbindung bildet keine innigere, sondern im Gegentheil eine schwächere Anziehung der Atome, als die einfache Verkettung derselben. Die Annahme einer doppelten Bindung steht demnach in directem Widerspruche mit den Thatsachen. Substanzen, in denen mehrfache Bindungen angenommen werden, sind wirklich ungesättigte, d. h. solche, in denen die Verwandtschaftskraft der Atome nicht bis zum Maximum ihres Verbindungsvermögens in Anspruch genommen wird. *H.*

Berthelot. Sur l'onde explosive. C. R. XCIV, 149-152; [Ber. d. chem. Ges. XV, 720; [Beibl. VI, 367.

Nach dem Herrn Verfasser ist die bei der Explosion eines Gasgemisches in Röhren auftretende Wellenbewegung vollständig verschieden von der, welche bei einer Detonation auftritt, da erstere durch das Zusammenwirken physikalischer und chemischer Impulse hervorgebracht wird. Die Eigenschaften der Explosionswelle sind folgende: 1) Sie pflanzt sich gleichförmig fort; 2) der Durchmesser der Röhre übt auf die Geschwindigkeit einen Einfluss aus, sie ist jedoch unabhängig vom Drucke. 3) Ihre Geschwindigkeit hängt wesentlich von der Natur des explosiven Gemenges ab. 4) Die CLAUSIUS'sche Gleichung für die translatorische Geschwindigkeit der Gasmolecüle $v = 29.354 \text{ m} \sqrt{\frac{T}{d}}$ giebt nahezu die Fortpflanzungsgeschwindigkeit der Explosionswelle wieder, wenn sie nicht mit derselben identisch ist. Nimmt man $T = 3000^0$ an, so erhält man in der That für CO_2 1300 m und für Knallgas 2000 bis 2500 m, je nachdem man den Wasserdampf mehr oder weniger dissociirt annimmt. Es scheint demnach, dass beim Act der Explosion einige Gasmolecüle mit der ganzen aus der chemischen Verbindung berechneten Geschwindigkeit fortgeschleudert werden. Dieser Stoss pflanzt sich von Schichte zu Schichte fort mit einer Geschwindigkeit, die fast mit der Geschwindigkeit der Molecüle vergleichbar ist. *H.*

BERTHELOT et VIEILLE. Sur la vitesse de propagation des phenomènes explosifs dans les gaz. C. R. XCIV, 101 bis 108, 822-823; [Ber. d. chem. Ges. XV, 719, 1075; [Beibl. VI, 171, 472.

Das von den Herren Verfassern angewandte Verfahren zur Bestimmung der Fortpflanzungsgeschwindigkeit der Explosion war folgendes: Sie füllten eine Röhre von 40 m Länge mit Knallgas, am einen Ende derselben wurde mittels eines elektrischen Funkens die Entzündung eingeleitet, am anderen Ende war ein Staniolband mit einem darauf befindlichen Knallpräparat ausgespannt. Die Explosionsflamme entzündete das letztere, das Staniolband zerriss in Folge der Detonation, wodurch andererseits ein elektrischer Strom unterbrochen wurde. Die Zeit zwischen dieser Unterbrechung und der Entzündung des Gases am einen Ende wurde von dem Chronograph Le Boulangé bestimmt.

Die Versuche ergaben folgendes Resultat: Die Fortpflanzungsgeschwindigkeit ist gleich gross, im Mittel 2840 m, wenn die Röhren gerade gestreckt oder aufgerollt, wenn dieselben an den Enden offen oder geschlossen sind.

Die Geschwindigkeit war gleich gross für Blei- und Kautschukröhren, auch die Länge der Röhre, welche die Verfasser von 20 bis 40 m variiren liessen, ebenso der Druck, erwiesen sich als einflusslos.

Der Durchmesser der Röhren scheint einen Einfluss auszuüben, indem ein System von Capillarröhren 1.5 mm weit den Werth 2341 ergab; sie ist jedoch oberhalb einer Weite der Röhre von 5 mm von dem Durchmesser der Röhre fast unabhängig.

Die Geschwindigkeit betrug für Kohlenoxydknallgas 1089 m; durch Beimischung von Luft zum Knallgas wurde sie herabgedrückt bis auf 1200 m in einem Gemenge mit nur 35 pCt. Knallgas. Bei einem Gemenge mit nur 32.5 pCt. Knallgas findet keine Fortpflanzung der Detonation statt.

Versuche mit Cyangas und Sauerstoff ergaben in einer Röhre von 40 m Länge und 5 mm Weite im Mittel die Fortpflanzungsgeschwindigkeit zu 2140 m. *H.*

Berthelot et Vieille. Nouvelles recherches sur la propagation des phénomènes explosifs dans les gaz. C. R. XCV, 151-157; [Ber. d. chem. Ges. XV, 2353; [Chem. CBl. (3) XIII, 580; Rev. scient. XXIX, 75 u. 109.

Die Herren Verfasser haben ihre Versuche über die Fortpflanzungsgeschwindigkeit der Explosionswelle auf verschiedenartige explosive Gasgemische ausgedehnt und zwar 1) auf die Mischung von Sauerstoff mit einem der folgenden Gase: Wasserstoff, Kohlenoxyd, Acetylen, Aethylen, Methyl, Methan und Cyan, 2) auf Gemische zweier dieser Gase mit Sauerstoff; und 3) auf sogenannte isomere Mischungen, in welchen nämlich die Zusammensetzung des Endproductes nach der Explosion dieselbe war.

Die Geschwindigkeit der Explosionswelle findet sich in allen Fällen sehr gross, sie kommt aber nahe derjenigen Geschwindigkeit, welche sich aus der chemischen Verbindung der Gase nach der Formel von Clausius $v = 29.354 \sqrt{\frac{T}{\varrho}}$ berechnen lässt, wenn die ganze durch die Verbrennung entwickelte Wärme in lebendige Kraft geradliniger Bewegung übergeben würde.

Eine beträchtliche Abweichung (1089 m statt 1941 m) zeigt nur das Gemenge $CO+O$ und Mischungen, die grössere Mengen unverbrennlicher Gase enthalten. In diesem Falle scheint die entwickelte Wärmemenge nicht auszureichen, um eine deutliche Explosionswelle zu erzeugen. *H.*

Berthelot et Vieille. Sur la période d'état variable qui précède le régime de détonation et sur les conditions d'établissement de l'onde explosive. C. R. XCV, 199-205; [Chem. CBl. (3) XIII, 580; [Ber. d. chem. Ges. XV, 2354 bis 2355.

Die Herren Verfasser haben die Bedingungen, unter welchen die Explosionswelle zu Stande kommt und den Verlauf derselben näher studirt. Das Verfahren war dabei folgendes: Es wurde genau die Zeit bestimmt, 1) wenn die Entzündung am einen Ende der Röhre eingeleitet wurde und 2) wenn ein in der Röhre sich sehr leicht beweglicher Kolben aus seiner Anfangsstellung durch die Welle verrückt wurde; der Apparat erlaubte $^3/_{1000}$ Secunde noch zu messen. Die Verfasser bestimmten nun 1) die Geschwindigkeit der Explosionswelle bei verschiedenen Entfernungen des Kolbens von der Entzündungsstelle, 2) die dabei auftretenden Drucke und 3) für verschiedene Gasgemenge die Grenzen der Detonation.

Die erhaltenen Resultate sind folgende: Die Geschwindigkeit der Welle wächst sehr rasch, wenn die Entfernung des Kolbens von der Entzündungsstelle von 0.02 m bis 5.25 m zunimmt, sie steigt für Knallgas von 72.72 m bis 2491 m und ist von da an für weitere Entfernungen des Kolbens constant. Diese Entfernung bezeichnet Berthelot als Régime, welches aber noch von der Beschaffenheit des Entzündungsfunkens abhängig ist. Wie die Geschwindigkeit, so nimmt auch der Druck von 500 g auf 1 qcm bis auf 6 kg zu. Die Grenzen der Zusammensetzung der Gasgemenge, unterhalb welcher die Explosionswelle aufhört sich fortzupflanzen, sind vollständig verschieden von den Grenzen der Entzündbarkeit, der Verbrennung, und sind viel höher gelegen; sie sind ferner abhängig von der Art und Weise der Entzündung. Um z. B. die Entstehung einer Explosionswelle zu ermöglichen für ein Gasgemenge von CO und O, müssen mindestens 40 pCt. ja oft 60 pCt. CO vorhanden sein, während eine Mischung mit 20 pCt. CO noch leicht verbrennlich ist.

Aus der ganzen Untersuchung ergiebt sich, dass die Fortpflanzung der Explosionswelle vollständig verschieden ist von der gewöhnlichen Verbrennung. Damit sie überhaupt zu Stande kommt, darf die entzündete Masse nicht zu klein sein, denn sonst wird durch Strahlung und Leitung in einer gegebenen Zeit zuviel Wärme entzogen. Sie findet statt, sobald die entzündete Schichte den grösstmöglichsten Druck auf die benachbarte Schicht ausübt, so bald die Gasmolecüle die aus der entwickelten Verbrennungswärme berechnete Geschwindigkeit annehmen können. Es existirt somit ein gewisser Grenzzustand, das sogenannte „Régime de détonation“, unter welchem allein die Explosionswelle sich ausbilden kann, wenn nämlich anfangs durch einen starken elektrischen Funken eine nicht zu kleine Gasmasse auf einmal entzündet wird, und wenn die entwickelte Wärme durch beigemischte Gase, durch Leitung und Strahlung nicht rascher verbraucht und verstreut wird, als sie der chemische Process neu erzeugt. In diesem Falle behalten die Molecüle die gesammte freigewordene Energie als Bewegung und dadurch kommt die enorme Fortpflanzungsgeschwindigkeit zu Stande. Die Messungen der Herren Bunsen, Mallard und Lechâtelier bezogen sich auf das régime de combustion ordinaire. *H.*

F. A. Abel. Quelques-unes des propriétés dangereuses des poussières. Rev. scient. XXX, 136-140†.

Der Verfasser bespricht den gefährlichen Charakter des Schwefel-, Mehl- und Kohlenstaubes, welcher in den letzten Jahren eine Reihe von Unglücksfällen zur Folge gehabt hat. Nach den Untersuchungen des Verfassers und Anderer scheint jetzt sicher gestellt zu sein, dass der Kohlenstaub für sich in reiner Luft zu keinen Explosionen Anlass giebt, jedoch bei der geringsten gleichzeitig vorhandenen Menge von Grubengas bewirkt der Kohlenstaub die Explosionen, wenn auch das Gasgemisch für sich nicht im Geringsten explosiv ist. *H.*

J. Herschel. Soda Flames in Coal Fires. Nature XXVII, 78.

— — Flame in Coal Fire. Nature XXVII, 103.

Die von Hrn. Herschel beobachtete gelbe Flamme in einem Kohlenfeuer ist einfach die Kohlenoxydflamme, welche von in Kohlen enthaltenem Natrium gelb gefärbt ist. *H.*

J. Farquharson. On the Corrosive Effects of Steel on Iron in Salt Water. Engineering XXXIII, 354-355†.

Nach des Verfassers Versuchen wird Stahl durch damit leitend verbundenes Eisen gegen die Einwirkung von Seewasser geschützt. 6 Plattenpaare von Eisen und Stahl wurden 6 Monate hindurch im Hafen von Portsmouth in's Wasser gesetzt; bei 3 Plattenpaaren, deren Eisenplatten nicht mit dem Stahl verbunden waren, hatten die nicht verbundenen Eisen- und Stahlplatten fast gleich viel an Gewicht verloren; von den 3 verbundenen Paaren waren die Stahlplatten nur sehr wenig angegriffen, die Eisenplatten hatten aber fast doppelt so viel verloren, als die nicht verbundenen. *H.*

Maurice Keil. Ein neues Stahl-Eisen und dessen Herstellung. Polyt. Notizbl. XXXVII, 358†.

Die Herstellung dieses neuen Stahleisens in fünf verschiedenen Arten [1) Stahl neben Eisen, 2) Stahl zwischen 2 Lagen Eisen, 3) Eisen zwischen 2 Lagen Stahl, 4) der Kern aus Stahl, die umgebende Hülle aus Eisen, 5) der Kern aus Eisen, die umgebende Hülle aus Stahl] geschieht auf folgende Weise: Eine gusseiserne Coquille wird durch eine eingespannte Eisenblechplatte in zwei Theile getheilt. Sowohl der flüssige Stahl, als auch das flüssige Schmiedeeisen, welche beide Massen bereits vor dem Schmelzprocesse von den der Schweissbarkeit hinderlichen Bestandtheilen befreit sind, werden gleichzeitig und gleichmässig in diese Doppelcoquille ausgegossen und schweisst die als Scheidewand dienende Blechplatte beide Theile, Stahl und Eisen, fest zusammen, so dass sie ein unzertrennliches Ganze bilden. Die Blechwand dient gleichzeitig als Mittel gegen ein Durcheinanderlaufen und als Bindemittel der Massen. Bei Herstellung der Arten 2 und 3 ist die Coquille durch 2 Blechstreifen in drei Theile getheilt, bei 4 und 5 wird der Kern durch ein Blechrohr, welches in der Mitte der Coquille steht, gebildet. *H.*

H. Pellat. Influence d'un métal sur la nature de la surface d'un autre métal placé à une très petite distance. J. d. phys. (2) I, 416; C. R. XCIV, 1247; Mondes (3) II, 44.

Herr Pellat hat durch Versuche den Einfluss nachgewiesen, welchen ein Metall auf die Natur der Oberfläche eines anderen dem ersteren sehr nahe gegenüberstehenden Metalles ausübt. Misst man nämlich die Potentialdifferenz zwischen einer Platte A und einer vergoldeten Messingplatte, nachdem eine Platte B einige Minuten vorher bis auf einen Abstand von 0.1 — 1.2 mm der Platte A genähert worden war, so ist diese immer grösser, als die Potentialdifferenz zwischen A und der Goldplatte ohne Annäherung von B an A. Von den untersuchten Metallen üben Blei und Eisen die grösste Wirkung aus, Kupfer, Gold und Platin schon eine geringere; Zink jedoch modificirt die Oberfläche einer ihr gegenüberstehenden Fläche von Zink, Kupfer oder Gold gar nicht.

Diese Wirkung ist keine elektrische, da sie von der Potentialdifferenz zwischen A und B unabhängig ist, sie ist eine rein materielle, da sie wesentlich von der Natur des influenzirenden Metalles abhängt. *H.*

The Effect of Damp on Artillery Material. Engineering XXXIV, Nr. 879, 432†.

Die russische Regierung hat im Jahre 1879 eine Reihe von Versuchen angestellt, um die beste Methode ausfindig zu machen, wie Artillerie-Geschosse und Geschütze vor der Einwirkung der Feuchtigkeit zu bewahren seien. Eine grosse Anzahl von Kugeln und Bomben verschiedenen Kalibers und Typen wurden sorgfältig am Bord verschiedener Schiffe in trockenen Kammern untergebracht; nach der Rückkehr der Schiffe von einer längeren Reise ergab sich, dass die Projectile mit Kupferringen in der Nähe derselben zerfressen und mit einer dicken Kruste Grünspan bedeckt waren, wahrscheinlich in Folge elektrolytischer Wirkung Die Projectile mit Bleihülse waren in vollständig gutem Zustande erhalten. Die in Filz eingepackten Geschosse waren im schlechten Zustande, da der Filz die Feuchtigkeit zurückhielt. Das Innere der Kanonen war vollständig rostig. *H.*

P. Thenard. Communication à propos du phosphore noir. C. R. XCV, 409-410.

Maumené. Phosphore noir. C. R. XCV, 653.

Herr Thenard hat zufällig beim Schmelzen einer grösseren Menge Phosphors eine Stange erhalten, die beim Erstarren durch die ganze Masse plötzlich schwarz wurde, während die anderen Stangen die gewöhnliche Farbe des Phosphors zeigten. Der Verfasser will daher versuchen, ob der im Zustande der Ueberschmelzung befindliche Phosphor in Berührung mit schwarzem Phosphor zu dieser Modification erstarrt.

Herr Maumené hat beobachtet, dass bei der Destillation des Phosphors in einem Wasserstoffstrome die ersten übergehenden Tropfen stets schwarz sind; die folgenden sind dann ungefärbt.

H.

B. Griffiths. On the Origin and Formation of the Diamond in Nature. Chem. News XLVI, 105.

Der Herr Verfasser nimmt an, dass der Diamant aus einer Lösung von organischen Resten im überhitzten Wasser unter enormen Drucke bei eintretender Abkühlung sich gebildet habe.

H.

C. F. Cross and E. J. Bevan. On Pseudo Carbon. Phil. Mag. (5) XIII, 325†.

Die Herren Verfasser machen darauf aufmerksam, dass der Name Kohlenstoff noch immer auf Substanzen angewendet wird, deren Zusammensetzung, Eigenschaften und Bildungsweise von vornherein den elementaren Charakter ausschliessen; sie schlagen daher für die Producte, welche durch trockene Destillation oder durch Einwirkung von wasserentziehenden Substanzen erhalten werden, den Namen Pseudokohlenstoffe vor. Sie machen ferner darauf aufmerksam, dass bei Aufstellung der chemischen Theorie des Schiesspulvers auf den nicht elementaren Charakter der Holzkohle Rücksicht genommen werden muss, da in derselben noch Wasserstoff und Sauerstoff chemisch verbunden vorhanden sind.

H.

L. Phipson. Further notes on actinium and on the equivalent of Zinc. Chem. News XLV, 61.

Der Herr Verfasser bringt weitere Mittheilungen über die Verbindungen des neuen Metalls, des Actinium, das dem Zink des Handels beigemengt sein soll. Das Actinium kann nicht durch Zink gefällt werden, jedoch ist es gelungen das Metall mittelst Magnesium aus dem Chlorammoniumdoppelsalz auszuscheiden. Es ist sehr schwierig das Oxyd des neuen Metalles zinkfrei zu erhalten. Der Herr Verfasser hat ferner noch ein Actiniumsulfid erhalten, welches nur wenig empfindlich gegen die Einwirkung des Lichtes ist, während das gewöhnliche Sulfid sich schon in wenigen Minuten schwärzt; ist es jedoch mit farblosem oder dunkelblauem Glase bedeckt, so schwärzt es sich im Sonnenscheine nicht.

Vollständig gereinigtes Zinkoxyd wurde zur Bestimmung des Aequivalentgewichtes von Zink benützt, der gefundene Werth betrug 32. *H.*

L. F. NILSON. Sur le thorium métallique. C. R. XCV, 727 bis 729; [Chem. CBl. (3) XIII, 772; [Ber. d. chem. Ges. XV, 2537-2547.

— — Détermination de l'équivalent du thorium. C. R. XCV, 729-730; [Chem. CBl. (3) XIII, 772; [Ber. d. chem. Ges. XV, 2527-2537.

Der Herr Verfasser hat nach dem Verfahren von BERZELIUS metallisches Thorium dargestellt, indem er die Reduction des wasserfreien Kaliumthoriumchlorid durch Erhitzen mit Natrium unter Zusatz von Chlornatrium in einem eisernen Tiegel bewirkte. Das metallische Thorium ist fast unschmelzbar, sein Pulver nimmt unter starkem Drucke Metallglanz an, ist bei gewöhnlicher Temperatur ebenso wie bei 120° an der Luft fast unveränderlich, entzündet sich, bis zur Rothgluth erhitzt, in Luft und in Sauerstoff und oxydirt sich unter lebhaftem Glanze. Mit Cl, Br, J und S verbindet es sich beim Erhitzen. Weder verdünnte noch concentrirte Salpetersäure greifen das Metall an, verdünnte Salzsäure nur langsam, rauchende Salzsäure und Königswasser dagegen sehr leicht; von den Alkalien wird es nicht angegriffen. Das specifische Gewicht wurde im Mittel = 11.00 gefunden. Unter der Annahme, dass das Atom des Thorium mit 4 Atomen Wasserstoff äquivalent ist, berechnet sich aus dem Atomgewichte und der Dichte für das Atomvolumen die Zahl 21.1.

Zur Bestimmung des Aequivalentgewichtes des Thorium ging der Herr Verfasser von den Sulfaten $Th_2SO_4 + 9H_2O$ und $Th_2SO_4 + 8H_2O$ aus, und fand als Mittel dafür die Zahl 58.10, wenn das des Sauerstoffs = 8 und das des Schwefels = 16 angenommen wird. Ist das Metall 4werthig so ist das Atomgewicht = 232.36. Herr Clève hat im Jahre 1874 dasselbe zu 234 gefunden. *H.*

M. Pattison Muir. Atomic Weights. Nature XXVI, 271†.

Der Herr Verfasser giebt eine Uebersicht der seit Prout aufgestellten Hypothesen über die Atomgewichtszahlen der Elemente, und bespricht die neuerdings von Herrn Clarke durch Neuberechnung erhaltenen Werthe für mehrere Elemente. Es geht daraus hervor, dass sich noch nicht mit aller Bestimmtheit entscheiden lässt, ob die Atomgewichtszahlen Multipla des Atomgewichts des Wasserstoffes sind oder nicht. *H.*

A. Butleroff. Notiz über Atomgewichte. J. russ. chem.-phys. Ges. XIV, 208-212; [Chem. CBl. (3) XIII, 740; [Ber. d. chem. Ges. XV, 1559-1561.

Bei der Elementaranalyse kaukasischen Petroleums erhielt Herr Schützenberger häufig 101—101.5 pCt. Kohlenstoff und Wasserstoff. Diese chemische Anomalie lässt sich nach Herrn Butleroff durch eine der drei folgenden Hypothesen erklären. 1) Entweder hat sich die Menge des wägbaren Stoffes dadurch vergrössert, dass das, was wir Kraft, Energie nennen, in das übergegangen ist, was wir Stoff nennen. Oder 2) das Gewicht ist, wenn die absolute Menge des Stoffes unverändert geblieben, deswegen grösser geworden, weil auf den Stoff die Anziehungskraft der Erde zeitweise stärker einwirkte. Oder 3) endlich muss angenommen werden, dass keine Gewichtsveränderung, sondern eine Veränderung des chemischen Werthes stattgefunden hat. Entschliesst man sich zu dieser Annahme, indem man zulässt, dass das Atomgewicht des Kohlenstoffes zeitweise z. B. = 11.8 werden kann, so wird die frühere Gewichtsmenge des Kohlenstoffes mehr Sauerstoff erfordern und ein Kohlenstoffatom wird dann nicht 44 sondern 44,54 Gewichtstheile CO_2 geben. wird nun aus einer solchen Kohlensäure der Kohlenstoffgehalt unter Annahme des gewöhnlichen Atomgewichtes (12) berechnet, so ist es ersichtlich, dass man leicht um $^1/_{100}$ mehr Substanz erhalten kann, als in der That zur Analyse genommen wurde. Der Herr Verfasser hält die Atomgewichte für veränderlich und hat bereits zur Stütze seiner Hypothese Versuche begonnen.

H.

M. BOUTLEROW. Sur les poids atomiques. Bull. soc. chim. XXXVIII, 554.

Der Herr Verfasser spricht sich für die Hypothese aus, nach welcher die Atomgewichte veränderlich sein sollen. *H.*

F. W. CLARKE. Ergebnisse einer neuen Berechnung der Atomgewichte der chemischen Elemente. Amer. Chem. J. III, 263-275; [Chem. CBl. (3) XIII, 200-201; [Naturf. XV, 74.

Der Herr Verfasser hat aus dem so überaus umfangreichen zerstreuten Materiale über die Atomgewichte alle Details zusammengetragen und daraus eine zuverlässigere Tabelle der Atomgewichte nachgewiesen, als man sie bisher in der chemischen Litteratur hatte. Er ging vom Wasserstoff als Einheit aus und berechnete zunächst auf Grund der Bestimmungen von DUMAS, ERDMANN, MARCHAND und REGNAULT das Verhältniss desselben zum Sauerstoff. Hierauf wurden die Atomgewichte für Cl, Br, J, Ag, K, Na und S discutirt, wodurch er 20 verschiedene Berechnungen erhielt, deren Mittel berechnet wurde, woraus sich eine sehr merkwürdige Uebereinstimmung mit den exacten Bestimmungen von Herrn STASS ergab. *H.*

W. MALLET. Revision of the Atomic Weight of Aluminium. Chem. News XLV, 256, 268 u. 281, XLVI, 15, 27, 41 u. 178.

Der Herr Verfasser giebt eine genaue Beschreibung der Atomgewichtsbestimmungen von Aluminium, welche nacheinander von Berzelius und Humphry Davy im Jahre 1812, von Thomson im Jahre 1825, von Mather im Jahre 1835, von Mallet im Jahre 1857, von Dumas und Tissier im Jahre 1858, von Terreil im Jahre 1879 und von ihm in den letzten 3 Jahren neuerdings ausgeführt worden sind. Das Mittel der früheren Bestimmungen liegt zwischen 27.049 und 27.462. Als Mittel seiner zuletzt nach 3 verschiedenen Methoden ausgeführten Bestimmungen ergiebt sich der Werth 27.019$\pm$0.0030, oder wenn man für die Atomgewichte von O, N, C, Na ganze Zahlen annimmt der Werth 27.

Die Farbe des vollständig gereinigten Aluminiums ist bedeutend weisser, als die des käuflichen Metalles, auf dem Schnitte nahezu zinnweiss. Das reine Metall ist ferner weicher und hämmerbarer. Das specifische Gewicht bei 4° ist 2.583, die specifische Wärme 0.2253 für Temperaturen zwischen 0 und 100°. Das Product aus Atomgewicht 27.02 und der specifischen Wärme 0.2253 giebt für die Atomwärme 6.09. *H.*

Charles T. Heycock. A Revision of the Atomic Weight of Rubidium. Rep. Brit. Ass. 1882, 499†.

Der Herr Verfasser bestimmt das Atomgewicht von Rubidium aus Brom- und Chlorrubidium zu 85.387 und 85.344 mit einem mittleren Fehler von $\pm$0.0215. *H.*

Clemens Zimmermann. Die Eigenschaften und das Atomgewicht des Urans. Ber. d. chem. Ges. XV, 847-852; [Naturf. XV, 463.

Der Herr Verfasser bediente sich zur Gewinnung des Urans im Wesentlichen der Péligot'schen Methode, und erhielt für das specifische Gewicht des Urans auf Wasser von 4° und auf den leeren Raum bezogen im Mittel 18.685, abgerundet 18.7, woraus sich als Atomvolumen des Metalles die Zahl 12.8 berechnet. Die Bestimmung der specifischen Wärme ergab im Mittel die Zahl 0.02765, woraus unter Zugrundelegung des Atomgewichtes 240 für das Uran die mittlere Atomwärme 6.64 folgt. Die früher vom Herrn Verfasser ausgeführten Bestimmungen der Dampfdichte flüchtiger Uranverbindungen einerseits und der nun für die specifische Wärme erhaltene Werth des metallischen Urans andererseits ergeben somit das übereinstimmende Resultat, dass die abgerundete Zahl 240 als Atomgewicht des Urans anzusehen ist, dass mithin diesem Elemente unter allen bekannten Grundstoffen das grösste Atomgewicht zukommt. Der Herr Verfasser giebt noch eine eingehende Beschreibung der chemischen Eigenschaften dieses Elementes. *H.*

J. BLAKE. On the Atomic Weight of Beryllium as Determined by its physiological Action. Chem. News XLV, 111.

Aus früheren Versuchen des Herrn Verfassers ergiebt sich, dass isomorphe unorganische Substanzen, wenn sie direct in das Blut lebender Thiere eingeführt werden, ähnliche physiologische Wirkungen hervorbringen. Die einer und derselben isomorphen Familie angehörigen Salze verursachen dieselben physiologischen Wirkungen und die Intensität derselben hängt von der Grösse des Atomgewichtes der Elemente ab; je grösser das Atomgewicht eines Elementes in den verschiedenen isomorphen Familien ist, desto kleiner ist auch die Menge, die nothwendig ist, um dieselbe physiologische Wirkung zu verursachen. Berylliumsalze verhalten sich nun ganz ähnlich wie die des Eisen- und Aluminiumoxydes und ganz anders als die des Magnesiumoxydes, es gehört daher Beryllium der Gruppe Aluminium an, und ist somit dreiwerthig. *H.*

J. BLAKE. Sur le rapport entre l'isomorphisme, les poids atomiques et la toxicite comparée des sels metalliques. C. R. XCIV, 1055-1057; [Chem. CBl. (3) XIII, 403.

DUMAS. Remarque. C. R. XCIV, 1057.

Nach den Versuchen Richet's besteht keine Beziehung zwischen der Giftigkeit der Metalle und ihrer chemischen Function. Der Herr Verfasser erinnert nun, dass ihn seine Untersuchungen im Jahre 1839 zu entgegengesetzten Resultaten geführt haben. Spätere Versuche, ausgeführt in den Jahren 1840 und 1870, zeigten, dass der Isomorphismus insofern eine Rolle spielt, als die Verbindungen einer isomorphen Familie auch ähnliche physiologische Wirkungen hervorbringen, und dass die Intensität der Wirkung solcher Salze einer isomorphen Familie durch ihr Atomgewicht bestimmt ist, insofern von einem Salze mit grösserem Atomgewichte eine grössere Menge nöthig ist, um die gleiche physiologische Wirkung hervorzubringen. Der Herr Verfasser hat die Salze direct in das Blut eingeführt, Richet jedoch nicht, worin eben der Grund der Verschiedenheit der Resultate liegt.

Dumas bemerkt, dass schon Rabuteau vor langer Zeit die Beziehung zwischen Atomgewicht einfacher Körper und ihrer physiologischen Wirkung ausgesprochen habe. *H.*

H. E. Roscoe. Sur équivalent du carbone déterminé par la combustion du diamant. C. R. XCIV, 1180.

H. Deering. On the Equivalent of Carbon. Chem. News XLV, 221.

Herr Roscoe hat durch Verbrennung von Diamanten vom Cap das Atomgewicht des Kohlenstoffes = 11,07 gefunden, wenn O = 15,96 ist. — Deering macht nun auf den Druckfehler aufmerksam, da es doch „11,97“ statt „11,07“ heissen muss.

H.

P. T. Clève. Sur le poids atomique de l'Yttrium. C. R. XCV, 1225.

Der Herr Verfasser hat salpetersaures Yttrium genommen, um das Atomgewicht des Metalles zu bestimmen. Das Mittel aus den Versuchen giebt die Zahl $Y''' = 89.02$, während die Bestimmungen des Verfassers im Jahre 1872 die Zahl 89.485 gaben.

H.

M. Schalfeyeff. On the specific volumes of elements in liquid and solid compounds. J. russ. chem.-phys. Ges. XIV, Heft 6; [Nature XXVI, 448†.

Die Verminderung des Volumens von 2 Elementen bei ihrem Eintritt in chemische Verbindungen giebt nach dem Herrn Verfasser ein Maass für die Verbindungsenergie und bestimmt den Ort der verschiedenen Elemente in der Tabelle von Mendeleeff.

H.

A. W. Hofmann. Vorlesungsversuche. Ber. d. chem. Ges. XV, 2656-2678.

Nach den vom Herrn Verfasser gesammelten Erfahrungen werden nachstehende Vorlesungsversuche am besten in folgender Weise ausgeführt.

1. Der Versuch zur Demonstrirung des Volumenverhältnisses der elektrolytisch aus der Salzsäure entwickelten Elementargase gestaltet sich einfacher und schärfer, wenn man statt der geraden Röhre eine U-förmige in Anwendung bringt.

2. Um zu zeigen, dass bei der Bildung von Salzsäure keine Veränderung in dem Volumen der Elementargase eintritt, hängt der Herr Verfasser in einem weithalsigen mit trockener Luft erfüllten Zweiliterkolben ein kleines vor der Lampe geblasenes Chlorknallgasgefäss. Die Mündung des Ballons ist mit einem Korke verschlossen, welcher ein Manometer trägt. Das Chlorknallgasgefäss wird mittels Magnesiumlicht zur Explosion gebracht; nach wenigen Augenblicken steht das Quecksilber in beiden Schenkeln des Manometers wieder im Niveau.

3. Zur Demonstrirung der Gewichtszunahme bei der Verbrennung lässt der Herr Verfasser die Verbrennung eines Magnesiumdrahtes oder noch besser die des Phosphors in einem Zweiliterballon vor sich gehen.

4. Derselbe Ballon wird auch benützt, um die Gleichvolumigkeit der Kohlensäure mit dem bei ihrer Bildung verbrauchten Sauerstoffe zu zeigen. Zu dem Versuche eignen sich am besten Kohlenstäbchen bereitet aus Kienruss und etwas Gummiwasser.

5. Die Verbrennung von O in H oder Cl in H_2S gestaltet sich ganz gefahrlos, wenn man einen starken H- oder H_2S-Strom durch eine Glaskugel von etwa 500—600 ccm Inhalt mit offenen Röhrenansätzen von unten nach oben leitet und den Sauerstoff oder das Chlor aus einer umgebogenen Röhre ausströmend durch die an der oberen Mündung brennende Flamme einführt.

6. Dass der Wasserdampf leichter ist als die Luft ergiebt sich aus dem Aufwärtssteigen eines aus einer horizontalen Röhre ausströmenden Dampfstrahles; der Herr Verfasser versieht nun zur besseren Veranschaulichung diese Röhre mit 2 Ansätzen, von welchen eine nach oben die andere nach unten gekehrt ist.

7. Um die volumetrische Beziehung zwischen flüssigem und gasförmigem Wasser zu zeigen, nehme man eine starke Glaskugel von etwa 300 ccm Inhalt mit 2 einander gegenüberstehenden angesetzten Röhren, von denen die obere einen Glashahn besitzt. Man leitet nun 5—6 Minuten einen kräftigen Wassergasstrom durch den Glashahn in die Kugel, senkt dann den Apparat, so dass die Mündung des unteren offenen Rohres in Quecksilber eintaucht und schliesst gleichzeitig den Glashahn. Das Quecksilber steigt und nach wenigen Augenblicken hat sich das verdichtete Wasser unter dem Glashahne angesammelt.

8. Zur Demonstrirung des Dichtigkeitsmaximums des Wassers ist eine unten geschlossene Glasröhre von 15 cm Länge und 2 cm Durchmesser mit destillirtem Wasser gefüllt, in welchem ein gefärbter Glaskörper gerade noch schwimmt. Steigt die Temperatur über oder fällt sie unter die genannte, so sinkt der Glaskörper. Sobald das Gewicht des Glaskörpers in geeigneter Weise eingestellt ist, wird auch das obere Ende des Rohres zugeschmolzen.

9. Bei Zerlegung des Wassers durch metallisches Natrium treten häufig Explosionen ein; ganz sicher gestaltet sich jedoch

der Versuch, wenn man die Natriumkugel an einer gewöhnlichen Packnadel aufspiesst und unter die Mündung des Cylinders bringt, wo sie sich alsbald von der Nadel ablöst, um in dem Wasser aufzusteigen.

10. Die alternirende Zerlegung und Wiederbildung des Wassers lässt sich sehr bequem und ganz sicher in einer U-Röhre ausführen. Der geschlossene Schenkel des Apparates ist in diesem Falle oben mit Funkendrähten, etwas tiefer mit Polplatten versehen. Der Bug der U-Röhre wird bis in die Nähe der Polplatten mit Quecksilber gefüllt, der obere Theil des geschlossenen Schenkels enthält das angesäuerte Wasser. Man verschliesst vor dem Versuche den offenen Schenkel mit einem Korke und lässt das Quecksilber aus dem Ablasshahne abfliessen, bis es in dem lufterfüllten Schenkel 5—6 cm niedrieger steht, als in dem anderen.

11. Der Herr Verfasser beschreibt einen zur volumetrischen Analyse des Ammoniaks sehr bequem eingerichteten Apparat, der auch zur Demonstrirung der volumetrischen Beziehung des Ammoniakgases zu dem in ihm enthaltenen Stickstoff dienen kann.

12. Die Verflüssigung des Schwefeldioxydes nimmt der Herr Verfasser nicht mehr in einem Glasgefässe vor, sondern in einem eigens zu diesem Zwecke construirten Apparate aus Kupfer.

13. Der Herr Verfasser beschreibt einen Apparat, mit welchem man den Process der Schwefelsäurefabrication, besonders das wesentliche Moment der alternirenden Oxydation und Reduction des Stickoxydes sehr gut zeigen kann.

14. Der Herr Verfasser beschreibt einen Apparat der zur experimentellen Demonstration des DULONG-PETIT'schen Gesetzes dient. Er besteht aus 2 grossen gleichgehenden Quecksilberthermometern, deren Gefässe so angeordnet sind, dass sie die hinsichtlich ihrer Atomwärme mit einander zu vergleichenden Metalle aufnehmen können. Die am unteren Ende dieser Gefässe angeschmolzenen, im Lichten etwa 2 mm weiten Glasröhren, in denen die Ausdehnung des Quecksilbers zur Anschauung gelangt, sind umgebogen, so dass jedes Thermometer eine Art U-Röhre bildet. Die cylindrisch geformten Gefässe haben eine

Höhe von 15—16 cm und einen Durchmesser von 3.5 cm; in dieselben sind oben offene, unten geschlossene Glasröhren von etwa 2.5 mm Durchmesser eingeschmolzen, welche beinahe bis auf den Boden reichen. Nur der oben geschlossene Raum zwischen den beiden Glaswänden ist mit Quecksilber gefüllt. Bei Anstellung der Versuche sind die beiden Thermometer so adjustirt, dass sich die Quecksilbersäulen im Niveau befinden. Die beiden auf ihre Atomwärme mit einander zu vergleichenden Metalle stehen in Form von Cylindern zur Verfügung, welche im Verhältniss der Atomgewichte gearbeitet sind; das Erwärmen derselben geschieht in Glasröhren in einem Paraffinbade auf 150°—175°. Es empfiehlt sich zu den Versuchen Blei und Zink zu nehmen.

15. Der Herr Verfasser beschreibt noch einen Versuch um die Aequivalenz der Metalle Blei und Zink zu zeigen.

16. Zur Umkehrung des Leidenfrost'schen Versuches benützt der Herr Verfasser einen Platinkolben, welcher durch gleichzeitiges Einleiten von H und O im geeigneten Volumenverhältnisse bis zur Weissgluth erhitzt wird und der dann in kaltes Wasser eingetaucht wird. *H.*

D. Tommasi et G. Pelizzari. Action du temps sur l'hydrate ferrique. Bull. soc. chim. XXXVII, 196; [Ber. d. chem. Ges. XV, 926.

Um die Ursache der allmählichen Veränderung des Eisenoxydhydrates zu erkennen, haben die Herren Verfasser in drei Flaschen fast gleiche Mengen des Hydrates ein Jahr lang aufbewahrt und zwar eine im Sonnenlichte, die zweite im Tageslichte und die dritte im Dunkeln. Bei der Analyse des nicht mehr gelatinösen und braunroth gewordenen Inhaltes ergab sich beinahe für alle 3 Proben eine gleiche Menge in Säure löslichen Hydrates, ferner eine kleine Menge colloidalen Eisenoxydes und bei 30 pCt. in HCl unlösliches Hydrat.

Aus den Versuchen folgt, dass bei kurzem Aufbewahren von Eisenoxydhydrat unter Wasser nur ein kleiner Theil in Säure unlöslich wird, dass daneben geringe Mengen colloidalen Oxydes sich bilden und dass das Licht die Umwandlung wenig beeinflusst. *H.*

TH. CARNELLEY. Action of heat on mercuric chloride under low pressures. J. chem. soc. XLI, 317-323; [Chem. News XLV, 39; [Chem. CBl. (3) XIII, 229; [Beibl. VI, 857.

Bei Versuchen, die der Herr Verfasser vor einem Jahre über die Wirkung der Wärme auf Quecksilberchlorid und Eis bei niedrigen Drucken ausgeführt hat, ergaben sich folgende Resultate: 1) Wenn der Druck einem gewissen sogenannten kritischen Drucke entspricht und bei demselben erhalten wird, ist es unmöglich Eis und Quecksilberchlorid und wahrscheinlich auch andere Körper zu schmelzen, mögen die Körper was immer für einer Hitze ausgesetzt sein. 2) Unter diesen Umständen können Eis und Quecksilberchlorid beträchtlich über ihren gewöhnlichen Schmelzpunkt erhitzt werden, ohne zu schmelzen.

Da die letztere Beobachtung von anderen Chemikern und Physikern nicht bestätigt wurde, hat der Herr Verfasser die Versuche in der Weise wiederholt, dass er die Temperatur des im Vacuum erhitzten Quecksilberchlorides entweder mittelst eines Thermometers bestimmt, oder auf calorimetrischem Wege, indem er das Quecksilberchlorid in ein Calorimeter, gefüllt mit Terpentin, Benzin oder Petroleum, fallen liess; zu diesem Zwecke wurde die specifische Wärme des Quecksilberchlorides bestimmt und zu 0.06425 gefunden. Die Thermometerangaben waren verschieden, sie betrugen 21°—50° über dem Schmelzpunkte, wenn das Salz als compactes Pulver um die Thermometerkugel gepresst war, dagegen nur eine Erhöhung von 15°, wenn das Salz einen festen Cylinder um die Thermometerkugel bildete. — Die Anwendung des Terpentincalorimeters ergab eine Erhöhung von 100°, bei Anwendung von Petroleum und Benzin konnte keine Erhöhung der Temperatur über den Schmelzpunkt ermittelt werden. Daraus folgert der Herr Verfasser, dass sein zweiter früher aufgestellter Satz nicht richtig ist, indem wahrscheinlich die hohen am Thermometer abgelesenen Temperaturen der durch die Poren des festen

Körpers gestrahlten Wärme zuzuschreiben seien; ferner hält er Terpentinöl zur Bestimmung der specifischen Wärme von Körpern für nicht geeignet, da in vielen Fällen wie z. B. beim Quecksilberchlorid eine Wärmeentwicklung stattfindet, die wahrscheinlich von einer Polymerisation des Terpentins herrührt. *H.*

ALBERT RILLIET and J. M. CRAFTS. On the Decomposition by Heat of Chlorate of Potassium. Rep. Brit. Ass. 1882, 493†.

Die Ursache und Umstände, welche die Zerlegung von chlorsaurem Kali begünstigen, sind noch nicht vollständig aufgeklärt. Bekanntlich hat man zuerst nur den Metalloxyden die Eigenschaft zugeschrieben die Zerlegung des chlorsauren Kali zu begünstigen, jedoch später fand man, dass auch reines, metallisches Silber dieselbe Wirkung hervorbringe. Während bei Braunstein und anderen Körpern nicht die geringste chemische Wirkung und Veränderung nachgewiesen werden konnte, wird Gasretortenkohle in Gegenwart von chlorsaurem Kali bei 340° vollständig zu Kohlensäure verbrannt. Die Herren Verfasser glauben nun die Einwirkung der verschiedenen Substanzen auf das chlorsaure Kali auf die ungleiche Entfernung und den Bewegungszustand der Atome derselben zurückführen zu können. Sind nämlich alle Atome einer Verbindung in gleichen Entfernungen und werden dieselben successive durch Erhöhung der Temperatur vergrössert, so muss bei einer bestimmten Temperatur die Sphäre der chemischen Anziehung überwunden sein und infolge dessen eine plötzliche Zerlegung der Verbindung eintreten. Sind aber die Atome nicht in gleichen Entfernungen und gleichen Bewegungszuständen, so wird gleichsam ein Atom nach dem anderen bei Zuführung von Wärme aus der Sphäre der chemischen Attraction heraustreten und eine langsame Zerlegung wird stattfinden. Man könnte sich also vorstellen, dass ein Körper bei einer bestimmten Temperatur durch den ungleichen Abstand und Bewegungszustand seiner Atome verschiedene Wärmequellen präsentirt. Diese letztere Annahme kann vielleicht die Einwirkung gewisser Körper auf die Zerlegung des chlorsauren Kalis erklären, indem sie durch ihren Contact verschiedene Wärmeimpulse dem zerlegenden Körper mittheilen. Folgende Thatsachen scheinen diese Annahme zu stützen. Reines chlorsaures Kali erhitzt auf eine constante Temperatur von 330—340° C. entwickelt mehrere Wochen hindurch Sauerstoff. Steigert man nach dem Aufhören der Entwicklung die Temperatur, so tritt neue Zerlegung ein. Bei der gewöhnlich in Anwendung kommenden Temperatur tritt nur eine geringe Zersetzung ein, die Zugabe jedoch von 10—20 pCt. irgend einer Substanz begünstigt die Zersetzung ähnlich wie eine Erhöhung der Temperatur. *H.*

A. DESTREM. Des Alcoolates et de leur Décomposition par la chaleur. Ann. chim. phys. (5) XXVII, 5-73.

Der Herr Verfasser hat verschiedene Alkoholate dargestellt und die bei der Einwirkung von Wärme sich bildenden Zersetzungsproducte bestimmt. Die Untersuchung erstreckte sich auf folgende Alkoholate: Baryum-, Calciumalkoholat; Baryum-, Calciumpropylalkoholat, Baryum-Calciumbuthylalkoholat, Baryum-Calciumamylalkoholat und Baryum-Calciumglycerinalkoholat. Bei der Zersetzung von Calciumglycerinalkoholat bildete sich ein neuer Alkohol homolog zum Allylalkohol. Bezüglich der Details dieser umfangreichen rein chemischen Abhandlung muss auf das Original verwiesen werden. *H.*

N. MENTSCHUTKIN. Sur la décomposition de l'acétate d'amyle tertiaire par la chaleur. C. R. XCV, 648-651; Ber. d. chem. Ges. XV, 2512-2519.

Der Herr Verfasser kommt bei seinen Versuchen über die Zersetzung des essigsauren, tertiären Amyls zu folgenden Resultaten:

1. Die Zersetzung fordert einen gewissen Wärmegrad über 100°.

2. Die Zersetzung vollzieht sich bei einer und derselben Temperatur.

3. Je nach der Höhe der Temperatur bemerkt man die angefangene Zersetzung mehr oder weniger bald nach dem Beginne des Versuches; im günstigsten Falle wurde die beginnende Zersetzung erst nach 2 Stunden bemerkt.

4. Hat die Zersetzung begonnen, so ist ihre Geschwindigkeit zunächst sehr klein, wird aber mit der Zeit grösser, erreicht ein Maximum, sodann verlangsamt sie sich, und endlich wird sie gleich Null.

5. Je höher die Versuchstemperatur, desto grösser ist die Zersetzungsgeschwindigkeit während aller angedeuteten Phasen der Zersetzung.

6. Die Zersetzung zeigt eine Grenze.

7. Die Zersetzung erfolgt nach der Gleichung:

$$C_2H_3(C_5H_{11})O_2 = C_5H_{10} + C_2H_4O_2.$$

H.

JOHN J. HOOD. On Retardation of Chemical Action.
Phil. Mag. (5) XIII, 419; [Beibl. VI, 612.

Der Herr Verfasser hat über den Verlauf der Reaction von Ferrosulfat durch Kaliumchlorat eine Reihe von Versuchen angestellt und dafür die Gleichung $y(a+t)=b$ aufgestellt, wobei y die Menge des unoxydirten Eisens ausgedrückt in Cubikcentimetern einer Lösung $KMnO_4$ und t die Zeitdauer der Reaction bedeutet. Bei längerer Dauer der Versuche zeigte sich jedoch, dass die entstandenen Producte eine Verzögerung der Reaction herbeiführen. Der Herr Verfasser hat nun zum Nachweise dieser Verzögerungen die Versuche in der Weise wiederholt, dass er solche Salze hinzufügte, bei denen eine Beeinflussung der Oxydation des Eisens durch doppelte Zersetzung nicht stattfinden kann, nämlich 2—10 g von K_2SO_4, Na_2SO_4, $(NH_4)_2SO_4$, $KAl(SO_4)_3$, $(NH_4)Al(SO_4)_2$, $MgSO_4$ und $ZnSO_4$.

Aus den Versuchen ergab sich, dass die Verzögerung der Oxydation des Ferrosulfates dem Gewichte des zugesetzten chemisch inactiven Salzes proportional ist, und dass der Betrag der Verzögerung für gleiche Mengen ähnlich constituirter Salze mit Ausnahme des Zinks und Magnesiumsulfates derselbe ist. *H.*

C. L. JACKSON. Die relative chemische Actionsfähigkeit substituirter Benzychloride. Amer. Chem. J. III, 252-263. 1881; [Beibl. 1882, VI, 319.

Um den Einfluss des Chlors, Broms und Jods resp. den Einfluss ihrer Stellung zur Methylgruppe in den substituirten Benzylchloriden zu untersuchen, hat der Verfasser gleiche Mengen derselben während gleicher Zeiten am Rückflusskühler mit überschüssigem Natriumacetat auf 100° erhitzt und alsdann die Menge des gebildeten Bromnatrium durch Titration bestimmt. Eine weitere Reihe von Versuchen wurde in der Weise ausgeführt, dass die Benzylbromide mit Wasser in zugeschmolzenen Röhren erhitzt wurden. Als Resultat hat sich ergeben, dass in gleichen Zeiten aus dem Para-, Meta-, Orthobenzylbromid Brom in dem Verhältnisse 100 : 76 : 55 oder annäherungsweise 4 : 3 : 2 entfernt wird; diese Beziehungen gelten nur, wenn weniger als 60 pCt. des vorhandenen Broms in Reaction treten. *H.*

JAMES MORRIS. Ueber den Einfluss der Masse auf chemische Umsetzungen. LIEBIG Ann. CCXIII, 253-285.

Um den Einfluss der Masse auf chemische Umsetzungen zu bestimmen hat der Herr Verfasser Chlorbaryum auf Gemische von chromsaurem und kohlensaurem Kalium in wässeriger Lösung und auf Gemische von schwefelsaurem und kohlensaurem Natrium in wässeriger Lösung einwirken lassen. Als Ergebniss der Untersuchung darf man annehmen:

I. Dass bei der Reaction die Massenverhältnisse der verwendeten Kalisalze maassgebend sind, und zwar der Art, dass beide so viel von ihren Säuren in den Niederschlag abgeben, dass das Verhältniss der überschüssigen Salze im Filtrat sich durch fast constante Zahlen ausdrücken lässt. Dies steht mit den Angaben von Guldberg und Waage ganz im Einklang.

II. Dass der Wechsel in der Zusammensetzung der Niederschläge nicht sprungweise, sondern continuirlich fortläuft. Es ergiebt sich das gut aus der graphischen Darstellung der Versuche.

III. Dass bei der gleichzeitigen Einwirkung von Chromsäure und Kohlensäure die Kohlensäure in der Kochhitze eine viel grössere Wirkungskraft besitzt als bei gewöhnlicher Temperatur, während bei der Schwefelsäure-Kohlensäurereihe diese Eigenschaft weniger zum Vorschein kommt. Dies rührt entweder daher, dass der Umsatz des kohlensauren Kalium sehr viel leichter, oder der des chromsauren Kalium schwerer vor sich geht.

IV. Ob bei gleichen Massenverhältnissen der verwendeten Salze eine gleiche Menge Flüssigkeit verwendet wird oder nicht, hat innerhalb ziemlich weiter Grenzen auf das Endproduct keinen grossen Einfluss. *H.*

Rob. B. Warder. A Criterion for Measurements of the Speed of Chemical Action. Scient. Proc. Ohio Mech. Inst. 1882, 166†.

Urech's Investigation of the Speed of Inversion of Cane Sugar. Ibidem p. 167†.

Herr Warder bespricht die Urech'schen Untersuchungen über die Inversion von Rohrzucker und publicirt gleichzeitig eine ihm von Urech über denselben Gegenstand gemachte briefliche Mittheilung. Herr Warder macht die Voraussetzung, dass Saccharose die allein wirksame Masse ist, da die in der Reaction:

$$C_6H_{11}O_5.O.C_6H_{11}O_5 + H_2O = C_6H_{12}O_6 + C_6H_{12}O_6$$

verbrauchte Wassermenge gegenüber der in der Mischung vorhandenen nur gering ist. Nach der Theorie muss nun die Geschwindigkeit der chemischen Reaction dem Producte der Massen der Körper proportional sein, die an der Reaction theilnehmen. Die auf Grund der ersten Versuche Urech's angestellten Rechnungen ergaben jedoch nicht einen absoluten Geschwindigkeitscoefficienten. In besserer Uebereinstimmung mit der Theorie von der Wirkung der Masse stehen die späteren Versuche Urech's, sowie die der brieflichen Mittheilung. *H.*

R. B. Warder. Geschwindigkeit der Verseifung des Essigsäureäthyläthers. Amer. Chem. J. III, 340-349; Chem. CBl. (3) XIII, 203-208†.

Die vollständige Verseifung des Essigäthers im gewöhnlichen Sinne verlangt die vollständige Abscheidung des Alkohol- und Säureradikals. Der Herr Verfasser wendet Natriumhydrat an; verdünnte Lösungen von Aethylacetat und Natriumhydrat von bekanntem Gehalte und Volumen wurden mit einander gemischt und nach einer gewissen Zeit das noch vorhandene Alkali mit Normaloxalsäure tritrirt, woraus sich die Menge des zersetzten Aethers berechnet. Der Herr Verfasser giebt ein kurzes Resumé der mathematischen Behandlung dieses Gegenstandes und wendet die aufgestellten Formeln auf seine Versuche an; er bestimmt ferner noch den Einfluss der Temperatur auf die Reactionsgeschwindigkeit, woraus sich ergiebt, dass die Zunahme der Reactionsgeschwindigkeit nahezu der zweiten Potenz der Temperatur proportional ist. *H.*

H. Hammerl. Beiträge zur Kenntniss der Hydratbildung von Salzen. Monatsh. f. Chem. III, 419-427; [Chem. CBl. (3) XIII, 673; [Beibl. VI, 773.

Auf Veranlassung von Herrn Pfaundler hat der Herr Verfasser Versuche ausgeführt, um zu finden, ob die Bildung der auf einander folgenden Hydrate eines Salzes nicht vielleicht ausschliesslich eine Function der Temperatur ist, bei welcher die Krystallisation erfolgt. Er verwendete hierzu das Natriumcarbonat und brachte eine Lösung desselben dadurch successive bei verschiedenen, auf einander folgenden Temperaturen zum Sieden, dass er den Kolben mit einem Kühler und einer Luftpumpe verband, so dass sich durch Regulirung des Druckes der Siedepunkt festhalten liess. Von 15—32° krystallisirt nur das Hydrat mit 10 H_2O und von 33—95° nur das Hydrat mit 1 H_2O; von den übrigen noch bekannten Hydraten mit 3, 5, 6 und 7 H_2O wurden keine Krystalle erhalten; ihre Bildung ist also ausser von der Temperatur noch von gewissen Zufälligkeiten abhängig.

H.

J. M. van Bemmelen. Die Hydrate des Berylloxyds. J. f. prakt. Chem. (2) XXVI, 227-246; [Ber. d. chem. Ges. XV, 2902 bis 2903.

Der Herr Verfasser unterscheidet zwei Hydrate des Berylloxydes: 1) Das gelatinöse (β-Hydrat), welches er aus reinem schwefelsauren Berylloxyd mit Ammoniak gefällt und in einem besonderen Apparate unter Ausschluss der Luft mit kaltem Wasser gewaschen und in einem kohlensäurefreien Luftstrome getrocknet hat. Das fein zerriebene Pulver hatte die Zusammensetzung

$$BeO . 1.61\, H_2O . 0.025\, CO_2;$$

das an der Luft ausgewaschene und bei Zimmertemperatur getrocknete Hydrat war:

$$BeO . 2.63\, H_2O . 0.05\, CO_2.$$

2) Körniges Hydrat (α-Hydrat). Das mit Schwefelsäure gelöste β-Hydrat wurde mit Kalilauge gefällt und im Ueberschusse desselben gelöst, mit vielem Wasser verdünnt und gekocht. Das körnig abgeschiedene Hydrat, unter Luftabschluss mit heissem Wasser gewaschen, ist frei von CO_2 und hat die Zusammensetzung $BeO . H_2O$, welche bis 200° constant bleibt; bei dieser Temperatur beginnt Dissociation, welche bei 215° C. das Maximum erreicht. Das körnige Hydrat nimmt in dem mit Wasserdampf gesättigten Raume $^1/_4$—$^1/_2$ H_2O auf und verliert dasselbe in der Zimmerluft. Hat es bei 220° $^1/_2$ H_2O verloren, so ist es dauernd verändert; es nimmt zwar noch 1 Molecül H_2O auf, hält es aber nur schwach gebunden und verliert es wieder bis auf 0.5. Ist es bis auf 280° erhitzt worden, so enthält es nur noch 0.13 H_2O

und verliert ein im feuchten Raume aufgenommenes Molecül Wasser in trockener Luft wieder bis auf 0.18. War es starker Glühhitze ausgesetzt, so hat es die Fähigkeit zur Wasseraufnahme verloren, und löst sich nur noch in kochender Schwefelsäure.

Das gelatinöse oder β-Hydrat bildet ein feines Pulver, welches bei gewöhnlicher Temperatur aus feuchter Luft viel Wasser aufnimmt, selbst dann, wenn es zuvor auf 100° erhitzt war. Der Wasserverlust beim Erwärmen erfolgt allmählich und stetig; zwischen 150—180° wird es zu $BeO.H_2O$ und nimmt, auf 215° erhitzt, dasselbe Verhalten an wie α-Hydrat. Beim Schütteln mit Salzlösungen entzieht es diesen Salze; das α-Hydrat vermag solches nicht. Zum Vergleiche wurden Versuche mit Magnesiumoxydhydrat angestellt und in Uebereinstimmung mit den Angaben von H. ROSE und Hrn. DITTE ermittelt, dass dieses innerhalb weiterer Temperaturgrenzen als das α-Berylloxydhydrat, nämlich bis über 350° C. die constante Zusammensetzung $MgO.H_2O$ besitze und unter 350° nicht molecular verändert werde. *H.*

G. WAGENER. Ueber die Berechnung der Glas-Sätze und die Natur des Glases. DINGL. J. CCXLIII, 66-70, 152 bis 156.

Der Herr Verfasser hat eine practische Regel gefunden, um den Satz für ein gutes Glas bei jedem beliebigen Verhältnisse von Kalk und Alkalien berechnen zu können. Nimmt man nämlich aus der Tabelle der von WEBER (DINGL. J. CCXXXII, 350. 1879) untersuchten Gläser von den als gut befundenen diejenigen heraus, welche den relativ geringsten Kieselsäuregehalt besitzen, so findet man, dass dieselben bis auf wenige Procent der quantitativen Zusammensetzung $CaO + x(Na_2O, 6SiO_2)$ entsprechen. Hieraus ergiebt sich die Regel: Gutes Glas muss so zusammengesetzt sein, als wäre es eine Lösung von CaO in einer beliebigen (natürlich genügenden) Menge des Silicates $Na_2O, 6SiO_2$. Will man die rein practische Regel in dieser Form nicht gelten lassen und lieber vom Normalglase ausgehen, so könnte man die Formel auch so schreiben

$$Na_2O, CaO, 6SiO_2 + (x-1)(Na_2O, 6SiO_2) \quad x \lesseqgtr 1$$

d. h. ein gutes Gemenge ist der Normalsatz $Na_2O, CaO, 6SiO_2$, vermehrt oder vermindert um eine beliebige Menge des Silicates $Na_2O, 6SiO_2$. Noch besser stimmt die Formel

$$Na_2O, CaO, 6SiO_2-(1-x)(Na_2O, {}^{11}/_2SiO_2) \text{ für } x < 1$$

und

$$Na_2O, CaO, 6SiO_2+(x-1)(Na_2O, {}^{13}/_2SiO_2) \text{ für } x > 1.$$

Soll das Glas z. B. 0,6 Na_2O auf 1 CaO enthalten, so ist $x = 0,6$. Die Zusammensetzung guter Krystallgläser entspricht sehr nahe der Formel

$$Na_2O, PbO, 3SiO_2 + (x-1)(PbO, 4SiO_2)$$

d. h. für jedes PbO, welches über den Normalsatz hinaus in dem Glase enthalten sein soll, muss soviel Kieselsäure hinzugefügt werden, dass aus diesem überschüssigen Bleioxyd ein Silicat mit $4SiO_2$ entstehen kann.

In dem zweiten Theile der Abhandlung über die Natur des Glases definirt der Herr Verfasser dasselbe als die vollständige und daher klar erstarrende Lösung irgend eines oder mehrerer feuerbeständiger Körper in einem Alkalisilicate. Soll das Glas widerstandsfähig sein, so muss das Lösungsmittel selbst widerstandsfähig sein, d. h. ein stark saueres Alkalisilicat bilden und entweder in genügender Menge vorhanden sein, um den gelösten Körper zu umhüllen und zu schützen, oder der letztere muss selbst widerstandsfähig sein. Dann kann er in dem Alkalisilicate gelöst oder auch, wie dies bei Silicaten der Fall ist, mit weniger Alkalisilicat zo einem klaren Glase verschmolzen sein.

Schön.

Conrad Dege. Der sogenannte Fluss der Seifen.

Dingl. J. CCXLIII, 414-418.

Als „Fluss“ bezeichnet die technische Sprache eine zartfaserige geflammte Abscheidung, die sich in der festen Seife von der homogenen Grundmasse auffallend abhebt und sich durch einen selbstthätigen Auslaugeprocess mit grossem Ueberschusse von kaltem Wasser von derselben trennen lässt. Hierbei ist, wie der Herr

Verfasser durch seine Untersuchung zeigt, das Versetzen der Auslaugeflüssigkeit mit einer geringen Menge Kochsalz von wesentlichem Vortheil. Der ausgelaugte, den Fluss der Seife bildende Rückstand ist völlig weiss, faserig, perlmutterglänzend, nach dem Trocknen schwer benetzbar und im Wasser bei allen Temperaturen ganz oder doch nahezu unlöslich, dagegen in einer Lösung von Natronseife um so löslicher, je concentrirter und wärmer dieselbe ist. Seiner chemischen Natur nach ist der Fluss nichts anderes als Kalkseife; ein auskrystallisirtes Kalksalz der fetten Säure mag unter Umständen seine Grundlage bilden.

Schön.

Sainte-Claire Deville et H. Debray. Note sur quelques alliages explosifs du zinc et des métaux du platine. C. R. XCIV, 1557-1560; [Ber. d. chem. Ges. XV, 1751; [Chem. CBl. (3) XIII, 468.

Die Osmium-Iridium-Körper können bekanntlich im Stahlmörser nicht zerkleinert werden; erhitzt man sie jedoch mit 25—30 Theilen Zink mehrere Stunden lang bei Dunkelrothgluth und verflüchtigt man darauf durch stärkeres Erhitzen das Zink, so erhält man eine schwammige, leicht pulverisirbare Masse, die dann leicht analysirt werden kann. Die Herren Verfasser haben die Rolle, welche das Zink bei dieser Reaction spielt, zu ermitteln gesucht. Wirft man Osmium-Iridium-Körper in zur Dunkelrothgluth erhitztes Zink, so findet beträchtliche Wärmeentwickelung statt. Hält man die Masse 5—6 Stunden bei dieser Temperatur und behandelt den Metallkuchen nach dem Erkalten mit verdünnter Salzsäure, so löst sich Zink und fast alles Eisen und es bleibt ein schwärzlicher graphitähnlicher Rückstand, in welchem die Edelmetalle sich befinden, ausserdem aber noch Zink. Dieser Rückstand verbreitet nach dem Trocknen einen schwachen Geruch nach Osmiumsäure und beim Erhitzen auf 300° fängt er plötzlich Feuer unter Ausstossung von Zinkrauch und Osmiumsäuredämpfen. Im Vacuum auf 300° erhitzt, entsteht dieselbe Feuererscheinung, aber es entsteht weder Zinkoxyd, noch Osmiumsäure, noch irgend ein Gas. Um nun zu erfahren, welche Bestandtheile der Osmium-Iridium-Körner durch das Erhitzen mit Zink eine Zustandsänderung erfahren, haben die Herren Verfasser Zink mit den einzelnen Metallen der Platingruppe zusammengeschmolzen und gefunden, dass Rhodium, namentlich aber Iridium und Ruthenium unter grosser Wärmeentwickelung sich mit Zink verbinden und nach dem Auflösen des Zinkes in Salzsäure in einer Modification sich befinden. *H.*

WASTON SMITH and G. W. DAVIS. Crystalline Molecular Compounds of Naphthalene and Benzene with Antimony Trichloride. J. chem. soc. XLI, 411; [Chem. CBl. XIII, 802.

Schmilzt man eine Mischung von 3 Theilen Antimonchlorid und 2 Theilen Naphtalin, so bilden sich bei der Abkühlung kleine vollkommen symmetrisch ausgebildete klinorhombische Tafeln von der Zusammensetzung $3 SbCl_3 2 C_{10} H_8$; löst man 3 Theile Antimonchlorid in 4 Theilen Benzin, so bildet sich eine ähnliche Verbindung von der Zusammensetzung $3 Sb_2 Cl_3 2 C_6 H_6$.

H.

HERMANN W. VOGEL. Ueber LOCKYER's Dissociationstheorie. Berl. Sitzber. 1882, XLII, 905†.

Aus der Thatsache, dass einzelne Eisenlinien in dem Spectrum von Sonnenflecken eine Verschiebung erleiden, andere wieder nicht, glaubt Hr. LOCKYER eine Stütze für seine Dissociationstheorie zu finden, nach welcher Calcium und Eisen bei hohen Temperaturen dissociirt werden. Herr VOGEL giebt dieser Erscheinung eine andere Deutung. Es ist bekannt, dass die Lage der Absorptionsstreifen eines Körpers sehr wesentlich von der Dispersion des Mediums abhängt, in welchem er gelöst oder incorperirt ist. Oft bemerkt man, dass in stärker dispergirenden Medien die Absorptionsstreifen eines Körpers mehr nach Roth hinrücken. Hierbei tritt der merkwürdige Fall ein, dass gewisse Absorptionsstreifen mit der Zunahme der Dispersion des Lösungsmittels verschoben werden, andere aber nicht. Schon Hr. KUNDT hat darauf aufmerksam gemacht, dass für die Absorptionsspectren von Gasen dieselben Regeln gelten. Wenn demnach in Sonnenflecken einzelne Eisenlinien eine Verschiebung erleiden, andere an derselben Stelle nicht, so ist nicht Bewegung der Grund, sondern die Beimengung eines fremden stark dispergirenden Gases, welches auf die verschobenen Linien wirkt, auf die anderen nicht. Es folgt daraus ferner, dass Krümmung von Absorptionslinien der Sonnenflecke keineswegs immer als Bewegung der absorbirenden Gase in der Richtung der Beobachtungslinie gedeutet werden dürfen, sondern nur dann, wenn alle Linien eines Stoffes an der Krümmung theilnehmen. *H.*

WALLACE. The Dissociation of Chemical Compounds. Chem. News XLV, 31-33 u. 43-46†.

Der Herr Verfasser bespricht die verschiedenen Methoden zur Zerlegung eines zusammengesetzten Körpers in seine Elemente, und die Methoden zur Aenderung des Aggregatzustandes eines Körpers. *H.*

A. PERCY SMITH and B. LOWE. The Dissociation of Chlorine. Chem. News XLV, 226.

Nach den Versuchen der Herren Verfasser wird beim Durchleiten von Chlor durch Jodkalium bei einer Temperatur von 7.5° das Jod vollständig durch Chlor verdrängt; erhitzt man jedoch das Chlor auf 1030°, so hat es nur noch 74.4 pCt. seines Wirkungswerthes auf Jodkalium. *H.*

E. NOELTING. Sur la dissociation du chlorure de trichlorosulfométhyle. Bull. de Mulhouse LII, 95†; Bull. soc. chim. XXXVII, 392-394; [Ber. d. chem. Ges. XV, 1454.

Erhitzt man das Trichlormethylsulfochlorid 8—10 Stunden auf 170°, so findet man das Chlorid noch unangegriffen; bei 200° ist die Zersetzung vollständig und zwar im Sinne folgender Gleichungen vor sich gegangen:

$$1)\quad CCl_3.SO_2Cl = CCl_4 + SO_2,$$
$$2)\quad CCl_3\, SO_2Cl = COCl_3 + SOCl_2.$$

H.

TOMMASI et E. PEGNA. Sur la dissociation du sulfate de cuivre. Mondes (3) II, 562.

Erhitzt man eine chemisch reine Kupfervitriollösung bis zum Sieden, so trübt sie sich, es lagert sich ein hellgrünes Pulver ab, welches basisches Kupfersulfat ist. Die Herren Verfasser haben für verschieden concentrirte Lösungen die Menge des basischen Sulfates bestimmt. *H.*

K. KRAJEWITSCH. Ueber die Dissociation von Glycerin und Schwefelsäure im Vacuum. J. russ. chem.-phys. Ges. [2] XIV, 46.

Beide Flüssigkeiten können nicht benutzt werden um empfindliche Manometer zu construiren; beide, besonders aber Glycerin, lassen im Vacuum, scheinbar in unbegrenzter Menge ein Gas entweichen, welches nach Herrn KRAJEWITSCH's Untersuchungen weder Luft noch Wasserdampf sein kann und welches zwar in grösserer Quantität gesammelt, aber nicht analysirt wurde.

O. Chw.

D. KLEIN. Loi de l'isomorphisme. C. R. XCV, 781-784; [Beibl. VII, 177-178.

Beobachtungen des Herrn Verfassers und Anderer haben schon lange gezeigt, dass eine analoge chemische Zusammensetzung für den Isomorphismus nicht nöthig ist. Der Herr Verfasser glaubt durch folgenden Satz den Thatsachen am besten Ausdruck zu geben:

„Isomorphe Körper haben entweder eine ähnliche chemische Zusammensetzung, oder zeigen eine wenig verschiedene procentliche Zusammensetzung, während sie eine gemeinschaftliche Gruppe von Elementen oder identischen chemischen Gebilden einschliessen, welche den bei weitem grössten Theil des Gewichtes ausmacht."

So sind zum Beispiel isomorph: $9 WoO_3, B_2O_3, 2H_2O + 22 aq$ und $12 WoO_3, SiO_2, 4H_2O + 29 aq$ und $9 WoO_3, B_2O_3, Na_2O + 23 aq$.

E. Wt.

Isomorphisme. Mondes (3) II, 441.

Herr SPRING hat die Ausdehnungscoefficienten verschiedener Alaune bestimmt und für alle innerhalb der Temperaturen von 0°—60° nahezu denselben Werth erhalten. Daraus folgert nun Herr SPRING, dass die gleiche Ausdehnung ein wesentliches Kennzeichen des Isomorphismus ist, ferner dass der AVOGADRO'sche Satz auch auf feste Körper auszudehnen sei. Gleiche Volumina von Körpern mit gleichem Ausdehnungscoefficienten müssen dieselbe Anzahl von Molecülen enthalten. Es muss somit der Quotient aus specifischem Gewichte und dem Moleculargewichte für alle Alaune denselben Werth geben, was auch wirklich innerhalb der Grenzen der Beobachtungsfehler der Fall ist. *H.*

E. LELLMANN. Ueber einen Fall von physikalischer Isomerie. Ber. d. chem. Ges. XV, 2835-2837.

„Dibenzoyldiamidodibromdiphenyl" zeigt in Bezug auf seinen Schmelzpunkt eigenthümliche Erscheinungen. Dieser Körper krystallisirt aus heissem Alkohol in feinen farblosen Nadeln, welche in Capillarröhren bei 195° schmelzen. Kühlt man die flüssige Masse plötzlich ab, so erstarrt der Röhreninhalt zu einer durchsichtigen glasigen Masse, welche bei 99° schmilzt. Erhitzt man dann noch weiter, so erstarrt die Flüssigkeit zwischen 125 und 130° zu einer undurchsichtigen krystallinischen Masse, welche wiederum bei 195° schmilzt. Aus den Versuchen ergiebt sich, dass nur die plötzliche Abkühlung des bei 195° geschmolzenen Körpers den Uebergang in die niedrig schmelzende Modification hervorruft. Das Ueberführen von einer Modification in die andere und wieder zurück scheint sich beliebig oft wiederholen zu lassen. *H.*

G. Wyrouboff. Ein merkwürdiger Fall isomorpher Mischung. Ueber Tetrachromate des Kaliums und Ammoniums. Bull. soc. min. IV, 17-25, 1881; [Beibl. VI, 186†.

Der Herr Verfasser bespricht einen Fall von gemeinschaftlicher Krystallisation, auf den der Isomorphismus nicht anwendbar sein soll. Lässt man die dreifach chromsauren Salze des Kalium und Ammonium aus Salpetersäure krystallisiren, so erhält man Krystalle der gemischten Salze und zwar 1) rhombische Krystalle von der Form des Ammoniumsalzes, 2) hexagonale, 3) monokline in der Form des Kaliumsalzes. Die hexagonalen Krystalle enthielten 58.5—69.7 pCt. Ammoniumsalz; wendet man Salpetersäure von geringerem Gehalte an, so bilden sich fast nur hexagonale Krystalle mit 48.3—99.3 pCt. Ammoniumsalz. Hieraus folgt die Dimorphie des Ammoniumsalzes, die des Kaliumsalzes konnte nicht experimentell erwiesen werden. Ebensowenig gelang es das Ammoniumsalz in monoklinen oder das Kaliumsalz in rhombischen Formen zu erhalten. Hieraus zieht Herr Wyrouboff den Schluss, dass die beiden Substanzen nicht isomorph sind und somit das Mitscherlich'sche Gesetz nicht streng gültig sei. *H.*

H. Baker. A Study of Certain Cases of Isomorphism. J. chem. soc. XXXV, 760-769; Lieb. Ann. CCII, 229-242. 1880; [Beibl. IV, 598.

Nach Hrn. Marignac sind MFl, $MOFl_3$, MO_2Fl_2 als isomorph zu betrachten, weil sie unter einander Doppelsalze bilden. Die Salze der Reihe, welche $3MFl$, wo M ein Alkalimetall bedeutet, enthalten, wird genauer untersucht und der obigen Ansicht entsprechend bis auf eine Ausnahme ($3NH_4Fl, SiFl_4$) für isomorph erklärt, da sie nur sehr geringe Abweichungen in der äusseren Form zeigen. Die letztere zwingt freilich, sie in verschiedene Krystallsysteme zu versetzen. In optischer Beziehung zeigen sie verschiedenes Verhalten.

Die Krystallaxen stehen bei allen rechtwinklig gegen einander.

Salz	$b : c'$		Lichtbrechung
$3KFl, NbO.Fl_3$	1,0 : 1,0		einfach
$3NH_4, Fl, NbO.Fl_3$	1,0 : 1,0		einfach
$3NH_4 Fl, SiFl_4$	1,0 : ?		doppelt
$3NH_4 Fl, ZrFl_4$	1,0 : 1,0		einfach
$3KF, ZrFl_4$	1,0 : 1,0		einfach
$3NH_4 Fl, TiFl_4$	1 : 1	(annähernd)	doppelt
$3KFl, UO_2 Fl_2$	1 : 0,992		doppelt
$3NH_4 Fl, UO_2 Fl_2$	1 : 0,992	(annähernd)	doppelt.

E. Wt.

La Désagrégation de l'étain. Mondes (3) II. 84.

Die wirkliche Ursache der Disagregation des Zinns scheint noch nicht vollständig aufgeklärt zu sein. Nach den Herren FRITZSCHE und LEWALD geht Zinn unter dem Einflusse der Kälte in einen krystallinischen Zustand über, nach Hrn. RAMMELSBERG wird es in einen dimorphen Zustand übergeführt, da das specifische Gewicht desselben 7.14 statt 7.29 beträgt. Hr. WIEDMAN glaubt, dass die Veränderung des Zinns unter dem Einflusse fortwährend stattfindender Erschütterungen, Vibrationen, seien sie nun mechanische oder physikalische, stattfindet. In dem Dom von Freiburg wurden Fragmente einer Medaille und eines Ringes aus Zinn gefunden, welches das specifische Gewicht 5.8 hatte. Man erhielt jedoch wieder aus diesem Zinn das gewöhnliche mit allen seinen Eigenschaften, wenn man diese gefundenen Zinnreste bis zur Temperatur des siedenden Wassers erhitzte. MARKOWNIKOFF in Moskau hat beobachtet, dass Töpfe aus Zinn in einem kalten Zimmer nach einiger Zeit vollständig in Staub zerfielen, die zerstörende Wirkung wurde nicht aufgehalten, wenn man sie nur in ein warmes Zimmer brachte, wohl aber, wenn man die angegriffenen Partien entfernte.

H.

G. Tschermak. Ueber die Isomorphie der rhomboëdrischen Carbonate und des Natriumsalpeters. Miner. u. petrogr. Mittheil. IV, 99-121. 1881; [Beibl. VI, 188.

Calcium- und Magnesiumsilicate zeigen bei entsprechender Zusammensetzung mehrfach ähnliche Formen; diese Isomorphie ist aber keine so strenge, wie bei den betreffenden Eisenoxydul- und Magnesiumverbindungen. Aehnlich gestaltet sich das Verhältniss bei den rhomboëdrischen Carbonaten. Calcit ist wesentlich von den anderen verschieden; zwar liegt eine Aehnlichkeit der Formen vor, allein die Aetzfiguren, Gleit- und Schlagfiguren, die specifischen Volumina, die Ausdehnungscoefficienten durch Wärme erweisen deutlich die Nichtübereinstimmung. Volle Uebereinstimmung findet hingegen statt zwischen Calcit und Natriumsalpeter; beide stehen in einem Verhältnisse zu einander, ähnlich dem zwischen Albit und Anorthit. *H.*

E. Mallard. Ueber den Isomorphismus der triklinen Feldspathe. Bull. soc. min. IV, 90-112; [ZS. f. Kryst. VI, 428-429†.

In einer theoretischen Betrachtung zeigt der Herr Verfasser, dass, wenn die Kalknatronfeldspathe isomorphe Mischungen von Albit und Anorthit in wechselndem Verhältnisse sind, wie dies nach der Theorie von Tschermak und den Untersuchungen Schuster's der Fall sein soll, die Auslöschungsschiefe auf einer bestimmten Fläche eines seiner Mischung nach bekannten Plagioklases aus der Auslöschungsschiefe des Albits und Anorthits auf dieser Fläche bestimmt werden kann und dass die Auslöschungsschiefe mit dem Verhältnisse, in welchem sich Albit und Anorthit an der Mischung betheiligen, durch eine Gleichung ersten Grades zusammenhängt. *H.*

H. DEBRAY. Note sur la reproduction des osmiures d'iridium. C. R. XCV, 878-881.

Der Herr Verfasser hat die Wirkung untersucht, welche Schwefeleisen auf Mischungen von Osmium und Iridium in verschiedenen Verhältnissen ausübt. Er hat einen grossen Ueberschuss von Schwefeleisen mit Mischungen von 1 Theil Osmium und 1, 2 und 3 Theilen Iridium zusammengeschmolzen. In allen drei Fällen erhielt man einen krystallinischen Rückstand, zusammengesetzt aus regulären Octaedern mit hexagonalen Lamellen. Osmium und Iridium können daher zusammen in allen Verhältnissen krystallisiren, ohne dass die Form ihrer Verbindung alterirt wird; sie sind also isomorph. *H.*

G. SCHULTZ. Ueber die moleculare Umlagerung einiger Hydrazoverbindungen. Ber. d. chem. Ges. XV, 1535-1540.

Von chemischen Interesse. — In Gemeinschaft mit den Herren ALBERT und OSCAR MÜLLER hat der Herr Verfasser die Umlagerung einiger Hydrazoverbindungen der Benzolreihe in die isomeren Diphenylbasen studirt. Die Umlagerung wurde stets durch Behandeln der Azokörper in alkoholischer Lösung mit Zinnchlorür ausgeführt. Dabei zeigte es sich, dass Azokörper, welche der Ortho- oder Metareihe angehören, durch Erwärmen der alkoholischen Lösung mit Zinnchlorür sofort glatt in die entsprechenden Diphenylbasen übergeben. Azoverbindungen der Parareihe werden am leichtesten durch längeres Stehen in der Kälte mit Alkohol und Zinnchlorür reducirt und umgelagert. *H.*

FR. PROVENZALI. Krystallwasser. Mondes (3) II, 187.

Nach den Ausführungen des Herrn Verfassers wäre die Theorie der Bildung der Doppelzalze auch auf die Salzhydrate und auf alle anderen chemischen Verbindungen auszudehnen, in welchen die physikalischen Eigenschaften der sich verbindenden Körper beträchtlich geändert werden. *H.*

S. Kalischer. Ueber die Molecularstructur der Metalle (und ihre Beziehung zur elektrischen Leitungsfähigkeit). Verh. physik. Ges. Berlin 1882, 6-7; Ber. d. chem. Ges. XV, 702-713; Carl Rep. XVIII, 292-303; [Beibl. VI, 441-442.

Um die Structur der Metalle zu studiren, benutzt der Herr Verfasser Anätzung, entweder durch Säuren, oder durch den elektrischen Strom, dem er sie als positive Elektrode bot. Von gewalzten Metallen zeigten sich krystallinisch: Cd (wenig), Sn, Fe, Cu (ausgenommen ganz dünnes Schablonenkupfer), einige SnCu Legirungen, alle CuSnZn Legirungen mit geringem Sn Gehalt, Pb, Pt, Neusilber; dagegen unkrystallinisch: Zn, einige ZnCu Legirungen, CuSnZn Legirungen mit grossem Sn Gehalt, reines Ag, Au, Ni, Al, Mg. Alle die eben genannten Metalle nehmen aber durch Erhitzen bis zur Rothgluth krystallinische Structur an, Zn schon bei 150°. Gegossen zeigen nur Al und Ni nicht krystallinische Structur. Die unkrystallinischen Drähte von Zn, Pt, Au, Ag wurden in der Rothgluth krystallinisch, Cu und Messingdraht bekamen wenigstens deutlich eine andere Structur.

Durch diese Darlegungen wird der Einfluss der Wärme auf die elektrische Leitungsfähigkeit leicht verständlich.

E. Wt.

L. Palmieri. Sopra alcune singolari modificazioni avvenute nella parte sotterranea dei fili di scarica dei parafulmini dell' Osservatorio vesuviano. Rend. di Napoli XXI, 29†.

Die Erdleitung eines Blitzableiters, zu welchem statt eines Kupferseiles ein solches aus Messing verwendet wurde, war vollständig zerstört, indem sie in mehreren Theilen des Bodens zerstreut vorgefunden wurde. Die Bruchstücke sahen an der Oberfläche wie reines Kupfer aus, an der Bruchstelle war jedoch eine sonderbare Trennung der Legirung (des Messings) in 2 vollständig unterscheidbare Theile zu sehen, der eine war lichtgelb, der andere roth wie Kupfer. In einigen Bruchstücken sah man eine krystallinische Structur; es ist wahrscheinlich, dass diese molecularen Modificationen der Erdleitung durch wiederholte Blitzschläge verursacht wurden. *H.*

L. SOHNCKE. Grundgesetz der Krystallographie. WIED. Ann. XVI, 489-500.

In früheren Arbeiten hat der Herr Verfasser alle möglichen regelmässigen Punktsysteme untersucht, bei denen jeder Punkt den anderen gegenüber die gleiche Lage hat, wie jeder andere. Diese Punktsysteme, welche den Anordnungen der Molecülcentren in Krystallen entsprechen sollen, zeigen alle in der Natur beobachteten Symmetrieverhältnisse von Krystallen. In der vorliegenden Abhandlung setzt der Herr Verfasser auseinander, wie aus seiner Theorie der Grundsatz der Krystallographie, das sogenannte Rationalitätsgesetz, folgt. Als Fundament dient dabei die Hypothese, dass nur eine durch unendlich viele Systempunkte gehende Ebene als Krystallfläche auftreten kann. Um den Gang des Beweises darzulegen, bemerke ich, dass Hr. SOHNCKE als Raumgitter die Gesammtheit der Schnittpunkte von 3 Systemen paralleler Ebenen bezeichnet, bei denen die Ebenen jedes Systems unter einander gleichen Abstand haben; dass er ferner nachgewiesen hat, dass jedes in seinem Sinne regelmässige Punktsystem zerlegt werden kann in höchstens 24 parallel gegen einander stehende, congruente Raumgitter. Hieraus folgt, dass jede Ebene durch unendlich viele Systempunkte geht, d. h. jede Krystallfläche unendlich viele Punkte eines Raumgitters enthalten muss. Der Verfasser beweist, dass jede Ebene durch 3 Punkte eines Raumgitters unendlich viele seiner Punkte enthält und dass alle diese „Netzebenen" (Krystallflächen) das Gesetz der rationalen Indices erfüllen. Hiermit ist der Satz zugleich für jede Krystallfläche bewiesen, weil die das Punktsystem zusammensetzenden Raumgitter untereinander parallel sind. *E. Wt.*

G. Brügelmann. Ueber Krystallisation, Beobachtungen und Folgerungen. Chem. CBl. (3) XIII, 522-527; Ber. d. chem. Ges. XV, 1833-1839; [Beibl. VII, 155-156.

Der Herr Verfasser sucht zu zeigen, „dass Verbindungen jeder Art, also auch von der ungleichartigsten chemischen Constitution, doch dieselbe Krystallform annehmen können, der Gestalt, dass es gelingt, solche Verbindungen, nach Maassgabe gleicher Verhältnisse für den Uebergang aus dem flüssigen oder gasförmigen in den festen Zustand, in veränderlichen Verhältnissen zusammen krystallisiren zu lassen (Mischkrystalle).“ Mischkrystalle soll man also erhalten aus einer Flüssigkeit, welche mit zwei Substanzen gleichzeitig gesättigt ist, aus Schmelzgemischen, deren Bestandtheile bei derselben Temperatur fest werden, aus einem Gemische von Gasen mit derselben Condensationstemperatur. Der Isomorphie würde nur noch formelle Bedeutung zugeschrieben werden können. Der Herr Verfasser erhielt z. B. Mischkrystalle, welche zusammengesetzt waren aus

$CuSO_4$, 5aq und $K_2Cr_2O_7$,
$CuSO_4$, 5aq und $CoCl_2$, 6aq,
$Na_2Bo_4O_7$, 10aq und $KClO_3$.

Die nicht gleichartige Färbung der Krystalle liess erkennen, dass es sich um Gemische in veränderlichen Verhältnissen handelte. *E. Wt.*

G. Brügelmann. Krystallisationsversuche als Beispiele für Berthollet's Lehre von der Verwandtschaft. Chem. CBl. (3) XIII, 527-528; Ber. d. chem. Ges. XV, 1840-1841; [Beibl. VII, 155-156.

Der Herr Verfasser giebt Beweise für den Berthollet'schen Satz: „Eine Flüssigkeit, in welche zwei Salze eingetragen wurden, enthält für den Fall des Ausbleibens einer Abscheidung in Wirklichkeit deren vier“, nämlich alle möglichen Combinationen der Säuren und Metalle. Gleiche Volumina kaltgesättigter Lösungen von $CoCl_2$, 6aq und $NiSO_4$, 7aq ergaben bei Mischung und freiwilliger Verdunstung Krystalle, welche beide Metalle, aber nur

Schwefelsäure enthielten. Aehnliches fand der Herr Verfasser bei

$CuSO_4$, 5aq und $CoCl_2$, 6aq und bei

$CuSO_4$, 5aq und $K_2Cr_2O_7$.

E. Wt.

Lecoq de Boisbaudran. Résistance au changement d'état des faces crystallines en présence de leur eau mère. C. R. LXXXVIII, 360-362; [Beibl. III, 407.

Zur Stütze seiner Trägheitstheorie der Krystallflächen, welche aussagt, dass die Concentration der Mutterlauge innerhalb gewisser Grenzen schwanken darf, ohne dass die Flächen eine Einwirkung erfahren, entgegen den Angriffen von Hrn. F. Klocke führt der Verfasser zwei Versuche älteren Datums an:

1. Bringt man einen, mit einer Rinde von gewöhnlichem Alaun bekleideten Chromalaunkrystall in eine basische Lösung des ersteren Salzes, welche nicht gesättigt ist, so wird die Rinde aufgelöst, der Krystall selbst scheinbar nicht angegriffen. Bei vorsichtiger Concentration verdickt sich nur die Rinde, freie Stellen des Chromalaunkrystalles bleiben frei. Ist die Auflösung des gewöhnlichen Alauns etwas lebhaft, so wird auch der Chromalaunkrystall, aber nur auf seinen cubischen Flächen angegriffen.

2. Es wachsen nur die Oktaëder-, nicht die Würfelflächen eines Ammoniumalaunkrystalles in einer Lösung desselben Salzes, der man täglich ein Paar Tropfen von übersättigter Lösung zufügt.

Der Verfasser hat alle seine Versuche, welche die äusserste Vorsicht und oft sehr lange Zeiträume in Anspruch nahmen, in einem Keller ausgeführt, dessen Temperatur in einem Tage nur um wenige Hundertstel eines Grades schwankte; er fragt, wie Hr. Klocke in einigen Minuten und in einem gegen Temperaturänderungen nicht geschützten Raume so zarte Versuche hat ausführen können? *E. Wt.*

F. Klocke. Ueber das Verhalten der Krystalle in Lösungen, welche nur wenig von ihrem Sättigungspunkt entfernt sind. Ber. d. naturf. Ges. Freiburg VII, 4 S.; ZS. f. Kryst. IV, 76-82; [Beibl. IV, 254.

Gegen den ersten Versuch der vorstehenden Arbeit bemerkt der Herr Verfasser, dass die Glattflächigkeit der Chromalaunflächen noch nicht ihr Unangegriffensein beweist, da angeätzte Stellen bei der langen Dauer des Versuches später ausgeheilt sein können, was nach Beobachtungen des Verfassers sich nachträglich nicht bemerken lässt. — Gegen den zweiten Versuch führt Klocke aus, dass Dickenmessungen nicht empfindlich genug sind, um das Fehlen von Ablagerungen nachzuweisen. Untersuchungen unter dem Mikroskope zeigten ihm, dass Würfel- und Oktaëderflächen stets gleichzeitig angegriffen wurden, wenn auch die eine Art der Flächen viel energischer als die andere.

Die Frage Lecoq de Boisbaudran's beantwortet der Herr Verfasser durch den Hinweis auf seine so empfindliche und schnelle Methode der Beobachtung der Aetzfiguren, resp. Fortwachsungen unter dem Mikroskope. *E. Wt.*

Lecoq de Boisbaudran. Remarques sur quelques points de cristallogénie. C. R. LXXXVIII, 629-632; [Beib. III, 471-472.

Die Arbeit enthält einige Folgerungen, zu denen des Herrn Verfassers Trägheitsprincip der Krystallflächen Anlass giebt. Da die Grenzen, innerhalb welcher die Concentration der Mutterlauge schwanken darf, ohne dass die Krystallflächen eine Aenderung erfahren, für die verschiedenen Flächen verschieden sind, so werden in einer schwach übersättigten Lösung zunächst die Flächen mit geringem Widerstande gegen Zustandsänderungen fortgeschafft, nämlich durch Auflagerungen allmählich verdeckt. Die endgültigen Krystalle zeigen aus diesem Grunde nur Flächen grösster Widerstandsfähigkeit. Der Herr Verfasser findet hierin auch die Erklärung für das Ausheilen von Verletzungen der Krystalle. Die Abhängigkeit der in gleicher Zeit auf gleichgrossen Flächenstücken niedergeschlagenen Stoffmenge von der Concentration kann bei verschiedenen Krystallflächen sehr verschieden sein.

Hierdurch erklärt der Herr Verfasser das verschiedene Aussehen von Krystallen, die in stark oder schwach übersättigten oder überkühlten Flüssigkeiten entstanden sind. So giebt ein festes Galliumstück in stark überkühltem geschmolzenen Gallium Anlass zu mehr oder weniger regelmässig gebildeten Oktaëdern, in schwach überkühltem flüssigen Gallium zu lamellenartigen Krystallen.

E. Wt.

C. v. Hauer. Krystallogenetische Beobachtungen.

Verh. d. k. k. geol. Reichsanstalt, 1880, 20-23 u. 181-189; [Beibl. V, 716-718*; [ZS. f. Kryst. VI, 524-532.

Zunächst wird die Einwirkung eines Zusatzes chemisch indifferenter Stoffe zur Mutterlauge auf die Krystallform studirt. Etwas Borax bewirkt in einer Bittersalz-Lösung die Abscheidung besonders schöner Krystalle mit fast durchgängig hemimorphen Enden. In vermehrter Menge lässt es die Prismenfächen fast verschwinden, vermehrt die Zahl der Endflächen bis auf acht, und beeinträchtigt endlich die Glätte der Flächen. Aehnliche Wirkungen zeigt Borax in gemischten Lösungen von schwefelsaurer und chromsaurer Magnesia und auch von schwefelsaurem Ni- oder Co-Oxydul mit schwefelsaurer Magnesia in überwiegender Menge. Chlorsaures Natrium zeigt bei wachsendem Gehalte an schwefelsaurem Natrium immer stärkere Ausbildung der Tetraëderflächen auf Kosten der Würfelflächen, bis zum völligen Verschwinden der letzteren.

Gemischte Krystalle isomorpher Substanzen zeigen die Formen der Bestandtheile, nicht isomorpher Substanzen entweder die Formen eines der Componenten oder ganz neue, meist einfacherer Art. Dabei sind starke Unsymmetrieen sehr häufig. Die Versuche ergeben, dass Verbindungen, die sich in Krystallen ersetzen können, die „krystallisch äquivalent“ sind, darum isolirt nicht isomorph zu sein brauchen. Als Beleg kann dienen $CuSO_4$ und $FeSO_4$.

Schliesslich werden Ueberwachsungen einer grossen Reihe von Krystallen untersucht. Es ergiebt sich, dass ein Krystall im

Allgemeinen nur in der Lösung eines schwerer löslichen isomorphen Stoffes weiterwächst. *E. Wt.*

H. v. Foullon. Krystallogenetische Beobachtungen. Verh. d. k. k. geol. Reichsanstalt 1881, 131-141; [Beibl. VI, 443 bis 445*; [ZS. f. Kryst. VI, 532-533.

Die Versuche v. Hauer's über die Einwirkung von Zusätzen zur Mutterlauge auf die Krystallform wurden fortgesetzt. Sind Krystalle von $MgSO_4$ ohne Hemiëdrie in reiner Lösung entstanden, so bilden sich bei Zusatz von Borax auf den prismatischen Flächen kegelförmige Erhöhungen ohne einspringende Ecken. — Krystalle von Natriumchlorat waren bei Gegenwart von Natriumsulfat entstanden und wurden in die Mutterlauge wieder eingesetzt. Sie zeigten im Wesentlichen $\frac{O}{2}$, ∞O, $\infty O \infty$. Einige Krystalle gingen durch Abrundung (Lösung) der Ecken bei gleichzeitigem Wachsthum der betreffenden Flächen in Tetraëder mit gekrümmten Flächen über, welche sich durch Bildung neuer Ecken und Ueberwucherung der alten in die Gegentetraëder umwandelten. Schliesslich bildeten sich weitere Ecken von Individuen beiderlei Stellung. — Die verschiedene Werthigkeit der Krystallflächen wird sehr deutlich durch folgende Beobachtung: Oktaëder von Chromalaun hatten durch Einlegen in Thonerdealaunlösung mit einem Zusatz von Natron auch Würfelflächen erhalten: Die letzteren zeigten nur wenig Aetzfiguren, während die Oktaëderflächen völlig mit solchen bedeckt waren.

E. Wt.

J. M. Thomson. On the Action of Isomorphous Salts in Exciting the Crystallisation of Supersaturated Solutions of eachother and some Experiments on Supersaturated Solutions of Mixed Salts. J. chem. soc. XXXV, 196-206.

— — Some Recent Experiments on the Crystallisation of Supersaturated Saline Solutions. Nature XX, 592-593.

Zahlreiche mit sehr reinen Substanzen angestellte Versuche des Herrn Verfassers zeigen, dass die plötzliche Krystallisation übersättigter Lösungen nur hervorgerufen werden kann durch isomorphe Substanzen mit analoger chemischer Zusammensetzung. Ist diese Bedingung nicht erfüllt, so tritt doch in einigen Fällen Ablagerung ein, diese geschieht aber langsam und allmählich, sie ist von ganz anderem Charakter, als die gewöhnlich beobachtete. Benutzte der Herr Verfasser übersättigte Lösungen zweier isomorpher Substanzen, so schieden sich bei plötzlicher Krystallisation beide Substanzen gleichzeitig ab, unabhängig von der Natur des erregenden Kernes. Bei einigen Versuchen mit einem Gemische von $NiSO_4$, $7H_2O$ und $MgSO_4$, $7H_2O$ zeigte sich eine langsame Vergrösserung des eingeführten Kernes. Abgelagert wurde dabei nur das weniger lösliche $NiSO_4$, $7H_2O$, welches auch immer der erregende Kern war. — Aus einem Gemische zweier nicht isomorpher Substanzen bemerkte man bei plötzlicher Krystallisation Abscheidung nur des einen Salzes entsprechend der Natur des Erregers. *E. Wt.*

J. M. THOMSON and W. POPPLEWELL BLOXAM. On the Crystallisation from Supersaturated Solutions of Certain Compound Salts. J. chem. soc. XLI, 379-387; [Beibl. VIII, 759-760.

Es wurden übersättigte Lösungen von Doppelsalzen untersucht in Bezug auf ihre Erregbarkeit durch Krystalle ihrer Componenten. Bald waren beide Componenten wirksam, bald beide unwirksam, oft auch das eine der zusammensetzenden Salze wirksam, das andere nicht. Dabei wurde das Doppelsalz abgeschieden, manchmal in veränderter Krystallform, der des Erregers ähnlich, später die gewöhnliche Form annehmend. Bemerkenswerth war das Verhalten von $AlK(SO_4)_2$, $12H_2O$. Aus einer bei 95° gesättigten Lösung schieden sich bei der Abkühlung ohne Wärmeentwickelung kleine Krystalle von einer Anordnung ab, wie man sie sonst bei Alaun nicht beobachtet. Bei Berührung mit einem Glasstabe erfuhren sie unter bedeutender Erwärmung

Umänderung in gewöhnliche Alaunoctaëder. Die Lösung vor der Umwandlung verlangte viel weniger Wärme zur Erhitzung auf 95°, als nachher. *E. Wt.*

E. Reusch. Ueber gewundene Bergkrystalle. Berl. Sitzber. 1882, 133-147; [Beibl. VI, 734.

Um die Bildung gewundener Bergkrystalle zu erklären, nimmt der Herr Verfasser an, dass in einem heissen Strome kieselsäurehaltiger Lösung sich zunächst plastische Lamellen absetzten, welche, durch den Strom deformirt, für die späteren Ablagerungen bestimmend waren. *E. Wt.*

F. Scharff. Treppen und Skelettbildung einiger regulärer Krystalle. Abh. d. Senk. Naturf. Ges. XI, Separatabzug, Frankfurt a. M. 1878; [Beibl. III, 244-245.

Aus vielen Beobachtungen und Vergleichungen an mangelhaft ausgebildeten Krystallen werden Schlüsse gezogen auf die Art des Aufbaues der Krystalle, und zwar wird dieselbe verschieden gefunden bei verschiedenen regulären Krystallen. Behandelt wird Analoim, Leucit, Granat, Flussspath, Bleiglanz und besonders ausführlich Pyrit. Bei dem letzteren schliesst der Herr Verfasser auf das Zusammenwirken zweier verschiedener Systeme von Thätigkeitsrichtungen, eines hexaëdrischen und eines oktaëdrischen. Die hemiëdrische Gestaltung der Krystalle erklärt er durch theilweises Zusammenfallen zweier Systeme von Thätigkeitsrichtungen in einer Ebene. Den Schluss der Arbeit bilden noch nicht endgültige Erwägungen über das Verhältniss von Markasit zu Pyrit. *E. Wt.*

H. Kopp. Zur Kenntniss der Krystallüberwachsungen. Ber. d. chem. Ges. XV, 1653-1655; [Beibl. VI, 783-784.

Herr Arzruni (Neues Handwörterb. der Chemie III 840ff.) hält es nicht für gerechtfertigt, dass der Herr Verfasser Natriumsalpeter und Kalkspath darum für isomorph erklärte, weil er beobachtete, dass Kalkspath in einer Lösung von Natriumsalpeter regelmässig fortwächst, wie sonst ein Krystall in einer Lösung eines isomorphen Salzes. Zur Begründung dieser Zurückweisung führt ARZRUNI Beobachtungen von WACKERNAGEL an, bei denen Krystalle in Lösung nicht isomorpher Salze in genau paralleler Axenstellung weiterwuchsen, von Boracit in Alaun-Lösung, von Alaun in Bleinitrat-Lösung. Vielfache Untersuchungen des Herrn Verfassers bestätigten diese Angaben nicht, er hält daher seine Behauptung aufrecht. *E. Wt.*

G. WERNER. Ueber das Axensystem der drei- und sechsgliedrigen Krystalle. N. Jahrb. f. Min. 1882. II, 55-88; [ZS. f. Kryst. IX, 96.

Der Herr Verfasser vergleicht die bei Behandlung der Krystalle des dreigliedrigen Systems gebräuchlichen Axensysteme von MILLER, WEISS und BRAVAIS in Bezug auf ihre practische Anwendbarkeit mit einem „neuen" Axensystem, das aus der verticalen Durchschnittslinie der drei Symmetrieebenen unter sich als Hauptaxe und den drei horizontalen Schnittlinien derselben mit einer zu ihrer Zonenaxe rechtwinkligen Ebene als Queraxen besteht und in welchem auf jeder der 4 Axen eine positive und eine negative Richtung in der Weise unterschieden wird, dass die positiven Richtungen der Queraxen unter Winkeln von 120° auseinandergehen. Er findet bei diesem Vergleiche, dass in dem neuen Axensysteme die Symmetrieverhältnisse am natürlichsten zum Ausdrucke kommen und dass es auch practische Vortheile darbietet. Der Unterschied der beiden Ordnungen von Rhomboëdern und Skalenoëdern spricht sich von selbst dadurch aus, dass unter den Queraxenindices bei der einen Ordnung zwei positiv und einer negativ, bei der anderen dagegen einer positiv und zwei negativ sind. Die Zahlenwerthe der Indices sind zwar meistens grösser als bei den WEISS'schen Indices, indessen lässt sich aus denselben der Zonenzusammenhang der zu den Rhomboëder- und Skalenoëderkanten gehörigen Zonen leichter herauslesen. Die

Zonen der Combinationskanten eines Rhomboëders mit seinem Gegenrhomboëder ergeben sich leichter bei Anwendung der WEISS'schen Axen. Die Winkelberechnung ist für beide Axensysteme gleich.

Die Beziehungen der dreigliedrigen zu den sechsgliedrigen Formen finden in den Flächenzeichen darin ihren Ausdruck, dass bei letzteren der Unterschied zwischen positiven und negativen Axenrichtungen fortfällt, so dass also alle Indices positiv sind.

B. Ht.

M. WYROUBOFF. Ueber die Aufstellung von Krystallen der neutralen und sauren chromsauren Salze des Kaliums, Natriums, Ammoniums und Rubidiums. Bull. de la Soc. Min. IV, 120-135; [Beibl. VI, 186.

Die bisher übliche willkürliche Aufstellung der Krystalle ist für den Mathematiker gleichgültig, nicht für den Physiker, welcher auch die Structur berücksichtigen muss. Von diesem Gesichtspunkte ausgehend, giebt der Herr Verfasser eine neue Anleitung zur Aufstellung der wasserfreien chromsauren und schwefelsauren Salze. *H.*

C. KLEIN. Zur Frage über das Krystallsystem des Boracit. N. Jahrb. f. Min. 1881 I, 239; [ZS. f. Kryst. VII, 103-104.

Der Herr Verfasser erörtert zunächst die verschiedenen bisher geäusserten Ansichten über das Krystallsystem des Boracit unter Aufrechterhaltung der von ihm aufgestellten. Nach seinen Beobachtungen ist die von BAUMHAUER zur Darstellung gebrachte regelmässige optische Structur seltener, als eine verwickeltere, bei welcher eine Abweichung von der Lage der äusseren Flächen eintritt. So zeigt sich oft, von geringen Einlagerungen abgesehen, an den dreikantigen Ecken des Dodekaëders einheitliche optische Orientirung der daselbst hergestellten gleichseitig dreieckigen Platten. Wenn die optischen Grenzen denen von Zwillungsverwachsungen entsprächen, wie es MALLARD und BAUMHAUER annehmen, so müssten also alle drei Flächen einer solchen dreikantigen Dodekaëderecke demselben Einzelkrystall angehören, und man wäre gezwungen, für diesen eine weit complicirtere Form anzunehmen, als dies von BAUMHAUER geschehen ist. Dass es sich jedoch nicht um Zwillingsgrenzen handelt, beweist der Herr Verfasser durch die zuerst zufällig von ihm gemachte Entdeckung, dass jene optischen Grenzen beim Erwärmen sich verschieben, zum Theile sogar verschwinden und neue an ihre Stelle treten. Auf Grund dieser Thatsache erklärt sich der Herr Verfasser für die ältere Annahme, wie sie MARBACH und REUSCH zuerst für die Erklärung der optischen Anomalien aufgestellt haben, dass nämlich die Doppelbrechung durch beim Wachsthum des Krystalles entstandene Spannungen bedingt sei. *H.*

W. H. MELVILLE. Crystalline Form of Cryolite. Proc. Amer. Acad. (2) IX, 55-62†.

Die Abhandlung enthält eine krystallographische Untersuchung des Kryoliths, des weissen Tourmalins und des Arsenjodürs.

H.

FR. v. KOBELL. Ueber die Krystallisation des Kalium-Eisen-Cyanürs und des Eisenvitriols. Münch. Sitzber. 1878, 550-551; [Beibl. III, 328.

Der Herr Verfasser hat schon im Jahre 1855, wie jetzt Herr MALLARD, mit dem Stauroskop nachgewiesen, dass Kalium-Eisen-Cyanür nicht quadratisch, sondern monoklin ist, ebenso auch, dass Eisenvitriol nicht monoklin, sondern triklin ist.

E. Wt.

J. BARILARI. Sulfo prismatico dal soluto alcoolico di solfuro di ammoniaco. Gaz. chim. Ital. VIII, 178-180. 1878; [Beibl. III, 328.

Aus einer alkoholischen Lösung von Schwefelammonium, auch wenn man sie mit Schwefelblumen sättigt, scheiden sich nach dem Herrn Verfasser bei niederer Temperatur monokline Krystalle aus entgegen den Angaben früherer Beobachter, welche nur bei hoher Temperatur monokline, bei niedriger aber rhombische Krystalle erhielten. *E. Wt.*

GÄNGE. Ueber die Isodimorphie der arsenigen Säure und der antinomigen Säure. Sitzber. d. Jen. Ges. f. Med. u. Nat. 1878; [Beibl. III, 62.

Der Herr Verfasser konnte auf keine Weise die von DEBRAY beschriebenen rhombischen Krystalle der arsenigen Säure erhalten. Die hin und wieder auftretenden prismatischen Gebilde zeigten sich unter dem Mikroskope als Aneinanderreihungen von Oktaëdern, wie man sie bei Salmiak oder Alaun findet.

E. Wt.

D. INGERMANN. Sur quelques cristallisations remarquables. [Bull. soc. min. IV, 269-271. 1881; [Beibl. VI, 329; [ZS. f. Kryst. VIII, 307.

Die Verbindungen $MgS_2O_6 + 6H_2O$ und $ZnS_2O_6 + 6H_2O$ sind isomorph und bilden isomorphe Mischungen. Für andere Verbindungen (Kaliumchlorid, Zinnchlorürmetaphenylendiamin, Metaphenylendiamin) werden die beobachteten Wachsthumsformen angegeben. *B. Ht.*

MAX BAUER. Beiträge zur Mineralogie. II. Reihe. 5. Ueber das Vorkommen von Gleitflächen am Bleiglanz. N. Jahrb. f. Min. 1882. I, 138-150; [Beibl. VI, 339; [ZS. f. Kryst. VIII, 424-425.

Der Herr Verfasser weist durch eine Reihe von Versuchen mit Bleiglanzwürfeln nach, dass bei diesem Minerale die Dodekaëderflächen den Charakter von Gleitflächen besitzen. Dieser Nachweis wird dadurch geliefert, dass man mit einem stumpfen Stahlstift auf die obere Fläche eines nicht über 5 mm dicken Bleiglanzwürfels, welcher auf einer elastischen Unterlage ruht, drückt, wobei sich dann oben eine vierseitige Vertiefung bildet, der unten eine vierseitige Pyramide entspricht. Die Theilchen erscheinen in den Dodekaëderflächen verschoben. Zu den Versuchen sind künstliche und natürliche Krystalle benutzt. Es scheinen beim Bleiglanze noch andere Flächenrichtungen leichtester Verschiebbarkeit vorzukommen, worauf die Zwillingslamellen, z. B. die nach der Triakisoktaëderfläche $\frac{a}{4} : \frac{a}{4} : a$ verwachsenen, hinweisen. Versuche, die Existenz dieser Gleitflächen nachzuweisen, gelangen nicht. *B. Ht.*

August Streng. Beitrag zur Kenntniss des Magnetkieses. Ber. d. Oberhess. Ges. XXI, 15-16†.

Der Herr Verfasser ist zu folgenden Hauptresultaten gekommen:

1. Die Winkelmessungen am Magnetkiese liefern keinen sicheren Anhalt zur Bestimmung des Krystallsystemes.

2. Die Spaltbarkeit des Magnetkieses ist eine vollkommen hexagonale.

3. Die Aetzfiguren auf *OP* durch Behandeln mit heisser Salzsäure entstanden, haben durchaus hexagonale Umrisse, welche dem durch ∞P oder *P* begrenzten Hexagone der Basis entsprechen.

4. Die Wärmecurven auf *OP* bilden Kreise und stehen im Einklang mit der Annahme des hexagonalen Systems für den Magnetkies.

5. Der Magnetkies von Bodenmais besitzt für den Magnetismus einen gewissen Grad von Coercitivkraft. Der Magnetkies krystallisirt also nicht rhombisch sondern hexagonal.

H.

A. Streng. Beitrag zur Kenntniss des Magnetkieses. N. Jahrb. f. Min. 1882. I, 184-206; [Beibl. VI, 597†].

Aus dieser Abhandlung ist hier zu erwähnen, dass die Wärmecurven auf der Fläche *oP* Kreise sind, sowie, dass der Magnetkies von Bodenmais nach allen auf der Hauptaxe senkrechten Richtungen sich ähnlich wie Stahl verhält, also beim Streichen in jenen Richtungen dauernd polarmagnetisch wird. In der Richtung der Hauptaxe vermag er dies nicht zu werden. Zwischen den Magnetpolen stellt sich ein nach der Hauptaxe verlängertes Stück desselben Magnetkieses mit letzterem äquatorial ein. Die Ursache dieser Erscheinung liegt vielleicht darin, dass der Magnetkies nach *oP* blättrig ausgebildet ist.

G. W. (H.)

R. Scheibe. Krystallographische Untersuchung des Lupinins und seiner Salze. Inaug.-Diss. Halle 1882, 39 S. [Beibl. VI, 780†.

A. Fock. Krystallographisch-chemische Untersuchungen. ZS. f. Kryst. VII, 36-63; [Beibl. VI, 780-783†.

In den beiden Referaten der Beibl. sind die hauptsächlichsten Zahlenresultate in Tabellen zusammengestellt. *H.*

O. Mügge. Krystallographische Notizen. N. Jahrb. f. Min. 1882. II, 18-45; [ZS. f. Kryst. VIII, 542.

Der Herr Verfasser giebt die von ihm an 3 Greenockitkrystallen von Kilpatrik in Schottland, 1 Zinnoberkrystall von Almaden in Spanien und mehreren Cerussitkrystallen von der Mine Sta. Eufemia in Spanien (Prov. Cordova) beobachteten Krystallformen an.

In Bezug auf den Greenockit nimmt er nicht eine rhomboëdrisch-hemiëdrische, sondern die holoëdrische Ausbildung, verbunden mit der Hemimorphie, an.

An dem Zinnoberkrystall wird die einem linken Krystalle entsprechende trapezoëdrisch-tetartoëdrische Ausbildung nachgewiesen. Ob der Sinn der Drehung der Polarisationsebene mit den geometrischen Eigenschaften im Einklange stand, konnte nicht nachgewiesen werden, da der Krystall aufgewachsen war.

B. Ht.

L. HENNIGES. Krystallographische Untersuchung einiger organischer Verbindungen. Diss. Göttingen: Vandenhoeck u. Ruprecht, 1881, 41 S.; [Beibl. VI, 446; [ZS. f. Kryst. VII, 523-528.

Enthält die Bestimmungen der Krystallformen und der optischen Eigenschaften folgender Verbindungen:

Dinitrobenzoesäure	$C_6H_3.COOH.NO_2.NO_2$
Durol	$C_6H_2(CH_3)_4$
Tribrommesitylen	$C_6Br_3(CH_3)_3$
Dinitrobenzoesaures Natrium	$C_6H_3.COONa(NO_2)_2$
Phtalyläthylhydroxylamin	$N(C_8H_4O_2)(C_2H_5)O$
Sulfanilsaures Natrium	$C_6H_4.NH_2.SO_2ONa + 2H_2O$
Sulfanilsaures Baryum	$(C_6H_4.NH_2.SO_2O)_2Ba + 3^1/_2 H_2O$
Chinon	$C_6H_4O_2$.

Lh.

R. BERTRAM. Krystallographische Untersuchung einiger organischer Verbindungen. Diss. Göttingen: Vanderhoeck u. Ruprecht, 1882; [ZS. f. Kryst. IX, 302; [Beibl. VI, 779.

Der Herr Verfasser giebt die Krystallformen, Schmelzpunkte und optischen Eigenschaften folgender Verbindungen an:

β-Benzanishydroxamsäureäthylester	$N(C_7H_5O)(C_8H_7O_2)(C_2H_5)O$
Benzhydroxamsäureäthylester	$N(C_7H_5O)(C_2H_5)OH$
Bromacetophenon	$C_6H_5.CO.CH_2.Br$
Bromwasserstoffsaures Xylidin	$C_6H_3(CH_3)_2NH_2.HBr$
Bromwasserstoffsaures-o-Toluidin	$C_6H_4CH_3NH_2HBr$
Bibromsuccinimid	$C_4H_2Br_2O_2NH$
Trinitrodiphenyl	$(C_6H_4)_2(NO_3)_3$
Metadinitrobenzoësaures Kalium	$C_6H_3(NO_2)_2CO.OK$
Baryumdinitrosulfophenolat	$C_6H_2(NO_2)_2OSO_3Ba + 3^1/_2H_2C$.

B. Ht.

F. BARNER. Krystallographische Untersuchung einiger organischer Verbindungen. Diss. Göttingen, 1882; [Beibl. VI, 778; [ZS f. Kryst. IX, 297.

Enthält die Krystallformen, die Schmelzpunkte und optischen Eigenschaften folgender Verbindungen:

α-β-Dinitroparaxylol	α-β-$C_6H_2(CH_3)_2(NO_2)_2$
α-Dinitroparaxylol	α-$C_6H_2(CH_3)_2(NO_2)_2$
Para-Kresolbenzoat	$CH_3.C_6H_4.C_7H_5O_2$
Benzoylparadinitrodiphenylamin	$C_7H_5ON(C_6H_4.NO_2)_2$
α-Benzanisbydroxamsäureäthylester	$N(C_7H_5O)(C_8H_7O_2)(C_2H_5).O$
Dimetanitrotoluol	$C_6H_3(CH_3)(NO_2)_2$
Phtalylmetanitroparatoluidid	$C_6H_3(CH_3)(NO_2)$ $(N.CO.CO.C_6H_4)$.

B. Ht.

Litteratur.

Lord RAYLEIGH. Address to the Mathematical and Physical Science Section of the British Association. Rep. Brit. Ass. 1882; Nature XXVI, 400-402; Chem. News XLVI, 95†.

Enthält nur Allgemeines über physikalische Forschung. *H.*

J. MOUTIER. Ueber einige Beziehungen zwischen Physik und Chemie. Paris: Dunod 1881, 57 S.; [Beibl. VI, 299.

Das vorliegende Werk ist ein Auszug aus der Encyclopädie chimique von FRÉMY. *H.*

Encyclopédie chimique. Publiée sous la direction de M. FRÉMY. Tome I. Introduction. 2 Vols. gr. in-8⁰, 2000 p. avec vignettes et atlas de 48 planches. Paris: Dunod. 50 fr.

C. JACOB. Die Kräfte in der Natur, insbesondere über einige Wirkungen der Kraft der Cohäsion und Adhäsion bei Stoffmischungen, sowie über das Wesen der Elektricität und des Magnetismus. Würzburg: Stahel 1882.

Handwörterbuch der Chemie, hrsg. von LADENBURG. Breslau: Ed. Trewendt, 1881; [Beibl. VI, 708.

Die vorliegende erste Lieferung enthält von physikalisch-chemischen Aufsätzen die Absorption und Affinität, bearbeitet von Herrn E. WIEDEMANN. *H.*

(KOPP.) Aus der Molecularwelt. 2. Abdr. Heidelberg: Winter.

R. BRESCH. Der Chemismus, Magnetismus und Diamagnetismus im Lichte mehrdimensionaler Raumanschauung. Leipzig: Bresch.

J. P. COOKE. Chemical and physical Researches. Cambridge 1882.

J. BLOCH. Origines de l'électricité, de la lumière, de la chaleur et de la matière. 2 parties. Nancy: Berger-Levrault & Co. 25 + 27 S. 8^0.

BLASERNA e CANNIZZARO. Sulla Memoria del prof. ROBERTO SCHIFF sui volumi molecolari delle sostanze liquide. Atti R. Acc. dei Lincei Trans. (3) VI, 292.

Die Verfasser bringen ein Referat über die Abhandlung von Hrn. ROBERT SCHIFF, in welcher letzterer Beziehungen des Moleculargewichtes von Verbindungen zu ihrer Atomverkettung aufstellt. *H.*

J. A. GROSHANS. Ein neues Gesetz, analog dem Gesetz von AVOGADRO. Deutsch von F. ROTH. Leipzig: A. Barth 1882. s. Abschnitt I. 6.

WARDER. Relation between Temperature and the Rate of Chemical Action. Amer. chem. J. III, H. 3.

N. KAJANDER. Ueber die Geschwindigkeit chemischer Vorgänge. Nachrichten (Iswestija) der Kiewer Univ. (russ.) 1882. Abth. III, 19. — Rein chemisch. *O. Chw.*

Ueber gewisse physikalische Eigenschaften des weichen Stahles. Stahl und Eisen 1882, August.

BERTHELOT. Les matières explosives. Rev. scient. XXVIII, No. 23-27.

W. ROSER. Ueber die Wasserabspaltung innerhalb des Molecüls. Ber. d. chem. Ges. XV, 1322-1324.

WALLACE. The Dissociation of Chemical Compounds. Chem. News XLV, 31-33.

DEWAR. On Recent Developments of the Theory of Dissociation. Chem. News XLV, 204-206.

C. RAMMELSBERG. Handbuch der krystallographisch-physikalischen Chemie. I. Elemente und anorganische

Verbindungen. Leipzig: W. Engelmann 1881; [Beibl. VI, 298†]; [Arch. sc. phys. (3) VII, 99†.

C. Rammelsberg. Handbuch der krystallographisch-physikalischen Chemie. II. Organische Verbindungen. Leipzig: W. Engelmann 1882; [Beibl. VI, 821†].

Der Hr. Verfasser bietet eine seit langem erwünschte Sammlung der physikalischen Constanten. Im vorliegenden ersten Bande werden zunächst die Elemente und deren nicht salzartige Verbindungen besprochen, dann die Salze, nach den in ihnen enthaltenen Säuren geordnet. Für die krystallographische Behandlung ist die Weiss'sche Bezeichnungsweise angenommen. Die physikalischen Constanten sind sehr vollständig aufgenommen bis auf die der Transpiration.

Der zweite Band des Handbuches enthält die physikalischen Constanten der Cyanmetalle, der wichtigsten organischen Säuren und deren Salze, und zwar in alphabetischer Folge für die übrigen organischen Verbindungen. *Wgr. (H.)*

A. Ditte. Exposé de quelques propriétés générales des corps. Paris: Dunod 1881. (Extrait de l'Encyclopédie chimique publiée sous la direction de M. Frémy.) [Arch. sc. phys. (3) VII, 100†.

Hr. Ditte behandelt die physikalischen Eigenschaften der Körper, die Methoden, durch welche man sie bestimmt, die Gesetze, welche das Studium der Körper entdecken lässt, und die Beziehungen, welche zwischen den Eigenschaften und der chemischen Constitution der Körper bestehen. Er behandelt überdiess nur die allgemeinen Eigenschaften der Körper, welche den Chemiker am meisten interessiren, d. i. die Elasticität der Gase, die Aggregatzustandsänderungen der Körper, die Wirkung der Wärme, besonders die Dissociationserscheinungen, die Wirkungen der Elektricität und des Lichtes, die Diffusion, die Dichte und ihre Beziehung zur chemischen Constitution und die Affinität. *H.*

Le Châtelier. Ueber das Festwerden des Gypses. C. R. XCVI, 715; J. d. pharm. et chim. (5) VII, 523; [Arch. d. Pharm. XVIII, 633-634.

W. Markownikoff und W. Ogloblin. Untersuchung des kaukasischen Naphta. J. d. russ. chem.-phys. Ges. [1] XIV, 36.

Erschöpfende preisgekrönte allseitige physikalische und chemische Untersuchung. *O. Chw.*

G. Wyrouboff. Einige Bemerkungen zu einem Aufsatz des Hrn. Fock. Bull. soc. min. V, 32-35; [Beibl. VI, 447.

---

4. Mechanik.

A. LEDIEU. Du cycle du raisonnement. Son emploi pour formuler et valider les hypothèses et les propositions fondamentales de toute science. — Application à la Mécanique. (Extrait.) C. R. XCIV, 1442-1442†.

Der „cycle du raisonnement" besteht aus den vier Operationen: 1) Beobachtung und nöthigenfalls Erfahrung (expérimentation) a priori, 2) Induction, 3) Deduction, 4) Erfahrung und wenigstens Beobachtung a posteriori. Wenn man eine Hypothese oder ein Grundgesetz diesem Cyclus unterwirft und es gelingt, den Cyclus mehr oder weniger zu schliessen, wird die Hypothese oder das Grundgesetz mehr oder weniger gut sein. In der rationellen Mechanik genügen die Haupt-Hypothesen dem Cyclus vollständig.

E. R.

M. LÉVY. Sur une extension des principes des aires et du mouvement du centre de gravité. C. R. XCV, 772-774†.

Die n freien materiellen Punkte eines Systems mögen nur auf einander wirken, und das zugehörige Potential Π enthalte nicht nur die Coordinaten x_i, y_i, z_i der Punkte, sondern auch die Componenten x_i', y_i', z_i' von den Geschwindigkeiten derselben. Das Princip der lebendigen Kraft ist dann erfüllt, wie auch die Function Π beschaffen sei; dagegen gelten die Principe der Flächen und der Erhaltung der Bewegung des Schwerpunktes im Allgemeinen nicht. Der Herr Verfasser findet sechs Integrale

$$(1)\qquad \Sigma\left(m_i x_i' + \frac{\partial \Pi}{\partial x_i}\right) = \alpha, \;\ldots,$$

$$(2)\qquad \Sigma\left[m_i(y_i z_i' - z_i y_i') + y_i \frac{\partial \Pi}{\partial z_i'} - z_i \frac{\partial \Pi}{\partial y_i'}\right] = \lambda, \;\ldots,$$

welche in dem besonderen Falle, dass Π von den Geschwindigkeiten nicht abhängt, auf die Schwerpunkts- und auf die Flächengleichungen zurückkommen. „Diese Gleichungen haben eine einfache Bedeutung: Wenn man in irgend einem Augenblicke durch jeden der beweglichen Punkte m_i eine Gerade D_i zieht, deren Projectionen auf die Axen gleich den ersten Gliedern der Gleichungen (1) sind, und diese Geraden wie Kräfte zusammensetzt, bleiben die Geraden während der ganzen Bewegung statisch gleich.“ Die Centralaxe bleibt unveränderlich. Diese Gerade entspricht der unveränderlichen Ebene bei centralen Kräften. Im Speciellen wird ein System von zwei Massenpunkten betrachtet und gefunden: „Welches auch das Potential eines Systems zweier beweglichen Punkte sei, geht eine feste Ebene und eine feste Axe durch jeden Punkt des Raumes so, dass die Projection auf die Dreiecksfläche, deren Spitzen von *O* und den beiden beweglichen Punkten gebildet sind, sich proportional mit der Projection auf die Axe der Geraden ändert, welche diese beiden Punkte verbindet. Befindet sich *O* auf der unveränderlichen Geraden, so steht diese Gerade senkrecht auf der festen Ebene und fällt mit der festen Axe zusammen.“ *E. R.*

E. Brassinne. Question de mécanique rationelle. Mém. de Toulouse (8) IV, 106-114†.

— — Nouvelle manière d'employer le principe de la moindre action, dans les questions de dynamique. C. R. XCIV, 169-171†.

— — Sur un passage de la „Mécanique analytique“, relatif au principe de la moindre action. C. R. XCIV, 1110-1111†.

— — Méthode générale pour la solution des problèmes relatifs aux axes principaux et aux moments d'inertie. (Balance d'oscillation pour l'évaluation des moments d'inertie.) C. R. XCV, 337-338†.

— — Balance d'oscillation employée pour le calcul des moments d'inertie. C. R. XCV, 446-447†.

1) besteht aus fünf Paragraphen. § 1 enthält kurze historische Bemerkungen über das Princip der kleinsten Wirkung bis zu Lagrange; Jacobi's Aeusserungen über dieses Princip scheinen

dem Herrn Verfasser unbekannt zu sein. An dem Beispiele, dass ein schwerer Punkt auf einer Curve in einer verticalen Ebene herunterfällt, wird im § 2 (abgedruckt in 2) gezeigt, wie bei Anwendung theilweiser Integration das Princip der kleinsten Wirkung zur Lösung mechanischer Aufgaben benutzt werden kann. Im § 3 (abgedruckt in 3) wird der Satz gewonnen: „Für ein System von Körpern, deren jeder seine besondere Geschwindigkeit habe, giebt das Princip der kleinsten Wirkung eine Beziehung zwischen der gesammten entwickelten lebendigen Kraft und der zur Erzeugung derselben nothwendigen Zeit Wenn man unter denselben Bedingungen die Massen und die Geschwindigkeiten sich so ändern lässt, dass die Bewegungsgrösse jeder Masse unverändert bleibt, wird die gesammte lebendige Kraft sich proportional der zugehörigen Zeit ändern.“ § 4 (abgedruckt in 4) und § 5 (abgedruckt in 5) enthalten weitere Anwendungen des Princips der kleinsten Wirkung. *E. R.*

B. Weinstein. Ueber die Bewegungsgleichungen von Lagrange. Wied. Ann. XV, 675-680†.

Es seien $q_1, q_2, \dots q_m$ die allgemeinen Coordinaten eines Punktes; $q'_1, q'_2, \dots q'_m$ die Ableitungen derselben nach der Zeit, die Geschwindigkeiten, Q_{1k}, Q_{2k}, Q_{mk} Functionen nur von den Coordinaten; ferner sei

$$T = Q_{11}q'_1q'_1 + Q_{12}q'_1q'_2 + \dots + Q_{mm}q'_mq'_m = T_{qq'}$$

oder

$$2T = q'_1\sum_k Q_{1k}q'_k + q'_2\sum_k Q_{2k}q'_k + \dots + q'_m\sum_k Q_{mk}q'_k$$
$$= q'_1p_1 + q'_2p_2 + \dots + q'_mp_m = 2T_{q'p}.$$

Jetzt kann man wieder die Geschwindigkeiten durch lineare Functionen der Bewegungsmomente $p_1, p_2, \dots p_m$ ausdrücken, so dass, wenn $P_{11}, P_{12}, \dots P_{1m}$ nur von den Coordinaten abhängen,

$$T = P_{11}p_1p_1 + P_{12}p_1p_2 + \dots + P_{mm}p_mp_m = T_{pq}$$

ist. Aus der Identität

$$T_{pq} + T_{qq'} - 2T_{q'p} = 0$$

wird gewonnen

$$\frac{1}{2}\frac{\partial T_{pq}}{\partial p_k} = \frac{\partial T_{q'p}}{\partial p_k}, \quad \frac{1}{2}\frac{\partial T_{qq'}}{\partial q'_k} = \frac{\partial T_{q'p}}{\partial q'_k}, \quad \frac{\partial T_{pq}}{\partial q_k} = -\frac{\partial T_{qq'}}{\partial q_k}.$$

Ist

$$F_k = \frac{\partial p_k}{\partial t} - \frac{\partial T_{qq'}}{\partial q_k},$$

so hat man die Bewegungsgleichungen in den Formen von LAGRANGE und HAMILTON

$$F_k = \frac{d}{dt}\left(\frac{\partial T_{qq'}}{\partial q'_k}\right) - \frac{\partial T_{qq'}}{\partial q_k}, \quad F_k = \frac{d}{dt}\left(\frac{\partial T_{qq'}}{\partial q'_k}\right) + \frac{\partial T_{pq}}{\partial q_k}.$$

Aus diesen Gleichungen folgt

$$F_k = 2\frac{d}{dt}\left(\frac{\partial T_{q'p}}{\partial q'_k}\right) + \frac{\partial T_{pq}}{\partial q_k} \quad \text{und} \quad F_k = 2\frac{d}{dt}\left(\frac{\partial T_{q'p}}{\partial q'_k}\right) - \frac{\partial T_{qq'}}{\partial q_k}.$$

E. R.

G. BARDELLI. Sui sistemi variati di forze. Rend. Ist. Lomb. (2) XV, 180-195†.

Für ein System von Kräften, von welchen irgend eine Componente die Intensität P besitzt, werden folgende Bezeichnungen eingeführt, wobei immer nur eine der drei analogen Gleichungen wiedergegeben wird:

$$D_1 = \Sigma P x \alpha, \quad E_1 = \Sigma P y \alpha, \quad F_1 = \Sigma P z \alpha, \quad X = \Sigma P \alpha,$$
$$M_x = E_2 - F_2;$$

ferner

$$V = X M_x + Y M_y + Z M_z.$$

Ein verändertes System eines gegebenen Systems von beliebig vielen Kräften erhält man dadurch, dass man die Geraden, welche die Kräfte darstellen, sich um Linien drehen lässt, die parallel zu einer beliebigen Richtung durch die Angriffspunkte gezogen sind. Die Coordinatenaxen Ox, Oy, Oz seien in eine neue Lage Ox_1, Oy_1, Oz_1 gebracht; eine Gerade OL, deren Richtungscosinus l, m, n sind, und ein Winkel θ (die Rotationsaxe und der Rotationswinkel des zugehörigen veränderten Systems) werden eingeführt; dann sind die Cosinus $a_1 \ldots$ durch l, m, n und θ ausdrückbar. Es ist nämlich:

$$a_1 = 2l^2 \sin^2\frac{\theta}{2} + \cos\theta, \quad b_1 = 2lm \sin^2\frac{\theta}{2} - n\sin\theta,$$
$$c_1 = 2ln \sin^2\frac{\theta}{2} + m\sin\theta,$$

$$a_2 = 2lm\sin^2\frac{\theta}{2} + n\sin\theta,\quad b_2 = 2m^2\sin^2\frac{\theta}{2} + \cos\theta,$$

$$c_2 = 2mn\sin^2\frac{\theta}{2} - l\sin\theta,$$

$$a_3 = 2ln\sin^2\frac{\theta}{2} - m\sin\theta,\quad b_3 = 2mn\sin^2\frac{\theta}{2} + l\sin\theta,$$

$$c_3 = 2n^2\sin^2\frac{\theta}{2} + \cos\theta.$$

Ferner hat man

$$\begin{aligned} X_1 &= a_1X + a_2Y + a_3Z, \ldots, \\ M_{x_1} &= c_1E_1 + c_2E_2 + c_3E_3 - b_1F_1 - b_2F_2 - b_3F_3, \ldots, \\ V_1 &= X_1M_{x_1} + Y_1M_{y_1} + Z_1M_{z_1}, \end{aligned}$$

oder

$$(1)\quad V_1(1+k^2) = k^2V + 2kU + 2T - V,$$

wenn zur Abkürzung gesetzt ist:

$$k = \operatorname{cotg}\frac{\theta}{2},\quad U = l(M_3 - N_2) + m(N_1 - L_3) + n(L_2 - M_1),$$

$$T = l(lL_1 + mL_2 + nL_3) + m(lM_1 + mM_2 + nM_3) + n(lN_1 + mN_2 + nN_3),$$

$$L_1 = ZD_2 - YD_3, \ldots,\quad M_1 = ZE_2 - YE_3, \ldots,\quad N_1 = ZF_2 - YF_3, \ldots.$$

Indem über die Werthe l, m, n (oder über T und U) und über V_1 verschiedene Annahmen gemacht werden, gewinnt der Herr Verfasser aus der Gleichung (1) eine Reihe von Sätzen.

E. R.

G. MORERA. Sopra una formula di meccanica analitica. Rend. Ist. Lomb. (2) XV, 537-543†.

Es wird direct untersucht, wie sich die Function

$$[\Phi, \Psi] = \sum_{j=1}^{j=n-r}\left(\frac{\partial\Phi}{\partial Q_j}\frac{\partial\Psi}{\partial P_j} - \frac{\partial\Phi}{\partial P_j}\frac{\partial\Psi}{\partial Q_j}\right)$$

verhält, wenn an Stelle von P und Q die ursprünglichen Variabeln p und q eingeführt werden. Der schliesslich für $[\Phi, \Psi]$ erhaltene Ausdruck ist von MATHIEU in der „Dynamique analytique" auf Seite 217—221 indirect aus der Störungstheorie abgeleitet.

E. R.

G. B. MARSANO. Dimostrazione del parallelogrammo delle forze data dal R. P. GIROLAMO BADANO. Rivista di Mat. element. (2) IV†.

BADANO hat in seinen Vorlesungen über Mechanik im Jahre 1823 den jetzt mitgetheilten geometrischen und elementaren Beweis des Satzes vom Parallelogramm der Kräfte gegeben. Nach der Wiedergabe dieses Beweises ist von Herrn G. B. MARSANO ein Auszug der biographischen Notizen gegeben, welche einige Wochen nach dem Tode BADANO's im Supplemento della Gazetta di Genova dell' 8. Gennaio 1848 veröffentlicht wurden.

E. R.

S. OPPENHEIM. Zur Theorie der stationären Bewegung. WIED. Ann. XV, 495-496†.

i_1, i_2 seien die Perioden der stationären Bewegung (dieser Ausdruck im Sinne von CLAUSIUS' Entwickelungen genommen), ferner seien $x_1 y_1 z_1$, $x_2 y_2 z_2$, ... die Componenten den Bahnlängen der bewegten Punkte, bezogen auf drei rechtwinklige Coordinatenaxen, und $\dot{x}_1\dot{y}_1\dot{z}_1$, $\dot{x}_2\dot{y}_2\dot{z}_2$, ... die Componenten ihrer mittleren Geschwindigkeiten. Es wird gesetzt

$$(1) \quad \frac{x_1}{i_1} = \dot{x}_1, \quad \frac{x_2}{i_2} = \dot{x}_2 \ldots, \quad \frac{y_1}{i_1} = \dot{y}_1, \ldots,$$

oder, wenn $(x_1)(y_1)(z_1)$, $(x_2)(y_2)(z_2)$... die entsprechenden Werthe der $x_1 y_1 z_1$ ... für die Zeit $t = t_0$ sind,

$$\frac{x_1-(x_1)}{i_1} = \dot{x}_1, \quad \frac{x_2-(x_2)}{i_2} = \dot{x}_2 \ldots$$

Der Herr Verfasser erhält dann für die mittlere lebendige Kraft mit Rücksicht auf die Gleichungen (1)

$$T = \Sigma \frac{m_1}{2 i_1^2}(x_1^2+y_1^2+z_1^2),$$

d. h. T ist eine homogene quadratische Function der Grössen x, y, z folglich

$$2T = \Sigma\left(x_1 \frac{\partial T}{\partial x_1} + y_1 \frac{\partial T}{\partial y_1} + z_1 \frac{\partial T}{\partial z_1}\right).$$

Aus dieser Gleichung wird mit Benutzung des Princips der Erhaltung der Energie,

$$T - U = \text{Const.},$$

der Satz vom mittleren Virial (CLAUSIUS. POGG. Ann. CXLI, 125. 1870) gewonnen. Ausserdem wird abgeleitet

$$\delta E = \delta T + T \delta \log i^2,$$

„die Gleichung, welche als der mechanische Beweis des zweiten Hauptsatzes der mechanischen Wärmetheorie betrachtet wird."

E. R.

A. DE ST.-GERMAIN. Sur les équations de l'équilibre astatique. Nouv. Ann. (3) I, 306-311†.

In verschiedenen Punkten M_1, M_2, ..., eines Körpers S befinden sich die Angriffspunkte von den gegebenen Kräften F_1, F_2, ..., deren Grösse und Richtung constant bleiben, welche Lagen auch S einnehmen möge. Der Herr Verfasser sucht die nothwendigen und hinreichenden Bedingungen dafür, dass die Kräfte F_i sich für alle Lagen von S das Gleichgewicht halten, also astatisches Gleichgewicht vorhanden ist. Er bekommt dadurch ohne Schwierigkeit die zwölf Bedingungsgleichungen für dieses Gleichgewicht. *E. R.*

A. LEGOUX. Stabilité de l'équilibre d'un point matériel attiré ou repoussé par un nombre quelconque de points matériels fixes proportionellement aux masses et à une puissance de la distance. Nouv. Ann. (3) I, 145-153†.

Man bezeichne mit m_i die Massen der anziehenden Punkte A_i, mit x_i, y_i, z_i die Coordinaten dieser Punkte, mit x, y, z die des angezogenen Punktes M, mit u_i die Entfernungen des Punktes M von den Punkten A_i, und man nehme an, dass die vom Punkte A_i auf M ausgeübte Anziehung durch $\frac{m_i}{u_i^{n+1}}$ dargestellt sei. Ferner sei

$$d_i = [u_i]_{x=0,\, y=0,\, z=0}.$$

Die nothwendigen und hinreichenden Bedingungen für die Stabilität des Gleichgewichtes sind dann durch drei Ungleichheiten ausgedrückt:

$$(n-1)\Sigma \frac{m_i}{d_i^{n+2}} < 0,$$

folglich $n < 1$.

$$\Sigma \frac{m_i m_{i+1} \sin^2(d_i d_{i+1})}{(d_i d_{i+1})^{n+2}} - (2n+1)\left(\Sigma \frac{m_i}{d_{i+1}^{n+2}}\right)^2 > 0;$$

$(d_i d_{i+1})$ bezeichnet den Winkel der beiden Richtungen OA_i und OA_{i+1}, wenn O den Anfangspunkt der Coordinaten bedeutet. Man erhält $n \leqq -\frac{1}{2}$.

Die dritte Ungleichheit ist weitläufiger; es ist aber leicht ersichtlich, dass derselben genügt wird, wenn $n+2 \leqq 0$ ist. Ausserdem weiss man, dass das Gleichgewicht stabil ist für $n = -2$ oder für $n+1 = -1$. Nach Transformation der Ungleichheit findet man, dass dieser stets genügt wird, wenn $n+1 \leqq 0$ ist. Alle drei Ungleichheiten werden erfüllt sein, wenn $n \leqq -1$ ist. Für $n = 1$, d. h. für das Newton'sche Gesetz ist das Gleichgewicht nicht stabil.

Man kann dasselbe Resultat auch anders erhalten: Das Gleichgewicht ist stabil, wenn die Function

$$\varphi = \Sigma \frac{1}{n} \frac{m_i}{u_i^n}$$

durch ein Maximum, und instabil, wenn die Function durch ein Minimum geht. Wenn man die Terme dritter Ordnung vernachlässigt, kommt dies darauf zurück, die Bedingung dafür zu finden, dass ein homogenes Polynom zweiten Gerades stets negativ ist, was zu den früher gefundenen Ungleichheiten führt. *E. R.*

F. Siacci. Gli asssi statici di un sistema di forma invariabile. Atti di Torino XVII, 241-242†.

Für einen Körper, welcher um einen festen Punkt beweglich ist, und auf welchen nicht im Gleichgewichte befindliche Kräfte von constanter Intensität und Richtung wirken, giebt es vier statische Axen. Diese hängen von einer Gleichung vierten Grades mit vier reellen Wurzeln ab, und alle ihre Eigenschaften sind in den beiden Sätzen enthalten:

„Die Ebene, welche durch zwei beliebige der Axen geht, ist senkrecht zur Ebene, in welcher die beiden anderen Axen liegen.

Wenn man vom Anfangspunkte aus auf den Axen Segmente abträgt, welche den Sinus der Rotationen, die in das Gleichgewicht zurückführen, proportional sind, haben die Enden dieser Segmente das Baricentrum im festem Punkte.“

Diese vier an den Enden liegenden Punkte werden „statische Punkte“ genannt und bezüglich derselben werden vier weitere Sätze ausgesprochen. *E. R.*

H. RESAL. Formules approchées relatives à l'équilibre d'une portion de chaîne ou de corde pesante, comprise entre deux appuis, et très tendue. J. des math. (3) VIII, 383-389†.

Zwischen zwei Punkten A_0 und A_1 befinde sich eine Kette; die Verbindungslinie A_0A_1 sei Axe der x und zwar gleich x_1; die Spannung der Kette in A_0 sei T_0 und in einem beliebigen Punkte T; p sei das Gewicht der Längeneinheit und i der Neigungswinkel der x-Axe gegen die Horizontale. Der erste und der zweite Näherungswerth der Gleichung für den Bogen wird aufgestellt; der zweite ist

$$\frac{dy}{dx} = \frac{p\cos i}{T}\left[\frac{x_1}{2} - x + \frac{p\cos i}{T_0}\left(x^2 - \frac{xx_1}{2} - \frac{x_1^2}{12}\right)\right].$$

Der grösste Werth der Spannung entspricht dabei $x = x_1$ und ist

$$T_1 = T_0 + x_1 p \sin i.$$

Wenn man Eisen anwendet, hat man ungefähr $\frac{p}{T_0} = 0{,}00133.$

Für $x_1 = 30\,\mathrm{m}$ würde daher $\frac{px_1}{T_0} = 0{,}04$ sein, von welchem Werthe man bei Anwendungen die zweite und um so mehr die dritte Potenz gegen 1 wird vernachlässigen können.

E. R.

Gambey. Solution d'une question de mécanique élémentaire. Nouv. Ann. (3) I, 254-256†.

Folgende Aufgabe wird gelöst: „Ein homogener schwerer und unendlich dünner Streifen, welcher die Gestalt eines Halbkreises *ABC* hat, wird von einem Faden gehalten, welcher an den beiden Enden des Durchmessers *AB* befestigt ist und durch einen unendlich kleinen Ring geht. Die Gleichgewichtslagen des Streifens sollen bestimmt werden, und es soll angegeben werden, wann das Gleichgewicht stabil, wann es instabil ist. Die Länge des Fadens, der Radius des Halbkreises *ABC* und das Gewicht des Streifens sind gegeben; das Gewicht des Fadens wird vernachlässigt." *E. R.*

Stephan Glaser. Ellipsoidische Flächenbelegungen, deren Wirkung auf innere Punkte der Richtung und Stärke nach constant ist. Arch. d. Math. LXVIII, 100-105†.

Nachdem die Dissertation des Herrn H. Rolle (Titel s. diese Berichte XXXVII, 1082) kritisirt ist, löst der Herr Verfasser die gestellte Aufgabe. *E. R.*

H. Resal. Note sur la généralisation d'un théorème de Pappus. Nouv. Ann. (2) XX, 337-338†.

Die in dieser Mittheilung bewiesene Verallgemeinerung lautet: „Wenn $A_1 A_2 \dots A_n A_1$ ein geschlossenes ebenes oder räumliches Polygon von n Seiten ist und wenn n materielle Punkte, deren jeder die Masse m habe, von den Ecken $A_1, A_2, \dots, A_n$ in denselben Zeiten und in demselben Sinne mit constanten Geschwindigkeiten $V_1, V_2, \dots, V_n$, welche proportional den Seiten

$$a_1 = A_1 A_2,\ a_2 = A_2 A_3,\ \dots,\ a_n = A_n A_1$$

sind, sich längs diesen Seiten bewegen, bleibt der Schwerpunkt der Massen m fest." *E. R.*

A. Laisant. Sur certaines propriétés des centres de gravité. Bull. soc. math. f. X, 40-44†.

E. LAQUIÈRE. Sur le théorème de M. LAISANT, relatif à certaines propriétés des centres de gravité. Bull. soc. math. f. X, 131-133†.

— — Sur un théorème de Pappus. Extrait d'une lettre. Nouv. Ann. (3) I, 110-111†.

V. SCHLEGEL. Sur le théorème de M. LAISANT, relatif aux centres de gravité. Bull. soc. math. f. X, 220-222†.

1) RESAL's „Note sur la généralisation d'un théorème de Pappus" (s. vorstehendes Referat) hat den Herrn Verfasser veranlasst, eine frühere Studie („Sur quelques propriétés des polygones." Ass. franc. c. r. VI, 142—154) zu verallgemeinern. Das Resultat ist: „Wenn mehrere Körper derselben Art sich in demselben Sinne um parallele Axen mit derselben Winkelgeschwindigkeit in einem Medium drehen, dessen Temperatur veränderlich ist, bewegt sich ihr Schwerpunkt, als wenn er zu einem Körper derselben Art gehörte, welcher in demselben Medium mit derselben Winkelgeschwindigkeit sich um eine Axe dreht, die mit jenen Axen parallel ist. Diese mittlere Rotationsaxe erhält man dadurch, dass man auf jeder besonderen Axe irgend einen Punkt nimmt und den Schwerpunkt dieser Punkte bestimmt, in welchen man sich die Massen der entsprechenden Körper concentrirt denkt. Dieser Schwerpunkt gehört der mitteren Axe an." Der Herr Verfasser bedient sich der Quaternionen.

2) Dem Satze von RESAL wird folgende allgemeinere Fassung gegeben: Wenn Massen von den Ecken eines geschlossenen Polygons sich gleichzeitig fortbewegen und die Seiten nach demselben Bewegungsgesetze mit Geschwindigkeiten durchlaufen, die in jedem Augenblicke den durchlaufenen Seiten proportional sind, wird der Schwerpunkt des Systems der beweglichen Massen fest bleiben. [In 3) ist dieser Satz mit etwas geändertem Wortlaute wiedergegeben und bewiesen.] Ferner wird der Satz des Herrn LAISANT elementar bewiesen.

4) Herr SCHLEGEL zeigt, wie mit Hülfe der GRASSMANN'schen Rechnungsweise der Satz des Herrn LAISANT gewonnen wird.

E. R.

Gascheau. Etude sur un cas singulier du mouvement d'un point matériel. Bull. soc. math. f. X, 207-219†.

— — Explication de deux paradoxes apparents observés dans les solutions de quelques problèmes de mécanique rationelle. Mém. de Toulouse (8) IV, 137-146†.

1) Der Herr Verfasser untersucht die Bewegung eines materiellen Punktes, welcher von einem festen Centrum umgekehrt proportional der dritten Potenz der Entfernung angezogen wird. Die Bahn des Punktes ist eine hyperbolische Spirale, deren Pol das Attractionscentrum ist. Der materielle Punkt gelangt zum Pole nach einer unendlichen Zeit T, während welcher der Radiusvector unendlich viele Umläufe um den Pol macht. Nachdem der materielle Punkt den Pol erreicht hat, verlässt er ihn in einer zur Polaraxe senkrechten Richtung, um nach derselben Zeit T den Ausgangspunkt wieder zu erreichen. In einer Note bemerkt die Redaction des Bull. soc. math. f., dass sie dem Herrn Verfasser die ganze Verantwortlichkeit für seine Ansicht überlässt.

In 2) wird der Inhalt von 1) kurz angegeben und vertheidigt, sowie neben dem ersten Satze: „Ein materieller Punkt kann in einer endlichen Zeit einen unendlichen Weg zurücklegen", noch auf den zweiten Satz: „Ein materieller Punkt kann eine unendliche Zeit zur Zurücklegung eines endlichen und bestimmten Weges gebrauchen", näher eingegangen. *E. R.*

F. Bachmann. Ueber die Bewegung eines Punktes. Prog. Kgl. Friedrich-Wilhelms-Gymn. Berlin.

Zunächst zeigt der Herr Verfasser: Wenn ein Punkt von den Elementen einer unendlichen Geraden umgekehrt proportional einer Potenz seiner Entfernung von denselben angezogen wird, übt die unendliche Gerade in ihrer Richtung keine Wirkung aus; die unendliche Gerade zieht den Punkt nur in der zu ihr senkrechten Richtung an, und zwar umgekehrt proportional einer Potenz seines Abstandes, welche um eine Einheit kleiner ist, als das für die Elemente der Geraden angenommene Attractionsgesetz angiebt. Es wird nun vorausgesetzt, dass dem angezogenen Punkte im Anfange seiner Bewegung eine Geschwindigkeit ertheilt ist, deren Richtung sich in der Ebene befindet, welche durch die anziehende Gerade und den angezogenen Punkt bestimmt ist, und es wird untersucht, welche Bahn der Punkt beschreibt, wenn dieser umgekehrt proportional der ersten, dritten, vierten und zweiten Potenz seiner Entfernung von den Elementen der unendlichen Geraden angezogen wird. *E. R.*

NICOLA AMOROSO. Un teorema di meccanica. G. d. mat. XIX, 380-384†. 1881.

Wenn ein Punkt nur unter der Wirkung der Schwere sich auf einer Rotationsfläche bewegt, kann die Lösung auf eine Quadratur zurückgeführt werden. Als Beispiel wird die Bewegung eines Punktes auf einem Rotationsparaboloide unter der Wirkung der Schwere gewählt. *E. R.*

O. CHWOLSON. Elementare Aufgabe aus der Mechanik. J. d. russ. chem.-phys. Ges. XIV, 481.

Welchen Winkel φ muss die Richtung der Anfangsgeschwindigkeit v mit der Verticalen bilden, damit die Länge des Parabelbogens, bis wieder herab zum ursprünglichen Horizont, ein Maximum sei?

Es ist

$$\cos\varphi . \lg \operatorname{cotg} \frac{\varphi}{2} = 1; \quad \varphi = 33^\circ 32' 3''.$$

Der halbe Parabelbogen (bis zum höchsten Punkte) ist gleich der Länge der am Anfangspunkte der Bewegung zur Parabel gelegten Tangente, dieselbe bis zum Horizont der verticalen Steighöhe $\left(h = \frac{v^2}{2g}\right)$ verlängert. *O. Chw.*

H. Resal. Sur la courbe synchrone de la cycloïde. Nouv. Ann. (3) I, 289-295†.

Eine halb geometrische, halb analytische Methode wird benutzt zu einem einfachen Beweise dafür, dass die synchrone Curve der Cycloide normal zu dieser ist. Ausserdem werden die Ausdrücke für die Bogenlänge und für den Krümmungsradius der Curve, sowie für den Inhalt derjenigen Fläche bestimmt, welche von der Curve und den Coordinatenaxen begrenzt wird.

E. R.

H. Resal. Sur les propriétés mécaniques de la lemniscate. Nouv. Ann. (3) I, 481-490†.

In Bezug auf die Tangente der Lemniscate wird der Satz ausgesprochen: „Die Tangente bildet mit dem Radiusvector einen Winkel, welcher doppelt so gross ist, wie der Polarwinkel." Darauf werden die Ausdrücke für die Subtangente, die Rectification, den Krümmungsradius und die Quadratur der Lemniscate angegeben beziehungsweise hergeleitet.

Analytisch wird gelöst „das Theorem von Saladini" (Mem. del Ist. naz. ital. I, 49. 1804): „In welcher von allen Curven, welche in einer Verticalebene liegen und denselben Anfangspunkt haben, bewegt sich ein Schwerpunkt, wenn er irgend ein Bogenstück in derselben Zeit durchlaufen soll, wie die entsprechende Sehne?" Ferner löst der Herr Verfasser analytisch und geometrisch das Theorem von O. Bonnet (J. des math. IX. 1844): „Für welche unter allen Curven, welche denselben Anfangspunkt haben, durchläuft ein Punkt von jenem Anfangspunkte aus ohne Anfangsgeschwindigkeit, allein unter der Wirkung einer gegen ein festes Centrum gerichteten und proportional der Entfernung wirkenden Kraft irgend einen Bogen in derselben Zeit, welche er gebrauchen würde, um die entsprechende Sehne zurückzulegen?"

E. R.

---

d'Ocagne. Sur le mouvement d'un point pesant dans au milieu résistant. Nouv. Ann. (2) XX, 506-511†.

Der Widerstand des Mittels wird proportional dem Quadrate der Geschwindigkeit eines schweren Punktes gesetzt, welcher sich senkrecht aufwärts und abwärts bewegt. Der Herr Verfasser beweist, dass für beide Bewegungen die Summe

$$e^{-\frac{g\alpha_{n-1}}{K^2}}+e^{\frac{g\alpha_n}{K^2}}$$

constant und unabhängig von der Anfangsgeschwindigkeit des Punktes ist, wenn α_{n-1} und α_n zwei aufeinander folgende Strecken bedeuten, die in gleichen Zeiten durchlaufen werden. *E. R.*

A. G. GREENHILL. On the motion of a projectile in a resisting medium. Proc. R. Art. Inst. XI, Nr. 7, XII. Nr. 1†.

Der Herr Verfasser giebt die Formeln für die Trajectorie wieder, wie er sie für den Fall, dass der Widerstand der Luft gegen das Geschoss sich wie die dritte Potenz der Geschwindigkeit ändert, in den Proc. R. Art. Inst. XI, 138 mitgetheilt hatte. Die Gleichung für die Bahn wird transformirt. In der neuen Gleichung kommt ein elliptisches Integral dritter Gattung vor, für welches durch Einführung der θ-Functionen ein geschlossener Ausdruck erhalten wird. In entsprechender Weise wird auch der früher gewonnene Ausdruck für die Zeit, während welcher sich das Geschoss bewegt hat, umgeformt. Der Herr Verfasser bemerkt, dass der einzige andere vollständig lösbare Fall der sei, wenn der Widerstand der Luft sich proportional der Geschwindigkeit ändert. Drei Tabellen sind beigegeben, welche Herr P. A. MAC MAHON berechnet hat, und die nur von praktischem Interesse sind. *E. R.*

Berichte über andere Arbeiten, in welchen die Bewegung von Körpern in einem widerstehenden Mittel behandelt wird, befinden sich im Abschnitte I. 6.

W. HESS. Ueber das Problem der Rotation. Math. Ann. XX, 461-470†.

Die Bewegung eines starren Körpers um einen festen Punkt ist für die zwei Fälle bereits gelöst: 1) Der Körper bewegt sich um seinen Schwerpunkt; 2) ein Umdrehungskörper rotirt um einen festen Punkt seiner Axe. Der Verfasser zeigt, dass für einen beliebigen starren Körper vom Gewichte P, welcher um einen festen Punkt O unter dem Einflusse eines beliebig angreifenden Kräftepaares rotirt, „die Componente des wirkenden Kräftepaares bezüglich der Richtung der Schwere während der ganzen Dauer der Bewegung constant ist.“ Die Cosinus a'', b'', c'' der Winkel, welche die Verticale OZ mit den drei Hauptträgheitsaxen (OX', OY', OZ') des Körpers bildet, können leicht bestimmt werden. Wenn man diese Werthe in die Euler'schen Bewegungsgleichungen einsetzt, bekommt man ein System dreier simultanen linearen Bewegungsgleichungen für die Winkelgeschwindigkeiten p, q, r der Drehung um OX', OY', OZ'. Indem die Bedingung hinzugefügt wird, dass die drei Axen des Kräftepaares, der Figur und der Schwere in einer und derselben Ebene liegen (was der Fall ist, wenn die Axe des Kräftepaares, welches die Bewegung im Anfange hervorbringen soll, in die durch die Figuraxe, die Verbindungslinie des festen Punktes O mit dem Schwerpunkte S, gelegte verticale Ebene fällt), erhält man die beiden Sätze:

„Die Grösse des Kräftepaares, welches den Körper angreift, ist während der ganzen Dauer der Bewegung constant.“

„Die Kräftepaaraxe beschreibt im Raume einen Kreiskegel, dessen Spitze der feste Drehpunkt ist, und dessen Axe die Richtung der Schwere besitzt.“

Die Lösung vereinfacht sich, wenn man über die Lagen des Schwerpunktes S und des Unterstützungspunktes O specielle Annahmen macht. Dieser Theil ist von rein mathematischen Interesse. *E. R.*

Despeyrous. Note sur les équations différentielles du mouvement d'un corps solide libre ou gêné sollicité par des forces quelconques. Mém. de Toulouse (8) IV, 81-87†.

Der Herr Verfasser verschafft sich die Differentialgleichungen des betrachteten Problems nach der Lagrange'schen Methode, indem er die lebendige Kraft und die Arbeit bestimmt, während er sich bereits im vorhergehenden Jahre (Mém. de Toulouse (8) III, 145—168) mit demselben Problem in anderer Weise beschäftigt hatte. *E. R.*

E. FAUQUEMBERGUE. Question de licence. (Paris, Juillet 1880.) Nouv. Ann. (2) XX, 420-421†. 1881.

Folgende Aufgabe wird gelöst: Wenn ein starrer Körper sich um einen festen Punkt bewegt, soll in jedem Augenblicke der Ort der Punkte des Körpers gefunden werden, für welche die Acceleration senkrecht zur momentanen Rotationsaxe ist.

E. R.

A. G. GREENHILL. On the steady motion of a solid of revolution rolling on a surface of revolution under gravity. Quart. J. of math. XVIII, 229-231†.

Als Ergänzung zu einer früheren Mittheilung (Quart. J. of math. XVII, 86—89 s. diese Berichte XXXVI, 160) wird die Bedingung dafür hergeleitet, dass ein fester Umdrehungskörper unter der Wirkung der Schwere auf einer Umdrehungsfläche, deren Axe vertical ist, stationär rollt. *E. R.*

V. LIGUINE. Sur les systèmes articulés de MM. PAUCELLIER, HART et KEMPE. Nouv. Ann. (3) I, 153-163†.

Für die drei praktisch wichtigsten Apparate, welche eine Kreisbewegung in eine geradlinige Bewegung umsetzen und umgekehrt, wird die Beziehung zwischen den zurückgelegten Wegen bei der gegebenen und bei der transformirten Bewegung, und werden die Beziehungen zwischen den Geschwindigkeiten bestimmt. *E. R.*

Fürst A. GAGARIN. Ein Kreislineal und eine absolut geradlinige Bewegung einer Geraden. J. d. russ. chem.-phys. Ges. [2] XIV, 52.

Während bei den früher construirten Gelenkverbindungen die geradlinige Bewegung einer Geraden durch 11 oder 15 Stäbe erreicht wurde, sind in Herrn GAGARIN's Combination nur 8 Stäbe nöthig. Ohne Zeichnungen (dieselben sind S. 53 und 54 im Originaltexe) schwierig zu erläutern.

Das Kreislineal ist ein ursprünglich gerader, aus Gelenken bestehender Stab, welcher beim Biegen stets einen genauen Kreisbogen darstellt, dessen Radius beliebig variirt werden kann. Das Kreislineal kann von besonderem Nutzen sein, wenn es sich darum handelt Bögen von grossem Radius zu zeichnen.

O. Chw.

G. JUNG. Alcuni teoremi sulle forme degeneri dell'ellissoide del Culman. Rend. Ist. Lomb. (2) XV, 141-146†.

Mehrere Sätze werden abgeleitet, welche implicite schon in einer früheren Arbeit (In memoriam Dominici Chelini. Collectanea math. Mediolani: Hoepli 1881, 327—339) enthalten sind, und aus welchen folgt: „Das CULMANN'sche Ellipsoid (oder eine seiner degenerirten Formen) ist ohne Ausnahme die geometrische Darstellung der Trägheitsmomente eines Massensystems (stella) in Bezug auf Ebenen."

E. R.

A. KURZ. Apparat für das Trägheitsmoment. CARL Rep. XVIII, 249-250†.

— — Messende Demonstrationsversuche über Zapfenreibung. CARL Rep. XVIII, 250-251†.

An seinem Apparate (beschrieben und abgebildet in POGG. Ann. CXLIII, 480ff. u. Taf. IV, MÜLLER's Physik 8. Aufl. I, 321 u. 322) hat der Herr Verfasser auf der hölzernen Rolle noch einen Reifen angebracht, der die Rinne für den Faden des Uebergewichtes trägt, so dass diese jetzt 1,2 cm von der für die Schur der beiden gleichen Gewichtsstücke bestimmten Rinne absteht. Mit dem Apparate soll experimentell dargethan werden, dass das vierfache Gewicht in der Entfernung $^1/_2$ dieselbe träge Masse vorstellt, wie das einfache Gewicht in der Entfernung 1. Man erhält aber in den beiden Fällen für dieselben Strecken nicht dieselben Zeiten in Folge der vervierfachten Reibung, welche in der zweiten Mittheilung berücksichtigt wird. *E. R.*

E. BRASSINE. Manière directe de ramener la composition des forces concourantes à la théorie du levier.
Nouv. Ann. (3) I, 320-321†.

Es wird gezeigt, dass das Hebelgesetz allein genügt, um zu beweisen, dass die Resultante zweier Kräfte P und Q, deren Angriffspunkt h ist und deren Intensitäten hm und hn sind, der Grösse und Richtung nach durch die Diagonale des Parallelogramms $hnFm$ dargestellt wird, welches über den die Kräfte repräsentirenden Geraden construirt ist. *E. R.*

ATWOOD's Fallmaschine angefertigt von H. KÖPPING ··· in Nürnberg. CARL Rep. XVIII, 187.

Einige kleine an der Fallmaschine angebrachte Veränderungen werden mitgetheilt und durch vier Figuren erläutert.

E. R.

K. L. BAUER. Zur POGGENDORFF'schen Fallmaschine.
WIED. Ann. XVII, 1037-1040†.

Der Herr Verfasser wünscht, dass die POGGENDORFF'sche Fallmaschine in den Lehrbüchern der Physik erwähnt werde und in den physikalischen Cabinetten nicht fehle. Er löst die Aufgabe: „Wie bei der ATWOOD'schen Fallmaschine hänge an jedem Ende eines über eine feste Rolle gelegten Fadens ein Gewicht P von der Masse M; welche Spannungszunahme wird der Faden erleiden, wenn man einem der Gewichte ein Uebergewicht p von der Masse m beifügt?" Darauf wird eine kurze elementare Erläuterung der POGGENDORFF'schen Fallmaschine gegeben.

E. R.

C. Bohn. Ueber den Differentialflaschenzug. Wied. Ann. XV, 112-139†.

Nach der gewöhnlich gegebenen Theorie des Differentialflaschenzuges erscheint der Wirkungsgrad unabhängig von der Grösse der Belastung. Dies entspricht nicht den von R. Stawell-Ball mitgetheilten Messungen, aus welchen Herr Bohn entnimmt, dass der Nutzeffect nicht den dort angegebenen Mittelwerth 0,38 besitzt, sondern von 0,35 bis 0,41 wächst, wenn die Belastung von 56 Pfund bis 560 Pfund zunimmt. Ausserdem wird angenommen, dass bei Differentialflaschenzügen nur Ketten nicht Seile verwendet werden könnten, während der Herr Verfasser dies nur für die in Werkstätten gebrauchten zugiebt und einen Demonstrationsapparat beschreibt, welcher glatte Rollen hat und mit einem Seile betrieben wird. Es wird eine Theorie des Differentialflaschenzuges entwickelt, welche diesen veränderten Annahmen Rechnung trägt, und es wird über Messungen berichtet, welche zur Prüfung dieser Theorie dienten. *E. R.*

H. Köpping. Centrifugalmaschine für Horizontal- und Verticalbewegung mit Zählwerk. Carl Rep. XVIII, 248-249†.

Die eiserne Centrifugalmaschine kann durch vier Stellschrauben sicher und genau horizontal aufgestellt werden und eignet sich ausser zu den bekannten Versuchen durch den ruhigen und sicheren Gang der Spindel „in Verbindung mit dem bequem anzubringenden Zählwerk sehr gut zur Messung des Wärmeäquivalents durch Reibung nach J. Puluj. Die hierzu nöthige Vorrichtung erscheint dann als ein verhältnissmässig einfacher Nebenapparat.“ *E. R.*

Böklen. Ueber die Aufhängepunkte und Axen für isochrone Schwingungen eines Körpers. Crelle J. XCIII, 177-183†.

Die Länge des einfachen Pendels, welches isochron mit einem um eine feste Axe beweglichen Körper schwingt, sei l; ferner sei

v „der Trägheitsradius, welcher einer durch den Schwerpunkt O gehenden Geraden parallel mit der Schwingungsaxe entspricht, und d der Abstand derselben von O." Dann ist

$$l = \frac{v^2 + d^2}{d}.$$

„OJ ist das von O auf die Schwingungsaxe gefällte Perpendikel, also J der Aufhängepunkt, durch den unter Umständen mehrere Schwingungsaxen senkrecht zu OJ gehen, und es soll die Frage untersucht werden: Welches ist der Ort der Punkte J, sowie auch die Richtung der zugehörigen Schwingungsaxen, wenn $l = \text{const.}$?"

a, b, c seien die Quadrate der drei durch O gehenden Hauptträgheitsradien, und zwar sei $a > b > c$; ferner sei

$$v_1 = d - \frac{l}{2} \quad \text{und} \quad \frac{l^2}{4} > a.$$

Die Resultate sind dann: „Alle äusseren Aufhängepunkte für isochrone Schwingungen eines Körpers liegen auf oder zwischen den beiden Mänteln einer Fläche (J)

$$\frac{x^2}{a - ld + d^2} + \frac{y^2}{b - ld + d^2} + \frac{z^2}{c - ld + d^2} = 0,$$

welche aus einer Wellengeschwindigkeitsfläche (V_1)

$$\frac{x^2}{\left(\frac{l^2}{4} - a\right) - v_1^2} + \frac{y^2}{\left(\frac{l^2}{4} - b\right) - v_1^2} + \frac{z^2}{\left(\frac{l^2}{4} - c\right) - v_1^2} = 0$$

durch Verlängerung ihrer Radien um die halbe Länge des isochronen einfachen Pendels abgeleitet ist. Für die Punkte auf einem Mantel von (J) giebt es nur eine Schwingungsaxe, für die anderen zwischen beiden Mänteln zwei. Durch die vier Punkte endlich, in welchen beide Mäntel zusammenstossen, gehen unendlich viele Schwingungsaxen. Also gehen überhaupt alle Axen für isochrone Schwingungen zwischen den beiden Mänteln der Grenzfläche der Aufhängepunkte (J) hindurch." Da $l^2 > 4a$ und $v^2 < a$ ist, sind die beiden Werthe

$$d = \frac{l}{2} \pm \sqrt{\frac{l^2}{4} - v^2}$$

stets reell. Man erhält daher für den zweiten Werth von d eine

Grenzfläche (J'), indem man $\frac{l}{2}$ auf den Radien von V_1 nach O hin abträgt. Die angegebenen Eigenschaften von (J) lassen sich auf (J') übertragen. Jede der Flächen (J) und (J') besteht aus zwei Mänteln; die Punkte der äusseren Mäntel seien mit J und J', die der inneren Mäntel mit i und i' bezeichnet. Die Punkte zwischen J und i, bez. J' und i', welche gleichfalls Aufhängepunkte sind, mögen mit J_0 und J'_0 bezeichnet werden. Dann besteht auch der Satz: „Auf einer durch den Schwerpunkt O gehenden Geraden liegen beiderseits je vier Aufhängepunkte für isochrone Schwingungen, durch welche nur eine Schwingungsaxe geht; zwei dieser Axen durch J und i' sind parallel und stehen senkrecht auf den beiden anderen durch i und J', welche also ebenfalls parallel sind. Für die weiteren Punkte J_0 auf Ji und J'_0 auf $J'i'$ (diese beiden Strecken schliessen einander stets aus) giebt es je zwei Schwingungsaxen, nämlich die Perpendikel, welche in J_0 oder J'_0 auf den Tangentialebenen errichtet werden, die man durch die Gerade an die confocalen Kegel legen kann. Für alle übrigen Punkte auf der Geraden, entweder zwischen i und i' oder ausserhalb J und J', giebt es keine Axen, um welche der Körper Schwingungen machen kann, welche denjenigen des einfachen Pendels von der Länge l isochron sind. Hat die Gerade die Richtung einer Asymptote der Focalhyperbel des Grundellipsoids

$$\frac{x^2}{a} + \frac{y^2}{b} + \frac{z^2}{c} = 1,$$

so liegen auf ihr vier Punkte mit unendlich vielen Schwingungsaxen, also giebt es für jeden Körper im Ganzen acht solcher Punkte, welche einer bestimmten Länge l des isochronen einfachen Pendels entsprechen. Diese acht Punkte haben von O die Entfernungen

$$d = \frac{l}{2} \pm \sqrt{\frac{l^2}{4} - b}.\text{“}$$

E. R.

R. Kleemann. Apparat zur graphischen Darstellung der Combinationsfiguren zweier Pendel deren Schwingungsebenen einen beliebigen Winkel mit einander bilden. ZS. f. Instrk. II, 324-34†.

Der Apparat ist im mathematisch-physikalischen Seminar des Hrn. Knoblauch durch Hrn. P. Schönemann entworfen und vom Hrn. Verfasser ausgeführt, welcher den Apparat beschreibt und durch Abbildungen darstellt. Eine grosse Schwierigkeit bereitete bei den anfänglich construirten Apparaten die Phasen-Einstellung; man konnte bei denselben trotz Aufwendung grosser Mühe nur mit geringer Wahrscheinlichkeit auf eine sichere Wiederherstellung desselben Phasenunterschiedes rechnen. Dieser Uebelstand wurde durch Hinzufügung einer elektromagnetischen Auslösung vollständig beseitigt. *E. R.*

Ar. Issel. Note sur un instrument destiné à mesurer l'intensité de la pesanteur. Bull. de Moscou LVII, 134-139†.

Mascart. Sur les variations de la pesanteur. C. R. XCV, 126-127†; [Beibl. VI, 776*.

Boussingault. Observations sur la méthode adopté par M. Mascart. C. R. XCV, 127-128†.

Mascart. Sur le baromètre à gravité. C. R. XCV, 631-633†; [Beibl. VI, 845*.

Herr Issel beschreibt eine Art von Differentialluftthermometer, welches für die Temperatur wenig empfindlich ist und sich zur Bestimmung der Aenderungen der Schwere eignen soll.

Zu demselben Zwecke bediente sich Herr Mascart eines sogenannten Heberbarometers, dessen kurzer Schenkel mit trockener Kohlensäure unter dem Drucke von 1 m Hg. gefüllt und dann zugeschmolzen wird*). Das Instrument wird in ein mit Wasser

*) Das Instrument ist also eigentlich ein Gasthermometer mit variablem Drucke und variablem Volumen. D. Ref.

gefülltes Gefäss eingetaucht, die Temperatur wird an einem in 0.02° getheilten Thermometer gemessen. Eine in 0.1 mm getheilte Scale ist auf dem Manometerrohre befestigt; durch eine vergoldete Fläche wird ein Spiegelbild derselben in der Axe des Rohres erzeugt. Die Quecksilberkuppe wird durch die Goldschicht hindurch abgelesen (wie bei den Govi'schen Prismen), sodass man Kuppe und Scale gleichzeitig mit ein und demselben Mikroskope sieht und die Parallaxe vollständig vermeidet.

Hr. Boussingault bemerkt, dass er bereits während seines Aufenthaltes am Aequator ein ähnliches Instrument zu demselben Zwecke aufgestellt und beobachtet habe.

Auf einer Reise nach dem Norden machte Hr. Mascart in Hamburg, Stockholm, Drontheim und Tromsö einige Beobachtungen mit seinem Instrumente, welche im Ganzen die Brauchbarkeit und Transportfähigkeit desselben zu erweisen scheinen.

Pt.

J. Bertrand. Sur la loi de déviation du pendule de Foucault. C. R. XCIV, 371-372†; [Mondes (3) I, 303.

Hatt. Sur la loi de déviation du pendule de Foucault. C. R. XCIV, 638-639†.

1. Foucault hatte den Satz ausgesprochen: „Wenn die Verticale in der Oscillationsebene ihre Richtung im Raume ändert, werden die auf einander folgenden Lagen der Oscillationsebene durch die Bedingung bestimmt, unter sich kleinste Winkel zu bilden." Foucault wendete dieses Theorem auf den Fall an, dass das Pendel in der Meridianebene schwingt. Der Herr Verfasser beschäftigt sich mit dem allgemeinen Problem:

„Der Beobachter befinde sich auf der Erdoberfläche in M. Nach der Zeit t wird er nach M' auf dem durch M gehenden Parallelkreise gelangt sein. Wenn die Oscillationsebene keine scheinbare Bewegung hätte, würde sie sich mit der Erde drehen, und ihre auf einander folgenden Lagen würden einen Parallelkreis umhüllen. J sei der Berührungspunkt in der ursprünglichen Lage, und er gelange nach J', wenn M nach M' gekommen ist.

Unter den grössten Kreisen, welche durch M gehen, ist $M'K$ derjenige, welcher mit MJ den kleinsten Winkel macht, und welcher MJ in der Entfernung $MK = 90^0$ vom Punkte M schneidet. Der Kreis $M'J'$ würde keine Abweichung erkennen lassen; die scheinbare Rotation ist daher $J'M'K$. Sie muss berechnet werden und werde mit θ bezeichnet". Es wird gefunden

$$\theta = \cos MP \cdot \frac{JJ'}{\varrho}.$$

cos MP ist gleich dem Sinus der Breite; $\frac{JJ'}{\varrho}$ ist der Winkel, um welchen sich die Erde gedreht hat.

2. Im Anschlusse von 1. giebt Herr HATT einen neuen Beweis für den FOUCAULT'schen Satz:

$$d\alpha = \frac{dP}{2} \cdot \sin l.$$

E. R.

R. LIPSCHITZ. Sur le pendule. C. R. XCV, 1141-1144†.

Ein schwerer Körper drehe sich frei um eine horizontale Axe. Zwei Bewegungen des Körpers werden betrachtet. Die erste ist durch die Bedingung charakterisirt, dass die Winkelgeschwindigkeit für einen Werth θ_0 des Winkels θ gleich Null ist, und die zweite dadurch, dass die Winkelgeschwindigkeit für $\pi - \theta_0$ von θ gleich Null ist. Die Zeit werde im ersten Falle mit t und im zweiten Falle mit t' bezeichnet. Für t und t' hat man zwei elliptische Integrale, welche mit Hülfe passender Substitutionen in andere übergeführt werden, und zwar in elliptische Integrale erster Art, deren Moduln complementär sind. Ferner hat der Herr Verfasser gefunden, dass die entsprechenden elliptischen Integrale zweiter Art das ausdrücken, was HAMILTON in die Mechanik unter der Bezeichnung der „angesammelten lebendigen Kraft" eingeführt hat. Dieses Integral werde im ersten Falle mit w, im zweiten Falle mit w' bezeichnet, und man transformire beide Integrale in derselben Weise wie vorher. Damit der feste Körper sich von der Ruhelage bis zum grössten Winkel von θ bewegt, müssen die neuen Variabeln

$$\xi = \frac{\sin\frac{\theta}{2}}{\sin\frac{\theta_0}{2}} \quad \text{und} \quad \xi' = \frac{\sin\frac{\theta}{2}}{\cos\frac{\theta_0}{2}}$$

von Null bis 1 zunehmen. T, T', W, W' seien die Werthe von t, t', w, w', wenn die Integrale in Bezug auf ξ und ξ' von Null bis 1 genommen werden. Bezeichnet man die vollständigen Integrale der ersten Art mit complementären Moduln mit K und K' und die der zweiten Art mit $\mathfrak{T}$ und $\mathfrak{T}'$ und berücksichtigt, dass

$$K\mathfrak{T}'-\mathfrak{T}K' = \frac{\pi}{2} \quad \left(\text{nicht } KT'-TK' = \frac{\pi}{2}\right)$$

ist, so gelangt man zu dem Theorem

$$TW'+WT' = 2\pi N.$$

Hierin bedeutet N das Trägheitsmoment des schwingenden Körpers in Bezug auf die horizontale Axe. *E. R.*

D'OCAGNE. Remarques sur le pendule. Nouv. Ann. (3) I, 32-33†.

Für ein Kreispendel, welches sich in einem einen constanten Widerstand leistenden Mittel bewegt, werden die beiden Sätze hergeleitet: „Zwei auf einander folgende Winkel, welche das Pendel in gleichen Zeitintervallen beschreibt, sind den Winkelgeschwindigkeiten, welche das Pendel in der Mitte jedes der Zeitintervalle hat, proportional.“ „Die Differenz zweier auf einander folgender Winkel, welche vom Pendel während gleicher Zeitabschnitte beschrieben werden, ist der Winkelbeschleunigung des Pendels längs der Trennungslinie der beiden Winkel proportional.“ *E. R.*

TAMMEN. Ueber den FOUCAULT'schen Pendelversuch. CARL Rep. XVIII, 278-291†.

Herr K. HULLMANN hat 1873 eine Arbeit über den FOUCAULT'schen Pendelversuch im Verlage von Ferdinand Schmidt in Oldenburg erscheinen lassen, in welcher die elementare Form der Ableitungen dadurch ermöglicht ist, dass das Pendel durch eine auf feiner Spitze im Gleichgewichtspunkte unterstützte oder an einem torsionslosen Faden aufgehängte Stange ersetzt gedacht wird. Die Rechnungsresultate des Hrn. HULLMANN weichen vom Sinusgesetze ab, weil derselbe gewisse Annahmen gemacht hat, die nicht allgemeine Gültigkeit besitzen. Darauf leitet der Herr Verfasser das Sinusgesetz elementar ab. *E. R.*

H. RESAL. Développements sur la question relative à l'influence de la rotation de la terre sur le mouvement du pendule. Nouv. Ann. (3) I, 337-343†.

Es sei C der Mittelpunkt der Erde, O der Aufhängepunkt des Pendels. Der Herr Verfasser zerlegt die Winkelgeschwindigkeit der Erde ω, von welcher nur die erste Potenz berücksichtigt wird, in zwei Componenten, nämlich in $\omega \sin \lambda$ um OC und in $\omega \cos \lambda$ um CH, die zu OC senkrechte Gerade in der Meridianebene. Die Wirkung jeder der beiden Componenten auf die Bewegung des Pendels wird besonders untersucht, wobei sich zeigt, dass die letztere Componente ausser Rechnung bleiben kann.

E. R.

E. MACH. Apparat zur Demonstration des dritten Pendelgesetzes. Anzeige von FRANZ HAJEK. Prag. 1 S.; [Beibl. VI, 57-58†; [CARL Rep. XVIII, 307†.

Das Pendel schwingt in einem Rahmen, der um 90° gedreht werden kann. Wenn die Schwingungsebene des Pendels um den Winkel β geneigt wird, ist nur die Componente der Schwerkraft $g \cos \beta$ wirksam; wird $\beta = 90°$, dann rotirt das Pendel in demselben Sinne, bis seine lebendige Kraft durch die Reibung vernichtet ist. Abbildungen des Apparates sind an den citirten Stellen gegeben. *E. R.*

P. Kuhlberg. Ueber das Mitschwingen des Stativs beim Reversionspendel der russ. Akademie. Nachrichten (Iswestija) der kaukas. geogr. Ges. VII, 63-75.

O. Chw.

P. Kuhlberg. Untersuchungen über den Einfluss des Mitschwingens des zum Russischen Academischen Reversionspendel-Apparat gehörigen Stativs auf die Länge des Secundenpendels. Astr. Nachr. CI, Nr. 2416, 243-246†.

Die vom Mitschwingen des Stativs abhängige Correction der Länge des Secundenpendels beträgt

nach Pendel I. +0,0638
„ „ II. +0,0663 Paris. Linien

und im Mittel aus beiden Pendeln

+0,0650 „ „

E. R.

O. T. Shermann. A Pendulum Study. Sill. J. (3) XXIV, 175-180†.

C. S. Peirce. On Irregularities in the Amplitude of Oscillation of Pendulums. Sill. J. (3) XXIV, 254-255†.

1. Hr. Sherman findet aus Pendelbeobachtungen, dass die Amplituden des Pendels unregelmässig abnehmen, und ist der Ansicht, die Ursache hiervon sei, dass der Träger des Pendels Schwingungen vollführe, welche mit den Pendelschwingungen nicht isochron seien.

2. Hr. Peirce weist diesen Erklärungsversuch zurück und nimmt vorläufig an, die beobachteten Störungen wären dadurch entstanden, dass das Pendel nicht correct in Schwingung versetzt sei.

E. R.

Ph. Keller. Ueber eine Stelle in Jamin's Lehrbuch der Physik. Carl Rep. XVIII, 628-629†.

„Während ··· Jamin die Maskelyne'sche Methode beschreibt, welche die Dichtigkeit der Erde aus den Ablenkungen des Bleiloths des Berges Shehallien ableitet, setzt er die anziehende Kraft eines Körpers ohne weiters seiner Masse direct und dem Quadrate der Entfernung seines Schwerpunktes vom angezogenen Punkte umgekehrtt proportional. .... Wie bekannt, ist die von JAMIN gemachte Annahme nur in zwei besonderen Fällen richtig, nämlich erstens wenn die anziehende Masse eine Kugel ist und zweitens für den Fall einer beliebig geformten Masse, wenn sich der angezogene Punkt in unendlicher Entfernung befindet. Es ist nun klar, dass keiner von diesen beiden Fällen hier unmittelbar seine Anwendung finden kann. .... Ich (KELLER) habe übrigens bei meinen Untersuchungen über die Abweichung der Lothlinie bei Frattocchie durch die Masse des Albanergebirges einige auf diesen Punkt bezügliche Resultate mitgetheilt, aus welchen man beurtheilen kann, bis auf welche Grösse der Fehler in der gemachten Annahme anwachsen kann" (Ricerche sull'attrazione delle Montagne con applicazioni numeriche. Fasc. 2, 85. Roma 1873). Hrn. WÜLLNER's Lehrbuch der Experimentalphysik „behandelt ... die MASKELYNE'sche Methode in völlig gleicher Weise, wie JAMIN".

E. R.

PH. GILBERT. Les preuves mécaniques de la rotation de la terre. Bull. des sc. math. (2) VI, 189-224†.

Eine historische Darstellung, in welcher auch die neuesten Gyroskope besprochen sind. Vom gyroskopischen Pendel von G. SIRE und von einem Apparate (Barogyroskop), welchen H. DUCRETET nach des Herrn Verfassers Wünschen construirt hat, sind Abbildungen beigegeben. *E. R.*

PH. GILBERT. Mémoire sur l'application de la méthode de LAGRANGE à divers problèmes de mouvement relatif. Ann. soc. scient. de Brux. VI, 270-374, VII, 11-110.

— — Sur divers problèmes du mouvement relatif. (Extrait par l'auteur.) C. R. XCIV, 197-200†.

C. JORDAN. Rapport sur un Mémoire de M. PH. GILBERT sur divers problèmes de mouvement relatif. C. R. XCV, 111-116†.

Ein von Bour gegebenes Theorem bezüglich der Ausdehnung der Lagrange'schen Formeln auf relative Bewegungen wird von Hrn. Gilbert bei der Untersuchung der Bewegung gyroskopischer Apparate benutzt. *E. R.*

W. Hess. Ueber die Bewegung der Axe eines Gyroskops. Carl Rep. XVIII, 233-243†.

Aus der Arbeit, über welche in diesen Berichten XXXVII, 154—155 referirt wurde, sind die Resultate zusammengestellt, welche dem Herrn Verfasser für die Physik von Interesse erschienen. *E. R.*

Robert Weber. Darstellung longitudinaler und transversaler Wellen durch Projection. Wied. Ann. XV, 491 bis 494†.

Der Apparat ist ein Zusatzapparat zu jedem Projectionsapparate, er soll also die Grösse des Rahmens haben, welcher eines der zu projicirenden Bilder fast. Der Rahmen hat zwei Platten, von welchen eine verschiebbar ist. Die Platten sind zweckmässig bezeichnet. Man kann leichter, als bisher, gleichzeitig mehrere Wellen von beliebiger Form und Amplitude und von ganz bestimmtem Verhältniss der Wellenlängen darstellen; erhält aber nur Wellen von beschränkter Länge. *E. R.*

Litteratur.

August Heller. Geschichte der Physik von Aristoteles bis auf die neueste Zeit. Zwei Bände. I. Band: Von Aristoteles bis Galilei. Stuttgart: Ferdinand Enke. 1882. XII+411 S. gr. 8°. [Naturf. XV, 394-395*.

Ferd. Rosenberger. Die Geschichte der Physik in Grundzügen mit synchronistischen Tabellen der Mathematik, der Chemie und der beschreibenden Naturwissenschaften sowie der allgemeinen Geschichte. 1. Theil. Geschichte der Physik im Alterthum und im Mittelalter. Braunschweig: Vieweg & Sohn. 1882. IX+175 S. 8°. [Beibl. VI, 896; [ZS. f. ges. Naturw. LVI, 427; [Naturf. XV, 394-395*.

A. DE ROCHAS. La physique et la mécanique chez les Grecs avant la première école d'Alexandrie. Rev. scient. XXIX, 496, XXX, 395-402; [Beibl. VI, 897*.

EILHARD WIEDEMANN. Beiträge zur Geschichte der Naturwissenschaften bei den Arabern VII. WIED. Ann. XVII, 350-351†.

Bei den Arabern sind unter dem Namen Ibn al Haitham zwei Naturforscher bekannt, was Verwechselungen zur Folge gehabt hat (z. B. HELLER, Geschichte der Physik I, 168).

Der Mathematiker und Verfasser der bekannten Optik hiess Abû Alî Muhammed ben el Hasan ibn el Haitham el Basri. Er lebte lange Zeit in Aegypten und starb dort 1038.

Der Mediciner Abd el Rahman ben Ishak ben el Haitham war Arzt in Cordova und lebte wahrscheinlich in der zweiten Hälfte des 5. Jahrhunderts der Hedschra.

PUETSCH. Bestrebungen zur Auffindung des Perpetuum mobile. [ZS. f. Instrk. II, 147-148†.

Bericht über einen Vortrag in der Deutschen Gesellschaft für Mechanik und Optik. An Beispielen ist gezeigt worden, wie die Lösung des Problems versucht wurde und welche Fehler in den einzelnen Fällen gemacht wurden.

CH. MONTIGNY. Les grandes découvertes faites en Physique depuis la fin du siècle dernier. Bull. de Belg. (3) IV, 661-721†.

Eine Rede in einer öffentlichen Sitzung der belgischen Akademie. Die Anmerkungen zur Rede füllen die Seiten 706-721.

J. B. STALLO. The Concepts and Theories of Modern Physics. London: Kegan Paul, Trench and Co. (Intern. Scient. Series Vol. XLII.) [Nature XXVI, 521-522; [Chem. News XLVI, 156 bis 157.

AUGUST SEYDLER. Ueber die neueren Erklärungsversuche der Gravitation. Prag. Ber. 1881, 25-41†.

Das Thatsächliche des Gesetzes wird erwähnt (Die Bewegung eines materiellen Theilchens wird durch die Gegenwart eines anderen materiellen Theilchens so beeinflusst, dass das erste eine Beschleunigung zum zweiten hin erfährt, welche der Masse des zweiten direct und dem Quadrate der Entfernung umgekehrt proportional ist.) und die Erklärungsversuche von ZÖLLNER, ISENKRAHE, DELLINGSHAUSEN werden näher charakterisirt. Das Resultat ist, „dass es bis jetzt nicht gelungen sei, eine den Anforderungen der Logik und einer gesunden Naturforschung genügende Erklärung der Gravitation zu finden".

E. RETHWISCH. Der Irrthum der Gravitationshypothese. Kritik und Reformthesen. Freiburg i. B.: Kiepert. 8°.

LEWIS CAMPBELL and WILLIAM GARNETT. The Life of JAMES CLERK MAXWELL. With a Selection from his Correspondence and Occasional Writings and a Sketch of his Contributions to Science. London: Macmillan & Co. [Athenaeum 1882 II, No. 2875, 737.

WILLIAM SIEMENS. Address. Rep. Brit. Ass. 1882, 1-33; Rev. scient. XXX, 11; ZS. f. Instrk. II, 331-339.

Theorie und Praxis sind während der letzten 50 Jahre so abhängig von einander geworden, dass eine innige Verknüpfung von beiden eine absolute Nothwendigkeit für künftige Fortschritte geworden ist.

YVON VILLARCEAU. De la nécessité d'introduire certaines modifications dans l'enseignement de la Mécanique, et d'en bannir certaines problèmes; par exemple, le mouvement du corps solide des géomètres. C. R. XCV, 1321-1327†.

Der Inhalt ist durch den Titel genügend angedeutet.

SEYDLER. Základové theoretické fysiky. Díl první. Všeobecný úvod a mechanika. — Theoretická Mechanika pro vysoké školy. V Praze 1880. 400 S. 8°.

(Elemente der theoretischen Physik. 1. Theil. Allgemeine Einleitung und Mechanik. Theoretische Mechanik für die höheren Schulen. Prag 1880.) [Bull. des sc. math. (2) V, 185-194*.

J. T. BOTTOMLEY. Dynamics; or, Theoretical Mechanics, in accordance with the Syllabus of the Science and Art Department. London: Collins. 134 S. 12°.

A. FUHRMANN. Aufgaben aus der analytischen Mechanik. Theil 2: Aufgaben aus der analytischen Dynamik fester Körper. 2. Aufl. Leipzig: B. G. Teubner.

Gegen die erste (1871 erschienene) Auflage sind Veränderungen vorhanden, besonders im Capitel über die Berechnung von Trägheitsmomenten. Näheres s. Jahrb. d. Math. XIV, 746-747.

T. W. FOSTER. Questions on Mechanics, Hydrostatics and Pneumatics. With Solutions. Dublin (London, Simpkin). 66 S. 12°.

W. S. ALDIS. Introductory Treatise on Rigid Dynamics. London: Bell & Sons. 124 S. 8°.

HIRN. Réflexions critiques sur la théorie cinétique de l'univers. Réfutation scientifique du matérialisme. (Colmar: Barth.) 4°.

TH. GOUROND. Théorie du mouvement; le Mécaorganique. Tours. imp. Mazereau. 46 S. 8°.

E. SABININ. Das Princip der kleinsten Wirkung. Odessa 1882 (russisch). *O. Chw.*

W. PREOBRASCHENSKIJ. Das Princip der kleinsten Wirkung. St. Petersb. 1882 (russisch). *O. Chw.*

E. SCHEBUJEFF. Ableitung des HAMILTON'schen Principes und der LAGRANGE'schen Bewegungsgleichungen auf Grund des Principes der Erhaltung der kinetischen Energie und unabhängig vom Begriff von Kräften, die auf endliche oder unendlich kleine Entfernungen wirken. Sitzungsprotokolle der phys.-math. Section der Naturforscher-Gesellschaft zu Kasan. Sitzung v. 28. März 1881, 24-41. *O. Chw.*

M. AZZARELLI. Momenti d'inerzia delle linee, superficie e volumi. Atti Acc. Pont. dei Linc. XXXIV, 159-230†; [Beibl. VI, 615-617.

Beispiele für die Anwendung der Integralrechnung.

MAXIMILIAN DROSSBACH. Ueber Kraft und Bewegung im Hinblick auf die Luftwellenlehre und die mechanische Wärmetheorie. Halle: C. E. M. Pfeffer. VIII + 120 S. 8°. [ZS. f. Math. XXVII, h-l Abt., 13. S. diese Berichte XXXV, 155.

ANDERSSOHN's theilbarer Globus, Demonstrations-Apparat, Hilfsmittel zur Naturforschung als Begründung der

Lehre „vom Massendruck aus der Ferne" von AUREL ANDERSSOHN. dargestellt vom Physikalischen Vereine auf der Schlesischen Gewerbe- und Industrie-Ausstellung. Zusammengefasst von OTTO ERDMENGER. Jahresber. d. Bresl. Physik. Vereins 1882, 12-28*.

R. WÄBER. Einheit der Kraft. Jahresber. d. Bresl. Physik. Vereins 1882, 67-75*.
= Anhang zur 3. Doppelauflage von R. WÄBER's Lehrbuch der Physik. Leipzig 1881.

Allgemeine Aeusserungen über die Einheit der Energie und Hinweis auf Hrn. ANDERSSOHN's Ansicht.

JOH. N. FRANKE. Ueber geometrische Eigenschaften von Kräften- und Rotationssystemen in Verbindung mit Liniencomplexen. Wien. Ber. [2] LXXXIV, 570-594†.

C. STEPHANOS. Sur les propriétés mécaniques et cinématiques d'une sorte de quadrangles conjugés. C. R. XCV, 677-680†.

Von mathematischem Interesse.

AUGUST TISCHNER. Sta, sol, ne moveare. IV. V. Leipzig: Gustav Fock. 1882. 68 S. u. 76 S. 8⁰.

Es wird beispielsweise zwischen absoluter und relativer Bewegung nicht unterschieden.

AUG. WEILER. Nachträge zu der Abhandlung in Nr. 2311 bis 2317 „Das Problem der drei Körper in der neuen Störungstheorie". Astr. Nachr. CII, Nr. 2432-33, 113-138†.

ANNIBALE DE GASPARIS. Sviluppo in serie della funzione perturbatrice secondo le potenze del tempo. Atti di Napoli IX, No. 2. 34 S. 4⁰.

STEPHAN GLASER. Ein Beitrag zur Potentialtheorie. Diss. Bonn. 1880. [ZS. f. Math. XXVII, h-l Abt., 13.

S. diese Berichte XXXVI, 1085-1086.

J. GRAINDORGE. Sur la possibilité de déduire d'une seule des lois de KÉPLER le principe de l'attraction (à propos d'un mémoire de M. V. G. IMSCHENETSKY). Mém. de Liège (2) IX, No. 6. 10 S. 8⁰.

J. GRAINDORGE. Sur certaines formules du mouvement elliptique. Mém. de Liège (2) IX, No. 5. 8 S. 8°.

Vielleicht von astronomischem Interesse.

E. JÜRGENSSEN. Ueber eine Art Bewegungen eines Punktes auf einer Kugelfläche. Diss. Halle a. S. 1881. [ZS. f. Math. XXVII, h-l Abt., 128.

W. IMSCHENEZKIJ. Die kanonischen Differentialgleichungen eines biegsamen, nicht dehnbaren Fadens und der Brachystochrone für den Fall, dass die Kräfte ein Potential haben. Charkoff 1880. 38 S. *O. Chw.*

W. IMSCHENEZKIJ. Bestimmung der Kraft, welche einen materiellen Punkt auf einem konischen Schnitte bewegt, als Function der Coordinaten dieses Punktes. Schriften (Sapiski) der Charkower Univers. IV, 5. *O. Chw.*

TAIT. Note on a Singular Problem in Kinetics. Proc. R. Soc. Edinb. XI, 173-175†.

„Zwei gleiche Massen befinden sich an den Enden einer Schnur, welche über eine kleine Rolle (wie bei der ATWOOD'schen Fallmaschine) sich bewegt. Eine derselben sei aus der Gleichgewichtslage in einer verticalen Ebene herausgebracht. Die nun folgende Bewegung des Systems soll gefunden werden.“ „Die Bewegung der aus der Ruhelage gebrachten Masse ist dieselbe, wie die eines Theilchens von der Masseneinheit unter Kräften $-\theta^2$ längs des Radius vector und -2θ senkrecht zu demselben, wenn r und θ die Polarcoordinaten der Masse sind.

R. HOPPE. Elementarer Beweis für die Existenz eines Mittelpunktes gleich gerichteter Kräfte. Arch. d. Math. LXIV, 373-378†. 1880.

Die Lehre von den statischen Momenten und der analytische Beweis des Satzes vom Mittelpunkte gleich gerichteter Kräfte werden in einer Form gegeben, wie diese für Lehrbücher, bei welchen die Anwendung höherer Rechnungen ausgeschlossen ist, dem Hrn. Verfasser als zweckmässig erscheinen.

R. HOPPE. Ueber die freie Bewegung eines Körpers ohne Einwirkung eines Kräftepaars. Arch. d. Math. LXIV, 363-372†. 1880.

Analytische Lösung der Aufgabe.

E. Jackwitz. Die unendlich kleinen Schwingungen eines aus zwei Massenpunkten bestehenden Pendels. Prog. Gymn. Posen: Jolowicz. 17 S. 4°. [Beibl. VI, 328-329.

E. Bazzi. Apparecchio per la composizione delle oscillazioni pendolari. Cim. (3) XII, 275-276†.

Der Herr Verfasser gedenkt die ausführliche Beschreibung des Apparates später zu geben.

Ed. Villaume. Démonstration générale du théorème de Foucault relatif à la loi de dévination du pendule. Mondes (3) II, 128-129*.

Th. Grönberg. Das Sinusgesetz des Foucault'schen Pendels. Korrespondenzblatt des Naturforscher-Vereins zu Riga. XXV, 60. *O. Chw.*

M. Kokscharoff. Ueber die Wirkung der Erdumdrehung und des Luftwiderstandes auf kleine Schwingungen des einfachen Pendels. St. Petersburg (russisch). *O. Chw.*

J. Herschel. On Gravimeters; with special reference to a Torsion Gravimeter, designed by the late J. Allan Broun, F. R. S. Proc. Roy. Soc. XXXII, 507-540†.

Ausführliche Mittheilung, während über den Auszug derselben bereits in diesen Berichten XXXVII, 155-156 berichtet ist.

Zuschrift an den Physikalischen Verein in Breslau von C. Isenkrahe. Ueber die experimentelle Behandlung des Gravitationsproblems.

Antwort des ··· Vereins ··· . Jahresber. d. Bresl. Physik. Vereins, 1882, 76-89*.

Hr. Isenkrahe theilt mit, wie er sich eine experimentelle Untersuchung der Gravitation denkt.

„Der Breslauer Physikalische Verein bedurfte weiter keiner extra zu machenden Experimente, um die Gravitation erst nachzuweisen, sondern er setzte einfach als Wirkungsart „den mechanischen Druck“ an die Stelle, wo bisher die vermeintliche Anziehung thronte.“

J. Finger. Ueber ein Analogon des Kater'schen Pendels und dessen Anwendung zu Gravitationsmessungen. Carl Rep. XVIII, 62-63†.

Abdruck aus Wien. Anz. 1881, Nr. 14. Ein Referat über die

Arbeit in Wien. Ber. [2] LXXXIV, 168-193 befindet sich in diesen Berichten XXXVII, 159-160.

J. R. French. Note on the pendulum. J. of the Franklin Inst. 1882, Nov.*

O. Beling. Zur Theorie der Bifilaraufhängung. Breslau: Köhler. 8°.

G. Meissner. Die Kraftübertragung auf weite Entfernungen und die Construction der Triebwerke und Regulatoren; für Constructeure, Fabrikanten und Industrielle. 1 Lfg. Jena: Costenoble. 8°.

Transmission de la force motrice par câbles métalliques. Emploi des câbles en général. Freins, principe des parachutes; par E. L., ingénieur. Bruxelles. 218 S. 18°.

Transmission des forces motrices à grande distance par l'air comprimé à haute pression. Curbes figuratives. Paris: impr. lith. Broise.

---

5. Hydrodynamik.

A. Neyt. Hommages d'épreuves stéréoscopes des principales figures liquides de M. Lamarle. Bull. de Belg. (3) III, 235-236†.

Lamarle reichte der belgischen Akademie 1864 eine Abhandlung sur la stabilité des systèmes liquides en lames minces ein, er machte zahlreiche Experimente, um seine Theorien zu bestätigen und wünschte, die Flüssigkeitsgestalten darzustellen. Bis zur Krankheit Lamarle's hat Hr. Neyt mit demselben zusammen Photographien der Gebilde angefertigt und sendet 115 bis 120 stereoskopische Aufnahmen der hauptsächlichsten Flüssigkeitsgestalten von Lamarle. Eine Reihe Aufnahmen mit Bemerkungen von Lamarle ist von Hrn. Neyt in der Stadt-Bibliothek von Gent niedergelegt worden. *E. R.*

J. J. THOMSON. On the Vibrations of a Vortex Ring, and the Action upon each other of Two Vortices in a Perfect Fluid. Phil. Trans. CLXXIII, 493-521*.

— — On the Vibrations of a Vortex Ring, and the Action of Two Vortex Rings upon each other. Proc. Roy. Soc. XXXIII, 145-147†.

Im ersten Theile der Abhandlung wird gezeigt, dass, wenn die Kreisaxe eines Wirbelringes sich in einer reibungslosen und incompressiblen Flüssigkeit so bewegt, dass die Gleichungen

$$\varrho = a + \alpha_n \cos nd, \quad z = \beta_n \cos nd$$

bestehen, indem ϱ die Entfernung eines Punktes auf der Kreisaxe von der geraden Axe und z die Entfernung eines Punktes auf der Kreisaxe von der Mittelebene,

$$\alpha_n = A\cos\left(\frac{\omega e^2}{2a^2}\log\frac{2a}{e}n\sqrt{n^2-1}.t+B\right),$$

$$\beta_n = A\frac{\sqrt{n^2-1}}{n}\cdot\sin\left(\frac{\omega e^2}{2a^2}\log\frac{2a}{e}n\sqrt{n^2-1}.t+B\right)$$

ist, und ferner ω die Winkelgeschwindigkeit der Molecularrotation, e den Radius vom Querschnittee der Wirbelmasse und a den Radius der Oeffnung bedeutet. Der Querschnitt ist im Verhältniss zur Oeffnung klein vorausgesetzt, so dass e klein im Vergleiche mit a ist.

Die Schwingungsdauer ist

$$\frac{2\pi}{\frac{\omega e^2}{2a^2}\log\frac{2a}{e}n\sqrt{n^2-1}}.$$

Im zweiten Theile wird die Wirkung zweier Wirbelringe auf einander untersucht, wenn deren Entfernung stets grösser ist, als ein bedeutendes Vielfaches vom Durchmesser eines jeden. Der Wirbelring, welcher zuerst durch den Schnittpunkt der Bewegunsrichtungen der Ringe geht, wird nach der Bewegungsrichtung des anderen abgelenkt, wächst im Radius und an Energie, während die Translationsgeschwindigkeit desselben sich verringert; der andere Wirbelring wird in derselben Richtung abgelenkt, nimmt im Radius und an Energie ab und die Translationsgeschwindigkeit desselben wächst.

Die angewendete Methode ist rein kinematisch. *E. R.*

J. GROMEKA. Ueber einige specielle Fälle der Bewegung einer incompressiblen Flüssigkeit. Kasan 1881. 104 S. (Russisch, nach einem Referat des Verfassers.)†

In dieser Arbeit werden zwei Klassen stationärer Wirbelbewegungen in einer incompressiblen Flüssigkeit untersucht: erstens solche, bei denen die Wirbelfäden überall senkrecht stehen zu den Trajectorien, zweitens solche, bei denen die Fäden mit den Trajectorien zusammenfallen. Die Bewegungen erster Art, ebenso wie diejenigen, welche ein Bewegungspotential besitzen, haben ein System von Oberflächen, welche zu den Trajectorien orthogonal sind. Die Function

$$P = U - \frac{p}{\varrho} - \frac{u^2+v^2+w^2}{2}$$

[U Kräftepotential, p Druck, ϱ Dichte, u, v, w Bewegungscomponenten] ändert sich jedoch beim Uebergange von einer Trajectorie zur andern. Es wird für diese Bewegungsart die Bedingung aufgestellt, unter welcher eine gegebene Oberflächenschaar die Trajectorien einer stationär-beweglichen incompressiblen Flüssigkeit rechtwinklig schneidet. Ist die Bedingung erfüllt, so kann die entsprechende Flüssigkeitsbewegung bestimmt werden; in Specialfällen erweist sich dieselbe als wirbellos. Der Autor führt mehrere Beispiele durch. Für ein System ähnlicher Rotationshyperboloide $x^2-y^2-z^2=2f$, wo f veränderlich ist, findet sich eine, zu diesen Oberflächen orthogonale Wirbelbewegung, welche durch die Gleichungen

$$u = ax^2, \quad v = -axy, \quad w = -axz,$$
$$P = -\frac{a^2x^2}{2}(y^2+z^2) + \text{Const.},$$

wo a eine Constante ist, definirt wird. Die Trajectorien sind hier Hyperbeln, die Wirbelfäden Kreise.

Die Bewegungen zweiter Art werden nach Herrn Craig als Schraubenbewegungen bezeichnet; für sie existirt das Potential

$$P = \text{Const.};$$

ein Oberflächensystem existirt nicht. Das Verhältniss der Winkelgeschwindigkeit zur Translationsgeschwindigkeit bleibt längs eines Wirbelfadens constant. Es wird der Specialfall behandelt, wo dies Verhältniss auf allen Fäden denselben Werth $\varkappa$ hat. Diese „gleichförmigen Schraubenbewegungen“ besitzen folgende Eigenschaften:

a) Die Projection u der Geschwindigkeit auf eine beliebige constante Axe genügt der Gleichung

$$\frac{\partial^2 u}{\partial x^2} + \frac{\partial^2 u}{\partial y^2} + \frac{\partial^2 u}{\partial z^2} + \varkappa^2 u = 0.$$

b) Der Mittelwerth aller Bewegungscomponenten, genommen in einer constanten beliebigen Richtung, für alle Punkte einer Kugelfläche vom Radius $\frac{\pi}{\varkappa}$, ist Null, falls diese Fläche völlig sich innerhalb der Flüssigkeit befindet. Dasselbe, wenn der Radius $\frac{2\pi}{\varkappa}$, $\frac{3\pi}{\varkappa}$ u. s. w. ist.

c) Wenn in allen Punkten einer gegebenen geschlossenen Oberfläche die Bewegungscomponente für eine bestimmte Richtung Null sein soll, so ist für ein beliebiges $\varkappa$ im Allgemeinen eine Schraubenbewegung innerhalb dieser Oberfläche nicht möglich. Doch existirt für dieselbe eine unendliche Menge von Werthen für $\varkappa$, bei welchen jene Bewegung möglich ist. Es werden viele Beispiele angeführt. Innerhalb eines undurchdringlichen runden Cylinders vom Radius R und von der Höhe H, werden die Bewegungscomponenten in den Richtungen der Cylindercoordinaten bestimmt durch:

$$u = \frac{n\pi}{\varkappa H} A J_1(mr) \cos \frac{n\pi z}{H}$$

$$v = A J_1(mr) \sin \frac{n\pi z}{H}$$

$$w = -\frac{m}{\varkappa} A J_0(mr) \sin \frac{n\pi z}{H}$$

$$\varkappa^2 = \frac{n^2\pi^2}{H^2} + m^2,$$

wo J_0 und J_1 BESSEL'sche Functionen sind, A eine beliebige Constante, n eine ganze Zahl und m die Wurzel der Gleichung $J_1(mR) = 0$ ist. Eine stationäre wirbellose Bewegung wird als Grenzfall der Schraubenbewegung bei $\varkappa = 0$ erhalten. Der Autor weist auf die Bedeutung der Gleichungen, welche Schraubenbewegungen entsprechen, für die Lösung verschiedener anderer Fragen der mathematischen Physik hin. *O. Chw.*

VITO VOLTERRA. Sopra alcuni problemi di idrodinamica Cim. (3) XII, 65-96†.

Einige Probleme der Hydrodynamik werden mit einer Methode gelöst, welche analog der der elektrischen Bilder ist; mit der Lösung dieser Probleme erhält man auch die Antworten auf einige Fragen über die Vertheilung der stationären elektrischen Ströme in dreidimensionalen Leitern. Nachdem der Herr Verfasser einige allgemeine Sätze gegeben hat, beschäftigt er sich mit der Bewegung zweier (sich berührender, oder nicht berührender) Kugeln in einer incompressiblen und parallel zur Verbindungslinie der Mittelpunkte unendlichen Flüssigkeit; mit der Bewegung einer Kugel in einer incompressiblen Flüssigkeit, welche durch eine unendliche Ebene oder durch eine feste Kugel begrenzt ist, mit der Bewegung von Kugeln, die in einer Flüssigkeit sich befinden und den Radius ändern, und weist er hin auf die Bewegung einer Kugel oder einiger Kugeln in einer Flüssigkeit, in welcher Wirbellinien vorhanden sind. *E. R.*

O. TUMLIRZ. Ueber die Rotationsbewegung einer homogenen, tropfbaren Flüssigkeit um eine Achse unter dem Einfluss der Reibung. Wien. Ber. [2] LXXXV, 105 bis 132†.

Bei der Lösung der Aufgabe handelt es sich um die Integration der Differentialgleichung

$$\frac{\partial \psi}{\partial t} = \mu\left(\frac{\partial^2 \psi}{\partial r^2} + \frac{3}{r}\frac{\partial \psi}{\partial r}\right),$$

in welcher ψ die Winkelgeschwindigkeit, r den Radiusvector, μ den Reibungscoefficienten bedeutet. Es werden die drei Fälle unterschieden: Die Flüssigkeit rotirt 1) innerhalb der Cylinderfläche, 2) ausserhalb der Cylinderfläche, 3) zwischen zwei Cylinderflächen. Der erste dieser Fälle wird gelöst und dabei ergiebt sich u. A.: „Rotirt eine und dieselbe benetzende Flüssigkeit in Cylindern von verschiedener Weite, so wird die Bewegung nach längerer Zeit so erfolgen, dass die logarithmischen Decremente in jedem Cylinder für alle Flüssigkeitstheilchen dieselben sind und für verschiedene Cylinder sich verkehrt verhalten wie die Quadrate der Cylinderradien oder wie die Querschnitte der Cylinder. Rotiren dagegen in demselben Cylinder zwei verschiedene benetzende Flüssigkeiten von den Reibungscoefficienten μ und μ_1 und den Dichtigkeiten ϱ und ϱ_1, so erhalten wir die Proportion

$$D : D_1 = \frac{\mu}{\varrho} : \frac{\mu_1}{\varrho_1}.\text{“}$$

Am Schlusse wird die vollständige Integration der Differentialgleichung

$$\frac{\partial u}{\partial t} = k\left(\frac{\partial^2 u}{\partial r^2} + \frac{a}{r}\,\frac{\partial u}{\partial r}\right),$$

in welcher k und a beliebige constante Grössen sind, durchgeführt. *E. R.*

Allan Cunningham. Moseley's Theorie of Steady Flow. Phil. Mag. (5) XIV, 110-115†.

Der Herr Verfasser ist der Ansicht, dass ein Theil der Voraussetzungen Moseley's nicht zulässig sind, dass die Uebereinstimmung von Moseley's Theorie mit den Resultaten von Darcy und Bazin nur daran liege, dass diese wenig ausgedehnt waren. Die empirische Formel Darcy's für die Centralgeschwindigkeit entspricht nicht der von Moseley. Des Herrn Verfassers Versuche (beschrieben in dessen 1881 erschienenem Buche: Roorkee Hydraulic Experiments) bestätigten nicht Moseley's Formel für die Ausflussmenge. *E. R.*

RICH. BLUM. HARLACHER's hydrometischer Flügel. D. R. P. 11968 vom 28. December 1879; [DINGL. J. CCXLIII, 311-316†; [Nature XXV, 494.

Beschreibung und bildliche Darstellung eines Apparates zur Messung von Wassergeschwindigkeiten in Flüssen, Canälen u. dgl., welcher ermöglicht, die Geschwindigkeit des Wassers mit einer bisher nicht erreichten Genauigkeit zu bestimmen. Zuletzt wird auf die Schrift des Herrn HARLACHER verwiesen: „Die Messungen in der Elbe und Donau und die hydrometrischen Apparate und Methoden des Verfassers. Leipzig: Arthur Felix 1881".

E. R.

DAEHR. Stromgeschwindigkeitsmesser. DINGL. J. CCXLIV, 292-293†.

Instrument nach Art des WOLTMANN'schen Flügels. Doch ist das in den Strom zu versenkende Flügelrad hier um eine verticale Achse drehbar, trägt vertical gestellte Flügel, die ihrerseits um eine verticale Achse so weit drehbar sind, dass sie auf der Seite, wo sie dem Strome entgegengeführt werden, sich umlegen und in die Stromrichtung stellen können. Um dann die Flügel auf der andren Seite wieder vor den Strom zu stellen ist an jedem ein Arm angebracht, welcher zur geeigneten Zeit gegen einen mit dem Gestell der Scheiben verbundenen Auslader stösst.

W. G.

J. GROMEKA. Zur Theorie der Bewegung von Flüssigkeiten in engen cylindrischen Röhren. Kasan 1882, 32 S. (Russisch, nach einem Referat des Verfassers.)†

In bisherigen theoretischen Untersuchungen wurde der Druck meist als constant und die Bewegung als stationär angesehen. In dieser Arbeit wird zuerst der Fall eines variabeln Druckes behandelt und dann für den Fall constanten Druckes die Bewegung in der ersten Periode untersucht, wo sie noch nicht stationär geworden ist. In Bezug auf die letztere Aufgabe weist

Herr Gromeka auf Herrn v. Helmholtz's „Studien über elektrische Grenzschichten. 1879“ hin. Den allgemeinen Fall untersucht Herr Gromeka mit Zugrundelegung der von Poisson bei Lösung gewisser Aufgaben aus der Theorie der Wärmeleitung benutzten Methoden. Herr Gromeka untersucht 1. den Fall, wo die Flüssigkeit die Wände der Röhre benetzt (adhärirt), 2. wo sie frei über die Wände gleitet, 3. den allgemeinen Fall. Für alle drei Fälle wird angenommen, dass der Druck sich nach beliebigem Gesetze ändert und dass die Druckvertheilung im Querschnitte anfangs eine beliebige ist. In den von Herrn Gromeka gefundenen Lösungen treten doppelt unendliche convergente Summen auf, deren Coefficienten durch bestimmte Integrale sich ausdrücken lassen. In Specialfällen können Letztere durch Bessel'sche Functionen ausgedrückt und berechnet werden. Ist z. B. die Flüssigkeit für die Zeit $t = 0$ in Ruhe, der Druck constant und Benetzung vorhanden, so wird die Geschwindigkeit u in der Entfernung r von der Röhrenaxe zur Zeit t durch

$$u = \frac{p_0 - p_1}{4\mu l}(a^2 - r^2) - \frac{2(p_0 - p_1)}{a\mu l} \sum_{i=l}^{\infty} \frac{J_0(m_i r)\, e^{-\frac{m_i^2 \mu t}{\varrho}}}{m_i^3 J_1(m_i a)}$$

ausgedrückt, wo u der Coefficient der inneren Reibung, a der Radius der Röhre, l deren Länge, p_0 und p_1 der Druck an den Enden derselben, m_i eine der Wurzeln der Gleichung $J_0(m_i a) = 0$, J_0 und J_1 Bessel'sche Functionen sind.

In der Zeiteinheit würde zur Zeit t das Volumen

$$Q = \frac{(p_0 - p_1)\pi a^4}{8\mu l}\left[1 - 32 \sum_{i=l}^{\infty} \frac{e^{-\frac{q_i \mu t}{a^2 \varrho}}}{q_i^4}\right]$$

durchfliessen, wo q_i durch $J_0(q) = 0$ definirt wird. Für $t = 0$ ist $Q = 0$; für $t = \infty$ wird das Poiseuille'sche Gesetz erhalten.

Gleitet die Flüssigkeit frei über die Röhrenwand (ohne Adhäsion), so findet Herr Gromeka für u einen Ausdruck, der aus zwei Theilen besteht. Der erste verschwindet für $t = \infty$, hängt von der anfänglichen Geschwindigkeitsvertheilung ab und kann für einen gegebenen Moment in verschiedenen Punkten eines

Querschnittes verschiedene Werthe haben. Der zweite Theil ist von der Form

$$\frac{Q_0}{\pi a^2} + \varphi(t),$$

wo Q_0 das dem Anfangsmomente entsprechende Volumen und

$$\varphi(t) = \frac{1}{\varrho l}\int_0^t (p_0 - p_1)\,dt$$

sind. Für $t = \infty$ haben alle Theilchen die gleiche Geschwindigkeit; ist der Druck constant, so wird die Bewegung für $t = \infty$ gleichförmig beschleunigt. *O. Chw.*

O. TUMLIRZ. Ueber das Fliessen einer incompressiblen Flüssigkeit durch Röhren kreisförmigen Querschnittes von beliebiger Gestalt und beliebiger Lage. Wien. Ber. [2] LXXXV, 133-146†.

Die Aufgabe wird unter den Annahmen zunächst theoretisch gelöst, dass die Axencurve der Röhre Krümmungsradien besitzt, welche überall gegen den Halbmesser der Röhre ziemlich gross sind, und dass der Radius selbst hinreichend klein ist, damit bei nicht allzu grossem Drucke die Bahn eines Flüssigkeitstheilchens stets der Axencurve parallel angesehen werden kann. Der Herr Verfasser erhält dann die Sätze:

„Die Geschwindigkeit w und die Ausflussmenge V haben in diesem Falle dieselben Werthe, als wenn die Röhre ein horizontal verlaufender, gerader Cylinder von demselben Radius a und derselben Länge s_1 wäre, und die Differenz der an beiden Enden wirkenden Druckkräfte den Werth $p_0 - p_1 + g\varrho z_1$ hätte, oder als wenn die Röhre ein gegen die Horizontale so geneigter gerader Cylinder von demselben Radius a und derselben Länge s_1 wäre, dass seine Verticalprojection die Grösse z_1 hätte und die an seinen Enden A, B wirkenden Druckkräfte die Werthe p_0, beziehungsweise p_1 hätten."

„Unter allen Röhren von gleichem kreisförmigen Querschnitte, die zwei beliebig gelegene Punkte A und B, in denen constante

Druckkräfte p_0 und p_1 wirken, verbinden, liefert der gerade Cylinder die grösste Ausflussmenge.“

Zur Prüfung dieser Sätze wurden Versuche mit Brunnenwasser angestellt. Als Reservoir diente eine MARIOTTE'sche Flasche, die Glasröhre wurde mittelst eines Korkstückes in der unteren Oeffnung der Flasche befestigt. Die Zeit des Fliessens betrug 100 bis 150 Secunden. Das Ergebniss war, „dass jene theoretischen Betrachtungen in der Erfahrung ähnlich wie das POISEUILLE'sche Gesetz nur innerhalb bestimmter Grenzen ihre Bestätigung finden, und zwar nur dann vollständig, wenn die Röhre sehr lang, sehr eng und mässig gekrümmt ist, und der Ausfluss unter einem nicht allzu hohen Drucke erfolgt“.

E. R.

P. v. SCHÄWEN. Geschwindigkeit und Dauer des Ausflusses aus einem theils mit Flüssigkeit, theils mit Luft gefüllten, oben verschlossenen Gefässe. CARL Rep. XVIII, 141-151†.

Eine incompressible Flüssigkeit von der Dichte D fliesse aus einem Gefässe durch eine feine Oeffnung q aus, welche im unteren Theile der Seitenwand oder im Boden angebracht ist. Ausser der Schwere wirkt der Druck P auf die Einheit der freien Oberfläche vertical abwärts und in entgegengesetzter Richtung p auf die Ausflussöffnung. Aus dem Principe der Erhaltung der lebendigen Kraft entnimmt der Herr Verfasser für die Geschwindigkeit v der ausfliessenden Theilchen:

$$v^2\left[1-\left(\frac{q}{Q}\right)^2\right] = \frac{2}{D}(P-p)+2gh.$$

Wenn das Niveau um z gesunken ist, erhält man die Geschwindigkeit v_z aus der Gleichung

$$v_z^2\left[1-\left(\frac{q}{Q_z}\right)^2\right] = \frac{2}{D}(P_z-p_z)+2g(h-z),$$

vorausgesetzt, dass beim Ausflusse keinerlei Reibungswiderstände zu überwinden sind. q sei so klein, dass $\left(\frac{q}{Q}\right)^2$ gegen 1 vernachlässigt werden kann, und q sei „auch so klein, dass ein gegenseitiges Ausweichen von Luft und Flüssigkeit nicht gestattet ist.“ Dann hat man die beiden Gleichungen:

$$v^2 = \frac{2}{D}(P-p)+2gh \quad \text{und} \quad v_z^2 = \frac{2}{D}(P_z-p_z)+2g(h-z).$$

1. Das Gefäss sei oben offen, das Niveau constant, dann ist $P = p =$ Atmosphärendruck und die Geschwindigkeit ist constant; man hat das Theorem von TORRICELLI, $v^2 = 2gh$.

2. Das Gefäss sei oben offen, das Niveau nicht constant, dann ist $P = p =$ Atmosphärendruck, aber die Geschwindigkeit ist nicht constant; $v_z^2 = 2g(h-z)$. Das Niveau senkt sich um z in der Zeit

$$t = \frac{1}{\alpha q\sqrt{2g}}\int_0^z \frac{Q\,dz}{\sqrt{h-z}}.$$

Ist Q constant, so hat man für den Contractionscoefficienten α

$$\alpha = \frac{2Q(\sqrt{h}-\sqrt{h-z})}{qt\sqrt{2g}}.$$

3. Das Gefäss sei abgesehen von der feinen Ausflussöffnung allseitig geschlossen, theils mit Flüssigkeit, theils mit Luft gefüllt, dann ist $p =$ const. $=$ Atmosphärendruck und die Ausfluss-Geschwindigkeit folgt aus der Gleichung

$$v_z^2 = \frac{2}{D}(P_z-p)2g(h-z).$$

Es wird $D = 1$ angenommen. Für $z = 0$ sei das Volumen der im Gefässe vorhandenen Luft V_0 und der Druck P_0, nach der Niveausenkung z beziehungsweise V_z und P_z. Mit Benutzung des BOYLE'schen Gesetzes ist dann

$$v_z^2 = \frac{2V_0P_0}{V_z} - 2p + 2g(h-z).$$

Wenn V_z als Function von z gegeben ist, folgt aus

$$\frac{V_0P_0}{V_z} - p + 2g(h-z) = 0$$

der Grenzwerth von z, d. h. wenn dieser Werth erreicht ist, hört der Ausfluss auf. Das Gefäss sei ein gerader Cylinder vom Querschnitte Q, es sei bis zur Höhe h über dem Niveau der Ausflussstelle mit Wasser gefüllt, und darüber befinde sich eine

Luftsäule von der Höhe H. Ferner sei

$$p = gk \quad \text{und} \quad P_0 = g(k+K).$$

Unter Berücksichtigung von $V_0 : V_z = H : (H+z)$, ist

$$v_z^2 = \frac{2g}{H+z}[H(K+h) - z(k+H-h) - z^2]$$

und der Grenzwerth von z folgt aus der Gleichung

$$z^2 + (k+H-h)z - (K+h)H = 0.$$

Es „ist k die Barometerhöhe, multiplicirt mit der Dichtigkeit des Quecksilbers 13,596, und K der ebenfalls mit 13,596 multiplicirte Niveauunterschied im offenen Quecksilbermanometer zu Anfang des Ausflusses."

Jedes ausfliessende Wassertheilchen beschreibt eine Parabel, deren Gleichung ist

$$\xi^2 = \frac{2v^2\zeta}{g}.$$

Für den Beginn des Ausflusses hat man

$$v_0^2 = 2g(K+h), \quad \text{also} \quad \xi_0^2 = 4\zeta_0(K+h),$$

und man kann ξ_0 und ζ_0 messen.

Der Wasserspiegel sinkt um z in der Zeit

$$t = \frac{Q}{\alpha q\sqrt{2g}} \cdot \int_0^z \frac{\sqrt{H+z}\,.\,dz}{\sqrt{(m+z)(n-z)}}.$$

Setzt man

$$z = n - (H+n)\sin^2\varphi \quad \text{und} \quad \frac{H+n}{m+n} = \lambda^2,$$

so ist

$$t = \frac{2\lambda Q\sqrt{H+n}}{\alpha q\sqrt{2g}} \cdot \int_{\varphi_2}^{\varphi_1} \frac{\cos^2\varphi\, d\varphi}{\sqrt{1-\lambda^2\sin^2\varphi}}$$

$$\varphi_1 = \text{arc.sin}\sqrt{\frac{n}{H+n}}, \quad \varphi_2 = \text{arcsin}\sqrt{\frac{n-z}{H+n}}.$$

$$t = \frac{\lambda Q\sqrt{H+n}}{\alpha q\sqrt{2g}}\Big(\varphi_1 - \varphi_2 + \sin(\varphi_1-\varphi_2)\cos(\varphi_1-\varphi_2)$$
$$+ \frac{\lambda^2}{32}[2(\varphi_1-\varphi_2) - \sin 2(\varphi_1-\varphi_2)\cos 2(\varphi_1+\varphi_2)]\Big).$$

Bei den Versuchen des Herrn Verfassers war λ so klein, dass das mit $\frac{\lambda^2}{32}$ multiplicirte Glied vernachlässigt werden konnte.

Ein cylindrisches Glasgefäss von 40 cm äusserer Höhe wurde benutzt; ein rundes Loch in dünner Weissblechplatte diente als Ausflussöffnung, und zwar war $q = 0{,}010586$ qcm, während im Mittel $Q = 206{,}899$ cm betrug. α wurde bei oben offenem Gefässe bestimmt, 10 Beobachtungen ergaben im Mittel

$$\alpha = 0{,}752285.$$

Dieser grössere Werth, als der sonst angegebene, findet seine Erklärung in dem Umstande, dass die Ausflussöffnung nicht direct in der Glaswand des Gefässes, sondern am Ende eines cylindrischen Canals angebracht war. In einer Tabelle sind Resultate von 20 Beobachtungen zusammengestellt, das Maximum der Abweichung von beobachteter und berechneter Ausflusszeit beträgt 7 pCt. der beobachteten Zeit und soll seinen Grund in den unvermeidlichen Beobachtungsfehlern haben.

Die MARIOTTE'sche Flasche bietet eine Combination der drei Fälle. Ihr ist der Schluss der Abhandlung (S. 149—151) gewidmet. *E. R.*

N. SHUKOFFSKIJ. Ueber die Reaction der ausströmenden und einströmenden Flüssigkeit. J. d. russ. chem.-phys. Ges., [2] XIV, 470†.

Strömt Flüssigkeit aus einem Raume, wo der Druck p ist, in einen andern, wo derselbe gleich $p'(p > p')$, so ist die Reaction der ausströmenden Flüssigkeit

$$P = 2\varrho(p-p'),$$

wo ϱ der Querschnitt der Verbindungsröhre oder -Oeffnung.

Die Reaction der einströmenden Flüssigkeit ist dagegen

$$P' = -0{,}02\varrho(p-p'),$$

also etwa 100 Mal geringer.

Versuche bestätigten dies. Ein Gefäss, mit Seitenöffnung versehen, schwamm auf der Oberfläche einer Wassermasse; durch Auspumpen oder Eintreiben von Luft in dies Gefäss, konnte Wasser zum Ein- oder Ausströmen veranlasst werden. Nur im letzteren Falle war eine Reaction bemerkbar. *O. Chw.*

B. Élie. Appareil pour l'étude de l'écoulement des fluides. J. de phys. (2) I, 459-460†.

Der Apparat ist eine Art Wheatstone'scher Brücke. Aus einem Reservoir führt eine λ-förmige Röhre zu den zu vergleichenden Röhren T und T'. Die Arme der λ-Röhre sind einander möglichst gleich, in der Mitte von den Enden der Arme, B und B' hängt senkrecht ein Goldblatt innerhalb einer Flasche, und von den Enden der Arme bis in die Nähe des Goldblattes führen zwei gleich lange Röhren. Sind einerseits B und B' und anderseits T und T' genau gleich, dann muss beim Ausflusse eines Gases das Goldblättchen unbeweglich bleiben; Verschiedenheiten von T und T' werden im Allgemeinen Abweichungen des Goldblättchens zur Folge haben. *E. R.*

J. Boussinesq. Équations différentielles du mouvement des ondes produites à la surface d'un liquide par l'émersion d'un solide. C. R. XCIV, 71-74†.

— — Sur les ondes que fait naître, dans l'eau en repos d'un canal, l'émersion d'un cylindre solide, plongé en travers dans ce canal. C. R. XCIV, 127-130†.

— — Sur les ondes produites par l'émersion d'un solide à la surface d'une eau tranquille, quand il y a lieu de tenir compte de deux coordonnées horizontales. C. R. XCIV, 1505-1508†.

Ein Theil einer früheren Mittheilung des Hrn. Verfassers (C. R. XCIV, 33—36) steht mit diesen drei Notizen in Verbindung. In 1) wird das Problem auf die Lösung der Differentialgleichung

$$g^2 \frac{\partial^2 \varphi}{\partial z^2} - \frac{\partial^4 \varphi}{\partial t^4} = 0$$

zurückgeführt, in welcher φ das Geschwindigkeitspotential bedeutet, und die Aufgabe für cylindrische Wellen gelöst. In 2) und 3) wird die in C. R. XCIV, 33—36 angegebene Integrations-Methode benutzt zur Lösung der beiden in den Titeln dieser Mittheilungen angegebenen Aufgaben. *E. R.*

G. J Michaelis. Over bewegingen van vloeistoffen onder den invloed der wrijving. Nieuw. Arch. VIII, 57-74*.

— — Sur les mouvements des fluides sous l'influence du frottement. Arch. Néerl. XVII, 1-22†.

In der Einleitung wird an bezügliche Arbeiten von den Herren Helmholtz, W. Thomson, Bobylew, Bresse, Boussinesq und von Helmholtz und Piotrowski erinnert. Im § 1 werden Wirbelbewegungen bei verschiedenen Grenzbedingungen betrachtet. In den folgenden Paragraphen wird angenommen, dass die Flüssigkeit nicht zusammendrückbar sei. § 2: Sie breite sich an der einen Seite einer Ebene bis ins Unendliche aus. Die Reibung wird berücksichtigt und im Speciellen wird auf die Arbeit von Zöppritz (Hydrodynamische Probleme in Beziehung zur Theorie der Meeresströmungen. Wied. Ann. III, 582-607; diese Berichte XXXIV, 166 u. 1234.) eingegangen. Im § 3 wird die Bewegung eines Rotationsellipsoides in einer unbegrenzten, unzusammendrückbaren Flüssigkeit unter Berücksichtigung der Reibung untersucht. Eine weitere Bearbeitung des Problems erfolgt für den Fall, dass eine Kugel sich in der Flüssigkeit bewegt. *E. R.*

Th. S. Schmidt. Theoretische und experimentelle Untersuchung über innere Reibung von Flüssigkeiten. Diss. Breslau: Köhler †.

— — Bestimmung der Reibung von Flüssigkeiten nach der Methode von Maxwell. Wied. Ann. XVI, 633-660†.

Die zweite Arbeit ist im Wesentlichen ein Abdruck der ersten. Der Verfasser hat die Arbeit des Herrn L. Grossmann (s. diese Berichte XXXVI, 166—167 und XXXVIII, 263) fortgesetzt. Herr O. E. Meyer liess die Methode, welche Maxwell zur Bestimmung der Reibung in Gasen angegeben hatte, auf Flüssigkeiten anwenden. Der Boden des Gefässes, in welchem die Flüssigkeit enthalten ist, bildet die feste Scheibe. Der Gefässboden und die bewegliche Scheibe werden parallel und horizontal vorausgesetzt. Die Scheibe hängt an einem Drahte, welcher die Axe der Scheibe und des Gefässes sein soll. Die Scheibe berührt die Oberfläche der Flüssigkeit. Die Temperatur der Flüssigkeit soll während des Versuches constant sein, was bei des Verfassers Experimenten nicht erfüllt war. Der Apparat muss gestatten, die Entfernung von Scheibe und Gefässboden bequem und genau zu messen. Alle der Scheibenfläche und dem Gefässboden parallele Flüssigkeitsschichten bewegen sich wie compacte Scheiben. Unter diesen Bedingungen führt der Verfasser analoge Rechnungen für die Maxwell'sche Methode durch, wie Herr O. E. Meyer für die Coulomb'sche Methode gegeben hat. Bei der Untersuchung, wie sich das logarithmische Decrement (l) mit der Entfernung der Scheibe vom Gefässboden ändert, ergiebt sich, dass l mit wachsender Entfernung nicht beständig abnimmt, sondern abwechselnd Maxima und Minima besitzt, „welche aber bei einigermaassen bedeutenden Entfernungen in einander übergehen". Mittels der Maxwell'schen Methode kann man nicht allein die Reibung der Flüssigkeiten, sondern auch den Einfluss der Oberfläche von Flüssigkeiten bestimmen; denn die Methode gestattet, „denjenigen Theil des logarithmischen Decrementes zu berechnen, welcher allein von dem Einflusse der Oberfläche herrührt, und setzt uns also in ausgezeichneter Weise in den Stand, für verschiedene Flüssigkeiten die an der Oberfläche stattfindenden Verhältnisse zu studiren. In die Theorie selbst konnte freilich der Einfluss der Oberfläche nicht aufgenommen werden, schon aus dem Grunde nicht, weil die Abhängigkeit der Bewegung der Flüssigkeitsringe vom Radius nicht näher untersucht wurde". *E. R.*

D. Mendelejeff und Kusminskij. Reibung einer rotirenden Cylinderfläche im Wasser. J. d. russ. chem.-phys. Ges. [2] XIV, 209†.

Ein Cylinder von 20 cm Durchmesser und veränderlicher Länge wird im Wasser mit verschiedenen Geschwindigkeiten rotirt. Die zur Rotation verbrauchte Arbeit wird bei zwei verschiedenen Längen des Cylinders (auseinandergezogen und zusammengeschoben) gemessen; die Differenz der beiden für die Arbeit erhaltenen Werthe dient als Maass der Reibung an dem ausgeschaltenen Stücke der Cylinderseitenfläche. Die Geschwindigkeiten variirten von 0,5 bis 2 Meter-Secunde. Die Reibung (f) erwies sich als sehr nahe proportional dem Quadrate der Geschwindigkeit v. Es war

$$f = Sv^2.0,14 \text{ kg},$$

wo S die Oberfläche in Quadratmetern. Wurde der rotirende Cylinder von einem zweiten unbeweglichen mit doppeltem Diameter (0,4 Meter) umgeben, so fand sich keine merkbare Aenderung der Reibung f. *O. Chw.*

B. Élie. Varition du coefficient de viscosité avec la vitesse. J. de phys. (2) I, 224-225†.

Der Herr Verfasser giebt eine Methode an, mit deren Hülfe er meint, bequem entscheiden zu können, ob der Viscositätscoefficient μ und der Adhäsionscoefficient ν von der Geschwindigkeit unabhängig sind. *E. R.*

Max Margules. Die Rotationsschwingungen flüssiger Cylinder. Wien. Ber. [2] LXXXV, 343-368†.

Eine incompressible Flüssigkeit sei von einem Cylinder oder von zwei conaxialen Cylindern begrenzt, welche um die Axe rotirend schwingen mit in geometrischer Progression abnehmenden Amplituden; jeder axiale Cylinder der Flüssigkeit rotire wie eine starre Fläche. Die Annahme, die Flüssigkeit hafte an den Wänden, bedingt hier keine Beschränkung, wie aus der vorjährigen Abhandlung des Herrn Verfassers zu ersehen ist (s. diese Berichte XXXVII, 173—176), in welcher ausserdem ein Theil der im ersten Abschnitte enthaltenen Formeln bereits abgeleitet wurde. In allen Ebenen senkrecht zur Axe der Cylinder sind die Bewegungen congruent, eine solche Fläche wähle man zur xy-Ebene mit dem Anfangspunkte in der Axe, u und v seien die Geschwindigkeitscomponenten parallel zur x- und y-Axe. Es werden Polarcoordinaten (ϱ und ϑ) eingeführt, die radiale und die transversale Geschwindigkeitscomponente seien w und φ. Man hat

$$u = -\varphi \frac{y}{\varrho}, \quad v = \varphi \frac{x}{\varrho}$$

und es handelt sich um die Integration der Gleichung

$$\frac{\partial^2 \varphi}{\partial \varrho^2} + \frac{1}{\varrho} \frac{\partial \varphi}{\partial \varrho} - \frac{\varphi}{\varrho^2} - \frac{1}{\varkappa} \frac{\partial \varphi}{\partial t} = 0,$$

in welcher $\varkappa = \frac{k}{\mu}$ ist, während k den Reibungscoefficienten und μ die Dichte bedeutet. Die Differentialgleichung kann mit Hülfe der Bessel'schen Functionen erster Ordnung integrirt werden. Nachdem dies geschehen ist, werden folgende specielle Fälle discutirt: 1. Bewegung der Flüssigkeit in einem Cylinder, welcher a) mit constanter Amplitude rotirend schwingt, b) Rotationsschwingungen mit abnehmender Amplitude ausführt. 2. Constante Schwingungen eines Cylinders in einem ruhenden conaxialen cylindrischen Gefässe. 3. Bewegung der Flüssigkeit zwischen zwei starr verbundenen Cylindern, welche um ihre gemeinsame Axe mit constanter Amplitude oscilliren.

Die bisher vom Hrn. Verfasser benutzten Integrale werden für die numerische Berechnung um so unbequemer, je mehr x wächst. Wenn man dagegen statt der bisher benutzten Functionen, welche nur convergente Reihen enthalten, andere einführt, welche aus semiconvergenten Reihen bestehen, so erhält man für die Integrale eine Form, welche gerade für grosse Werthe von x die Rechnung sehr leicht macht. — Handelt es sich um Schwingungen eines Cylinders in einer unbegrenzten Flüssigkeit, welche in unendlicher Entfernung von der Axe ruht, so nähert sich die Winkelgeschwindigkeit bei wachsendem x immer mehr dem Werthe

$$\chi = A \varrho^{-\frac{3}{2}} e^{-\frac{\triangle}{T} t - \frac{R}{L} \varrho} \cos 2\pi \left(\frac{t}{T} - \frac{\varrho}{L}\right),$$

worin

$$L = 2\pi \sqrt{\frac{2\varkappa T}{\sqrt{4\pi^2 + \triangle^2} + \triangle}}, \quad R = \sqrt{4\pi^2 + \triangle^2} - \triangle,$$

T die Schwingungsdauer und $\triangle$ das logarithmische Decrement ist. *E. R.*

H. LAMB. On the forces experienced by a solid moving in an infinite mass of liquid. Quart. J. of math. XIX, 66 bis 70†.

Die Herren THOMSON und KIRCHHOFF betrachten bei den bezüglichen Untersuchungen die Flüssigkeit und den Körper als ein dynamisches System. Indem man die so erhaltenen Gleichungen mit den Bewegungsgleichungen eines festen Körpers vergleicht, erhält man Ausdrücke für die Componenten einer Kraft (X, Y, Z) und eines Kräftepaares (L, M, N), welche auf den festen Körper von der umgebenden Flüssigkeit ausgeübt werden, nämlich

$$(1)\quad X = -\frac{d}{dt}\frac{\partial T}{\partial u} + r\frac{\partial T}{\partial v} - q\frac{\partial T}{\partial w}, \ldots,$$

$$(2)\quad L = -\frac{d}{dt}\frac{\partial T}{\partial u} + w\frac{\partial T}{\partial v} - v\frac{\partial T}{\partial w} + r\frac{\partial T}{\partial q} - q\frac{\partial T}{\partial r}, \ldots,$$

u, v, w bez. p, q, r drücken die lineare bez. die Winkelbewegung des festen Körpers in Bezug auf ein im Körper festes rechtwinkliges Axensystem aus; T bezeichnet die kinetische Energie der Flüssigkeit und ist als eine quadratische Function dieser 6 Grössen ausgedrückt.

Der Herr Verfasser zeigt, wie die Ausdrücke (1) und (2) durch directe Rechnung aus den gewöhnlichen hydrodynamischen Gleichungen erhalten werden können. *E. R.*

ALBERT SCHÜLKE. Die Bewegung eines Rotationskörpers in einer incompressiblen Flüssigkeit. Arch. d. Math. LXVIII, 113-150†.

Die Gleichungen von Hrn. KIRCHHOFF (CRELLE J. LXXI) werden hergeleitet, die Integrationsconstanten werden zweckmässig bestimmt und dann wird gezeigt, wie man einfachere Formeln, als die des Hrn. KÖPCKE (Math. Ann. XII) erhalten kann. Den Schluss bildet der Nachweis, dass man auch ohne diese vereinfachten Formeln ein Bild von den Bewegungsvorgängen in allen Fällen erhalten kann, wenn man die von Hrn. KIRCHHOFF gegebenen Gleichungen etwas umformt. *E. R.*

R. F. Gwyther. On the Failure of certain Mathematical Solutions of the Problem of the Motion of a Solid through a Perfect Fluid. Proc. Manch. Soc. XXI, 9-11†.

Der Hr. Verfasser meint, dass ausser den von Stokes in dessen Abhandlung (Camb. Trans. VIII, 105, 409) angegebenen Ursachen für die Abweichung des theoretischen vom experimentellen Resultate noch die Cohäsion berücksichtigt werden müsse.

E. R.

J. Plateau. Une petite illusion. Bull. de Belg. (3) III, 24 bis 27†; Phil. Mag. (5) XIII, 379-380*; [Beibl. VI, 627-628*.

Das beschriebene Experiment bietet ein Beispiel für die Aufsaugung dar, welche von concaven Flüssigkeitsoberflächen ausgeübt wird, und es zeigt ausserdem eine Ausnahme von der gewöhnlichen Wirkung des Hebers. Im Bull. de Belg. und im Phil. Mag. ist der Beschreibung eine Abbildung beigegeben. — S. auch Abschnitt I, 7B. *E. R.*

Litteratur.

W. M. Hicks. Report on Recent Progress in Hydrodynamics. Part II. Special-Problems. Rep. Brit. Ass. 1882, 39-70.

H. Hädicke. Der Angriffspunkt des Auftriebes. Theoretische Untersuchungen auf dem Gebiete der Statik und Hydrostatik. Zürich 1881. 60 S. [Beibl. VI, 551-552*.

A. Picart. Condition d'équilibre d'une masse fluide homogène, ayant la forme d'un ellipsoïde à trois axes inégaux et animée d'un mouvement uniform de rotation autour de l'un de ces axes. Nouv. Ann. (2) XX, 216 bis 220†.

Von mathematischem Interesse.

William Thomson. On the Figures of Equilibrium of a Rotating Mass of Fluid. Proc. R. Soc. Edinb. XI, 610-613†.

Eine Anzahl Theoreme werden gegeben.

FELIX AUERBACH. Die theoretische Hydrodynamik. Nach dem Gange der Entwickelung in der neuesten Zeit in Kürze dargestellt .... Braunschweig: Vieweg & Sohn. XXI + 150 S. 8°. [ZS. f. Math. XXVII, h-l Abt., 181-183; [Naturf. XV, 138.

S. diese Berichte XXXVII, 194-195.

R. REIFF. Ueber die Principien der neueren Hydrodynamik. Freiburg u. Tübingen. 1881. 43 S. [Beibl. VI, 724-727.

WM. FORD. STANLEY. Experimental researches into the properties and motions of fluids. With theoretical deductions therefrom. London. New York: E. & F. N. Spon. 1881. XVI + 550 S. 8°. [Chem. News XLV, 20; [Phil. Mag. (5) XIII, 300; [Nature XXVI, 545.

S. diese Berichte XXXVII, 170-171.

P. PACI. Sopra una trasformazione delle equazioni fondamentali delle idrodinamica. Rend. Ist. Lomb. (2) XIII, 209.

S. diese Berichte XXXVII, 167-169.

HENRY A. ROWLAND. On the Motion of a Perfect Incompressible Fluid when no Solid Bodies are Present. Amer. J. of Math. III, 226-268. 1880; [Beibl. VI, 432-433*.

Kinematik und Dynamik von Flüssigkeitsbewegungen; von mathematischem Interesse.

A. GUÉBHARD. Ueber die Wirbelringe. La Nature IX, 149 bis 154. 1881; [Beibl. VI, 332-333*.

WILLIAM THOMSON. On the Average Pressure due to Impulse of Vortex Rings on a Solid. Proc. R. Soc. Edinb. XI, 204*. Titel.

R. F. GWYTHER. On an Adoptation of the Lagrangian Form of the Equations of Fluid Motion. Part I. Mem. Manch. Soc. (3) VII, 130-144*.

— — On a Form of representing the Velocity at any Point of an Incompressible Fluid under Conservative Forces. Mem. Manch. Soc. (3) VII, 169-174*.

— — Notes on some Quaternion Transformations. Mem. Manch. Soc. (3) VII, 174-177*.

— — On Cyclic Motion in a Fluid, and the Motion of

a Vortex Ring of varying Curvature. Proc. Manch. Soc. XXI, 32-36*.

R. F. GWYTHER. On the Conditions of the Motion of a Portion of Fluid in the Manner of a Rigid Body. Mem. Manch. Soc. (3) VII, 199-200*.

Bezüglich der vorstehenden Arbeiten des Hrn. GWYTHER s. diese Berichte XXXVII, 169-170.

W. WERCHOWSKY. Ueber Bewegungen einer Flüssigkeit in einer anderen. J. d. russ. chem.-phys. Ges. [2] XV, 273.

Ausgabe vorläufiger einfacher Versuche. *O. Chw.*

TAIT. On some Effects of Rotation in Liquid Jets. Proc. R. Soc. Edinb. XI, 94†.

PŘIBRAM und HANDL. Ueber die specifische Zähigkeit der Flüssigkeiten und ihre Beziehung zur chemischen Constitution. III. CARL Rep. XVIII, 186-187†.

Abdruck des Berichtes im Wien. Anz. 1881, Nr. 20. Ein Referat über die Abhandlung in Wien. Ber. [2] LXXXIV, 717-489 befindet sich in diesen Berichten XXXVII, 184-186.

A. EMO. Einfluss der Temperatur auf den Reibungscoefficienten des Quecksilbers in Capillarröhren. (Estratto dalla tesi di laurea presentata alla Facoltà di Scienze fisico matematiche della R. Università di Torino nel giugno 1881. 26 S. 1882, S.-A.) N. z. [Beibl. VI, 730-731.

E. GANTSCHILLE und W. KUTTER. Ueber gleichförmige Bewegung von Wasser in Canälen und Flüssen. (Russisch.) St. Petersb. 1882. 96 S. u. 3 Tafeln. N. z. *O. Chw.*

CESARE RAZZABONI. Del moto dell' acqua per vasi discontinui. Mem. di Bologna (4) III, 267-282*.

DE ST.-VENANT. Des mouvements que prennent les diverses parties d'un liquide dans l'intérieur d'un vase ou réservoir d'où il s'écoule par un orifice. C. R. XCIV, 904-909, 1004-1008, 1139-1144†; [Beibl. VI, 621-624.

M. MARGULES. Ueber Bewegungen zäher Flüssigkeiten und Bewegungsfiguren. CARL Rep. XVIII, 63-64†.

Abdruck des Berichtes im Wien. Anz. 1881, Nr. 16. Ein Referat über die Abhandlung in Wien. Ber. [2] LXXXIV, 491-510 befindet sich in diesen Berichten XXXVII, 181-183.

O. KUNTZE. Analytische Untersuchungen über die Veränderungen der Axenverhältnisse, Schwerkräfte und der Rotationsgeschwindigkeiten homogen flüssiger, um ihre Axe frei rotirender, cylindrischer Gleichgewichtsfiguren, durch Condensation oder Expansion bei constanter Masse und Energie. Arch. d. Math. LXVIII, 273-303†.

Worauf sich die Untersuchungen beziehen, ist im vollständig wiedergegebenen Titel angegeben. Der Herr Verfasser bemerkt, dass die MATTHIESSEN'sche Arbeit „Ueber die Gesetze der Bewegung und Abplattung im Gleichgewicht befindlicher homogener Ellipsoide (ZS. f. Math. XVI, 290-323. 1871) seinen Untersuchungen wesentlich zum Vorbilde gedient hat.

C. DECHARME. Formes vibratoires des surfaces liquides circulaires. s. Abschnitt I, 7 B.

BJERKNES. Phénomènes hydrodynamiques inversement analogues à ceux de l'électricité et du magnétisme. Ann. chim. phys. (5) XXV, 257-284*.

s. frühere Bände dieser Berichte.

ANNIBALE STEFANINI. Sul movimento di più sfere in un fluido indefinito e incompressibile, e sui fenomeni così detti idromagnetici e idroellitrici (dalla Tesi di Laurea in Fisica). Cim. (3) XII, 97-135, 193-208†.

Ausführlicher Bericht über bezügliche Arbeiten der Herren BJERKNES und KIRCHHOFF.

BJERKNES' Hydrodynamic Experiments. Nature XXV, 271 bis 274†.

Von Herrn BJERKNES benutzte Apparate werden abgebildet und beschrieben und die Resultate von dessen Experimenten, welche in diesen Berichten bereits berücksichtigt sind, werden angegeben.

C. DECHARME. Expériences hydrodynamiques; imitation, par les courants liquides, des phénomènes d'electro-magnétisme et d'induction. Ann. chim. phys. (5) XXV, 554-569*.

— — Note complémentaire relative aux expériences hydro(dy)namiques. Ann. chim. phys. (5) XXV, 570-572*.

— — Expériences hydrodynamiques ··· . C. R. XCIV, 440-442, 527-529, 643-646, 722-727, 1067, XCV, 340-342, 387-388, 913-914, 1273-1275†.

Eine grössere Anzahl hydrodynamischer Erscheinungen sollen magnetischen und elektrischen Erscheinungen analog sein.

W. Werchowsky. Einige Versuche über die Bewegung von Körpern im Wasser. Archiv für Seewesen (Morskoi Sbornik, russisch) 1882, Nr. 6, S. 93-147. *O. Chw.*

D. Y. C. Vertical vibration. Chem. News XLV, 221*.

A. M. Worthington. „Combing" of Waves. Nature XXVI, 198-199*.

E. Fleischer. Der Hydromotor. Kiel: Universitätsbuchhandlung. 1882. 10 S.

— — Die Physik des Hydromotors. Kiel 1882. 16 S.; [Beibl. VI, 165-167.

W. K. White. Water-jet propellers. Nature XXVI, 246-249†.

Bericht über die beiden Schriften des Hrn. Fleischer.

J. J. Tylor. Meters for registering small flows of water. [Nature XXV, 351.

In der Jahres-Generalversammlung der Institution of Mechanical Engineers am 26. Januar wurde der Vortrag gehalten, über welchen ein kurzer Bericht in der Nature gegeben ist.

Scardona. Rheometer. Riv. scient.-indust. 1881. Sept. 30. [Nature XXV, 290.

Vorzug vor Amsler's Rheometer ist Einfachheit und bessere Signalgebung.

Georg Wellner. Die Brandung des Meeres, benutzt für motorische Zwecke und für die Erzeugung von kalter Luft mittelst Lufträdern. Dingl. J. CCXLIV, 100-105.

Ein Vorschlag von technischem Interesse.

J. L. Roberts' Wellenkraftmaschine. Dingl. J. CCLVI, 249.

Kurzer Bericht über D. R. P. Kl. 88, Nr. 17481 vom 23. August 1881. Die Wellenbewegung des Meeres soll zur dauernden Drehung einer Welle benutzt werden.

J. G. Ein hydraulisches Experiment. La Nature X, 382-383; [Beibl. VI, 625.

J. B. Hannay. The Limit of the Liquid State of Matter. Nature XXVI, 370*.

6. Aerodynamik.

E. Warburg und L. v. Babo. Ueber den Zusammenhang zwischen Viscosität und Dichtigkeit bei flüssigen, insbesondere gasförmig flüssigen Körpern. Wied. Ann. XVII, 390-427†; Berl. Sitzber. 1882, 509-514†; Phil. Mag. (5) XIV, 51-56*.

Während die Herren Kundt und Warburg die Abweichungen der Gase von dem Maxwell'schen Gesetze nur für sehr geringe Dichtigkeitsgrade studirt haben, ermitteln die Verfasser der vorliegenden Arbeit den Zusammenhang zwischen Viscosität und Dichtigkeit für höhere Dichtigkeitsgrade, indem sie für Kohlensäure zusammengehörige Werthe des Reibungscoefficienten, der Dichte und des Druckes bei constanten Temperaturen bestimmen.

Als Maass des Druckes wurde der umgekehrte Werth des Volumens einer Stickstoffmasse bei constanter Temperatur benutzt und das Volumen dieser Masse bei dem Drucke einer Atmosphäre = 1 gesetzt. Das beständig mit dem Hauptapparate in Verbindung stehende Stickstoffmanometer erlaubte Drucke zwischen 30 und 120 Atmosphären auszuwerthen.

Die Dichtigkeit der über die kritische Temperatur hinaus erwärmten Substanz wurde bestimmt durch volumetrische Messung der Kohlensäure, welche jedesmal beim Uebergange von einer grösseren zu einer kleineren Dichte aus dem bekannten Volumen des Apparates herausgelassen wurde. Die Dichtigkeit der Masse im Apparate nach der Beendigung einer Versuchsreihe wurde nach der Formel von Clausius aus dem etwa 30 Atmosphären betragenden Drucke berechnet.

Zur Bestimmung der Reibungscoefficienten wurde die Methode der Strömung durch Capillaren angewandt. Die vertical gestellte Capillare mündete unten in ein in Quecksilber tauchendes Messrohr, oben in einen Raum *A*, welcher von dem übrigen Raume *B* des Apparates zeitweilig abgeschlossen werden konnte, und in welchem dann durch Herauslassen von Kohlensäure eine Druckverminderung erzeugt werden konnte. Nachdem dadurch das Quecksilber in der Messröhre gehoben war, wurden die Räume *A* und *B* wieder verbunden, und aus der Fallzeit des Quecksilbers in der Messröhre zwischen Marken wurde mittelst der Constanten des Apparates der Reibungscoefficient berechnet. Die Radien der 3 angewandten, 6—7 cm langen Capillaren betrugen 0,005162 cm 0,003601 cm und 0,002847 cm.

Die nachfolgenden Tabellen enthalten die gewonnenen Resultate und es bezeichnet t die auf das Luftthermometer reducirte Temperatur, s die Dichtigkeit, μ den Reibungscoefficienten im Gramm-Centimeter-Secunde-System und p den Druck in dem oben definirten Maasse; λ ist der Luftgehalt in Volumentheilen, wie ihn die Analyse ergab. Die Dichte der tropfbar flüssigen Kohlensäure ist den Versuchen ANDREEFF's entnommen.

	$t = 32^0.6$, $\lambda = 0.00074$		$t = 32^0.6$, $\lambda = 0.0032$		$t = 32^0.6$, $\lambda = 0.0057$		$t = 40^0.3$, $\lambda = 0.00085$	
s	p	$\mu.10^6$	p	$\mu.10^6$	p	$\mu.10^6$	p	$\mu.10^6$
0.800	107.3	677	112.6	686	114.4	685	—	—
0.730	88.5	574	91.3	587	92.4	585	114.6	580
0.660	80.7	493	82.4	499	83.6	506	101.6	499
0.590	78.2	414	79.4	433	80.4	440	94.9	426
0.520	77.6	351	78.4	381	79.1	379	91.7	366
0.450	77.2	304	77.8	329	78.6	337	89.2	316
0.380	76.6	270	77.0	288	77.6	284	86.8	275
0.310	74.6	239	75.1	241	75.5	241	82.7	243
0.240	69.9	213	70.5	211	70.6	212	75.9	218
0.170	60.3	188	60.8	190	60.9	190	64.3	196
0.100	43.1	—	—	—	—	—	45.3	180

$t = 25^0.1$, $\lambda = 0.00044$		
p	s	$\mu.10^6$
105	0.896	800
95	0.875	741
85	0.858	703
75	0.827	665
70	0.809	628

Viscosität der tropfbar flüssigen Kohlensäure unter dem Drucke ihres gesättigten Dampfes
$\lambda = 0.0018$

t	s	$\mu.10^6$
5°	0.922	925
10°	0.895	852
15°	0.864	784
20°	0.827	712
25°	0.783	625
29°		539

Die Andrew'schen Werthe des Druckes übertreffen die beobachteten durchschnittlich nur um eine Atmosphäre, während die Differenzen zwischen den beobachteten und den nach der Formel von Clausius berechneten Werthen mit wachsenden Dichten bis zu 10—12 Atmosphären ansteigen.

Die Resultate dieser Untersuchungen sind in folgenden Sätzen zusammengefasst:

I. Oberhalb der kritischen Temperatur (30°.9), gasförmige Kohlensäure.

1. Dem Maximum der Compressibilität $\left(\frac{1}{s\frac{dp}{ds}}\right)$, d. i. dem Minimum der Elasticität $\left(s\frac{dp}{ds}\right)$, welches die Beobachtung ergiebt, entspricht kein Minimum der Viscosität (μ), welche vielmehr mit wachsender Dichte in stets wachsendem Verhältniss zunimmt.

2. Bei der Dichte 0,1 (ungefähr der 500fachen der normalen) übertrifft der Reibungscoefficient den normalen (0,000165 für 40°.3) nur um etwa 9 pCt. des letzteren.

3. Die Viscosität scheint mit der Dichte viel einfacher als mit dem Drucke zusammenzuhängen.

4. Die Viscosität bei constanter Dichte scheint langsam mit der Temperatur zu wachsen.

II. Tropfbar flüssige Kohlensäure.

5. Die tropfbar flüssige Kohlensäure zeigte eine weitaus kleinere Viscosität, als alle bisher untersuchten Flüssigkeiten.

6. Die Viscosität der tropfbar flüssigen Kohlensäure von 25°.1 wächst mit der Dichte.

7. Kohlensäure von der Dichte 0.8, von 15° an erwärmt, muss ein zwischen 20 und 32°.6 liegendes Minimum der Viscosität zeigen.

Da nach der Poisson'schen Theorie der Flüssigkeitsreibung

$$\mu = KT$$

und nach Maxwell für ein ideelles Gas $K = p$ und daher T bei constanter Temperatur der mittleren Weglänge proportional ist, so ergiebt sich, falls T diese Eigenschaft noch behält, wenn das Volumen der Molecüle und die Anziehung zwischen ihnen berücksichtigt wird, für μ der theoretische Ausdruck:

$$\mu = \mu_0 \frac{K}{P} \cdot \frac{s_0}{s}\left(1 - \frac{b.s}{\triangle}\right)$$

in welchem nur K unbekannt ist, und wo μ_0 und s_0 die Werthe von μ und s für den Druck P einer Atmosphäre bedeuten; $\triangle$ ist die normale Dichte der Kohlensäure und b die VAN DER WAALS'sche Constante. Die Gleichung gilt so lange $s < 2b$ d. i. für Kohlensäure so lange $s < 0{,}4$.

Nach dieser Gleichung bringt die Raumerfüllung der Molecüle eine Abnahme der Reibung mit zunehmender Dichte hervor, also die entgegengesetzte Abweichung vom MAXWELL'schen Gesetze, wie die Anziehung zwischen den Molecülen. Aus der obigen Gleichung ergiebt sich für Kohlensäure von der Dichte 0.38 bei 32°.6 die Grösse K zu 7.2 kg auf das Quadratmillimeter d. i. etwa $\frac{1}{390}$ mal so gross als für Glas und etwas grösser als für Unschlitt.

Pt.

J. A. GROSHANS. Ein neues Gesetz von Avogadro.

Deutsch von F. ROTH. Leipzig: Barth. 80 S.†. [Beibl. VI, 893*.

Der Hr. Verfasser hat seiner Zeit (s. WIED. Ann. VI, 119, diese Berichte XXXV, 55) das Gesetz aufgestellt, dass für organische Verbindungen von der Form $C_pH_qO_r$ bei den Siedepunkten die Dichten den resp. Summen n ihrer Atome proportional sind und gezeigt, dass dasselbe sowohl für den flüssigen, als auch für den gasförmigen Zustand und auch für correspondirende Siedepunkte gelte. Soll dasselbe auf Verbindungen angewandt werden, die andere Elemente enthalten, so müssen die Atomsummen in bestimmter Weise modificirt werden, d. h. dieselben bei jedem Elemente mit einer bestimmten Zahl, der sogenannten „Densitätszahl" B, multiplicirt werden. Aus den specifischen Gewichten von wässerigen Lösungen leitet er ab, dass daselbst $n = 3A + B$ zu setzen sei, (wo A die Zahl der Wassermolecüle und B die

Densitätszahl bedeutet) und berechnet die folgenden Werthe von *B*, von denen die mit * bezeichneten unsicher sind.

C	1	Na	4	J	14	P	3*
H	1	K	5	Sn	14	Ca	11*
O	1	Mg	5	Cd	15	As	8*
S	2	Ca	7	Ba	19	Sb	14*
Li	2	Br	9	Pb	29	Mn	8*
N	3	Zn	11	Si	3 oder 4*	Cr	4*
Cl	4	Sr	13	Fe	9	Hg	31*

Pt.

A. HOPFGARTEN. Luftdruck und Luftgewicht. Naturf. XV, 233-235†; [Beibl. VI, 776*.

Der Hr. Verfasser wollte sich experimentell Rechenschaft geben von den Spannungszuständen, welche durch den eigenen Druck in einer Luftsäule auftreten, wenn dieselbe aus der horizontalen in die verticale Stellung gebracht wird. Er machte daher Versuche mit einem 1105 cm langen eisernen Rohre von 1.4 cm innerem Durchmesser, welches am einen Ende um eine horizontale Axe drehbar gemacht und am anderen Ende vor dem Aufrichten verschlossen wurde. Er beobachtete den Druck an einem mit der horizontalen Axe verbundenen, U-förmigen, mit Petroleum gefüllten, 0,0476 □cm weiten, in Millimeter getheilten Manometer, welches meist einen Winkel von 20° mit der Horizontalen bildete. Statt der (mit Berücksichtigung der Druck- und Temperaturverhältnisse) berechneten Druckvermehrung von 46 mm beobachtete er nur eine solche von 23 und schliesst daraus, dass die Basis einer eingeschlossenen Luftsäule durch die Verticalstellung eine Druckzunahme erfahre, welche nur der Hälfte ihres Gewichtes entspreche. (Es ist jedoch zu bemerken, dass die nicht unbeträchtliche Volumenvermehrung bei der Verschiebung der Petroleumsäule und andere, wenn auch kleinere, aber in demselben Sinne wirkende Correctionen unberücksichtigt geblieben sind. Anmerkung des Referenten.) *Pt.*

E. Sarrau. Sur la compressibilité des gaz. C. R. CIV, 639-642, 718-720, 845-847†; [Beibl. VI, 462*.

Der Hr. Verfasser wendet die Clausius'sche Zustandsgleichung

$$(1) \quad p = \frac{RT}{v-\alpha} - \frac{K}{T(v+\beta)^2}$$

auf die Beobachtungen von Hrn. Amagat an, welcher für eine Reihe von Gasen die Zusammendrückbarkeit für Temperaturen zwischen 15 bis 100° und Drucke von 25—320 m Quecksilber bestimmte.

In Betreff der Berechnung ist hervorzuheben, dass aus den Gleichungen für die Drucke p und p' für ein und denselben Werth von v bei zwei Temperaturen T und T' nach Elimination von K resp. R folgt:

$$\frac{v-\alpha}{R} = x; \qquad \frac{v+\beta}{\sqrt{K}} = y$$

wo $$x = \frac{T'^2 - T^2}{p'T' - pT}; \quad y = \sqrt{\frac{T'^2 - T^2}{TT'(p'T - pT')}}.$$

Zwei entsprechende Werthe von v und x genügen daher zur Berechnung von R und α; ebenso zwei correspondirende Werthe von v und y zur Berechnung von K und β. Leitet man daher die Constanten gleichzeitig aus einer grösseren Zahl von Gleichungen ab, so ergiebt sich eine Controle. Obschon Hr. Amagat die Volumeneinheit nicht definirte, so kann man dennoch die numerischen Werthe der Constanten ermitteln, indem man als Einheit des Volumens dasjenige bei 0° und dem Drucke von 760 mm wählt; die Aenderung der Volumeneinheit erfordert blos, dass an Stelle von v nun $\frac{v}{\varepsilon}$ gesetzt wird. Der Werth von ε ergibt sich aus der für Gase geltenden Bedingungsgleichung $R\varepsilon = \frac{1}{273}$.

In der folgenden Tabelle sind die erhaltenen Resultate übersichtlich zusammengestellt.

	$K.10^{-4}$	$\alpha.10^{-6}$	$\beta.10^{-6}$	$v_c 10^{-6}$	T_c	p_c
Wasserstoff	551	887	− 430	1801	−174.2	98.9
Stickstoff	4464	1359	+ 263	4603	−123.8	42.1
Sauerstoff	5275	890	+ 686	4042	−105.4	48.7
Sumpfgas	9295	1091	+ 840	4953	− 75.7	46.8
Kohlensäure	20920	866	+ 949	4496	+ 32.6	77.0
Aethylen	26880	967	+1919	6739	+ 1.5	43.5

Der Druck einer Atmosphäre ist als Einheit des Druckes gewählt und als Einheit des Volumens dasjenige bei 0° und unter dem Drucke einer Atmosphäre.

Für Kohlensäure und für Aethylen stimmen die berechneten kritischen Temperaturen befriedigend mit den Beobachtungen von Hrn. ANDREWS und von FARADAY. Beim Sauerstoff ergab die Rechnung für —110° und 470 Atmosphären Druck die Dichte 1.055, während Hr. PICTET diejenige des festen Sauerstoffes unter diesen Verhältnissen ebenfalls nahe gleich 1 gefunden hat. *Pt.*

L. TROOST. Influence de la compressibilité des éléments sur la compressibilité des composés dans lesquels ils entrent. C. R. XCV, 135-137†; [Beibl. VII, 12-13*.

Da nach den Beobachtungen der Herren V. MEYER, CRAFTS und MEIER und denjenigen von Hrn. TROOST die Dichte des Joddampfes bei Temperaturen über 700° stark mit der Temperatur abnimmt, also der Ausdehnungscoefficient bei hohen Temperaturen zunimmt und ferner nach den Untersuchungen von TROOST und denjenigen von CRAFTS und MEIER der Compressibilitätscoefficient des Dampfes schon bei 440° mit dem Drucke abnimmt, so prüft der Verfasser, ob diese Eigenthümlichkeit des Jodes sich auch auf die Verbindungen desselben mit einfachen Körpern übertrage. Bei 440° fand der Verfasser die Dichte des Quecksilberdampfes 6,95 bei 757,88 mm; 6,91 bei 77,53 mm; 6,94 bei 71,65 mm, während der theoretische Werth 6,93 beträgt. Es stimmt also der Compressibilitätscoefficient des Quecksilberdampfes bei dieser Temperatur nahe mit demjenigen der Luft überein. Das Letztere gilt auch für das Chlor und ebenfalls für das Quecksilberchlorid, da bei 440° die Dichte desselben bei 757,14 mm 9,51; bei 74,63 mm 9,38 beträgt, also der theoretischen Dichte von 9,38 entspricht. Dagegen war bei derselben Temperatur die Dichte des Quecksilberjodes bei 753,10 mm 15,89; bei 84,12 mm 14,90 und bei 46,3 mm 14,82, während die theoretische Dichte 15,71 ist, sodass also die Variation des Compressibilitätscoefficienten des Jodes auch in dessen Verbindungen übergeht. *Pt.*

Isambert. Sur le bisulfhydrate d'ammoniaque. C. R. XCV, 1355-1358†.

Der Herr Verfasser hat nach der Methode von Regnault die Zusammendrückbarkeit des Ammoniumbisulfhydrates bei den Temperaturen 35° und 40° und den Drucken 0.720 m bis 1.030 m bestimmt.

Das Verhältniss $\frac{P_0 V_0}{PV}$ variirt nach den Versuchen zwischen 1,007 und 1,008, während das aus den bekannten Werthen von $\frac{P_0 V_0}{PV}$ für H_2S und NH_3 berechnete Verhältniss für die Mischung der beiden Gase die Zahl 1.01 giebt. Es verhält sich also der Dampf des Ammoniumbisulfhydrates wie eine Mischung beider Gase mit gleichem Volumen. *H.*

E. H. Amagat. Sur l'élasticité des gaz raréfiés. C. R. XCV, 281-284†; [Beibl. VI, 926-927*.

Da die Resultate seiner früheren Untersuchung nicht mit denjenigen die Herren Mendelejeff, Kirpitschoff, Hemilian und Siljerström übereinstimmten, so hat der Verfasser die Versuche über die Elasticität verdünnter Gase ausserordentlich sorgfältig wiederholt. Er benutzte die früher angewandte Methode (Ann. chim. phys. VIII. 1876) verbesserte jedoch wesentlich seine Apparate und namentlich das Differentialbarometer. Dasselbe besteht aus einer einzigen Glasröhre, welche in einer Höhe von etwa 70 cm über dem Niveau des Quecksilbers im offenen Gefässe sich in zwei cylindrische, erweiterte Zweige trennt, von denen der eine die barometrische Kammer bildet und der andere mit dem Raume in Verbindung steht, welcher das Gas enthält, dessen Druck gemessen werden soll. Das Glasrohr ist unterhalb der Verzweigung mit einem Hahne versehen, welcher, wenn abgeschlossen, die Luftdruckschwankungen eliminirt. Die Temperaturen der oberen kurzen Quecksilbersäulen sind als identisch zu betrachten, da die innen geschliffenen Manometerröhren genau dieselbe Weite von 2 cm besitzen und dicht nebeneinander stehen.

Die Capillardepression ist sehr gering und der Einfluss unregelmässiger Brechungen durch das Anschleifen ebener, der Axe paralleler Flächen möglichst beseitigt. Die beiden Manometerröhren sind oben durch Capillarröhren mit Hähnen verlängert und stehen mit einer SPRENGEL'schen Pumpe in Verbindung. Ein kleines speciell für diese Zwecke hergestelltes Kathetometer gab noch 0,005 mm. Die Versuche, welche bis zu Drucken von blos 0,2 mm ausgedehnt wurden, ergaben durchaus keine systematische Abweichungen von dem MARRIOTTE'schen Gesetze. Der Herr Verfasser glaubt daher, dass die von anderen Beobachtern gefundenen Abweichungen auf Beobachtungsfehler zurückzuführen seien, und dass namentlich die von MENDELEJEFF für seine Versuche beanspruchte Genauigkeit illusorisch sein dürfte. Wenn bei einer hinreichenden Verdünnung (welche ähnlich wie eine sehr hohe Temperatur wirkt) die Gase das Gesetz $p(v-\alpha)=c$ befolgen sollten, wie dies für den Wasserstoff stattfindet, so liegt diese Grenze jedenfalls sehr viel niedriger, als die von MENDELEJEFF und SILJERSTRÖM angegebene. *Pt.*

E. H. AMAGAT. Sur les expériences faites pour déterminer la compressibilité du gaz azote. C. R. XCV, 638 bis 641†; [Beibl. VII, 180*.

Der Herr Verfasser betont den principiellen Unterschied zwischen den von Hrn. CAILLETET und den von ihm in Schachten ausgeführten Versuche, stellt die Beobachtungen graphisch dar und beweist dadurch unmittelbar die wesentliche Verschiedenheit der erhaltenen Resultate. Aus den Unregelmässigkeiten der CAILLETET'schen Curve schliesst er, dass die von demselben ersonnene, hübsche Methode wesentlich ungenauere Resultate liefere, als die von ihm angewandte. *Pt.*

K. KRAJEWITSCH. Neue Methode die Elasticität von Gasen zu untersuchen. J. russ. chem.-phys. Ges. XIII [2] 317, XIV [2] 395†.

Hr. Krajewitsch schlägt eine neue Methode vor, das Boyle'sche Gesetz bei sehr geringer Dichte der Gase zu prüfen, eine Methode, die unabhängig ist von den Fehlern, welche durch die Adhäsion der Gase an den Gefässwänden hervorgerufen werden, und welche besonders bei einem hohen Grade von Verdünnung ausserordentlich gross sein müssen. Zwei Beobachtungspunkte, die in verticaler Richtung möglichst auseinander liegen (etwa auf dem Gipfel und am Fusse eines Berges gelegen) sind durch eine Röhre verbunden, deren beide Enden zu Baromanometern führen und die mit trockener Luft gefüllt ist. Aus der Röhre wird (unten) die Luft ausgepumpt und die Drucke an den beiden Manometern, dem oberen und dem unteren, abgelesen. Durch Vergleich der hierbei erhaltenen Differenzen, mit den unter Zugrundelegung des Boyle'schen Gesetzes berechneten, lässt sich die Richtigkeit des Letzteren prüfen, wobei an die Röhrenwand haftende und sich allmählich loslösende Gasschichten auf das Resultat keinen Einfluss werden haben können. Ebenso sind die Barometerschwankungen der äusseren Luft ohne Einfluss. Statt Luft kann ebenso jedes andere Gas untersucht werden.

Hr. Krajewitsch meint, dass die Höhendifferenz mindestens 300 m betragen müsse, um genaue Resultate zu erhalten. Um die Beobachtungsmethoden zu studiren, wurden Vorversuche gemacht, wobei die Höhendifferenz 27,11 m betrug.

Hr. Krajewitsch hofft, dass die Versuche von Anderen unter günstigeren Bedingungen fortgesetzt werden. Die Manometer wurden mit grosser Sorgfalt gefüllt und behandelt. Das Vacuum derselben war ein solches, dass die Funken eines Inductoriums bei 2 mm Poldistanz nicht überschlugen.

Resultate:

1	2	3	4	5	6	7
t	p	$\triangle p$	„	„	d	pv
14,2°	11,636	0,041	0,0395	0,044	0,0164	100
7,9°	8,385	0,031	0,0285	0,031	0,0124	96
7,4°	4,603	0,021	0,0156	0,021	0,0084	77
12,2°	2,646	0,016	0,0090	0,017	0,0064	58
12,3°	1,947	0,015	0,0066	0,016	0,0060	46

1	2	3	4	5	6	7
t	p	$\triangle p$	„	„	d	pv
10,7°	1,641	0,015	0,0056	0,016	0,0060	39
7,2°	1,370	0,017	0,0046	0,015	0,0068	25
11,1°	0,864	0,016	0,0029	0,015	0,0064	19
19,6°	0,623	0,014	0,0021	0,015	0,0056	16
10,1°	0,281	0,016	0,0010	0,014	0,0064	6

In dieser Tabelle haben die Zahlen folgende Bedeutung:

Colonne 1 giebt die Temperaturen t der äusseren Luft an; p ist der am unteren Manometer abgelesene Druck in Millimetern; $\triangle p$ ist die Differenz der Ablesungen unten und oben (unten stets grösser).

Colonne 4 enthält die berechneten Werthe dieser Differenzen unter Zugrundelegung des BOYLE'schen Gesetzes für die Luftsäule von der Höhe 27,11 m.

Die Zahlen in 2 und 3 genügen sehr genau der Formel

$$\triangle p = 0{,}0140 + 0{,}00081\,p + 0{,}000151\,p^2,$$

nach welcher Werthe von $\triangle p$ in Colonne 5 berechnet sind.

Die bei kleinen p relativ enormen Differenzen zwischen den beobachteten (5) und berechneten (4) Werthen von $\triangle p$ zeigen, dass bei kleinen Drucken die Elasticität eines Gases viel schneller sinkt, als die Dichte desselben.

Colonne 6 enthält die mittlere Dichte d der Luft (bei 760 mm und 0° gleich 1 gesetzt) bei den Versuchen nach der Formel

$$d = 13{,}596\frac{\triangle p}{27{,}11}$$

berechnet. Durch Division von p (2) durch d (6) werden die Zahlen für pv in (7) erhalten, wobei $pv = 100$ für $p = 11{,}636$ gesetzt wurde.

Wäre das BOYLE'sche Gesetz richtig, so müssten die Zahlen in (7) constant bleiben. Hr. KRAJEWITSCH folgert aus der Inconstanz, dass die Elasticität eines Gases bei endlicher Dichte bereits Null wird. Dieser Grenzwerth der Dichte, welcher bei weiterer Volumenvergrösserung nicht mehr kleiner werden kann, da das Gas keine Elasticität mehr besitzt, berechnet sich, aus der obigen empirischen Formel für $\triangle p$, wenn in derselben $\triangle p = p$ gesetzt wird.

Es wird $\triangle p = p = 0{,}0140$ erhalten, als Grenzwerth der Elasticität unten, wobei oben $p = 0$ wäre.

Ein anderer Versuch von Hrn. Krajewitsch bestätigte dies Resultat. Zwei von oben bis unten reichende Röhren *A* und *B* wurden oben direct verbunden, während die beiden unteren Enden mit den beiden Schenkeln eines Quecksilbermanometers verbunden waren. Wurde die Luft aus *A* herausgepumpt, so übertrug sich die Verdünnung durch die Verbindung oben in die Röhre *B* und das Quecksilber stand in beiden Schenkeln gleich hoch. War die Verdünnung keine bedeutende, so kam das Quecksilber momentan zur Ruhe. Bei dem äussersten erreichbaren Grade der Verdünnung blieb das Quecksilber in *B* 5 Tage lang unverändert niedriger stehen, als in *A* [der Druck war also in *B* grösser], das Gas in *B* konnte also nicht über die obere Station weg nach *A* fliessen. Die Differenz betrug 0,02 bis 0,06 mm und schien bei niedrigerer Temperatur grösser zu sein. Es giebt also einen Zustand, wo ein Gas bei endlicher Dichte keine Elasticität mehr besitzt. In diesem Zustande muss sich die Grenzschicht der Atmosphäre befinden. Obwohl die von Hrn. Krajewitsch beobachteten Grössen sich nahe an den Grenzen der Beobachtungsfehler befanden [was bei grösserer Höhendifferenz sich wird vermeiden lassen], so hält er doch die von ihm erhaltenen Resultate ihrem allgemeinen Sinne nach für unzweifelhaft. Der Schluss der Arbeit enthält eine ausführliche Anleitung darüber, wie bei Benutzung grösserer Höhendifferenzen zu verfahren wäre. *O. Chw.*

W. J. Marek. Vorschlag zu einer experimentellen Bestimmung der Zustandsgleichung der Gase. Carl Rep. XVIII, 544-548†.

Es wird vorgeschlagen die Zustandsgleichung der Gase durch den scheinbaren Gewichtsunterschied zweier Körper von gleichem Gewichte, gleicher Oberfläche und verschiedenem Volumen bei verschiedenen Temperaturen und Drucken zu bestimmen. Ferner wird die Idee zu einer Vacuumwage ohne Fett- und Quecksilberdichtung und ohne Stopfbüchse gegeben. *Nn.*

M. SARRAU et VIEILLE. Recherches sur l'emploi des manomètres à écrasement pour la mesure des pressions développées par les substances explosives. C. R. XCV, 26-29, 130-132, 180-182†; [Beibl. VI, 927-928; VII, 23-24, 24-25.

Zur Messung der in einer geschlossenen Röhre entwickelten Kraft eines explodirenden Körpers wird neuerdings ein von dem englischen Artilleriehauptmann NOBLE erfundenes, und „cruscher" genanntes Manometer angewendet. Man misst die Verkürzung, welche ein 13 mm hoher und 8 mm dicker, zwischen einen festen Ambos und den Kopf des beweglichen Kolbens gebrachter Kupfercylinder erleidet. Zur Graduirung dieses Instrumentes drückten die Verfasser den Cylinder um langsam fortschreitende kleine Beträge zusammen und massen die entsprechenden Drucke mittelst einer römischen Wage mit equilibrirtem Balken. Sie fanden, dass die Verkürzungen ε proportional den 1000—3500 kg pro Quadratmillimeter betragenden Drucken von 0,9 bis 5,5 mm fortschritten und setzten daher

$$T = K_0 + K.\varepsilon$$

Die Methode der kleinsten Quadrate ergab: $K_0 = 541$ mm kg, $K = 535$, Werthe, welche die Beobachtungen auf $\pm 0,05$ mm genau darstellen.

Bei der Anwendung des Instrumentes zur Messung der Drucke sind zwei Grenzfälle zu unterscheiden. 1) Die Druckentwickelung ist langsam und die Masse des Kolbens so gering, dass die Trägheit vernachlässigt werden kann. Alsdann entspricht die beobachtete Zusammendrückung dem Maximaldrucke. 2) Die Bewegung des Kolbens erfolgt unter constanten Drucken ohne Anfangsgeschwindigkeit. Die Gleichung für die Arbeit ergiebt alsdann, dass die Hälfte der beobachteten Zusammendrückung dem Drucke entspricht.

Bezeichnet $f(t)$ den variablen Druck auf den Kolben, m die Masse desselben, R den Widerstand des Cylinders, u die Verschiebung des Kolbens nach der Zeit t, so ist, da $R = k_0 + ku$ die Gleichung für die Bewegung des Kolbens

$$f(t) = m\frac{d^2u}{dt^2} + ku + k_0.$$

Die Integration dieser Gleichung giebt für den Maximaldruck P und die schliessliche Zusammendrückung ε des Cylinders die Relation

$$P = k_0 + \frac{k\varepsilon}{1+\varphi\left(\frac{\tau}{\tau_0}\right)}$$

wo τ die vom Anfange bis zum Eintritte des Maximums gerechnete Zeit, τ_0 die Zeitdauer der Quetschung des Cylinders durch eine constante, auf einen Kolben ohne Anfangsgeschwindigkeit und der Masse m wirkende Kraft, und φ eine Function bedeutet, welche $= 1$ wird, wenn die Variable verschwindet und die mit wachsender Variable rasch abnimmt.

P hängt wesentlich von dem Verhältnisse $\frac{\tau}{\tau_0}$ ab, welches daher bei jeder Beobachtung zu bestimmen ist. Nun ist

$$\tau_0 = \pi\left(\frac{m}{k}\right)^{\frac{1}{2}}$$

und τ kann durch angenähert richtige theoretische Rechnungen aus der (mit einem speciellen Registrirapparate gemessenen) Zeitdauer der Quetschung abgeleitet werden. Die Bewegung des Kolbens wird durch eine Feder auf einen schnell rotirenden Cylinder übertragen, und die Zeit durch die Sinuscurve einer Stimmgabel angegeben.

Die hauptsächlichsten Resultate sind:

1. Schiesspulver. Der Maximaldruck ist 3574 kgr pro Quadratcentimeter bei einer Ladungsdichte von 0,70 (die Ladungsdichte ist das Verhältniss zwischen der Gewichtsmenge des Explodirstoffes und dem von ihm eingenommenen Rauminhalte).

2. Pikrinsaures Kali; τ besitzt keinen messbaren Werth; $P = 1985$ kgr. pro Quadratcentimeter.

3. Schiessbaumwolle (wie bei 2.) τ ist unmerklich, φ nahe $= 1$. (Dichte der Ladung 0,2.)

4. Dynamit; die Zersetzung ist zwar etwas langsamer, aber das Verhältniss von τ zu τ_0 immer noch klein. Der Maximaldruck betrug 2547 kg pro Quadratcentimeter. (Dichte der Ladung 0,20.)

Pt.

VIEILLE. Sur la mesure des pressions développées en vase clos par les mélanges gazeux explosifs. C. R. XCV, 1280-1282†; [Beibl. VII, 357*.

Um die rasch variirenden Drucke zu messen, welche in geschlossenen Gefässen durch explosive Gasmischungen erzeugt werden, registrirte der Herr Verfasser das Gesetz der Verschiebung eines der Wirkung der Gase unterworfenen Kolbens von bekanntem Querschnitte und Gewichte.

Der Apparat besteht aus einem schmiedeeisernen $^1/_3$ bis 4 l fassenden Gefässe, an dessen Boden eine cylindrische Röhre von 15 cm Durchmesser aufgeschraubt ist. Ein Kolben trägt eine dünne Feder, deren etwas geführte Spitze während der Bewegung eine gerade Linie beschreibt. Unter der Feder dreht sich ein berusster Cylinder mit einer Geschwindigkeit von 10—15 m pro Secunde. Die Feder des Kolbens ist in einen Stromkreis eingeschaltet, sodass sie den Moment der Entzündung des Gases durch den elektrischen Funken durch einen scharfen Punkt markirt. Der Gasdruck verschiebt den Kolben, bis derselbe nach einer Bewegung von 5 cm durch einen Filzpfropfen aufgehalten wird. Die Schwingungen einer Stimmgabel werden ebenfalls aufgezeichnet und geben die Zeiteinheiten. Die correspondirenden Coordinaten der Curven werden durch ein nach zwei senkrecht zu einander stehenden Richtungen verschiebbares Mikroskop gemessen.

Eine Prüfung dieses Apparates durch Anwendung constanter, gemessener Drucke von 2–4 kg pro Quadratcentimeter ergaben im Mittel eine Uebereinstimmung von 1 pCt. zwischen Beobachtung und Rechnung. Für verschiedene Drucke werden an Volumen gleiche, aber an Masse von 9—228 g variirende Kolben angewendet. Einer derselben, von BIANCHI aus gehärtetem Stahle verfertigt, wiegt weniger als 10 g, widersteht, bei einer Länge von 65 mm und einem Querschnitte von 15 mm, ohne Deformation Drucken von 10—12 kg pro Centimeter und verschiebt sich unter dem Drucke einer Quecksilbersäule von 1 mm ohne merkliche Mengen von Gas entweichen zu lassen. *Pt.*

MALLARD et LE CHATELIER. Sur la nature des mouvements vibratoires qui accompagnent la propagation de la flamme dans les mélanges gazeux combustibles. C. R. XCV, 599-601†; [Beibl. VII, 100-101*.

Wird ein brennbares Gasgemisch am einen Ende eines am anderen Ende offenen Cylinders angezündet, so pflanzt sich die Flamme erst langsam und gleichförmig, dann schneller und zitternd fort, bis endlich ein Ton entsteht. Diese Erscheinungen studirten die Herren Verfasser mittelst photographischer Registrirung der Flamme. Sie wandten zunächst das photochemisch stark wirkende Gemisch von Stickstoffdioxyd und Schwefelkohlenstoff an und bedienten sich einer Röhre von 3 m Länge und 3 cm Weite. Ein Bild der Flamme wurde durch ein photographisches Objectiv auf einem mit lichtempfindlichem Papier überzogenen rotirenden Cylinder entworfen. Aus diesen Beobachtungen ergab sich Folgendes: Die gleichförmige Bewegung pflanzt sich mit einer Geschwindigkeit von 1,1 m pro Secunde bis zu 0,75 m fort, dann zeigt die Flammencurve einfache und complicirte schwingende Bewegungen an, die sich in Entfernungen von etwa $^1/_{15}$ oder $^2/_{15}$ der Röhrenlänge wiederholen. Die Zeitdauern derselben variiren von 0,025 bis 0,0034 Sec. und stehen zu einander im Verhältnisse der Zahlen 1, 2, 3, 4, 6. Die Amplitude scheint grösser für die Schwingungen von langer Periode und wächst besonders in der Nähe des letzten Drittels, woselbst ein Schwingungsbauch entsteht und der erste harmonische Oberton auftritt. Die Amplitude der Schwingungen wird alsdann enorm. In einem Versuche betrug sie 1,1 m, also mehr als $^1/_3$ der Röhrenlänge. Diesen beträchtlichen Schwingungen entsprechen sehr hohe, bis zu 5 Atmosphären ansteigende Drucke, namentlich in Gasen, bei denen die Anfangsgeschwindigkeit beträchtlich ist, (so beim Knallgas, wo sie 20 m erreicht). Die mittlere Fortpflanzungsgeschwindigkeit der Flamme wuchs mit der Amplitude und der Geschwindigkeit der Schwingungen von 1,1 bis 5,4 m resp. von 1,0 bis 8,6 m. In einem Falle bildete sich die von BERTHELOT und VIEILLE beobachtete Explosionswelle in der Periode der grossen Schwingungen in $^2/_3$ der Rohrlänge. Das dritte Drittel der Röhre wurde zerschmettert. Die

Intensität der Flamme variirt mit der Phase der Bewegung, entsprechend den Drucken. In engen Röhren entwickeln sich die Schwingungen lebhafter, als in weiteren, und in dem Maasse vergrössern sich auch die Drucke und die Störungen in der Fortpflanzungsgeschwindigkeit etc. *Pt.*

H. A. LORENTZ. Sur les mouvements qui se produisent dans une masse gazeuse, sous l'influence de la pesanteur, à la suite de différences de température. Versl. K. Ak. d. Wet. Afd. Nat. (2) XVIII, 179-205; [Arch. Néerl. XVII, 198-219*; Auszug vom Verfasser in: [Beibl. VI, 865†.

Der Herr Verfasser macht eine Anwendung der von ihm aus den Principien der kinetischen Theorie der Gase auf die obgenannten Strömungen, speciell auf den Einfluss derselben bei der experimentellen Bestimmung des Leitungsvermögens der Gase, ohne jedoch das Problem vollständig zu lösen. Er betrachtet zunächst den Fall, dass das Gas nur unendlich wenig von einem Zustande vollständig gleichförmiger Temperaturvertheilung abweicht. Unter dem Einflusse der Schwere erhalten die Flächen gleicher Temperatur eine andere Lage und es wird auch der Betrag des durch das Gas vermittelten Wärmeüberganges ein anderer, als wenn die Schwere nicht wirkte.

Der Herr Verfasser behandelt dann den Fall einer zwischen zwei concentrischen Kugeln enthaltenen Gasmasse. Wenn k_1 und k_2 die beiden Radien, μ und $\varkappa$ die Coefficienten der inneren Reibung und der Wärmeleitung, D die Dichte, T_0 die absolute Temperatur der einen der Kugeln und g die Beschleunigung der Schwere, dann ist das umgekehrte Verhältniss der bei Abwesenheit der Schwere übergeführten Wärmemenge W_1 zu dem Correctionsgliede W_2:

$$\frac{W_2}{W_1} = \frac{1}{7^2} \frac{g^2 D^2}{\mu \varkappa T_0} \cdot \frac{R_2 R_1 (R_2 - R_1)^4}{4R_2^2 + 7R_2 R_1 + 4R_1^2}.$$

Die Rechnung ergiebt für den von den Herren KUNDT und WARBURG benutzten Apparat den Werth 0,0003. Somit hätten bei unendlich kleinen Temperaturdifferenzen die Strömungen keinen merklichen

Einfluss ausüben sollen, während das Gegentheil stattfand. Die Abweichung zwischen der Rechnung und der Beobachtung erklärt der Verfasser aus dem Umstande, dass bei Temperaturdifferenzen von einigen Graden schon Strömungsgeschwindigkeiten von mehreren Centimetern pro Secunde auftreten können, die nicht mehr als klein angesehen und vernachlässigt werden dürfen.

Pt.

F. Kohlrausch. Ueber den angeblichen Einfluss des Sonnenscheins auf den Luftzug in Kaminen. Würzb. Sitzber. 1881, 151-154†; Carl Rep. XVIII, 244-247†; [Beibl. VI, 170 bis 171*.

Ein wellenförmig gebogenes Kupferblech von $^1/_{20}$ mm Dicke 50 mm Höhe und 150 mm Breite (Wellenlänge ca. 15 mm) wurde mit den kurzen Rändern in einem Rahmen befestigt, während der obere und untere Rand sich mit einem Spielraume von etwa $^1/_2$ mm frei verschieben konnte. Die Durchbiegungen dieses Bleches wurden auf einen kleinen Spiegel übertragen und durch Fernrohr und Scale beobachtet. Die Empfindlichkeit betrug ein Viermilliontel Atmosphäre. Dieser Apparat wurde in die Seitenwand eines Holzkistchens eingesetzt, welches oben und unten je eine runde Oeffnung von 80 mm Durchmesser hatte. Die untere Oeffnung wurde verschlossen und die obere abwechselnd den Sonnenstrahlen und dem Schatten eines Schirmes ausgesetzt; eine Wirkung auf den Druck im Kasten war nicht zu bemerken. Wurde die obere Oeffnung mit einem schwarzen Papiercylinder versehen, so trat sogleich eine von der Erwärmung der Luft im Cylinder herrührende Druckverminderung ein. Wurden die Oeffnungen des Kastens mit 350 mm langen eisernen Röhren versehen, so genügte bei verschlossener unterer Oeffnung eine geringe Erwärmung des oberen Rohres um eine Druckverminderung zu bewirken. Umgekehrt wurde bei verschlossenem oberen und offenem erwärmten unteren Rohre eine merkliche Druckvermehrung erhalten. Die Sonnenstrahlen übten durchaus keinen Einfluss aus. Dasselbe ergab sich als der Kasten, mit Rauch gefüllt, (nach einiger Erwärmung durch den unteren Rohraufsatz) beschattet oder belichtet wurde, während eine Rauchsäule aufstieg. Die Sonnenstrahlen drängen also den Rauch keineswegs zurück, sondern sie erwärmen blos die äussere Luft und verringern dadurch den Auftrieb. *Pt.*

P. KÄUFFER. Neubegründung der Fundamentalformel für Luftbewegung in Folge von Temperaturdifferenz. CARL Rep. XVIII, 200-205†; [Beibl. VI, 845-846*.

Der Herr Verfasser weist nach, dass die Formel für die Luftbewegung kalter Luft, deren Dichte s, in warme von der Dichte s_1 bei einem Niveauunterschied $= H$ auch auf die Bewegung warmer Luft in kalte angewandt werden müsse und laute:

$$v = \sqrt{2g\frac{Hs - Hs_1}{s}}.$$

Pt.

E. BOEDEKER. Versuche zur Bestimmung des Luftwiderstandes bei kleinen Geschwindigkeiten. Inaug.-Diss. Göttingen, 1881, 46 S.†; [Beibl. VI, 629-631*.

Der Herr Verfasser giebt dem Widerstandsgesetze für kleine, 1 cm pro Secunde nicht übersteigende Geschwindigkeiten die Form:

$$W = n.F_1.v,$$

wo F_1 die Hinterfläche des Körpers, v die Geschwindigkeit und n eine im Wesentlichen von der Cohäsionsconstante des betreffenden Gases und von der relativen Geschwindigkeit desselben gegen den Körper abhängige Constante bedeutet, die durch das Experiment zu ermitteln ist. Hierzu benutzte der Herr Verfasser zunächst die Schwingungen eines mit einem Magneten fest verbundenen Stabes unter dem Einflusse der Lichtdämpfung, indem er die Grösse und die Dauer der Schwingungsbewegung erst für den Apparat allein bestimmte, und dann wieder, nachdem Dämpfer aus dünnen, rechteckigen Kupfer-, Messing-, Aluminium- und Zink-Platten symmetrisch zur Drehungsaxe angebracht worden waren. Dabei wurden die Beobachtungen noch dadurch variirt, dass

Platten von verschiedenem Querschnitte und Umfange angewandt wurden. Die Schwingungen des an einigen Coconfäden unifilar aufgehängten Apparates wurden klein genommen und die Schwingungsdauer stets auf unendlich kleine Schwingungen reducirt. Bezeichnet K das Trägheitsmoment des ganzen schwingenden Körpers, L den gesammten Luftwiderstand desselben (als solcher negativ genommen), M die Directionskraft des Magneten und φ die Ablenkung des Stabes aus der Ruhelage, so folgt aus der Differentialgleichung der Bewegung:

$$K\frac{d^2\varphi}{dt^2} + L\frac{d\varphi}{dt} + M\varphi = 0,$$

wenn λ das in natürlichen Logarithmen gegebene Decrement, und T die Schwingungsdauer bedeutet und ferner, nach Gauss,

$$2P = \frac{L}{K}$$

gesetzt wird, für den auf den Hebelarm 1 bezogenen Luftwiderstand:

$$L = 2\frac{\lambda}{T}K.$$

Die Differenz der Luftwiderstände des Apparates mit und ohne Dämpfung ist als Luftwiderstand der Dämpfung anzusehen und auf die Fläche 1 und den Hebelarm 1 zu beziehen, um die gesuchte Constante n zu erhalten.

Einige Versuchsreihen wurden mit einem zweiten Apparate ausgeführt, bei welchem der Stab durch eine horizontale Messingscheibe und die Directionskraft des Magneten durch die Torsionskraft eines Metalldrahtes ersetzt war.

Die Resultate fasst der Herr Verfasser folgendermaassen zusammen:

1. Der Luftwiderstand von dünnen ebenen Platten die sich parallel ihrer Normale mit Geschwindigkeiten unter 1 cm bewegen, ist, wenn man von der Luftreibung der Kanten absieht der Fläche und der Geschwindigkeit direct proportional.

2. Er kommt aber nicht rein zur Wirkung und die aus ihm hergeleitete Widerstandsconstante n hat verschiedene Werthe, sobald die Platten von der Form eines schmalen Streifens ab-

weichen; die Constante ist dann um so kleiner, je grösser die Breite der Platten und ihre Geschwindigkeit ist.

3. Eine endgültige Zahlenangabe für die Widerstandsconstante war demnach nicht möglich; eine nach 2. möglichst günstige Beobachtung gab $n = 0{,}0028931$ also das Gewicht von ca. 0,0029 g als Aequivalent für den Druck in der Secunde auf ein Quadratcentimeter am Hebel 1 cm mit der Geschwindigkeit 1 cm. Das Mittel aus einer grossen Anzahl Durchschnittswerthe war $n = 0{,}001971$ g.

Im Anschlusse an § 26 der Mechanik des Hrn. KIRCHHOFF entwickelt der Herr Verfasser im II. Theile seiner Arbeit die Formel für den Luftwiderstand einer an einem horizontalen Hebelarme l schwingenden Kugel vom Radius R und findet:

$$L = \sqrt{\frac{2\pi}{T_0}}\,\frac{m}{2R}\sqrt{\frac{k}{\mu}}\left(2R^2+\tfrac{3}{2}l\right),$$

wenn m die von der Kugel verdrängte Luftmasse, μ die Dichte der Luft, und k der Reibungscoefficient derselben ist. Versuche die mit zwei an einem Hebel symmetrisch befestigten Kugeln ausgeführt wurden, ergaben für jede Kugel einen doppelt so grossen Werth als den theoretisch berechneten, eine Abweichung, welche der Herr Verfasser der Anwendung zweier Kugeln und dem vereinten Einflusse des unvermeidlichen Trägers und der Wände des Kastens zuschreibt. *Pt.*

M. MELSENS. Sur le passage des projectiles à travers les milieux résistants, sur l'écoulement des solides et sur la résistance de l'air au mouvement des projectiles. Ann. chim. phys. (5) XXV, 389-400†; [Beibl. VI, 435†.

Der Hr. Verfasser hat seiner Zeit*) experimentell nachgewiesen, dass einem die Luft durchdringenden, sphärischen Projectil eine beträchtliche Luftmenge vorauseilt, welche man auffangen und von derjenigen trennen kann, welche dem Projectil nachfolgt, oder am Rande desselben haftet. Die seither ausgeführten Ex-

*) C. R. Sept. 1867, Nov. 1869 und April 1872; Journal de la Société royale des Sciences naturelles et médicales de Bruxelles. 1872.

perimente bestätigten das bereits früher von ihm erhaltene Resultat, dass die vor dem Projectile sich ansammelnde Luft eine Schicht bildet, die bei grossen etwa 400 m betragenden Geschwindigkeiten im Stande ist den unmittelbaren Contact zwischen der Kugel und dem Hindernisse, auf welches sie trifft, zu verhindern, während bei Geschwindigkeiten von nur 70 bis 80 m der Contact eintritt.

Bei einer zweiten Reihe von Versuchen wurde die Kugel in einen stählernen Kegel geschossen, welcher an einen Gewehrlauf angeschraubt war. Dieser letztere war seinerseits mit einem rechtwinklig gebogenen Rohre verbunden, welches in einen mit Wasser gefüllten, einfachen Gasometer mündete. Der ebenfalls mit Wasser gefüllte Gewehrlauf war an dem dem Kegel zugewandten Ende leicht verschlossen. Die Gewalt der dem Geschosse vorauseilenden Luft war so gross, dass wiederholt die gut befestigten Glas- oder Metallglocken des Gasometers und sogar die Gewehrläufe zersprengt wurden. Die runde Kugel drang mehr oder weniger tief in den Kegel ein, spitzte sich zu und floss zum Theil in Tropfen durch die Oeffnung in den Gewehrlauf. Die Ränder einer gegen einen Bleiklotz abgeschossenen Bleikugel verschmolzen sich mit demselben, wenn die Geschwindigkeit 250 m betrug, während bei Geschwindigkeiten von 50 und 400 m dies nicht eintrat.

Der Luftwiderstand, den ein vertical in die Höhe geschossenes Projectil erfährt, variirt beständig mit Ausnahme des kurzen Augenblickes, in welchem die Verdichtung der Luft vor ilm und die Verdünnung der Luft hinter ihm aufgehört hat. Er kann nicht einfach dem grössten Querschnitt und dem Quadrate oder dem Cubus der Geschwindigkeit proportional gesetzt werden, denn er hängt ausserdem ab: von der Masse des Projectils, von der Form und Masse der adhärirenden Luft und von dem noch in einiger Entfernung vom Geschütze wirksamen Drucke der Pulvergase.

Die beschleunigte Geschwindigkeit eines frei fallenden sphärischen Projectiles nähert sich in Folge des Luftwiderstandes einer maximalen gleichförmigen Geschwindigkeit. Diese letztere beträgt für eine Bleikugel von 0,0167 m Durchmesser und 0,027 kg Gewicht blos 62 m pro Secunde und für eine Bombe von 0,3206 m Durchmesser und 75 kg Gewicht 160,5 m pro Secunde.

Pt.

W. Braun und A. Kurz. Messung der Luftreibung mittels drehender Schwingungen. Carl Rep. XVIII, 569-579†; [Beibl. VII, 747-748*.

In einer kritischen Besprechung der Werthe, welche von verschiedenen Forschern aus Transpirations- und Schwingungsversuchen für den Reibungscoefficienten der Luft ermittelt worden sind, heben die Herren Verfasser die geringe Uebereinstimmung der durch gewöhnliche Pendelbeobachtungen gefundenen Zahlen hervor. Sie versuchen alsdann nach Hrn. Lampe's Methode durch Beobachtung einer schwingenden Hohlkugel eine neue Bestimmung der Luftreibung zu erlangen, begehen dabei jedoch das Versehen anzunehmen, dass das Hinzutreten der Reibung der eingeschlossenen Luft denselben Effect habe wie die Verdoppelung des Reibungscoefficienten η. Durch die ebenfalls nicht zulässige Annahme, dass bei ihren Versuchen die gesammte Masse der Hohlkugel auf der Oberfläche vertheilt gedacht werden könne, wurde jener Fehler zufällig beinahe aufgehoben und die Herren Verfasser zu dem Irrtum verleitet die Richtigkeit der von Hrn. O. E. Meyer gegebenen Formeln zu bezweifeln. *Pt.*

O. E. Meyer. Ueber die Bestimmung der Luftreibung aus Schwingungsbeobachtungen. Carl Rep. XVIII, 697 bis 706†; [Beibl. VII, 747-748*.

Der Hr. Verfasser berichtigt zunächst den von den Herren Braun und Kurz begangenen Fehler und beweist die Richtigkeit der von ihm angewandten Formeln. Dann führt er die Nichtübereinstimmung der aus Pendelschwingungen abgeleiteten Werthe der Reibungscoefficienten der Luft auf die Nichtberücksichtigung des Luftwiderstandes des Pendelfadens zurück. Er berechnet nun den Einfluss desselben nach Formeln, die Stokes für pendelnde Kugeln und Cylinder aufgestellt hat (s. Cambr. phil. Trans. IX part. 2 p. 8), macht dann darauf aufmerksam, dass die Formeln für ein aus Kugel und Faden zusammengesetztes Pendel nicht durch einfache Addition der auf Kugel und Fadencylinder bezüglichen Glieder gebildet werden dürfen, und zeigt ferner, dass die Luftreibung auf die Schwingungen des Pendelfadens nur den dritten Theil der Wirkung ausübe, welche der Faden am Orte der Kugel erfahren würde.

Unter der Annahme, dass der Reibungscoefficient $\eta = 0{,}000175$ sei, berechnet er alsdann mit Hülfe der in Pogg. Anm. Bd. 142 S. 481. aufgeführten Zahlenangaben die logarithmischen Decremente für lange, mittlere und kurze Pendel, und findet dieselben sämmtlich etwas grösser als die beobachteten. Den Grund dieser 4 bis 20 pCt. betragenden Abweichungen findet er in der Biegsamkeit des Pendelfadens; in Folge derselben werden die Wirkungen der auf den Faden wirkenden Kräfte nicht ungeschwächt auf die Kugel fortgepflanzt, sondern geben theilweise zu Eigenschwingungen des Fadens Veranlassung, die nichts zur Vergrösserung des logarithmischen Decrements beitragen, sondern anderweitige Störungen veranlassen, welche durch Benutzung der Gronau'schen Formel bereits eliminirt sind. Nachdem der Hr. Verfasser auch diesem Umstande noch angenähert Rechnung getragen, verringerte sich die Differenz zwischen den berechneten und den beobachteten Werthen auf $^1/_4$ bis 5 pCt., so dass also die jetzige Annahme des Werthes der Luftreibung auch mit den Ergebnissen der Pendelversuche in Uebereinstimmung ist. *Pt.*

G. A. Hirn. Recherches experimentales sur la relation qui existe entre la résistance de l'air et sa température. Colmar 1882. Bull. de Belg. (3) II, 4; Rapport 225, 228, 233; Mém. de Belg. XLIII 1881; C. R. XCIV, 377-386*; [Beibl. VI, 462-463†.

Hr. Hirn ermittelte den Widerstand der Luft zunächst, indem er in der freien Atmosphäre Flügel rotiren liess, deren Ebenen senkrecht zur Bewegungsrichtung standen und den Widerstand auf dynamometrischem Wege bestimmte. Bei weiteren Versuchen liess er eine in einem Glasballon aufgehängte Glasplatte um ihre verticale Axe schwingen, ertheilte ihr durch Drehung der Aufhängung kleine Impulse, wenn sie den Umkehrpunkt erreicht hatte, und beobachtete die Maximalelongationen für verschiedene Dichten und Temperaturen der im Ballon enthaltenen Luft. — Methode und Rechnung entsprechen der bei der Bestimmung der Intensität des Erdmagnetismus benutzten. Der Hr. Verfasser fand, dass der Widerstand der Luft unabhängig von der Temperatur ist, sobald die Dichte ungeändert bleibt und sucht daraus einen Beweis gegen die kinetische Gastheorie abzuleiten. *Pt.*

M. NEYRENEUF. Mémoire sur l'écoulement du gaz et sur quelques propriétés des flammes. Ann. chim. phys. (5) XXV, 167-190†; [Beibl. VI, 727-729*.

Die Ausflussgeschwindigkeiten v und v' eines Gases, dessen Dichte d ist, durch zwei Oeffnungen in dünner Wand, im verticalen Abstande h, ergeben sich aus den folgenden Formeln, je nachdem man vom Ueberdrucke a im Niveau der oberen, oder von demjenigen b im Niveau der unteren Oeffnung ausgeht:

$$v = \sqrt{2g\cdot\frac{a}{d}}, \quad v' = \sqrt{\frac{2g}{d}[a-h(1-d)]}$$

$$v = \sqrt{\frac{2g}{d}[b-h(d-1)]}, \quad v' = \sqrt{2g\frac{b}{d}}.$$

Die ersteren Formeln sind ohne weiteres auf Gase anwendbar, deren Dichte kleiner als 1; wenn $a-h(1-d)=0$, so wird das Gas nur noch durch die obere Oeffnung ausfliessen. Die letzteren Formeln ergeben für Gase, deren Dichte grösser als 1, dass für $b=h(d-1)$ der Ausfluss nur noch durch die untere Oeffnung stattfindet. Die Richtigkeit dieser Folgerungen lässt sich mit Leuchtgas und Kohlensäure leicht nachweisen. Die Versuche mit Leuchtgas führten den Hrn. Verfasser zur Construction des folgenden einfachen Instrumentes: Ein Y-förmiges Rohr wird einerseits mit der Gasleitung, andererseits mittelst zweier gleich weiten Schläuche mit zwei Brennern mit grossen genau gleichen Oeffnungen verbunden. Wird die Gaszufuhr passend beschränkt, so vergrössert oder verkleinert sich selbst in grosser Entfernung diejenige Flamme, deren Niveau nur um Bruchtheile eines Millimeters gehoben oder gesenkt wird. Dieses, Gaslibelle benannte, Instrument benutzte der Hr. Verfasser um die Ausflussgesetze für getrocknetes Leuchtgas zu untersuchen. Er schaltete zwischen die Brenner Röhren von verschiedener Länge und Weite ein und änderte dadurch die Lichtintensität zweier in gleichem Niveau befindlichen Flammen umgekehrt wie die Widerstände. Die photometrischen Messungen ergaben für Röhren, deren Durchmesser D von 15 mm bis 5 mm und deren Länge L von 2 m bis 0,25 m variirte, die Gültigkeit der Girard'schen Formel:

$$\frac{D^5}{L} = \frac{D_1^5}{L_1}.$$

Lange Röhren, deren Durchmesser zwischen 4 und 2 mm betrugen, ergaben Resultate, die der Formel:

$$\frac{D^3}{L} = \frac{D_1^3}{L_1}$$

entsprachen, während die Beobachtungen an Röhren von weniger als 1 mm Durchmesser durch die Poiseuill'sche Formel

$$\frac{D^4}{L} = \frac{D_1^4}{L_1}$$

befriedigend dargestellt werden konnten.

Bei weiten Röhren nimmt die Ausflussmenge mit der Erwärmung zu, bei engen ab, während bei Röhren von 4 bis 5 mm Durchmesser der Temperatureinfluss unmerklich ist.

In dem zweiten Theile zeigt der Hr. Verfasser, dass jede Flamme einen individuellen Gegendruck ausübt, welcher mit der Ausflussgeschwindigkeit des Gases combinirt zur Herstellung empfindlicher und tönender Flammen sehr geeignet ist. *Pt.*

Victor Steudel. Ueber Transpiration von Dämpfen. (III. Abh.) Wied. Ann. XVI, 368-394†.

LOTHAR MEYER. Ueber Transpiration von Dämpfen. (IV. Abh.) WIED. Ann. XVI, 394-398†.

Diese Abhandlungen bilden die Fortsetzung der von den Herren LOTHAR MEYER und OTTO SCHUMANN in den Jahren 1879 und 1881 in WIED. Ann. veröffentlichten Arbeiten (s. diese Berichte XXXV, 191 und XXXVII, 207). Hr. STEUDEL untersuchte mit demselben Apparate und nach denselben Methoden mehrere homologe Reihen organischer Verbindungen, nämlich Alkohole bis zu vier Kohlenstoffatomen in dem Molecül, deren Halogenderivate, nebst einigen Substitutionsproducten des Aethans und Methans. Die Versuche, nach den von Hrn. L. MEYER benutzten Formeln berechnet, ergaben eine Zunahme der Transpirationszeit mit steigendem Moleculargewichte und zeigten, dass von isomeren Körpern bei den Siedepunkttemperaturen im Allgemeinen die normalen am langsamsten transpiriren und die tertiären am schnellsten. Die unsymmetrischen, leichter siedenden Verbindungen transpiriren ebenfalls schneller, als die symmetrischen. In der folgenden Tabelle sind einige Mittelwerthe der erhaltenen Reibungscoefficienten übersichtlich zusammengestellt:

	$\eta . 10^6$			
Radical	Alkohol	Chlorid	Bromid	Jodid
Methyl	135	(116)	—	245
Aethyl	142	(105)	183	216
Normales Propyl	142	146	184	210
Isopropyl	162	148	175	201
Normales Butyl	143	149	—	202
Isobutyl	144	150	179	204
Tertiäres Butyl	160	150	—	—

Es sind also die Reibungscoefficienten jeder Reihe homologer Körper beinahe gleich, dasselbe ergiebt sich für die daraus berechneten mittleren Weglängen. Die Moleculargeschwindigkeiten der Jodide sind nahezu gleich. Die Summen der Querschnitte sämmtlicher in 1 ccm Dampf bei der Temperatur der Siedepunkte enthaltenen Molecülen, und die Querschnitte einer für alle Stoffe gleichen Anzahl von Molecülen sind bei isomeren Körpern im Allgemeinen für die normalen Körper am grössten und für die tertiären am kleinsten. Die aus den Reibungscoefficienten berechneten relativen Molecularvolumina der Dämpfe sind durchweg ungefähr halb so gross, wie die nach der Kopp'schen Regel berechneten Volumina der tropfbaren Flüssigkeiten.

Hr. L. Meyer discutirt die vorstehenden Resultate im Zusammenhange mit den seiner Zeit für die Ester erhaltenen, welche ebenfalls ergeben hatten, dass homologe Verbindungen, auch bei sehr verschiedenem Moleculargewichte, meist nahezu dieselbe Reibungsconstante besitzen. Die Mittelwerthe sind:

für Alkohole	$C_nH_{2n+2}C$	$\eta = 0.000142$
für Chloride	$C_nH_{2n+1}Cl$	$\eta = 0.000150$
für Ester	$C_nH_{2n}\ C_2$	$\eta = 0.000155$
für Bromide	$C_nH_{2n+1}B_r$	$\eta = 0.000182$
für Jodide	$C_nH_{2n+1}J$	$\eta = 0.000210$

Die Art des Einflusses der Constitution ist noch nicht nachzuweisen, während der Einfluss, den die Natur der in der Verbindung enthaltenen Atome auf die Reibung ausübt, klar hervortritt. Die aus Graham's Beobachtungen berechneten und durch ( ) bezeichneten Reibungsconstanten für Chlormethyl und Chloräthyl sind sehr viel kleiner, als diejenigen, die sich aus der Analogie der für die anderen Chloride erhaltenen ableiten lassen. Die Differenz dürfte kaum in der Natur der Stoffe begründet sein. Wenn auch die aus der Reibung der Dämpfe berechneten Molecularvolumina derselben untereinander in nahezu demselben Verhältnisse stehen, wie die Molecularvolumina im tropfbaren Zustande bei den Siedepunkten, so können diese Grössen doch nicht identisch sein, da das Molecularvolumen einer tropfbaren Flüssigkeit mit steigender Temperatur wächst, während die aus der Reibung der Dämpfe berechnete Grösse mit der Temperatur abnimmt. Die Thatsache, dass die Reibung mehr von der Qualität als von der Quantität der in dem Molecül enthaltenen Atome abhängt, könnte zu Gunsten der sonst bedenklichen Annahme angeführt werden, die Wirkungssphäre eines Molecüls sei derjenige Raum, innerhalb dessen die Molecularattraction sich geltend mache, durch den aber ein anderes Theilchen um so leichter und um so näher dem Mittelpunkte durcheilen könne, ohne in seiner Bewegung gehemmt zu werden, je grösser seine Geschwindigkeit sei. *Pt.*

ERNST B. HAGEN. Ueber die Spannungen des gesättigten Quecksilberdampfes bei niederen Temperaturen. WIED. Ann. XVI, 610-619†.

Durch eine kritische Besprechung der von REGNAULT mitgetheilten Werthe für die Spannung des Quecksilberdampfes weist Hr. HAGEN die Unzuverlässigkeit derselben nach, und theilt alsdann die wesentlich davon abweichenden Resultate neuer, von ihm ausgeführter Versuche mit.

Der Hr. Verfasser benutzte zuerst ein U-förmiges Glasrohr, dessen 2 cm weite und 10 cm lange Schenkel bis zur halben Höhe mit Quecksilber gefüllt, oben mit je einem luftfreien, geschlossenen, 2 mal rechtwinklig gebogenen Abkühlungsrohre verbunden waren und unten in ein circa 71 cm langes, in Quecksilber eintauchendes Glasrohr endigten. Das ganze System bildete ein luftfreies Barometer, dessen barometrische Kammer in zwei vollkommen von einander getrennte Theile gespalten war. Das eine Abkühlungsrohr wurde auf 0° gehalten, das andere auf Temperaturen abgekühlt, die zwischen 0° und —87° lagen, und die Niveaudifferenz micrometrisch gemessen. Dieselbe war bei Temperaturen zwischen —40° bis —87° constant 0,015 mm. Dieser Werth wurde als die Dampfspannung des Quecksilbers bei 0° angesehen. Zwischen —40° und 0° ergaben sich folgende Dampfspannungen in Millimetern:

Temp.	—26°	—25°	—23°	—20°	—20°	—10°	—6°	0°
Spannung	0,010	0,006	0,008	0,007	0,010	0,014	0,011	0,015

Für Temperaturen über 100° wurde ein einfaches U-förmiges Rohr angewandt, dessen einer Schenkel oben geschlossen und dessen anderer Schenkel mit einem ziemlich weiten, mit einer kleinen Kugel endigenden Abkühlungsrohre versehen war. Das U-förmige Rohr wurde in einem Thermostaten erhitzt, während das Abkühlungsrohr stets auf 0° gehalten wurde. Die zum Theil mit beiden

Apparaten beobachteten, regelmässig auf einer Curve liegenden Dampfspannungen für Temperaturen in der Nähe von 50°, 100°, 150° und 200° glich Hr. HAGEN gruppenweise mittelst der Formel $p = a + bt + ct^2$ nach der Methode der kleinsten Quadrate aus, und erhielt die folgenden Spannungen in Millimetern:

Temp.	0°	50°	100°	150°	200°
Spannung	0,015	0,042	0,210	1,920	15,95

Hieraus ermittelte er nach der BIOT'schen Dampfspannungsformel

$$\log p = a + b\alpha^{\tau} + c\beta^{\tau}$$

die Constanten $a = 0{,}55542 - 3$, $\log\alpha = 0{,}008233$

$b = 0{,}11242$ $\log\beta = 0{,}005354$

$c = 0{,}73309$

und berechnete folgende Werthe für die Spannung des Quecksilberdampfes zwischen 0° und 100°, denen die von REGNAULT angegebenen gegenübergestellt sind:

	Hagen	Regnault		Hagen	Regnault
Temp.	p	p	Temp.	p	p
0	0.015	0.020	60	0.055	0.164
10	0.018	0.027	70	0.074	0.241
20	0.021	0.037	80	0.102	0.353
30	0.026	0.053	90	0.144	0.514
40	0.033	0.077	100	0.21	0.746
50	0.042	0.12			

Pt.

Lord RAYLEIGH. On the tension of mercury vapours at common temperatures. Rep. Brit. Ass. 1882, 441†.

Der Verfasser kann die von REGNAULT und Hrn. HAGEN beobachteten Werthe der Dampfspannung des Quecksilbers nicht mit den von Hrn. CROOKES beobachteten Erscheinungen in stark verdünnten Gasen in Einklang bringen. Er bezweifelt zunächst die Richtigkeit der HAGEN'schen Annahme, dass die Dampfspannung in einer Kammer von variabler Temperatur durch die Temperatur des kältesten Theiles völlig bedingt sei, und spricht die Vermuthung aus, dass Aenderungen der Capillarconstanten oder Strömungen an der gekühlten Oberfläche des Quecksilbers die Spannungen hätten zu klein erscheinen lassen. *Pt.*

H. Hertz. Ueber den Druck des gesättigten Quecksilberdampfes. Wied. Ann. XVII, 193-200†.

Die folgenden Bestimmungen des Druckes, welchen der gesättigte Quecksilberdampf ausübt, wurden aus Anlass der Versuche über die Verdunstung angestellt (s. diese Berichte XXXVIII, Abschnitt IV, 22), und dabei wurde ein U-förmiges Manometer benutzt, dessen Schenkel durch Auskochen und Auspumpen luftleer gemacht und auf verschiedenen Temperaturen erhalten wurden. Die Temperatur des erhitzten Schenkels gab ein inmitten des Quecksilbers befindliches, calibrirtes und auf das Luftthermometer bezogenes Thermometer; den Druck gab die Beobachtung des Niveauunterschiedes in beiden Schenkeln unter Berücksichtigung der Wärmevertheilung in dem Verbindungsrohre. Der Einfluss der Capillarität wurde durch Beobachtung des Niveauunterschiedes bei gleicher Temperatur eliminirt. Nur die für Temperaturen über 150° erhaltenen Zahlen wurden benutzt, die anderen, der zu grossen Correctionen wegen, verworfen.

Für die Bestimmung der kleineren Drucke wurden die offenen Schenkel zweier 20 mm weiten Manometer *A* und *B* mit einander verbunden und die geschlossenen Schenkel soweit luftleer gemacht, dass bei inneren elektrischen Entladungen in Folge äusserer elektrischer Spannungen blos das grüne Phosphorescenzlicht auftrat. *A* wurde im Wasserbade auf Zimmertemperatur gehalten, *B* im Paraffinbade erhitzt, jedoch nur soweit, dass das Quecksilberniveau des geschlossenen Schenkels nicht unter das des offenen sank, in welch letzterem der Druck der Luft 10 bis 20 mm betrug. Der Druck des Quecksilberdampfes war also kleiner, als der Druck der Luft im offenen Schenkel und, da Verdunstung nur durch Diffusion eintreten konnte, in den offenen Schenkeln gleich. Die Differenz der auf 0° reducirten, mikrometrisch gemessenen Ablesungen der beiden Manometer entsprach der Differenz des Sättigungsdruckes für die Temperatur des heissen und des kalten Manometers. Bis zu 50° konnte kein Druck wahrgenommen werden, bei 60° betrug derselbe etwa 0.03, bei 70° 0.05 und bei 80° 0.09 mm, von da ab wurden die beobachteten Drucke als richtig angesehen, da ihre Fehler gegen die der Temperaturmessung verschwanden. Die zwischen 90° und 203° angestellten Beobachtungen, stimmten befriedigend mit den nach der ersten Methode erhaltenen. Zur Berechnung der Versuche benutzte der Hr. Verfasser die folgende theoretische Formel für die Dampfspannung

$$p = k_1 T^{1-\frac{s-c}{AR}} e^{-\frac{k_2}{T}},$$

welche mit derselben Annäherung gilt, mit welcher der gesättigte Dampf dem Gay-Lussac-Mariotte'schen Gesetze gehorcht. Nach Ronkar beträgt die specifische Wärme des flüssigen Quecksilbers (s) zwischen −20° und +200° 0.0332, nach den Herren Kundt und Warburg die specifische Wärme des Quecksilberdampfes bei constantem Volumen (c) 0.0149, woraus sich der Exponent von T zu −0.846 berechnet. Aus den beobachteten Dampfspannungen p und den entsprechenden absoluten Temperaturen T ermittelte der Hr. Verfasser die wahrscheinlichsten Werthe der unbekannten Constanten und fand für dieselben die Werthe:

$$\log k_1 = 10.59271, \quad \log k_2 = 3.38623,$$

welche die Beobachtungen vortrefflich darstellen und aus welchen der Hr. Verfasser die folgenden Dampfspannungen in Millimetern von 10° zu 10° berechnete.

t	p	t	p	t	p	t	p
0°	0.0002	60°	0.026	120°	0.779	180°	9.23
10	0.0005	70	0.050	130	1.24	190	13.07
20	0.0013	80	0.093	140	1.93	200	18.25
30	0.0029	90	0.165	150	2.93	210	25.12
40	0.0062	100	0.285	160	4.38	220	34.90
50	0.013	110	0.478	170	6.41		

Pt.

A. L. Petit und V. Tatin. Kraftübertragung durch Luftverdünnung. Dingl. J. CCXLVI, 59-60†.

Die Herren A. L. Petit und V. Tatin haben in Paris Versuche über die Uebertragung von Arbeitskraft mit Hülfe verdünnter Luft angestellt, indem sie die zu treibenden Motoren durch eine 600 m lange, 60 mm weite Röhrenleitung mit einer Luftpumpe verbanden. Die kleinsten Motoren gaben eine Leistung von 3—5 mkg bei einer Druckdifferenz von $^1/_4$ Atmosphäre. Ausser den Vorzügen, jeder Zeit in Bewegung gesetzt resp. angehalten werden zu können, keiner besonderen Bedienung zu bedürfen etc., haben diese Motoren den Vortheil zugleich als Ventilatoren zu wirken. Der Betrieb wird dagegen wegen der unvermeidlichen grossen Verluste nicht billig sein, und sind auch die Pumpen, sowie die Motoren wegen der geringen Druckdifferenz unverhältnissmässig gross. *Pt.*

Ernst B. Hagen. Ueber einen Apparat zum Nachweis des Mariotte'schen Gesetzes für Dämpfe und Gase. ZS. f. Instrk. II, 252-254†; [Beibl. VI, 774-775*.

Der Apparat besteht im Wesentlichen aus drei, an ihrem unteren Ende communicirenden, innen 1 cm weiten, oben mit Glashähnen verschliessbaren Glasröhren. Die Röhren I und II sind zur Aufnahme von Dampf resp. Luft bestimmt, während die dritte, längere, zur Druckmessung dient, und, unten verlängert, durch einen Kautchukschlauch mit einem Quecksilbergefässe verbunden ist. An die Röhre I ist oben ein schräg nach unten verlaufendes T-Rohr angeblasen. Ein Schenkel desselben trägt einen Hahn, der andere ein zur Aufnahme von Aether dienendes kleines Glaskölbchen. Die beiden Messröhren I und II sind genau gleich weit und von den Hähnen abwärts in vier gleiche Volumina so eingetheilt, dass die entsprechenden Theilstriche in dieselbe Horizontalebene fallen. Nachdem die drei Röhren mit Quecksilber gefüllt und die Hähne verschlossen sind, wird Aether in das Kölbchen gegossen, dann mit der Wasserluftpumpe evacuirt, und nachher das Kölbchen in kaltes Wasser gebracht. Durch Senken des Quecksilbergefässes lässt man nun $1^1/_2$ Volumina Aetherdampf in das Rohr I treten, schliesst dann wieder den Hahn desselben, und lässt den Dampf sich auf zwei Volumina ausdehnen. In das Rohr II wird Luft eingelassen, bis dieselbe ebenfalls zwei Volumina einnimmt.

Nun lässt sich zeigen, dass der überhitzte Aetherdampf sich wie die Luft verhält, und es können die bestimmten Volumen entsprechenden Drucke direct an dem ein Barometer bildenden Rohre III beobachtet werden. *Pt.*

J. Ville. Appareil destiné à regulariser l'écoulement d'un gaz à une pression quelconque. C. R. XCIV, 724-725†; [J. de phys. (2) I, 321-326†; [Beibl. VI, 519*.

Um Gase in einem Gefässe *B* auf constantem Drucke zu erhalten, construirte der Verfasser folgenden Apparat. Ein Reservoir *A* enthält das comprimirte Gas und steht mit zwei diesseits und jenseits eines Elektromagneten gelegenen Kupferkammern in Verbindung, von denen die obere ein Ventil umschliesst, welches durch den Elektromagneten geöffnet werden kann. Von der oberen Kammer führt eine Zweigleitung direct zu dem Gefässe *B*, während in eine zweite, ebenfalls mit dem Gefässe *B* verbundene Leitung ein Regulator eingeschaltet ist. Dieser Regulator besteht aus einem dickwandigen, durch einen Kupferdom geschlossenen Eisengefässe *E*, in welches oben eine fast bis zum Boden reichende Eisenröhre *f* eingesetzt ist, die mit dem Gefässe *B* in Verbindung steht. Im Innern derselben befindet sich ein luftdicht eingepasster, durch Hartgummi isolirter, vernickelter Stahlstab *s*, welcher durch eine Schraube höher oder tiefer gestellt werden kann. Das Gefäss *E* wird soweit mit Quecksilber gefüllt, dass das Rohr *f* in dasselbe eintaucht, während der Stahlstab *s* etwa $^1/_4$ mm höher steht. Dann wird der Elektromagnet einerseits mit der Batterie, anderseits mit dem Gefässe *E* verbunden, während das aus dem Regulator hervorstehende Ende des Stahlstiftes *s* mit dem zweiten Pol der Batterie verbunden wird. Vermindert sich der Druck im

Gefässe *B* nur um $^1/_4$ mm, so steigt das Quecksilber in dem Rohre *f* bis zum Stifte *s*, der Strom wird geschlossen und öffnet mit Hülfe des Elektromagneten das Ventil. Das jetzt aus dem Reservoir *A* ausströmende Gas vermehrt den Druck wieder, das Quecksilber fällt, die elektrische Verbindung ist unterbrochen und das Ventil schliesst sich wieder. Dieser Regulator wurde in den physikalischen und chemischen Laboratorien der medicinischen Facultät zu Montpellier angewendet. *Pt.*

A. VERNON HARCOURT. Instrument for correcting Gaseous Volums. Proc. Roy. Soc. XXXIV, 166-167; [Beibl. VII, 322-323†.

Das vom Herrn Verfasser Aerothometer genannte Instrument dient zur angenäherten empirischen Bestimmung der Reduction von Gasvolumen. Es besteht aus zwei nebeneinanderstehenden engen Glasröhren, von denen die eine offen und oben nach unten umgebogen ist, während die andere oben mit einer Kugel vom $4^1/_2$fachen Volumen der Röhre versehen ist und feuchte Luft enthält. Unten sind die Röhren mit einem cylindrischen Gefässe verbunden, in welchem sich Quecksilber befindet. Den Deckel dieses Gefässes bildet ein Lederbeutel, welcher durch eine Schraube gehoben und gesenkt werden kann. Das Luftthermometer ist so graduirt, dass die Luft bei einem bestimmten Normaldrucke und einer Normaltemperatur ein Volumen 1000 einnimmt. Macht man den Quecksilberstand in beiden Röhren gleich, so ergiebt die Ablesung die entsprechende Reduction für das Gasvolumen.

Pt.

KRAJEWITSCH. Ueber die Grenzen der Verdünnung, welche mit der Quecksilberluftpumpe erreicht wird, und über die Ursachen der Unvollkommenheit von dergl. Apparaten. J. d. russ. chem.-phys. Ges. XIII, 335; [Nature XXV, 377†; [Beibl. VII, 89*.

Der Hr. Verfasser behauptet, dass die Spannkraft des Quecksilberdampfes in einer Quecksilberpumpe bei gewöhnlicher Temperatur 0,02 mm betrage. Selbst bei Anwendung absorbirender Substanzen können die Quecksilberdämpfe nicht fortgeschafft werden, da sich unmittelbar wieder neue bilden. Der Hr. Verfasser bestreitet daher, dass Hr. Crookes eine Luftverdünnung auf 0,00004 mm erlangt habe, da Macleod's Methode blos die Spannkraft eines permanenten Gases ergebe (unter der Voraussetzung, dass das Mariotte'sche Gesetz für so niedrigen Druck noch richtig sei), aber nicht die Spannkraft des Quecksilberdampfes. Der Hr. Verfasser empfiehlt dann die Pumpe von Mendelejeff mit einigen eigenen Modificationen, welche hauptsächlich bezwecken die Adhäsion eines Lufthäutchens am Glase bei niedrigem Drucke zu beseitigen. Die Verdünnung der Luft kann bei dieser Pumpe soweit gebracht werden, dass die Spannkraft des permanenten Gases auf 0.0002 mm reducirt wird, sodass man die von Hrn. Crookes beschriebenen Erscheinungen zeigen kann. *Pt.*

J. B. Hannay. An Examination of Vacua. Phil. Mag. (5) XIII, 229-235†; [Beibl. VI, 631-633*.

Um ein vollkommenes Vacuum zu erzielen und Quecksilberdämpfe zu vermeiden, bediente sich der Hr. Verfasser einer bei 94° schmelzenden Legirung (von 50 pCt. Wismuth, 25 pCt. Zinn und 25 pCt. Blei), welche selbst bei hohen Temperaturen in Verbrennungsröhren nicht merklich verdampfte, noch Gas absorbirte, oder abgab. Mit dieser Legierung operirte der Hr. Verfasser in mehrfach modificirten Sprengel'schen Pumpen, bei Temperaturen zwischen 120 und 150°. Nachdem er die zu evacuirenden Gefässe vorerst durch eine gewöhnliche Sprengel'sche Pumpe ausgepumpt hatte, schmolz er die Verbindung zu und pumpte nun mit der bei hohen Temperaturen das Glas benetzenden Legierung aus. Nach einstündigem Evacuiren, wobei die kugelförmigen, oben mit einer Ansatzröhre versehenen Recipienten nahe bis zur Erweichungstemperatur erhitzt wurden, liess er das Metall bis in den Röhrenansatz aufsteigen und daselbst an einer Stelle erkalten. Bei diesem mehrmals wiederholten Verfahren vereinigte sich das flüssige Metall mit dem erstarrten, ohne jegliche Blasenbildung. Nichtsdestoweniger zeigte sich eine Menge kleiner Blasen, als die Glasröhren ausgezogen und abgeschmolzen wurden. Der Verfasser schliesst daraus, dass stark verdünnte Gase beim Zusammenpressen eine Schicht auf dem Glase bilden und daher durch die MACLEOD'sche Methode nicht angezeigt werden. Nach 6 monatlichen Bemühungen gelang es dem Hrn. Verfasser zwar endlich eine so starke Verdünnung zu erzielen, dass es unmöglich war durch eine Leydner Batterie von 12 Flaschen einen Funken zwischen zwei eingeschmolzenen Platindrähten zu erzeugen, während eine kräftige HOLTZ'sche Maschine noch ein Leuchten der innern Glaswandungen hervorbrachte, wenn die höchste mit einer gewöhnlichen SPRENGEL'schen Pumpe erreichbare Verdünnung von $\frac{1}{23000000}$ Atmosphäre erzielt war. Es vermitteln daher wohl nur die Quecksilberdämpfe den Uebergang des Funkens. Durch Anwendung schwer schmelzbarer Gläser gelang es zwar dem Hrn. Verfasser die Blasenbildung beim Erweichen des Glases sehr zu vermindern, doch niemals einen absolut gasfreien Raum zu erzeugen. Eine experimentelle Entscheidung der Frage, ob Strahlung durch gewöhnliche Materie oder durch Aether vermittelt werde, konnte daher nicht versucht werden.

Pt.

F. NEESEN. Quecksilberluftpumpe ohne Hahn. ZS. f. Instrk. II, 285-289†; [Beibl. VII, 651-652*.

Der Hr. Verfasser empfiehlt, wie Hr. SCHULLER, den Abschluss der Quecksilberluftpumpe gegen das zu evacuirende Gefäss mittelst zweier abgeschliffener, ein Ventil bildender Glasplatten herzustellen, jedoch behufs einer vollkommeneren Dichtung das Quecksilber mit einer Schicht Chlorcalciumlösung zu bedecken. Um die auszutreibende Luft in einen luftverdünnten Raum austreten zu lassen, setzt der Verfasser auf die obere Glaskugel ein Glasrohr, welches sich zu einer manometerförmig gebogenen Capillare *f* verengt, welche in ein kleines, mit einem Manometerrohre *g* aus derselben Capillare versehenes Gefäss mündet. Das letztere verengt sich am oberen Ende und kann durch ein sich nach oben öffnendes Kegelventil verschlossen werden. Das Ventil befindet sich in einer weiteren angekitteten Röhre, welche oben durch einen Kork luftdicht verschlossen und mit einem Hahn versehen ist. Beim Ausblasen der Luft tritt das Quecksilber bis über den Trichter des Ventiles, verschliesst dasselbe beim Pumpen und sperrt endlich in dem manometerförmigen Theile der Capillare die Verbindung mit der Pumpe. Die Länge der in einen sehr verdünnten Raum austretenden letzten Luftblase wird gemessen und ihr Volumen aus dem bekannten Querschnitte der Capillare berechnet. Die Niveaudifferenz in den beiden Capillaren *f* und *g* giebt unmittelbar den Druck unter dem die Luftblase steht, so dass daraus der Verdünnungsgrad bestimmt werden kann.

Pt.

R. Kleemann. Luftpumpe zu Evacuation und Compression mit Selbststeuerung. ZS. f. Instrk. II, 25†; [Beibl. VI, 434*.

Bei der zweistiefeligen Hahnluftpumpe von Hrn. Kleemann sind die Kolben unten conisch abgedreht und passen genau in entsprechende Ausbohrungen der unteren Stiefelenden, unter deren tiefsten Punkten sich unmittelbar die jeden Stiefel für sich absperrenden Hahnkörper befinden. Die Ausblaseöffnungen sind durch kleine Ventile gesperrt. Behufs Selbststeuerung ist in dem auf der Kurbelaxe aufgesetzten, gezahnten Kolbentriebrade ein Schlitz von 60° plus der Stärke einer auf der Axe befindlichen Nase, ausgeschnitten, so dass die Axe erst um 60° gedreht werden muss, bevor das Triebrad und damit die Kolben sich bewegen. Auf jedem Hahne ist ein Rädchen von Rothguss befestigt, in welches ein Theil eines gezahnten Kreises eingreift, der mit einem auf der Axe schleifenden Eisenstücke mittelst Stangen gekuppelt ist. Die Zähnezahl der Rädchen verhält sich zu der des Kreises wie 2 zu 3, so dass die Hähne sich um 90° drehen, während die Axe um 60° gedreht wird. Alsdann stösst der Sector an sein

Lager und die Umsteuerung ist beendet, wenn die Kolben sich beim Hin- oder Rückgange in Bewegung setzen.

Die Hälfte des Umfanges der Rothgussrädchen der Hähne ist gezahnt, so dass nach einer Verstellung der Hähne um 90° die Pumpe als Compressionspumpe benutzt werden kann.

Zum Schutze der Pumpe gegen Wasser und Quecksilber endigt die Verbindung derselben mit dem Teller erst oberhalb desselben, nahe an der Decke einer Kapsel. *Pt.*

CAILLETET. Nouvelle pompe destinée à comprimer les gaz. C. R. XCIV, 623-626†; [J. de phys. (2) I, 449; [Mondes (3) II, 89*; [ZS. f. Instrk. II, 265-266*; [Beibl. VI, 435*.

DEBRAY. Remarque .... C. R. XCIV, 626†.

ROBERT J. LECKY. M. CAILLETET's Pump for Condensing Gas. Nature XXVI, 343†.

Die vom Hrn. Verfasser angegebene Compressionspumpe gestattet, in einer Stunde 400 bis 500 g Kohlensäure oder Stickoxydul zu verflüssigen und andere Gase auf 200 Atmosphären zusammen zu drücken. Der schädliche Raum und die Erhitzung sind durch eine den Kolben umgebende Quecksilberdichtung vermieden. Als Schmiermittel wird Glycerin oder besser Vaselin verwendet. Der Hahn, durch welchen das Gas eintritt, wird durch Selbststeuerung geöffnet und geschlossen. Bei jedem Kolbenhub wird $^1/_8$ l Gas comprimirt, welches bei hinlänglichem Drucke ein Verschlussventil öffnet und in einen Kupferkessel entweicht, aus welchem es in die Recipienten gelangt. Diese bestehen aus einem Bündel metallener, unter einander verbundener Röhren, welche etwa 4 l Flüssigkeit aufzunehmen vermögen.

Hr. DEBRAY bemerkt, dass die im Laboratorium der École Normale aufgestellte Pumpe einen Monat hindurch mit Erfolg benutzt wurde und, falls die Rechnungen von Hrn. SARRAU zutreffend seien, auch die Verflüssigung des Sauerstoffes gestatten werde.

Hr. R. LECKY bemerkt, dass eine ähnliche Pumpe schon im I. Bd. des Mechanics Magazine 1823, 232, als von BUSSEL erfunden, beschrieben und eine Modification derselben von DAVID GORDON zur Compression von Oelglas technisch angewandt worden sei.

Pt.

P. STÜCKRATH. Eine neue Compressionspumpe.

ZS. f. Instrk. II, 238-241†.

Bei der Construction dieser neuen Compressionspumpe werden die Uebelstände vermieden, welche bei der NATTERER'schen Compressionspumpe durch die liegende Stellung und die bedeutende Länge des Stiefels entstehen. Die Pumpe besteht aus zwei Stiefeln, dem weiten Saugestiefel (I), welcher durch das Bodenventil (1) das Gas aus dem Entwickelungsapparate aufsaugt, und dem engen Cylinder (II), welcher die Kolbenstange des Kolbens *K* im Stiefel I bildet, und beim Rückgange das auf etwa 5 Atmosphären zusammengepresste Gas aufnimmt. Der kleine Kolben (*R*) des Cylinders II steht still und ist an dem Gestelle der Pumpe mittelst einer fein durchbohrten Stange (*S*) unveränderlich befestigt. Geht nun der Kolben *K* wieder in die Höhe, so wird das im Cylinder II befindliche Gas durch die feine Röhre *S* in den Recipienten gepresst, während sich gleichzeitig der Stiefel I neuerdings mit Gas füllt. Es ist klar, dass der Druck auf den Kolben *K* nicht über 5 Atmosphären steigen kann, wie hoch auch die Compression im Recipienten sein möge; man kann daher den Durchmesser des Kolbens *K* ziemlich gross machen. Der Durchmesser von *R* ist so gewählt, dass, selbst wenn der Druck im Recipienten auf 50 bis 60 Atmosphären steigt, die Pumpe noch leicht bewegt werden kann.

Durch passende Uebersetzungen wird die kurze Kolbenbewegung so verlangsamt, dass keine grosse Erhitzung der Stiefel eintritt, obschon dieselben nicht gekühlt werden. Ein Mann kann mit dieser Pumpe in $1\frac{1}{2}$ Stunden 600 g flüssige Kohlensäure herstellen.

Die Recipienten bestehen aus kupfernen, auf mindestens 200 Atmosphären geprüften Cylindern. Dieselben sind entweder ganz geschlossen, oder aber mit einem abnehmbaren Deckel versehen, auf den man ein Manometer, oder die bekannte feine Ausströmungsöffnung aufschraubt. Das Ventil unterhalb derselben wird durch eine Druckschraube geöffnet. *Pt.*

M. Ritoff. Centrifugalluftpumpe. J. d. russ. chem.-phys. Ges. [2] XIV, 10†.

Ein eigenthümliches, auf der Oberfläche eines Kegels vertheiltes System von Röhren, in welchen sich bei schneller Drehung Quecksilbertropfen bewegen, welche Luft mit sich nehmen. Ohne Zeichnung schwer zu beschreiben. Der Grad der erreichbaren Verdünnung ist nicht angegeben. *O. Chw.*

R. Fuess. Normal-Barometer und -Manometer. ZS. f. Instrk. I, 2-7†.

Im Auftrage des Herrn Förster wurde der Plan des Instrumentes von den Herren Pernet und Thiesen entworfen unter Berücksichtigung der Erfahrungen, welche über das von Hrn. Wild in Petersburg construirte Normalbarometer vorlagen (Rep. für Met. III Petersb. 1874). Auf einer eisernen, an der Wand befestigten Grundplatte erheben sich zwei Stative, welche das Barometer nebst Maassstab und das Manometer tragen, und der Verticalcomparator. Die Stative bestehen aus einem Dreifusse mit Stellschrauben und runden, vernickelten, stählernen Säulen. Diese letzteren durchsetzen die Grundplatte und tragen unten starke plattenförmige Federn, durch welche die Stative fest gegen die Grundplatte gedrückt werden, während eine Justirung derselben durch die Fussschrauben ermöglicht ist. Die beiden Schenkel des Heberbarometers sind unten und oben 25 mm weit. Die Axen derselben liegen genau in einer Verticalen. Dasselbe gilt für die Schenkel des heberförmigen Manometers, von denen das obere mit 2 Hähnen versehen ist und wie eine Geissler'sche Luftpumpe luftleer gemacht werden kann. Hähne und Schläuche gestatten beliebige Verbindungen zwischen Manometer und Barometer und einem beweglichen Quecksilberreservoir, so dass die Quecksilberkuppen in jeder beliebigen Höhe fixirt und durch langsames Ansteigenlassen des Quecksilbers gut ausgebildet werden können. Mit dem hauptsächlich zu luftthermometrischen Arbeiten bestimmten Manometer können Drucke von wenigen Centimetern bis zu $1^1/_2$ Atmosphären unabhängig vom Luftdrucke gemessen werden. Die Quecksilberkuppen, der Maassstab und die Thermometer (deren Gefässe in entsprechend weiten mit Quecksilber gefüllten Röhren eintauchen) liegen alle in derselben Cylinderfläche, in der deutlichen Sehweite der beiden am Verticalcomparator (vertical) verschiebbaren Mikrometermikroskope. Da die Kuppen vertical übereinanderliegen, so kann ihre Distanz durch eine einzige Drehung auf den Maassstab übertragen werden. Die Beleuchtung des Maassstabes und der Kuppen geschieht nach dem Vorschlage des Hrn. Thiesen mittelst Collimatoren, deren Oeffnung zum Theil durch einen Schirm abgeblendet ist. Von diesem letzteren wird nach zweimaliger Reflexion des Lichtes, welches auf zwei hinter der Kuppe aufgestellte Spiegel auffällt, ein Bild des horizontalen Randes in der Mitte der Barometer- oder Manometerröhre erzeugt, so dass die Kuppe schwarz auf hellem Hintergrunde erscheint. Der Schirm wirkt also wie eine zur Quecksilberkuppe relativ unveränderliche schwarz-weisse Blende.

Pt.

G. E. Wolff. Mikrobarometer. Dingl. J. CCXLIV, 297-298†.

Um auch geringe Schwankungen des Luftdruckes sichtbar zu machen, befindet sich in dem offenen Schenkel eines gewöhnlichen Heberbarometers ein Schwimmer, welcher die Bewegungen des Quecksilbers mittelst des allgemein bekannten, nur unwesentlich veränderten Mechanismus auf einen Zeiger überträgt.

Pt.

Jas. T. Brown Barometer. Nature XXVI, 282-285†.

Enthält eine gedrängte Uebersicht über die wichtigsten der seit 1666 bis in die neuere Zeit ausgeführten Barometerconstructionen. *Pt.*

J. JOLY. An electric Barometer. Nature XXV, 559-561†.

Um den Barometerstand an einem von der Beobachtungsstation weit entfernten Orte messen zu können, bringt der Verfasser in die Axe des oberen Theiles der Barometerröhre einen Kohlenfaden von solcher Länge, dass derselbe auch beim tiefsten Stande des Barometers noch in das Quecksilber eintaucht. Dieser Faden ist in den Strom einer Kette eingeschaltet, so dass durch ein Fallen resp. Steigen des Quecksilbers der Widerstand vermehrt resp. vermindert wird. Diese Widerstandsänderungen benutzt der Verfasser zur Messung des Barometerstandes, indem er die ganze Leitung in den einen Zweig einer WHEATSTONE'schen Brücke einschaltet, und im zweiten Zweige den Widerstand eines möglichst gleichen Kohlenfadens durch Quecksilber variirt, bis die Nadel des Galvanometers auf 0 steht. Um den Einfluss der durch Temperaturänderungen in der Leitung entstehenden Ströme zu eliminiren, ist das Barometer noch mit einer Vorrichtung versehen, welche gestattet den im Barometer befindlichen Kohlenfaden von der Station aus, nach Belieben ein- oder ausschalten zu können. Dieses Ein- resp. Ausschalten geschieht durch die Nadel eines am Barometer befestigten Galvanometers, welches in die von der Station kommende Leitung eingeschlossen ist. Wird die Nadel stark abgelenkt, so dreht sie einen kleinen Hebel, welcher dann eine Verbindung der von der Station kommenden Drähte bewirkt, die einen weit geringeren Widerstand besitzen, als der Kohlenfaden. Soll der letztere wieder eingeschaltet werden, so braucht man nur den Strom umzuwenden. *Pt.*

H. KAYSER. Vorschlag zu einer Ablesevorrichtung für Barometer. ZS. f. Instrk. II, 289-290†; [Beibl. VII, 432*.

Um die Ablenkung, welche das Bild der Quecksilberkuppen durch die unregelmässige prismatische Gestaltung der Glasröhren erleidet, unschädlich zu machen, schlägt der Verfasser folgende Construction vor: Das Barometerrohr taucht in einen mit Quecksilber gefüllten Lederbeutel mit Metallfassung, welche durch einen angepressten Glascylinder in bekannter Weise verlängert wird. Durch eine, am Boden der Metallfassung befindliche Schraube kann der Beutel gehoben und dadurch das Quecksilberniveau etwas verändert werden. Zwei mit Zähnen und Trieben versehene Stahlstangen, welche in das Quecksilber eintauchen, sind unten nach oben gebogen und mit Stahlstiften versehen, deren Enden feine Spitzen bilden und bis zum Quecksilberniveau im geschlossenen resp. offenen Schenkel reichen. Die eine Stahlstange trägt die Theilung, die andere einen Vernier. Die Nullstriche befinden sich im Niveau der entsprechenden Spitzen. Obschon dieser Bedingung nicht leicht zu genügen sein dürfte und die Füllung Schwierigkeiten bietet, so hält doch der Hr. Verfasser diese Schwierigkeiten nicht für so gross, dass sie die Brauchbarkeit der neuen Construction in Frage stellen könnten.

Nach den Beobachtungen des Hrn. Verfassers ist die Einstellung der Spitzen von unten her ein ausserordentlich empfindliches Mittel, den Stand des Quecksilberniveaus zu bestimmen, weil im Momente der Berührung sich in der Oberfläche eine trichterartige Vertiefung bildet, die schärfer zu erkennen ist, als der allmähliche Eindruck der Fläche durch eine Spitze von oben.

(Referent wandte bei dem Wild-Pernet'schen Normalbarometer im geschlossenen Schenkel eine feste und im offenen Schenkel eine bewegliche Spitze an, näherte das Quecksilber den Spitzen bis auf wenige Hundertel Millimeter und konnte alsdann den Mikrometerfaden auf ± 0.0005 mm genau auf die Mitte zwischen Spitze und Spiegelbild einstellen. Vergl. auch Carl's Rep. XVI, 586.)

Pl.

Möller. Neuerung an Metallbarometern u. dergl.

Dingl. J. CCXLIII, 469†.

Die oberste Platte der aus einer Anzahl blasebalgartig verbundener Kammern bestehenden, aus gewelltem Blech hergestellten Kapsel, ist mit einer Mutter aus Stahl versehen, in welcher eine steilgängige Schraube steckt. Die Schraube wird dann bei einer

Ausdehnung oder Zusammenziehung der Kapsel durch die Mutter gedreht und überträgt ihre Bewegung auf einen Zeiger.

Pt.

H. Hartl. Ueber die Temperatur-Coefficienten Naudet-scher Aneroide. Mitth. d. k. k. milit. geogr. Inst. I, 1; [ZS. f. Instrk. II, 191†.

Aus den in den Wintermonaten 1869—1881 angestellten Vergleichungen von etwa 80 Naudet'schen Aneroiden mit dem Quecksilberbarometer leitet der Hr. Verfasser die Temperaturcoefficienten ab und findet nur für zwei Instrumente eine Aenderung derselben im Laufe der Zeit. Dagegen ergab sich, dass der numerische, stets negative Werth der Temperaturcoefficienten bei allen Aneroiden mit dem Barometerstande wächst und fällt, was besonders an fünf Aneroiden nachgewiesen wird. Die Temperaturcoefficienten sind dem Barometerstande nahezu proportional.

Pt.

O. Lehmann. Apparate zur Messung von Dampfspannungen. ZS. f. Instrk. II, 77-90†.

Die vom Hrn. Verfasser construirten Apparate gestatten leicht reine Dämpfe von veränderlicher und messbarer Spannung zu erzeugen, ohne dass die Substanzen vorerst von absorbirten Gasen befreit, noch das Quecksilber ausgekocht werden muss. Das zur Aufnahme der Substanz bestimmte Barometerrohr ist oben mit einem gut eingeschliffenen, mit der zu untersuchenden Flüssigkeit selbst gedichteten Stöpsel versehen, über welchen wieder eine luftdicht schliessende Kappe gestülpt ist. Durch Heben und Senken des Quecksilbers im Barometer und Auslassen der sich bildenden Luftblasen, kann die Flüssigkeit so luftfrei gemacht werden, dass sie selbst durch einen Zug von 1200 mm nicht zum Losreissen veranlasst wird. Um Siedeverzüge zu vermeiden, empfiehlt jedoch der Hr. Verfasser etwas Luft in der Flüssigkeit zu lassen und den Einfluss derselben in Rechnung zu ziehen. Die Aenderung der Höhe des Quecksilberniveaus im geschlossenen Schenkel erfolgt entweder durch Heben und Senken des Gefässes, oder durch Aenderung der Quecksilbermenge, oder endlich durch Aenderung des Druckes auf das äussere Niveau. Im letzten Falle ist jede Verunreinigung des Quecksilbers durch Kautschuckschläuche vermieden, es kann der Apparat nach den Versuchen leicht von Quecksilber entleert, und, wenn zwischen den Apparat und die mit verdichteter resp. verdünnter Luft gefüllten Recipienten Capillarröhren eingeschaltet werden, bei den Beobachtungen der Druck bequem auf 0.1 mm regulirt werden. Das obere Ende des Barometerrohres ist von einer Röhre umgeben, durch welche Wasser von constanter Temperatur geleitet wird.

Für Substanzen welche bei hohen Temperaturen schmelzen, oder Quecksilber angreifen, benutzte der Verfasser ein mit einer langen Röhre versehenes cylindrisches Gefäss, in dessen Innerm eine Glasglocke sich befindet. Die zu untersuchende Substanz wird durch die Röhre eingeführt und erwärmt. Beim Auspumpen entweicht die Luft aus der Glocke und wird durch die Flüssigkeit resp. deren Dampf ersetzt. Beobachtet wird der Druck, bei welchem bei einer bestimmten Temperatur die Flüssigkeit innerhalb und ausserhalb der Glocke gleich hoch steht. Die Erwärmung erfolgt in einem Oel- oder Paraffinbade unter Anwendung eines Reichert'schen Thermostaten und einer die Flüssigkeit durchmischenden Centrifugalpumpe. Beobachtungen werden nicht mitgetheilt. *Pt.*

M. Th. Edelmann. Pneumatometer. Neuere Apparate für naturwissenschaftliche Schule und Forschung. Stuttgart, 1882. Bd. I, 134-148†.

Der Apparat misst kleine Veränderungen des Druckes oder Volumens von Gasen oder Dämpfen mittelst einer flachen, kreisförmigen Metalltrommel, deren Oberfläche aus einer dünnen, mit concentrischen Wellen versehenen Metallmembran (ähnlich wie bei dem Aneroidbarometer) besteht. Die Veränderung des auf die Unterseite der Membran ausgeübten Druckes wird durch die

Ablenkung gemessen, welche die von einer entfernt stehenden Scale ausgehenden Lichtstrahlen durch ein mit der Dose verbundenes, total reflectirendes Glasprisma erleiden. Eine Veränderung des Luftvolumens um 1 cmm rief an der Scale noch eine Veränderung um nahezu 0,1 mm hervor; eine Druckänderung um einen Betrag, der einer 1 mm hohen Wassersäule gleichkommt, rief einen Scalenausschlag von 100 mm hervor. Druckänderungen um Milliontel Atmosphären sind bemerkbar. Wird die manometrische Dose mit einer Steigröhre verbunden und diese mit einem Gase angefüllt, so lässt sich aus der durch dasselbe hervorgebrachten Druckvermehrung resp. -Verminderung das specifische Gewicht des Gases leicht bestimmen, wenn man vorher durch Beobachtung der von CO_2 und A hervorgebrachten Ausschläge die manometrischen Constanten des Apparates bestimmt hat. Auch zur Bestimmung der Dampfdichte, der Luftfeuchtigkeit, wie des Kohlensäuregehaltes der Luft lässt sich der Apparat benutzen.

Bgr.

W. Thörner. Ein kleines Dampfstrahlgebläse für Laboratoriumszwecke. ZS. f. anal. Chem. XXI, 96†.

Eine eingeschnürte Glasröhre ist oben durch einen doppelt durchbohrten Kautschukpfropfen verschlossen und unten mit einem Kühler verbunden. Durch die eine Oeffnung ist das Dampfrohr eingeführt, dessen Spitze bis nahe an die Verengung heranreicht; durch die andere Oeffnung wird die Luft durch ein nicht allzu weites Glasrohr nachgesogen. Bei einer andern Form des Gebläses ist das Dampfrohr direct in ein birnförmiges Gefäss eingeschmolzen.

Pt.

W. Staedel. Druckregulator für Destillationen und Siedepunktsbestimmungen. ZS. f. Instrk. II, 390-392†.

Zur Regulirung und Variirung des Luftdruckes in einem Siedegefässe benutzte der Hr. Verfasser den von Hrn. O. Schumann verbesserten L. Meyer'schen Druckregulator in folgender Form: An ein dickwandiges weites Glasrohr sind oben und unten zwei gleichfalls dickwandige, mit langen Röhrenansätzen versehene Glaskugeln so angeschmolzen, dass die Verbindung zwischen der weiten Glasröhre und den Kugeln nur durch die im Innern des weiten Rohres befindlichen, je vom einen bis zum andern Ende reichenden Röhrenansätze hergestellt wird. In die Glaskugel sind kurze, bis zur Mitte reichende Röhren eingeschmolzen, welche die Verbindung der weiten Röhren mit der Luft vermitteln.

Durch eine seitlich angebrachte verschliessbare Oeffnung füllt man die etwa 1 m lange weite Röhre zur Hälfte oder bis zu zwei Dritteln mit Quecksilber. Diese als Flüssigkeitsventil dienende Röhre wird an einem Holzklotze befestigt, der einen eisernen Hahn trägt, dieser passt in eine Führung, die ihrerseits in ein Brett eingelassen ist. Der Küken ist rechtwinklig gebohrt und mit einem ringförmigen Einschnitte versehen, so dass er in jeder Stellung die Verbindung zwischen einer der Kugeln und einem mit der Führung verbundenen Röhrenstücke vermittelt, welches einerseits mit einem Gasometer mit trockener Kohlensäure, andererseits mit einer ausgepumpten Flasche in Verbindung gesetzt werden kann und mit einem Manometer communicirt.

Durch Drehung des Hahnes kann dem Druckregulator jede beliebige Neigung gegeben und damit der Druck innerhalb 2 Atmosphären variirt werden.

Will man bei vermindertem Drucke arbeiten, so verbindet man das Siedegefäss mittelst einer grossen Flasche mit der Saugpumpe und dreht den Druckregulator so, dass die mit dem Siedegefässe verbundene Kugel sich unten befindet. Dann wird bei zu niedrigem innern Drucke Luft von aussen durch den längeren Röhrenansatz der oberen Kugel durch das Quecksilber in den Apparat eindringen. Soll dagegen ein bestimmter Ueberdruck erhalten werden, so ist das Siedegefäss mit dem Gasometer zu verbinden und der Regulator so zu stellen, dass die mit dem Apparate verbundene Kugel oben ist. Wird der Druck zu gross, so entweicht Kohlensäure durch den mit der obern Kugel verbundenen langen Röhrenansatz. *Pt.*

Litteratur.

KRAJEWITSCH. Elasticity of air. Nature XXVII, 138†.

Referat über Versuche des Herrn KRAJEWITSCH, welche in diesen Berichten XXXVII, 1088-1089 berücksichtigt wurden.

L. GROSSMANN. Ueber die Bestimmung der inneren Reibungsconstanten von Gasen und Flüssigkeiten mittelst schwingender Scheiben. Inaug.-Diss. Breslau, 1881. Auszug vom Verfasser in WIED. Ann. XVI, 619-633*.

S. diese Berichte XXXVI, 166-167.

W. CROOKES. On the viscosity of Gases at high exhaustions. Phil. Truns. CLXXII, P. II, 387-434*.

G. G. STOKES. Note on the Reduction of Mr. CROOKES Experiments on the decrement of the arc of vibration of a Mica Plate oscillating with in a Bulb containing more or less rarefied Gas. Phil. Trans. CLXXII [2] 435-446*.

S. diese Berichte XXXVII, 206-207.

L. AUSTERLITZ. Beitrag zum ballistischen Problem. Wien. Ber. [2] LXXXIV, 794-809*, 1881; [Beibl. VI, 428-429.

KARL ABRAHAM. Ueber die Strömungen, denen das Gasgemenge in den Bleikammern unterworfen ist. DINGL. J. CCXLV, 416-421†.

Mittheilungen technischer Natur. *Pt.*

W. H. GATES. On the Pressure of Wind upon a fixed plane Surface. Engineering XXXIII, 110.

Correctur eines Druckfehlers in dem Aufsatze von HAWSKLEY. Engineering XXXII, 298. *Pt.*

Ueber die Spannung des Quecksilberdampfes bei niedrigen Temperaturen. [ZS. f. Instrk. II, 404†.

Enthält ein Referat über die Arbeiten der Herren HAGEN und HERTZ, welche auf den Seiten 243-244 und 245-246 berücksichtigt wurden. *Pt.*

BEEG. Druckregulator. ZS. f. ges. Naturw. LV, 327†.

Enthält bloss die Mittheilung, dass Herr BEEG über ältere Gasdruckregulatoren gesprochen und einen von ihm construirten Regulator erläutert habe. *Pt.*

H. SPRENGEL. Vacuum-Pump (Commonly called „BUNSEN's Pump"). London: E. u. F. N. Spon, 1881†.

Der Herr Verfasser publicirt in chronologischer Reihenfolge die von ihm zu verschiedenen Zeiten in wissenschaftlichen Zeitschriften veröffentlichten Prioritätsreclamationen in Bezug auf die Erfindung der Wasserluftpumpe. *Pt.*

EDELMANN. Luftpumpen. Neuere Apparate. Stuttgart: Schweizerbarth 1882.

L. BOROWITSCH. Ueber Luftpumpen. Technische Rundschau (Sbornik, russisch) XXXIV, 217 und 309. *O. Chw.*

W. KARAWODIN. Neue Veränderung der TOEPPLER'schen Luftpumpe. J. d. russ. chem.-phys. Ges. XV, 255.

Ohne Zeichnung wohl nicht zu referiren. *O. Chw.*

Air-Compressors. Engineering, XXXIII, 452†.

Technische Mittheilungen. *Pt.*

Neuerungen an Condensator-Luftpumpen. DINGL. J. CCXLV, 97-98†.

Mittheilungen technischer Natur meist über ertheilte Patente für Neuerungen an Condensator-Luftpumpen. *Pt.*

DEBRUN. Nouveau Baromètre amplificateur. Mém. de Bordeaux (2) IV, H. 2.

D. DJAKONOFF. Neue Veränderung des Heberbarometers und Methode seiner Füllung. J. d. russ. chem.-phys. Ges. XV [2] 255. *O. Chw.*

E. SEMMILA. Sulla Teoria del Sifone. Atti d. R. Inst. d'Incorrag. 1880.

POLE. A study of the problem of aerial Navigation as affected by recent mechanical improvements. · · · of proc. of the Inst. of Civil. Engineering LXVII, 1882.

M. KARMANOFF. Ueber eine veränderte Form der archimedischen Schraube für die Luftschifffahrt. Schriften (Sapiski) d. kais. russ. tech. Ges. 1882, 179. *O. Chw.*

7. Cohäsion und Adhäsion.

A. Elasticität und Festigkeit.

J. Boussinesq. Equilibre d'élasticité d'un solide limité par un plan. C. R. XCV, 1052-1054†.

Die in C. R. LXXXVI, 1260 von Hrn. Boussinesq behandelte Aufgabe (s. diese Berichte XXXIV, 201) ist in Mem. Acc. d. Linc. 1882 von Hrn. V. Cerruti auf andere Weise in Angriff genommen und dieselbe Lösung gefunden worden. Diese neue Untersuchung erstreckt sich jedoch in zwei wesentlichen Punkten weiter. Ausser den Druckkräften werden auch tangentielle Kräfte als gegeben angenommen, und statt der äusseren Kräfte werden nachher die Deformationen der Oberfläche als gegeben eingeführt. Diese neuen Resultate gewinnt gegenwärtig der Verfasser auf seiner eigenen Grundlage wieder. *He.*

M. Gebbia. Determinazione grafica degli sforzi interni nelle travature reticolari con asta sovrabondanti. Mem. Acc. d. Linc. (3) IX, 467-479†.

Die Abhandlung enthält zuerst einige Sätze über die reciproken Figuren der graphischen Statik, dann eine Methode graphischer Lösung der Systeme linearer Gleichungen, dann einiges über die Möglichkeit der Anwendung des Vorigen auf Untersuchung der inneren Kräfte in Balkennetzen mit überschüssigen Stabverbindungen unter bekannten äusseren Kräften, die auf ihre Enden wirken und im Gleichgewichte sind. *He.*

E. Beltrami. Sull' equilibrio delle superficie flessibili ed inestendibili. Mem. di Bol. (4) III, 217-265†.

Es wird die Gestalt einer undehnbaren und ohne Widerstand biegsamen Fläche gesucht, in welcher gegebene Kräfte, die auf alle (oder beliebige) Punkte derselben wirken, im Gleichgewichte sind. Mossotti hat 1851 das gleichbetitelte Problem behandelt, welches sich aber dadurch vom vorliegenden unterscheidet, dass nicht das Linienelement, sondern das Flächenelement von unveränderlicher Grösse sein soll. Nachdem diese Auffassung abgewiesen ist, wird zuerst das allgemeine Princip des Gleichgewichts aufgestellt, dann aus diesem allein die unbestimmten Gleichungen hergeleitet und die Grenzen eingeführt, aus diesen Gleichungen die Theorie der Flächenspannungen, übereinstimmend mit der, welche Lecornu mit Hülfe geometrischer Betrachtungen a priori aufgestellt hat, berechnet, dann einige durch Einfachheit und Allgemeinheit bemerkenswerthe Fälle behandelt, deren einen Poisson erwähnt, während die übrigen bis dahin nicht bemerkt worden zu sein scheinen. Ferner werden die Bedingungen genannt, unter denen die von anderen Autoren gelösten Fälle sich aus den allgemeinen Gleichungen berechnen lassen, schliesslich einige Beobachtungen an den Formeln betreffend unendlich kleine Deformationen gemacht. *He.*

Rayleigh. Ueber unendlich kleine Biegungen von Umdrehungsflächen. Proc. Lond. Math. Soc. XIII, 80; [Beibl. VI, 847.

Der Aufsatz beginnt mit der Behandlung der Biegung undehnbarer Umdrehungsflächen und wendet die Resultate auf die Schwingungen von Glocken von sphärischer Form an. Als Resultate sind die Verhältnisse der Schwingungszahlen der 3 tiefsten Töne einer halbkugelförmigen Glocke

$$p_2 : p_3 : p_4 = 1 : 2,8102 : 5,4316$$

und die des gleichdicken Segments von 120°

$$p'_3 : p'_2 = 2,6157; \quad p'_2 : p_2 = 1,525$$

aufgeführt. *He.*

A. Castegliano. Intorno ad una proprietà dei sistemi elastici. Atti di Torino XVII, 705-713†.

Früher hatte der Hr. Verfasser den Satz bewiesen: „Die Ableitung derjenigen Arbeit, welche auf die Deformation eines elastischen Körpers oder Systems verwendet ist, in Bezug auf eine der äusseren Kräfte wird dargestellt durch die Projection der Verrückung ihres Angriffspunktes auf die Richtung der Kraft.“ In der vorliegenden Arbeit gewinnt der Hr. Verfasser mit Benutzung dieses Satzes das Resultat: „Wenn P und Q zwei beliebige der äusseren Kräfte sind, welche auf einen elastischen Körper oder auf ein elastisches System wirken, und wenn p und q die Verrückungen ihrer Angriffspunkte sind, ist der Coefficient von Q in dem Ausdrucke von p gleich dem Coefficienten von P in dem Ausdrucke von q.“ Im Folgenden werden Anwendungen von diesem Satze gemacht. *E. R.*

Pilleux. Sur le choc entre corps elastiques. C. R. XCIV, 329-330†.

Der Herr Verfasser hat eine Reihe von 7 elfenbeinernen Würfeln und eine elfenbeinerne Kugel an einer horizontalen Stange aufgehängt so, dass sie einander berührten, sämmtlich von gleichem Gewichte. Als er die Kugel gegen die äusserste Fläche der ruhenden Würfel stossen liess, trennten sich letztere. Als er hingegen der Würfelreihe die gemeinsame Geschwindigkeit 1, der Kugel die entgegengesetzte Geschwindigkeit 7 ertheilte, trennten sich die 6 ersten Würfel nicht. Er sieht nun, ohne andere Umstände in Betracht zu ziehen, in dem Geschwindigkeitsverhältnisse (also in der absoluten Ruhe des gemeinsamen Schwerpunktes, die offenbar nichts erklären kann, weil sie nicht wirklich stattfindet) die vollständige Erklärung der Erscheinung und folgert daraus, dass die Molecüle als Agglomerate von Atomen nur bei bestimmtem Geschwindigkeitsverhältniss einander stossen können, ohne den Zusammenhang ihrer Theile zu zerstören. *He.*

J. Boussinesq. Résistance d'une barre prismatique et homogène, de longueur supposée infinie, au choc transversal et au choc longitudinal. C. R. XCIV, 1044-1047; [Beibl. VI, 633-635†; [Jahrb. d. Math. XIV, 818-819.

An einem unendlich langen Stabe (von $x = -\infty$ bis $x = \infty$) ist in kleiner Ausdehnung symmetrisch zum Punkte $x = 0$ eine fremde Masse vorhanden, die in diesem Punkte eine Reihe von Erschütterungen empfängt. Es wird die Differentialgleichung der Bewegung nebst äusseren Bedingungen aufgestellt und integrirt. Aus dem Resultate werden die Sätze entnommen: „Das Verhältniss der transversalen Geschwindigkeit der fremden Masse zur Schallgeschwindigkeit längs des Stabes übersteigt nie den reciproken Werth der Zahl k (allein von der Form des Querschnitts abhängig, für Kreisschnitt = 2), ohne das Gewebe des Stabes zu verändern". „Die Geschwindigkeit eines trausversalen Stosses, der eben fähig ist das Gewebe zu ändern, ist kleiner als die eines longitudinalen Stosses, der dieselbe Wirkung hervorbringt durch Ausdehnung, im Verhältniss $1:k$". *He.*

Boussinesq. Choc transversal d'une barre de fer. Rev. scient. XXIX, 504-505†.

Der Herr Verfasser handelt von einer Kategorie bestimmter Integrale und ihrer Anwendung auf die Lösung des Problems des transversalen Stosses eines Eisenstabes von Seiten eines festen Körpers, der ihn perpendiculär trifft und vom Bruche an der gestossenen Stelle vom ersten Augenblicke des Stosses an. Wie gross auch die Masse des stossenden Körpers sei, so übersteigt seine Geschwindigkeit einen bestimmten Bruchtheil der Geschwindigkeit der Fortpflanzung des Schalles längs dem Stabe. *He.*

J. Boussinesq. Les déplacements qu'entrainent de petites dilatations ou condensations quelconques produites dans tout milieu homogène et isotrope indéfini, sont calculables à la manière d'une attraction newtonienne. C. R. XCIV, 1648-1650†.

Nachdem die cubische Dilatation θ durch die Gleichung

$$\frac{\partial^2\theta}{\partial t^2} = A^2\Delta_2\theta$$

bestimmt ist, sei Φ das Potential einer im Raume vertheilten Masse, deren Dichtigkeit $= \frac{1}{4\pi}\theta(x_1, y_1, z_1)$, nach NEWTON'scher Anziehung; dann ist

$$\frac{\partial^2\Phi}{\partial t^2} = A^2\Delta_2\Phi, \quad \Delta_2\Phi = -\theta,$$

und die Verschiebungscomponenten sind

$$u = -\frac{\partial\Phi}{\partial x}, \quad v = -\frac{\partial\Phi}{\partial y}, \quad w = -\frac{\partial\Phi}{\partial z}.$$

Demnach resultiren die Dilatationen in den verschiedenen Theilen des Körpers aus Verschiebungen gleich und entgegengesetzt der NEWTON'schen Anziehung, welche zur selben Zeit im selben Punkte eine gewisse Masse von einer Dichte proportional den Dilatationen auf die Masseneinheit ausüben würde.

He.

J. BOUSSINESQ. Sur le choc d'une plaque élastique plane, supposée indéfinie en longueur et en largeur, par un solide qui vient à heurter perpendiculairement en un de ses point et qui lui reste uni. C. R. XCV, 123-125†; [Beibl. VI, 193-197*.

Bezeichnet φ die Normalverschiebung eines Punktes der Platte, im Abstande r vom gestossenen Punkte, zur Zeit t, μ die stossende Masse, so ist die Differentialgleichung der Bewegung:

$$\frac{\partial^2\varphi}{\partial t^2} = -a^2\Delta_2\Delta_2\varphi$$

und zwar a das Product der halben Dicke und der Fortpflanzungsgeschwindigkeit dividirt durch $\sqrt{3}$, und die äusseren Bedingungen sind: $\varphi = 0$ für $t = -\infty$, $\varphi = 0$ für $r = \infty$, $\frac{\partial\varphi}{\partial r} = 0$ für $r = 0$ und

$$\mu \frac{\partial^2 \varphi}{\partial t^2} + 2\pi r a^2 \frac{\partial \Delta_2 \varphi}{\partial r} = F'(t) \quad \text{für} \quad r = 0,$$

deren letzte ausdrückt, dass die äussere Kraft $F'(t)$ sich unter die Masse μ und ein unendlich kleines Kreisstück der Platte vom Radius r vertheilt. Diesen Gleichungen wird genügt durch

$$\varphi = \int_0^\infty f\left(at - \frac{r^2}{2\zeta}\right) \sin\frac{\zeta}{2} \frac{\partial \zeta}{\zeta},$$

$$f(at) = \frac{1}{4\pi a}\left[F(t) - \int_{-\infty}^{t} e^{8a\frac{\vartheta - 1}{\mu}} F'(\vartheta) \partial\vartheta\right].$$

Es ergiebt sich, dass das Verhältniss der Geschwindigkeit des unmittelbar erschütterten kleinen Theiles der Platte zur Schallgeschwindigkeit der Platte nicht 0,9069 der zulässigen Lineardehnung erreichen kann, ohne dass die Grenze des Stückes eine bleibende Veränderung erleidet. Für den Fall, dass sie den Werth erreicht, hat die Verschiebung des gestossenen Punktes die Grenze $\frac{\mu V}{8a}$, wo V die Geschwindigkeit des stossenden Körpers, während beim Stosse eines unbegrenzten Stabes sie ohne Grenze variirt, wenn auch die Geschwindigkeit nach Null tendirt. Gelangt der gestossene Punkt in seine neue Ruhelage, so ordnen sich die concentrischen Ringe um ihn, nach Zeiten proportional dem Quadrate der Radien, in Ebenen parallel ihrer ursprünglichen Ebene. *He.*

SEBERT et HUGONIOT. Sur les vibrations longitudinales des barres élastiques dont les extrémités sont soumises à des efforts quelconques. C. R. XCV, 213-215, 278-281, 338-340†; [Jahrb. d. Math. XIV, 815-816*.

— — Sur le choc longitudinal d'une tige élastique fixée par l'une de ses extrémités. C. R. XCV, 381-384†; [Jahrb. d. Math. XIV, 816*.

— — Sur les vibrations longitudinales des verges élastiques et le mouvement d'une tige portant à son extrémité une masse additionnelle. C. R. XCV, 775-777†; [Jahrb. d. Math. XIV, 816-817*.

Die Behandlungsweise des Problems ist die bekannte von DE SAINT-VENANT. Im dritten Artikel sind beide Enden des Stabes von beliebigen Kräften angegriffen, im vierten ist das eine Ende fest, im fünften trägt das eine Ende eine Masse ausser sich.

He.

DE SAINT-VENANT. Du choc longitudinal d'une barre élastique libre contre une barre élastique d'autre matière ou d'autre grosseur, fixée au bout non heurtée; considerations du cas extrème où la barre heurtante est très raide et très courte. C. R. XCV, 359 bis 365, 422†.

Zum Ausdruck des Integrals der linearen Differentialgleichung 2. Ordnung, welche der innern Longitudinalbewegung entspricht, wendet der Verfasser Reihen von der Form

$$\Sigma\left(\frac{A}{\mathrm{m}}\sin \mathrm{m}t + B\cos \mathrm{m}t\right)\mathrm{X}$$

an. Sowohl die X und die A, B als auch die Gleichungen, deren Wurzeln die m sind, hängen von den äusseren Bedingungen ab, und zwar werden sie für die 4 Fälle aufgestellt, wo das eine und andere Ende der Verbindung zweier Stäbe frei oder fest ist. In gegenwärtiger Aufgabe handelt es sich nur um den Fall, wo das Ende des gestossenen Stabes fest, der stossende Stab frei ist. Hier wird die Verschiebung des Punktes, dessen Abscisse vom festen Ende an $= x$, zur Zeit t

$$u = V\tau_1 \Sigma \frac{2\cos m \sin \dfrac{mx}{a} \sin \dfrac{mt}{\tau_1}}{m(m + \sin m \cos m)},$$

wo

$$m\frac{\sin m}{\cos m} = \frac{P_1}{P_2}$$

und zwar bedeutet V die Geschwindigkeit des stossenden Stabes beim Eintreffen, τ_1 die Zeit, während welcher die Länge des gestossenen Stabes vom Schalle durchlaufen wird, P_1, P_2 die Gewichte des gestossenen und stossenden Stabes. Den gleichen Ausdruck hat NAVIER 1823 gefunden in seinem „Rapport et Mémoires sur les ponts suspendus". Der Fall, wo beide Körper frei sind, ist 1868 vom Verfasser behandelt und wird hier wieder aufgenommen. Dann wird noch Anwendung auf den Fall gemacht, dass der gestossene Stab unendlich kurz ist. *He.*

De Saint-Venant. Solution, en termes finis et simples, du problème du choc longitudinal, par un corps quelconque, d'une barre élastique fixée à son extrémité non heurtée. C. R. XCV, 423-427†.

Die Aufgabe ist dieselbe wie die der vorigen Arbeit. Statt des Reihenausdruckes wendet der Verfasser die Summe zweier willkürlichen Functionen $f(x+\omega t)+F(x-\omega t)$ als allgemeines Integral der Differentialgleichung an. Die Bestimmung der Functionen hat er bereits 1868 in Liouville J. XIII, 242 bis 254, im grössten Umfange durchgeführt. Die Functionen werden hier Exponentialfunctionen. *He.*

H. Resal. Sur un point de la théorie mathématique des effets du jeu de billard. C. R. XCIV, 1548-1551†.

Es handelt sich um den Stoss eines Balles, welcher sich auf einer Ebene S gegen eine zu dieser senkrechte Ebene bewegen muss. Der Ball besteht aus homogenen Kugelschalen, deren Dichte sich in der Richtung vom Mittelpunkte zur Oberfläche ändern kann. Die Masse wird der Einfachheit wegen gleich 1 gesetzt. Von der Componente der Rotation des Balles um seinen Schwerpunkt in der Richtung der Normale von S', welche während des Stosses constant bleibt und bei den durch die Reibung erzeugten Wirkungen keine Rolle spielt, wird abgesehen. Es sei C die Lage des Ballmittelpunktes während des Stosses, A der Berührungspunkt mit S', Ay die durch A gehende Parallele zur Schnittlinie der beiden Ebenen, Az die äussere Normale zu S, v die zu Ay parallele Componente der Geschwindigkeit von C zu irgend einer Zeit während des Stosses, p und q

die Componenten der Rotation um C parallel zu Ay und Az. Der Hr. Verfasser bestimmt v, p, q für das Ende des Stosses, betrachtet dann den einfachen Fall, dass zu Anfang des Stosses $p = 0$ ist und fügt die Bemerkung hinzu, dass die angestellten Betrachtungen sich auch auf den Fall anwenden lassen, wenn die Ebene S' durch eine zur Ebene S normale Cylinderfläche ersetzt wird, wie beim „billard forain". *E. R.*

H. Resal. Sur une question de principe qui se rapporte à la théorie du choc des corps imparfaitement élastiques. C. R. XCV, 547-549†.

Navier nimmt an, dass die beim Stosse verlorene Geschwindigkeit relativ zum gemeinsamen Schwerpunkte gleich n mal dieser Geschwindigkeit sei, wo n nur von der Natur des Stosses abhängt und von 0 bis 1 variirt entsprechend vollkommener bis Nullelasticität, und leitet daraus den Verlust an lebendiger Kraft her. Der Hr. Verfasser hat bisher gelehrt, dass der Verlust an lebendiger Kraft gleich 2 mal der lebendigen Kraft der verlorenen Geschwindigkeiten beider stossenden Körper sei. Beides verglichen giebt die Relation

$$\varepsilon = \frac{1-n}{1+n},$$

wo ε zwischen denselben Grenzen umgekehrt variirt. Ein principieller Unterschied ist darin nicht zu finden. In Betreff der Ansichten von Poncelet und Coriolis sind nur die Stellen citirt. *He.*

H. Resal. Sur le choc des corps imparfaitement élastiques. C. R. XCV, 578-582†.

Der Hr. Verfasser erweitert seine vorige Betrachtung und die von Navier. Er nimmt an, dass beim Stosse zweier Körper jedes Molecül des einen und andern in der Zeit nach der grössten Compression n mal so viel an Geschwindigkeit gewinnt, als vor derselben verliert, wo $n < 1$, für alle Molecüle gleich und nur vom Stosse abhängig sei, ferner dass die schliessliche Bewegung der anfänglichen entgegen gesetzt sei, und lässt ein seitliches Gleiten oder Rollen im Augenblicke der grössten Compression zu. Die Rechnung ergiebt dann, dass der Verlust an lebendiger Kraft ε mal so gross als die lebendige Kraft der verlorenen Geschwindigkeit eines der bei Gleitung der Molecüle geleisteten Arbeit ist, wo $\varepsilon = \frac{1-n}{1+n}$. Diese Theorie wird nun auf die Wirkung des Stosses einer Billardkugel angewandt, und es werden die Werthe gefunden:

$$V_1 = \frac{2V'_0}{(1+\varepsilon)(1+\mu)}; \quad p_1 = \frac{2ckV'_0}{R^2(1+\varepsilon)(1+\mu)};$$

$$q_1 = \frac{2bkV'_0}{R^2(1+\varepsilon)(1+\mu)},$$

wo V'_0 die Geschwindigkeit des stossendes Stabes, μ den Massenquotienten von Kugel und Stab, R den Kugelradius, b, c die Coordinaten des getroffenen Punktes (b horizontal seitlich, c vertical), V_1 die Geschwindigkeit der Kugel nach dem Stosse, p_1, q_1 die Componenten ihrer Rotation für dieselben Kugelaxen bezeichnen, und $k = \frac{2}{5}$ für die homogene Kugel ist. Die Aufgabe ist bereits von Coriolis behandelt, welcher $\varepsilon = \frac{1}{5}$, $\mu = \frac{1}{3}$ angenommen hat, wird jedoch wieder aufgenommen, weil der Hr. Verfasser dessen Aufstellung über die lebendigen Kräfte nicht anerkennt.

He.

H. Resal. Du choc de deux sphères en ayant égard á leur degré d'élasticité et au frottement développé au contact. C. R. XCV, 615-619†.

— — Du choc de deux billes posées sur un tapis de billard. C. R. XCV, 655-659†.

1) enthält eine weitere Anwendung der allgemeinen Formeln, welche in der vorstehend erwähnten Arbeit des Hrn. Resal gegeben sind. Jede der beiden Kugeln soll frei beweglich und aus concentrischen homogenen Schichten zusammengesetzt sein, deren

Dichte von Schicht zu Schicht sich ändern kann. Es wird gefunden: Während der ganzen Dauer des Stosses hat die Reibung dieselbe Richtung, sie hängt von der relativen Bewegung der beiden Körper zu Anfang des Stosses ab. Für zwei genau gleiche Kugeln hat bereits Coriolis diesen Satz ausgesprochen. In der Mittheilung C. R. XCV, 745—747 (s. zweitnächstes Referat) wird erwähnt, dass dies ein specieller Fall des Satzes ist, welchen Hr. Philipps 1849 in Liouville J. gegeben hat.

In 2) wird gefunden: Wenn zwei gleich grosse Bälle auf einer Billardfläche zusammenstossen, ist die Richtung der Reibung nicht constant, entgegen der Annahme von Coriolis. Die Rechnung wird nur für den Fall weitergeführt, dass es sich um eine erste Annäherung handeln soll und dass der angestossene Ball anfänglich in Ruhe ist. *E. R.*

H. Resal. De l'effet d'un coup de queue incliné sur une bille. C. R. XCV, 700-703†.

Die im 2. Theile des Aufsatzes C. R. XCV, 578 (s. vorige Seite) behandelte Aufgabe wird hier mit Berücksichtigung des Stosses der Kugel gegen das Tapis und ihre Reibung an demselben gelöst, und die entwickelten Resultate aufgestellt. *He.*

H. Resal. Remarques sur la théorie des chocs. C. R. XCV, 745-747†.

Der Verfasser wendet die Hypothese von Hrn. Philipps an, nach welcher die elastische Kraft nach grösster Compression ν mal so gross als vor derselben ist, berechnet danach die Differenzen der Geschwindigkeiten zweier sich central stossenden Körper nach und vor dem Stosse und findet Uebereinstimmung mit seinem früheren Resultate, wenn $1+\nu=\frac{2}{1+\varepsilon}$ gesetzt wird (s. C. R. XCV, 578 bez. vorige Seite); auch die übrigen Integrale in Betreff der Billardaufgabe bleiben, nur die Gleichung der lebendigen Kräfte weicht ab. *He.*

H. Hertz. Ueber die Berührung fester elastischer Körper und über die Härte. Crelle J. XCII, 156-171†; Verh. d. Ver. f. Gewerbefl. LXI, 449-463*; [Jahrb. d. Math. XIV, 807-809.

Die Aufgabe, welche hier vollständig in geschlossenen Ausdrücken gelöst wird, ist, die Deformationen zweier gegen einander gedrückter elastischer Körper und die in der Nähe der Berührungsfläche stattfindenden Spannungen zu berechnen. Die aus dem Berührungspunkte durch den Druck erzeugte Berührungsfläche wird ohne Beschränkung der Allgemeinheit als eben betrachtet, daher als so klein, dass die höheren Potenzen ihrer Dimensionen nicht in Rechnung kommen. Die zu erfüllenden Bedingungen sind: 1) dass die Verschiebungen und Spannungen den für das Gleichgewicht elastischer Körper geltenden Differentialgleichungen genügen, und dass die Spannungen in grosser Entfernung von der Druckfläche verschwinden, 2) dass in den beiden Oberflächen die Tangentialcomponenten der Drucke überall verschwinden, 3) dass in den Oberflächen auch der Normaldruck ausserhalb der Druckfläche verschwinde, innerhalb derselben aber Druck und Gegendruck gleich seien, und dass das Integral dieses Druckes über die Druckfläche dem gegebenen Gesammtdrucke p gleich sei, 4) dass der in Folge der Verschiebungen geänderte Abstand der Oberflächen Null werde in der Druckfläche, und ausserhalb derselben > 0 bleibe. Die Axen der xyz werden so gelegt, dass bei Berührung ohne Druck die xy-Ebene gemeinsame Berührungsebene, der Anfang Berührungspunkt, und der Abstand der Flächen in normaler Richtung $e = Ax^2 + By^2$ wird. Die Bedingungen werden erfüllt durch die Verschiebungscomponenten:

$$\xi = \frac{\partial \Pi}{\partial x}, \quad \eta = \frac{\partial \Pi}{\partial y}, \quad \zeta = \frac{\partial \Pi}{\partial z} + 2\vartheta P,$$

wo

$$P = \frac{3p}{16\pi}\int_u^\infty \frac{1 - \dfrac{x^2}{a^2+\lambda} - \dfrac{y^2}{b^2+\lambda} - \dfrac{z^2}{\lambda}}{\sqrt{(a^2+\lambda)(b^2+\lambda)\lambda}}\,\partial\lambda$$

und zur Bestimmung von u

$$0 = 1 - \frac{x^2}{a^2+u} - \frac{y^2}{b^2+u} - \frac{z^2}{u},$$

ferner

$$\Pi = -\frac{1}{K}\left(zP - \frac{1}{1+2\Theta}\int_0^\infty P\partial z\right).$$

Hier bedeuten K und Θ die Elasticitätscoefficienten, so dass der gewöhnliche Elasticitätsmodul E, das Verhältniss der Quercontraction zur Längsdehnung μ und die Grösse ϑ ausgedrückt sind durch

$$E = 2K\frac{1+3\Theta}{1+2\Theta};\quad \mu = \frac{\Theta}{1+2\Theta};\quad \vartheta = \frac{2(1+\Theta)}{K(1+2\Theta)}$$

und alle vorstehenden Gleichungen anzuwenden sind auf beide Körper, für welche demnach K, Θ, E, μ, ϑ, Π, ξ, η, ζ im Allgemeinen verschiedene Werthe haben. Ferner bedeuten a und b die Halbaxen der elliptisch gestalteten Druckfläche, deren Richtungen mit denen der Axen der Ellipse $e =$ const. zusammenfallen. Ihre Werthe sind bestimmt durch

$$\int_0^\infty \frac{\partial u}{\sqrt{(a^2+u)(b^2+u)u}} = \frac{C}{\vartheta_1+\vartheta_2}\,\frac{16\pi}{3p}$$

für $C = A$ und $C = B$. Zu ihrer Berechnung werden sie in der Form dargestellt:

$$\frac{a}{\mu} = \frac{b}{\nu} = \sqrt[3]{\frac{3p(\vartheta_1+\vartheta_2)}{8(\varrho_{11}+\varrho_{12}+\varrho_{21}+\varrho_{22})}},$$

wo die ϱ die Hauptkrümmungsradien der beiden Oberflächen im Berührungspunkte bezeichnen, und μ, ν Functionen eines Hülfswinkels τ sind, über welche eine Tabelle gegeben wird. Die Einsenkung, d. h. die Annäherung entfernter Punkte längs der Normale findet sich ausgedrückt durch

$$\alpha = \frac{3p}{8\pi}(\vartheta_1+\vartheta_2)\int_0^\infty \frac{\partial z}{\sqrt{(a^2+b^2z^2)(1+z^2)}}.$$

Ferner wird die Druckfläche jetzt näher bestimmt als Fläche zweiten Grades (für 2 Cylinder mit gekreuzten Axen ein hyperbolisches Paraboloid). Der Normaldruck in der Druckfläche ist

$$Z_z = \frac{3p}{2ab\pi}\sqrt{1-\frac{x^2}{a^2}-\frac{y^2}{b^2}}.$$

Für die übrigen Spannungen, deren allgemeine Bestimmung sehr complicirt ist, sind specielle Angaben gemacht. Versuche sind mitgetheilt erst an Glaslinsen in Betreff der Dimensionen der Druckfläche als dritte Wurzeln des Druckes, dann an Glascylindern in verschiedener Neigung der Axen in Betreff der Gestalt der Druckfläche. Folgende Definition der Härte wird aufgestellt und gerechtfertigt. Die Härte ist die Festigkeit, welche ein Körper derjenigen Deformation entgegensetzt, die einer Berührung mit kreisförmiger Druckfläche entspricht; und zwar wird sie, um ein absolutes Maass zu erhalten, durch den Normaldruck auf die Flächeneinheit gemessen, welcher im Mittelpunkte einer kreisförmigen Druckfläche herrschen muss, damit in einem Punkte des Körpers die Spannungen die Elasticitätsgrenze eben erreichen.

He.

L. Boltzmann. Einige Experimente über den Stoss von Cylindern. Wien. Ber. [2] LXXXIV, 1225-1229†; Wied. Ann. XVII, 343-347†,

Die Versuche sollten den aus der Theorie hervorgehenden Satz bestätigen, dass der Erfolg des longitudinalen Stosses elastischer Stäbe nicht bloss von den Massen, sondern auch von der Länge und Fortpflanzungsgeschwindigkeit von Longitudinalwellen abhängig ist. Es wurden 4 Stäbe von gleichen Massen, verschiedener, aber paarweise gleicher Länge angewandt, und die Erfolge bei verschiedener Combination der einander stossenden 2 Stäbe beobachtet. Versuche mit Glasstäben gaben keinen bemerkbaren Unterschied, zeigten aber durch den Transversalton, dass rein longitudinale Schallwellen nicht zu erreichen seien. Die Hauptversuche wurden mit Kautschukcylindern angestellt, an deren Enden dünne Beinplatten mit flach abgerundeter Aussenseite befestigt waren, so dass der Stoss nur einen Punkt traf und sich dann dem Querschnitt ziemlich gleichmässig mittheilte. Die Stäbe waren an Coconfäden aufgehängt, so dass sie sich in der Ruhelage berührten. Der Verlust an Geschwindigkeit war im Verhältnisse zu dieser für stärkeren Stoss grösser als für schwächeren, bei gleichen Stäben 0,17 bis 0,14, bei ungleichen

0,21 bis 0,19. Der Einfluss der Länge trat also entschieden hervor; er war indess weit geringer, als er nach der Theorie hätte sein sollen. *He.*

CH. DUGUET. Déformation des corps solides. Limite d'élasticité et résistance à la rupture. Première partie: Statique spéciale. Paris: Gauthier-Villars†. [Beibl. VI, 712*.

Das ganze Werk soll aus 4 Theilen bestehen: specielle Statik, allgemeine Statik, Dynamik und Thermodynamik. Der vorliegende erste Theil behandelt nach einer orientirenden Einleitung erst allgemeine Principe und Festsetzungen, dann experimentell den Zug, den Druck, die Biegung, die Torsion, die Gleitung und die helikoidale Deformation. *He.*

H. LÉAUTÉ. Sur l'application de la résistance des matériaux aux pièces des machines. C. R. XCIV, 843-845†.

Die gewöhnlichen Formeln für den Widerstand der Materialien setzen die Componenten und Momente der äusseren Kräfte als bekannt voraus. Sind sie abhängig von den gesuchten Deformationen, so ist das Problem ein anderes. Es werden die Differentialgleichungen für einen einfachen Fall aufgestellt. *He.*

H. LÉAUTÉ. Sur les solides d'égale résistance. C. R. XCV, 1219-1220†.

Hr. RESAL erwähnt in seinem „Traité de Mécanique générale" Tome V, 340 (Profil des lames du dynamomètre de PONCELET), dass PONCELET empfohlen habe, Federn von gleichmässiger Dicke anzuwenden, man aber oft für die äussere Fläche eine parabolische Form wähle, weil man glaube, dadurch einen Körper von gleichmässigem Widerstande zu erhalten. Hrn. RESAL's Untersuchung führte zu keinem Resultate, welches in der Praxis benutzt werden konnte. Der Herr Verfasser wünschte daher, die Form des äusseren Profils für einen Körper von gleichem Widerstande zu finden, wenn der Körper sich unter anologen Bedingungen befindet, wie die Feder eines Dynamometers. Ferner wollte er die Lösung für die Praxis verwerthen. In dem Auszuge deutet der Hr. Verfasser an, welchen Erfolg er gehabt hat. Die Discussion seiner Formeln lasse die Beziehung zwischen der theoretischen Curve und der gewöhnlichen Parabel erkennen. Wenn man mit p die Grösse $\frac{e_0^2}{2l}$ bezeichnet, indem l die Länge und e_0 die halbe Dicke des Stückes im Befestigungspunkte bedeuten, betrage der Fehler ungefähr $\frac{p}{2}$, falls man den gewöhnlichen Umriss nehme, sei aber kleiner als $\frac{p}{25}$, falls man einen weniger einfachen Umriss wähle, welchen der Hr. Verfasser beschreibt. *E. R.*

H. Tammen. Definition und experimentelle Bestimmung einer neuen Constante der Elasticitätstheorie, Correctur des Elasticitätsmoduls durch dieselbe. Diss. Leipzig, 1881. Zwickau: Thost, 1881; Carl Rep. XVIII, 580 bis 599†; [Beibl. VI, 558-564*.

Der Quotient der Geschwindigkeiten zweier sich stossenden Körper vor und nach dem Stosse, die Geschwindigkeiten relativ zum Schwerpunkte der Gesammtmasse gerechnet, ist für beide Körper derselbe und wird mit e bezeichnet. Dann drückt $1-e^2$ den in Wärme und Schall transformirten Theil der lebendigen Kraft aus. Dieser wird für jede Substanz als constant betrachtet. Im Augenblicke der grössten Compression wird eine plötzliche Verringerung des Druckes im Verhältnisse $1:e$ angenommen, während vorher und nachher der Druck der Deformation proportional sei. Dies, sowie der zweite Satz, dass die Energiequanta, welche vor und nach der grössten Compression transformirt werden, sich verhalten wie $1:e$, soll nur approximativ gelten. Da aber der Austausch der Bewegungsgrössen (mit der specifischen Verminderung) genau stattbabe, so müsse in beiden Voraussetzungen eine Fehlercompensation liegen. Der nach erstem

Satze bestimmte Elasticitätsmodul sei nach dem zweiten zu corrigiren und zwar durch Multiplication mit *e*. Da der Verfasser über die Bestimmung des Druckes und der Compression, aus welcher der Elasticitätsmodul, sowohl der gefundene, als auch der sogenannte wirkliche, folgen soll, ferner über den theoretischen Zusammenhang der gleich nachher vom Verfasser angeführten Beispiele betreffend die Schallgeschwindigkeit nicht die nöthigen Angaben macht, so vermag der Referent aus dem Mitgetheilten die Meinung des Hrn. Verfassers nicht zu erkennen. Durch eigene Versuche an Drehwagen fand der Hr. Verfasser folgende Werthe für *e*:

Zink 0,7010, Kupfer 0,6837. *He.*

A. Elsas. Ueber erzwungene Schwingungen weicher Fäden. Diss. Würzburg. Elberfeld, 1881, 39 S; [Beibl. VI, 172 bis 173†.

Theoretisch unterscheiden sich die Schwingungen nur durch die Grenzbedingung

$$y = \frac{a}{2} \sin \frac{2\pi t}{\tau}$$

für $x = 0$, wo die Erregung stattfindet. Es ergeben sich stehende Schwingungen von der Periode der erregenden. Bei seinen Versuchen hat der Verfasser sein Augenmerk auf die Richtung der erregenden Schwingungen gerichtet und bemerkt, wie auch Hr. Wüllner gefunden und erklärt hat, dass longitudinale Erregungen im Faden auch transversale Schwingungen bewirken, erklärt aber abweichend von diesem die Erscheinung dadurch, dass die verursachten Spannungsverminderungen nicht den entsprechenden Ausdehnungsänderungen proportional sind, so dass der Faden sich biegen muss. Zum Schlusse giebt der Hr. Verfasser noch einige Anwendungen der erzwungenen Schwingungen zur Demonstration der Hauptgesetze für transversal schwingende Seiten, sowie auf einige Fragen der praktischen Akustik, z. B. auf die Bestimmung von Schwingungszahlen. *He.*

G. J. MICHAELIS. Ueber die Theorie der elastischen Nachwirkung. WIED. Ann. XVII, 726-736†.

Das Gegenwärtige schliesst sich an Hrn. WARBURG's Theorie der elastischen Nachwirkung (WIED. Ann. IV, 232) an, leitet verschiedene von Hrn. BRAUN beobachtete Erscheinungen aus dieser Theorie ab und fügt zur Erklärung der von Hrn. KOHLRAUSCH entdeckten Gesetze, nach welchen die Intensität der Nachwirkung der Verschiebung nahe proportional ist, und nach Aufhebung der äusseren Kräfte der Körper langsam in seine natürliche Lage zurückgelangt, die Annahme solcher zurücktreibenden Kräfte hinzu, deren Entstehung von Hrn. CHWOLSON, obwohl an anderem Falle, angedeutet sei, hier aber unerörtert bleibe. Aus der analytischen Rechnung ergiebt sich u. A., übereinstimmend mit Hrn. BRAUN's Beobachtungen, dass eine schon bestehende Torsionsnachwirkung durch eine elastische Verschiebung nach der Cylinderaxe, mag sie verlängern oder verkürzen, stets verkleinert wird, ferner, dass eine Biegung in einer Hauptebene keine Biegungsnachwirkung in der andern hervorbringt, ebensowenig eine Torsionsnachwirkung, wohl aber eine Nachwirkung in der Axenrichtung; ferner, gemäss der Ansicht von Hrn. WIEDEMANN, dass ein Drehungsmoment der Molecüle nur Bewegung hervorbringen kann, wenn es eine gewisse Grenze übersteigt. *He.*

H. G. TAMMEN. Ueber die unifilar aufgehängte Drehwage. CARL Rep. XVIII, 348-381†.

Der Hr. Verfasser bemerkt 3 Arten von Wanderungen der Ruhelage einer oscillirenden Drehwage. Die Ruhelage wird durch Beobachtung einer von der Grösse des Decrementes abhängigen ungeraden Anzahl von Umkehrpunkten bestimmt; Näheres ist nicht angegeben. Die Wanderung 1. Art geschieht immer in demselben Sinne, immer schwächer; die Wanderung 2. Art besteht in einer mit den Schwingungen der Drehwage isochronen Oscillation der wirklichen Ruhe- oder Gleichgewichtslage um die experimentell bestimmte Ruhelage; die Wanderung 3. Art erfolgt bei abnehmenden Amplituden im entgegengesetzten Sinne zu demjenigen, in welchem sie sich in Folge andauernder oder vermehrter Belastung bewegt. Mit diesen scheinen die Aenderungen des logarithmischen Decrementes in Beziehung zu stehen, welches 1) mit der Dauer der Belastung unabhängig von den Schwingungen, 2) mit der Abnahme der Amplitude während der dauernden Schwingung abnimmt, 3) mit der Gebrauchszeit des Drahtes wächst. Die Nachwirkung, welche Hr. P. M. SCHMIDT nur als störenden und dadurch das Decrement vergrössernden Einfluss ansieht, hält der Hr. Verfasser für durchschnittlich wirkungslos, weil sie zur Hälfte fördernd sein musste — wobei er indess wohl übersehen haben mag, dass die Verschiebung der Molecüle bei gezwungenem Rückgange des Drahtes sich nicht durchweg aufhebt, sondern zum grossen Theile vermehrt wird, mithin neuerdings lebendige Kraft absorbirt, doch ist auch nicht ersichtlich, wie dieser Umstand der Wanderung 1. Art, die der Herr Verfasser durch spiralische Anordnung der Fasern erklärt und einer gleichzeitigen Abnahme des Decrementes, welche als Folge der durch die Streckung verminderten Reibung der Molecüle erscheint, entgegenstehen sollte. Auch das zur Vertheidigung der Indifferenz der Nachwirkung herbeigezogene Analogon enthält einen Fehler. Wenn n Windmühlflügel bei gleicher Neigung eine n mal so grosse Kraft übten als einer (was freilich aus Gründen, die der Sache fremd sind, nicht der Fall ist), so würde bei ganz zufälliger Neigung für $n = \infty$ die wahrscheinliche Wirkung nicht Null, sondern das $\sqrt{n}$-fache der mittleren Wirkung eines Flügels in einem oder anderm Sinne sein. Wäre also die Verschiebung der Molecüle ganz nach Zufall der Bewegung förderlich oder hinderlich, so würde eine beträchtliche Zunahme der Amplituden ebenso wahrscheinlich sein als eine Abnahme und wahrscheinlicher als Indifferenz. Die 2. Art Wanderung giebt Veranlassung die Ansichten und Erfahrungen von den HHrn. P. M. SCHMIDT, BRAUN und KURZ, STREINTZ, O. E. MEYER und NEESEN zu besprechen, hauptsächlich um ihr von der ersten gesondertes Vorhandensein zu vertheidigen. Die 3. Art Wanderung verbunden mit zunehmendem Decremente zeigt der Hr. Verfasser an eigenen

Versuchen, deren Ergebnisse in mehreren Tabellen mit Angabe der veränderten Amplitude, der Ruhelage und des Decrementes aufgestellt sind. Er beobachtet dann dieselbe Erscheinung an einer oscillirenden Spirale, vergleicht den Vorgang mit dem an einem Pendel, das hinter der Ruhelage gegen eine Wand schlägt, erklärt ihn durch die faserige Structur der Drähte und bespricht die Ansichten von den HHrn. P. M. Schmidt, Streintz, G. Perard und G. Wiedemann. *He.*

W. Braun und A. Kurz. Ueber die elastische Nachkung in Drähten. Carl Rep. XVIII, 665-672†.

Dieser Artikel wird als dritte Mittheilung bezeichnet. Die erste erschien in Bd. XV, 561, die zweite in Bd. XVII, 233 unter dem mehr zutreffenden Titel: „Ueber die Dämpfung von Torsionsschwingungen von Drähten“. Die gegenwärtige bezieht sich auf die von Hrn. Tammen unterschiedlich beobachtete, im vorigen Bericht besprochene Wanderung der Ruhelage dreierlei Art, deren erste die dritte zeitweilig compensirt. Die Verfasser haben diese Erscheinung durch eigene Versuche an Torsionsschwingungen von zwei Neusilberdrähten und einem Stahldraht geprüft und giebt das Verhalten im einzelnen an, sowie die begleitenden Decremente. *He.*

N. Hesehus. Ueber elastische Nachwirkung und analoge physikalische Erscheinungen. J. d. russ. chem.-phys. Ges., [2] XIV, 287; Separat erschienen als Doctordissertation. St. Petersburg. 99 S. (Russisch.)

Hr. Hesehus untersucht hauptsächlich die elastische Nachwirkung von Kautschuk an einem besonderen, die Längenänderungen selbstregistrirenden Apparate. Die Hauptresultate sind:

1. Unter allen Metallen ist dem Blei die grösste elastische Nachwirkung eigen.

2. Die langsamen Längenänderungen einer Kautschukschnur sind zusammen grösser, als die erste plötzliche Längenänderung;

die erste (plötzliche) Verlängerung ist stets grösser, als die nachherige entsprechende erste Verkürzung; bei wiederholten Versuchen wachsen die ersten Verlängerungen; die Verlängerungen wachsen etwas schneller als die entsprechenden Zugkräfte.

3. Von grösstem Einflusse ist die Dauer der ersten Deformation; ist dieselbe sehr kurz, so ist eine elastische Nachwirkung bei der Verkürzung nicht zu bemerken, die Schnur nimmt sofort ihre frühere Länge wieder an.

4. Wird eine Kautschukschnur gewaltsam ausgedehnt, so werden die elastischen Nachwirkungen (bei neuen Versuchen mit geringeren Gewichten) andauernder; die „elastische Leistungsfähigkeit" wird durch gewaltsame Dehnung verringert.

5. In dichteren Kautschuksorten ist die elastische Nachwirkung grösser.

6. Bei gleicher Masse ist die elastische Nachwirkung andauernder in Körpern, deren Oberfläche geringer ist (Kautschuk).

7. Entgegen Hrn. NEESEN findet Hr. HESEHUS, dass mit wachsender Temperatur das Gleichgewicht schneller erreicht wird (Kautschuk).

8. Das Princip der Addition mehrerer elastischer Nachwirkungen erweist sich als richtig (Kautschuk).

9. Die Gesetze der elastischen Nachwirkung sind analog den Gesetzen der Erwärmung und Abkühlung, der Aussonderung von H aus Palladium, der Phosphorescenz, des elektrischen Residuums (in Condensatoren) und der Polarisation in galvanischen Elementen.

10. Keine der gegenwärtig existirenden Theorien der elastischen Nachwirkung kann als genügend angesehen werden. Es ist sehr wahrscheinlich, dass die elastische Nachwirkung sich wird erklären lassen, wenn man ausgeht von der Annahme einer Auswechselung zwischen dem äusseren und dem inneren Aether und von der Annahme der Existenz einer inneren Reibung oder Wechselwirkung der schwingenden Theilchen.

O. Chw.

W. Voigt. Ueber das Verhältniss der Quercontraction zur Längsdilatation bei Stäben von isotropem Glas. Wied. Ann. XV, 497-513†.

Der Hr. Verfasser hält die bisherigen Versuche zur Bestimmung der Elasticitätsconstanten des Glases für unsicher, weil darin Isotropie stets angenommen, und doch nie geprüft worden sei. Namentlich seien die optischen Eigenschaften dafür nicht entscheidend. Er wendet deshalb in seinen Versuchen, die er an Biegung und Drillung von Glasstäben von sehr verschiedener Dicke ausführt, die grösste Präcision auf Feststellung der Isotropie, und findet, dass diese nur in Schichten bis zu gewisser Grenze stattfindet. Ferner zeigt sich dadurch die Richtigkeit der Saint-Venant'schen Formel und die Unrichtigkeit der Cauchy'schen zur Berechnung der Resultate. Das gesuchte Elasticitätsverhältniss war im Mittel 0,213.

Genau dasselbe Resultat giebt eine zweite Reihe von Versuchen an anderm Glase. *He.*

W. Voigt. Allgemeine Formeln für die Bestimmung der Elasticitätsconstanten von Krystallen durch die Biegung und Drillung von Prismen. Wied. Ann. XVI, 273 bis 321†.

Der Hr. Verfasser macht im Anfange darauf aufmerksam, dass aus den von Saint-Venant in Mém. des Savants étr. XIV, 310 und Liouv. J. (2) I, 89 erhaltenen Gleichungen für Biegung und Drillung krystallinischer Körper hervorgeht, wie einfach auf Biegung gerichtete Zugkräfte, auch bei doppelt symmetrischem Querschnitte, zugleich eine Drillung, und einfache Drehungsmomente zugleich eine Biegung bewirken. Es werden demnächst die Werthe der Molecularcomponenten für die verschiedenen Krystallsysteme berechnet. Dann wird die Biegung nach zwei Methoden behandelt, zuerst die gleichförmige Biegung eines aus einem beliebigen Krystalle geschnittenen Cylinders, dann die angenäherte Lösung des Problems der ungleichförmigen Biegung. Dann werden die Formeln für Drillung, die Saint-Venant'schen reproducirend, berechnet, und zwar erst für den elliptischen Cylinder, dann für das rechteckige Prisma 1) wenn die Kanten krystallographische Symmetrieaxen sind, 2) wenn die Längsrichtung in eine solche fällt, 3) wenn die Axe und die grössere Querdimension in einer Symmetrieebene liegen. *He.*

W. VOIGT. Volumen- und Winkeländerungen krystallinischer Körper bei all- oder einseitigem Druck. WIED. Ann. XVI, 416-427.

Bei all- oder einseitigem Drucke sind für homogene Körper die Verrückungen lineare Functionen der Coordinaten. Hiervon ausgehend, entwickelt der Hr. Verfasser zunächst für allseitigen, dann für einseitigen Druck den Zusammenhang zwischen den Dilatationen und Winkeländerungen und den Elasticitätsconstanten für die verschiedenen Krystallsysteme. Die Formeln sind naturgemäss recht verwickelt. Bei der Berechnung der Winkeländerungen werden folgende passende Versuchsmethoden besonders berücksichtigt: 1) für allseitigen Druck: 4 gleiche Prismen von 45° sind an einander zu kitten, so dass ein flacher Winkel ausgefüllt wird, und der Winkel zwischen den freien Flächen ist mit Fernrohr und Scale zu beobachten. 2) für einseitigen Druck: nach einem Vorschlage von Hrn. F. NEUMANN lege man zwei gleiche, rechtwinklige Parallelepipede mit entsprechenden Flächen aufeinander und beobachte den Winkel der aneinderstossenden freien Flächen wiederum mit Fernrohr und Scale.

E. Wt.

W. PSCHEIDL. Bestimmung des Elasticitätscoefficienten durch Biegung eines Stabes. Wien. Ber. [2] LXXXVI, 115 bis 128†; [Rep. de Phys. XIX, 178-189; [ZS. f. Instrk. II, 342†.

Die vom Hrn. Verfasser erfundene Methode ist 1879 auf Eisen und Spiegelglas angewandt in Wien. Ber. [2] LXXIX mitgetheilt, worüber in diesen Berichten XXXV, 221 referirt wurde. Gegenwärtig wird über die nach gleicher Methode mit neuem

Apparate angestellten Untersuchungen des Verfassers in Betreff des Elasticitätscoefficienten der folgenden Stoffe berichtet, die jedesmal an 2 Stäben vorgenommen wurden und folgende Zahlen ergaben:

Gusseisen	11814	11613
Bessemerstahl	20950	21321
Puddelstahl	20904	21321
Neusilber	11988	12201
Bronce	9485	8904
Glas aus Fürth	7495	7359
Belgisches Glas	7493	
Böhmisches Glas	7550	

He.

O. Leuner. Instrument zur selbstthätigen Aufzeichnung vorübergehender elastischer Dimensionsänderungen fester Körper. Dingl. J. CCXLIII, 207-209†.

An das Versuchsobject werden zwei Bügel in dem Abstande, dessen Variationen aufgezeichnet werden sollen, mit Klemmschrauben befestigt. Zwischen den Zapfen beider Bügel befindet sich enie Schubstange und ein Winkelhebel, dessen Ende vermittelt durch einige Zwischenstücke einen Bleistift axial auf einer Papiertrommel verschiebt, welche durch ein Uhrwerk in constanter Rotation erhalten wird. Die Ordinaten der so beschriebenen Curve sind nicht genau proportional den Längenänderungen, aber bekannte Functionen davon und können darauf reducirt werden.

He.

Th. Williamson. Festigkeitsprobirmaschine. Dingl. J. CCXLIV, 41-42†.

Das Probestück wird in einem Cylinder durch hydraulischen Druck gedehnt, der Druck in einem andern Cylinder durch ein mittelst Vorrichtung verschiebbares Reitergewicht erzeugt. Weder bei Erhöhung des Druckes noch beim Zerreissen können Stösse entstehen, weil die Aussenseite des Kolbens an Wasser grenzt. Die Maschine hat die Bestimmung Versuche in grosser Menge in kurzer Zeit zuzulassen. *He.*

F. Kick. Technologische Studien über Materialien und deren Formänderung. [Dingl. J. CCXLIV, 36-41†.

Der erste Theil dieses Auszuges aus den „Technischen Blättern“ bespricht im Einzelnen die zusammengezeichneten Diagramme der Deformationen von Cylindern aus verschiedenen Metallen unter variirendem Drucke. Der zweite Theil handelt von Versuchen über die Dichtigkeitsänderung von Metallen unter Druck mit dem Ergebnisse, dass die grösste durch Druck erreichbare Verdichtung nur der einer geringen Temperaturverminderung, etwa um 11 Grad, entsprechenden gleichkommt. *He.*

Marchal. Sur l'action de déformation du choc, comparée à celle d'un effort continu. Extrait. C. R. XCIV, 773-776†.

Die bleibende Deformation eines Metallstückes nach gleichmässigem Drucke wird gleicherweise durch Stoss bewirkt. Bei Wiederholung des Angriffes hingegen wird im ersteren Falle die bleibende Deformation nicht vermehrt, im letzteren steigert sie sich. Dies wird an der graphischen Darstellung gezeigt, und einige Betrachtungen in Betreff der Wirkung der Geschosse daran geknüpft. *He.*

F. Himstedt. Ueber das Zusammenwirken von Zug und Torsion bei Metalldrähten. Wied. Ann. (3) XVII, 701-713†.

Der Hr. Verfasser knüpft an Beobachtungen von den HHrn. W. Thomson, E. Warburg und G. Wiedemann an, welche jeder an anderen Metallen gemacht hat, indem sie Drähten erst eine permanente Torsion ertheilten, dann dieselben belasteten und wieder entlasteten. Sie fanden bei Belastung theils Vermehrung, theils Verminderung der Torsion, und ihre Versuche liessen zum Theil darauf schliessen, dass die Drähte durch permanente Torsion äolotrop werden. Letzteres ergab sich dem Verfasser nach Wiederholung der Versuche von Hrn. Warburg an 11 Metallen durchgängig. In Betreff der ersteren Wirkung theilen sich die Metalle in 2 Gruppen. Bei Kupfer, Silber, Blei, Magnesium, Zink, Neusilber, Eisen, Stahl vermehrt die Belastung die Torsion, bei Messing, Aluminium, Nickel vermindert sie dieselbe. Die ferneren Beobachtungen führten zu folgenden Sätzen. Ertheilt man einem Drahte, welcher durch ein angehängtes Gewicht gespannt gehalten wird, eine permanente Torsion, so tritt stets eine permanente Verlängerung ein. Wirken auf einen Draht gleichzeitig ein tordirendes Moment und ein dazu senkrechter Zug, so verstärken sich die Wirkungen beider gegenseitig. Für die genannten Metalle sind Tabellen aufgestellt über die Variation der Torsion durch bestimmte Belastung von verschiedener permanenter Torsion und Dehnung aus. *He.*

H. Fischer. Untersuchungen über das Verhalten des Phosphorbronzedrahtes bei der Beanspruchung durch Zugkräfte. Dingl. J. CCXLV, 64-75†.

Der Artikel macht Mittheilung über die Resultate und theoretischen Schlüsse aus Versuchen des Verfassers über die Dehnung von 10 Phosphorbronzedrähten, deren 5 ausgeglüht, 5 durch Ziehen verschieden gehärtet waren, bei wiederholter Belastung und Entlastung. Der erste Theil geht ausführlich auf Deutung der Diagramme ein, der zweite schliesst sich an die aufgestellte numerische Tabelle an, welche die Belastung an der Elasticitätsgrenze, die Bruchbelastung, den Tragmodul, den Elasticitätsmodul, den Bruchmodul, die Reisslänge, die Dehnungen an der Elasticitätsgrenze, die Dehnung und die bleibende Dehnung an der Bruchgrenze, den Arbeitsmodul (dem Zerreissen entsprechend), die Diagrammcharakteristik (Verhältniss der Diagrammfläche zu der durch Bruchdehnung und Bruchbelastung bestimmten Rechtecksfläche), den Elasticitätsgrad und den Bildsamkeitsgrad angiebt. Es folgt eine Tabelle über die genannten Grössen für einen geglühten Silicium-Kupferdraht, dann einiges über Versuche zur Ermittelung der auf das Ziehen des Drahtes verwendeten mechanischen Arbeit. *He.*

(H. FISCHER.) Versuche über Festigkeit und Leitungsfähigkeit des Phosphorbronzedrahtes. [DINGL. J. CCXLIV, 408-409†.

Die Versuche sind von der Deutschen Reichstelegraphenverwaltung an 8 Drähten von 0,7 bis 1,25 mm Dicke gemacht. Die hier aufgestellten Resultate waren der Verwendung zur Fernsprechleitung ungünstig befunden. *He.*

E. VAN DER VEN. Notice sur les fils des alliages métalliques dits bronze phosphoreux et bronze silicieux. Arch. TEYLER (2) III, 175-184†.

Die untersuchten Bronzen bestanden eine aus 95,5 pCt. Kupfer, 2,6 Phosphor und kleinen Mengen von Zinn, Mangan und Kiesel, die andere aus 92,2 Kupfer, 0,91 Silicium und kleinen Mengen von Zinn, Mangan und Antimon. Die Längen von Drähten und ihre Verlängerungen durch 4 Gewichte wurden mit Kathetometer gemessen, und daraus die Elasticitätscoefficienten beziehungsweise

9969 und 9205

als Mittel berechnet. Den wachsenden Gewichten entsprechen jedoch ziemlich gleichmässig und stark abnehmende Werthe desselben, von 1047 bis 934, die durch Annäherung an die Bruchgrenze nicht wohl zu erklären sind. Ausserdem wurde die Biegung und das Leitungsvermögen für voltaische Elektricität von beiden Metallen untersucht. *He.*

G. E. Woodcock. On the Mutual Relations of Carbon and Iron in Steel. Engineering XXXIII, 572-573; [Nature XXVI, 105.

Der Hr. Verfasser hält Stahl nicht für eine chemische Verbindung von Kohlenstoff und Eisen, sondern ersterer ist im Eisen einfach absorbirt. Die Härtung des Stahls beruht auf der Umwandlung des Kohlenstoffes in eine dem Diamanten ähnliche krystallinische Form. Dementsprechend ist der aus dem Ofen kommende Cementstahl trotz seines gesteigerten Kohlenstoffgehaltes ebenso weich, als das zu seiner Herstellung verwendete Schmiedeeisen. Wird er aber dann erhitzt und abgekühlt, so wird er hart und die Bruchfläche zeigt zahllose Diamanten ähnliche Krystalle, welche daher wohl als Ursache der Härtung anzusehen sind. Der Hr. Verfasser nimmt an, dass sich die Molecüle im rothwarmen Zustande ausdehnen und der Kohlenstoff theilweise ausgeschieden wird. Bei plötzlicher Abkühlung wird dann der Kohlenstoff nicht wieder absorbirt, sondern er scheidet sich unter Mitwirkung einer geringen Menge von Wasserstoff in der Form von Diamanten aus. Wird dagegen langsam abgekühlt, so dass keine Krystallisation eintritt, so erfolgt auch keine Härtung. Als Ursache der Umwandlung des Kohlenstoffes aus dem amorphen in den krystallinischen Zustand sieht der Hr. Verfasser die Gegenwart des Wasserstoffs an. Für diese Auffassung soll ferner der Umstand sprechen, dass nur der Kohlenstoff die Eigenschaft besitzt, Stahl zu härten. Phosphor und Silicium haben nur insofern Einfluss, als sie die Ausscheidung des Kohlenstoffes in der Rothwärme des Stahles befördern, so dass dabei mehr Kohlenstoff krystallisirt und verhältnissmässig grössere Härte erzielt wird. *H.*

(F. Müller und Ritter von Stockert.) Ueber die Normen zur Beurtheilung von Eisen und Stahl. [Dingl. J. CCXLV, 321-325†.

Hr. F. Müller behauptet, dass die Localcontractionen eines Eisenstabes im Zerreissversuche als Zähigkeitsmaass des ganzen

Stabes angesehen werden können, Hr. Stockert führt im Gegentheil aus und zeigt durch Versuche, dass dieselben ganz regellose Resultate liefern, dass hingegen nur die Dehnung ein Maass der Zähigkeit geben kann. *He.*

E. Richards. The properties of mild steel. Engineering XXXIII, 475-478†.

Es wird berichtet über Versuche mit Prüfungsmaschine an 8 Theilen eines Stabes aus weichem Stahl, an fremden Stoffen vorwiegend Mangan enthaltend. 2 Stücke wurden einfach cylindrisch auf Dehnung untersucht, 3 andere mit transversalen Rinnen gleichfalls Zugkräften ausgesetzt, an einem die Wirkung einer dauernden Zugkraft nahe der Elasticitätsgrenze beobachtet, am 7. die Haltbarkeit nach vorgängiger Belastung mit dem Maximum des Gewichts bestimmt, am 8. desgleichen nach vorgängiger Compression. Der Bericht macht viele einzelne Angaben; mehrere Diagramme über die Erfolge sind beigefügt. *He.*

M. Clémandot. La trempe de l'acier par compression. C. R. XCIV, 703-704; [Mondes (3) II, 90; [Dingl. J. CCXLV, 218-219.

Durch Druck kann man nach Hrn. Clémandot alle Grade der Härtung eines Metalles, besonders von Stahl herbeiführen, indem man dasselbe bis zur Rothgluth erwärmt und dann bis zur Abkühlung einem starken Drucke aussetzt. *H.*

C. B. Abel und Chandler Roberts. The hardening and tempering of steel. Nature XXV, 350-351†.

Hr. Abel hat durch Analyse gehärteter und ungehärteter Stahlplatten gefunden, dass der ungehärtete Stahl die Kohle als Carbid von Eisen (wahrscheinlich Fe^6C^5) gesondert enthält, welches sich in der Hitze auflöst und durch schnelle Kühlung an der Wiederabsonderung verhindert wird. Hr. Roberts hat die Ansicht, dass die Austreibung von Gasen die Ursache der Härtung sei, dadurch widerlegt; dass er Stahl nach Befreiung von allen Gasen im Vacuum zum Rothglühen erhitzte und in Quecksilber tauchte, wodurch derselbe wie gewöhnlich gehärtet ward. *He.*

Kennedy. Experiments carried on for the Committee. Proc. Inst. Mech. Eng. 1882; [Nature XXV, 350†.

Abel and Chandler Roberts. Researches made with regard to the hardening and tempering of steel. Proc. Inst. Mech. Eng. 1882; [Nature XXV, 350-351†.

Von den Ergebnissen der ersteren Versuche ist nur mitgetheilt, dass bei Vernietungen Stahl einen gleichen Widerstand gegen Abscheren leistet wie Eisen, einen grösseren hingegen gegen Dehnung; von denen der letzteren, dass die Härtung des Stahles im Vacuum, also nach Austreibung der Gase, gleichen Erfolg hat wie die gewöhnliche. *He.*

Ueber das Härten des Stahles. Pol. Notizbl. XXXVII, 215-216†.

Regeln zur Verhütung der Deformation von Stahlstücken beim Härten in Oel oder Wasser und zur Wiederherstellung, wenn sie verbogen sind. *He.*

Lan. Sur les effets de la compression sur la dureté de l'acier. C. R. XCIV, 952-954†; [Dingl. J. CCXLV, 218-219†.

Stahl von 0,7 pCt. Kohlengehalt ergab, in derselben Form gegossen und unter einem Drucke von 1000 kg auf 1 qcm erkaltet, im Mittel 0,585, ohne Druck 0,490 pCt. aufgenommene Kohle, den Rest als freie Kohle. *He.*

ENCKE. Tragfähigkeit genieteter Stahlträger. Wochenschr. D. Ing. 1882, S. 5; [DINGL. J. CCXLV, 189†.

Nach Versuchen an 32 Brückenträgern aus Stahl, in fertig genietetem Zustande, die theils bis zum Bruch, theils bis zur Widerstandsunfähigkeit belastet wurden, ergab sich eine Tragfähigkeit = 0,47 derjenigen, welche aus der Festigkeit der Bestandtheile berechnet war. Dagegen ergaben Träger aus Schmiedeeisen 96 pCt. der theoretischen. *He.*

T. C. READ und P. JENKINS. On the transverse strains of iron merchant vessels. Engineering XXXIV, 69-70†.

Es wird der zu leistende Widerstand eines eisernen Schiffes gegen Biegung in transversaler Richtung durch Gewicht und Auftrieb und die Inanspruchnahme der einzelnen Punkte des mittleren Querschnittes berechnet. *He.*

(FINKENER und SPANGENBERG.) Der Einfluss des Mangans auf die Festigkeit des Eisens. [DINGL. J. CCXLIII, 333-335†.

Der Artikel enthält eine Tabelle über fremde Bestandtheile, Bruchfestigkeit, Contraction und Elasticitätsgrenze von 52 Eisenstäben. Der Einfluss des Mangans ist daraus nicht zu erkennen, weil alle anderen Nebenstoffe zugleich variiren. *He.*

CH. WALRAND. Note sur un certain état rouverain du fer et de l'acier. Mondes (3) II, 300-303†.

Der Hr. Verfasser hat den schon von Hrn. VALTON beobachteten Einfluss der Temperatur auf die Brüchigkeit von Stahl und Eisen bestätigt gefunden. Erwärmt man nämlich Stahl auf eine Temperatur von 325°, bis zum Blauwerden der Oberfläche, so wird er dadurch viel brüchiger, zerbrechlicher, als bei irgend einer höheren oder niederen Temperatur. Die Brüchigkeit scheint mit einer Vermehrung der Widerstandsfähigkeit und einer Verminderung der Ausdehnung zu correspondiren. *H.*

E. Piazzoli. Influence de l'aimantation sur la ténacité du fer. Cim. (3) IX, 21; [J. de phys. (2) I, 517†.

Eine lange Reihe von Versuchen ergab dem Hrn. Verfasser, dass weiches Eisen durch Magnetisirung bald an Festigkeit gewann, bald verlor. Aus dem Mittel jedoch schliesst er, dass es gewinnt. *He.*

R. H. Thurston. Strength and ductility of the copper-zinc- tin alloys. Trans. Amer. Soc. of Civ. Engineering (CCXXVIII) X, 309-342†.

Der Hr. Verfasser hat viele Legirungen von Kupfer, Zink und Zinn auf Dehnung und Biegung untersucht, die Linien der gleich haltbaren dargestellt und die grösste Haltbarkeit bei 55 Kupfer, 43 Zink, 2 Zinn gefunden. Dieselbe betrug 7311 k für das Quadratcentimeter. Es sind 2 Diagramme und mehrere Tabellen mitgetheilt. *He.*

Ch. O. Thompson. Ueber die Einwirkung von gewöhnlichem Salz und anderen krystallinischen Salzen beim Ziehen des Drahtes. Trans. Amer. Inst. of Min. Eng. 1881; [Beibl. VI, 336†.

Ch. H. Morgan. Ueber die Anwendung des bedeckenden Salzes bei der Herstellung des Eisen- und Stahldrahtes. Trans. Amer. Inst. of Min. Eng. 1881; [Beibl. VI, 336†.

Bringt man einen Eisen- oder Stahlstab in eine heisse Lösung von Kochsalz, so findet man denselben mit einer unregelmässigen Schicht von Salzkrystallen bedeckt. Diese Salzkrystalle hängen so fest, dass sie selbst beim Durchziehen durch die Löcher des Drahtzuges nicht abgestreift werden. Somit bildet diese Eigenschaft des Salzes der Industrie ein willkommenes Mittel, hartes Eisen resp. Stahl beim Drahtziehen in geeigneter Weise schlüpfrig zu machen. Nach den Untersuchungen des Hrn. THOMPSON ist eine chemische Wirkung ausgeschlossen, man hat vielmehr die Ursache in dem gewaltigen Drucke und der durch denselben verursachten hohen Temperatur (circa 237°) beim Durchziehen zu suchen, wodurch ein Zusammenschmelzen des Salzes, eine Art Regelation, stattfindet. Versuche mit anderen krystallinischen, leicht schmelzbaren Verbindungen gaben analoge Resultate, während nicht schmelzbare oder amorphe Salze die Eigenschaft der Regelation nicht zeigen.

Die Abhandlung von Hrn. MORGAN enthält Berechnungen des seitlichen Druckes, den der Draht beim Durchgange durch das konisch gestaltete Zugloch zu erleiden hat. *H.*

W. AXON. The antiquity of toughened glass. Proc. Manch. Soc. XX, 12-14†.

Dass die Kunst, Glas hart oder es ductil und hämmerbar zu machen, zur Zeit des römischen Kaisers Tiberius entdeckt, von diesem aber durch Tödtung des Erfinders und Zerstörung der Werkstatt unterdrückt wurde, ist bekannt. Es werden hier die Zeugnisse darüber zusammengestellt. *He.*

FR. Ueber neuere Materialprüfungsmaschinen. DINGL J. CCXLV, 16-18†.

Abgebildet und beschrieben sind die Zerreissungsmaschinen von der Elsässischen Maschinenbau-Gesellschaft (auch brauchbar zu Zerdrückungs- und Biegungsproben, jedoch noch ohne Registrirapparat), die registrirenden von V. POHLMEYER und von H. MOHR; angezeigt als in Gebrauch befindlich die von Stummer Ritter VON TRAUNFELS. *He.*

C. Vernon Boys. Water-pipes that do not burst with Frost. Proc. Phys. Soc. V, 40-44†; [Phil. Mag. (5) XIII, 244-248†.

Während kreisrunde Röhren, wenn Wasser in ihnen gefriert, springen müssen, werden elliptische Röhren nur um einen gewissen Betrag runder, und zwar tritt diese Formveränderung um so schwerer ein, je mehr sich der Querschnitt der Röhre der Kreisform nähert. Die Röhren brauchen, um gegen Springen gesichert zu sein, nicht überall einen elliptischen Querschnitt zu haben, da kreisförmige Stellen durch benachbarte von elliptischem Querschnitte geschützt werden. Die Versuche wurden in der Art angestellt, dass runde und elliptische Bleiröhren vollständig mit Wasser gefüllt und letzteres zum Gefrieren gebracht wurde. Waren die Röhren noch nicht geborsten, sondern nur erweitert, so wurden sie von Neuem mit Wasser gefüllt und dem Froste ausgesetzt, bis sie schliesslich barsten. Eine kreisrunde Röhre von Compositions-Metall barst beim ersten Gefrieren, während eine elliptische aus demselben Metalle nach dem Gefrieren nur etwas runder wurde und erst beim dritten Gefrieren barst. Eine runde Bleiröhre barst beim dritten Gefrieren, eine elliptische Bleiröhre dagegen erst beim sechsten Gefrieren. — Es schliessen sich an die Mittheilung der Versuche einige Bemerkungen über plastisches Verhalten des Eises. *L. Grnm.*

(F. Ch. Fikentscher.) Festigkeit von Steinzugröhren. [Dingl. J. CCXLV, 44†.

Dieselben wurden von der kgl. Prüfungsstation für Bandmaterialien in Berlin auf Festigkeit gegen innern Druck und auf Wasseraufnahme geprüft. Die mittlere Bruchfestigkeit war 136,7 k/qc etwa 22 Atm., die Wasseraufnahme 2,8 pCt.

He

(Böhme.) Die Druckfestigkeit und das specifische Gewicht von Bruchsteinen. Dingl. J. CCXLVI, 414-415†.

Entgegen der Aufstellung von Hrn. E. Müller in der Dtsch. Bauztg. 1882, 23 zeigt Hr. Böhme durch Versuchsresultate, dass man aus dem specifischen Gewichte allein bei verschiedener Zusammensetzung der Ströme durchaus nicht auf die Druckfestigkeit schliessen kann. *He.*

TH. GRAY and J. MILNE. On the elasticity- and strength-constants on Japanese rocks. Phil. Mag. (5) XIII, 70-71†.

Die kurze Mittheilung in Phil. Mag. bezieht sich auf eine Abhandlung unter obigem Titel und macht daraus nur sehr geringe Angaben. Die darin beschriebenen Versuche fanden statt an Säulen aus grauem Granit, weissem krystallinischen Marmor, grau-grünem Tuffstein, buntem Tonfels und Schiefer. Die Resultate waren wenig abweichend von den bekannten, den Marmor ausgenommen. Die Urschrift enthält Tabellen darüber.

He.

WENDEROTH. Ueber Schachtseile und Seilkosten. ZS. f. Berg- u. Hüttenw. 1882, S. 77; [DINGL. J. CCXLV, 308-309†.

Ausser localer Statistik der Brüche von Förderseilen sind Versuche über die Haltbarkeit von Stahlseilen erwähnt.

He.

HARTIG. Ueber die Elasticität des Papiers. DINGL. J. CCXLV, 368-372†.

Der Artikel enthält ein Diagramm über die Dehnungen eines Streifens von japanischem Papier bei wiederholter Belastung und Entlastung und Betrachtungen über die Construction der zu ermittelnden Grössen, dann eine Tabelle der Versuchsresultate an 3 solchen Streifen. *He.*

R. H. THURSTON. Ueber den Einfluss der Anstrengungsdauer auf die Festigkeit und Elasticität des Nadelholzes. DINGL. J. CCXLIV, 281-285†.

Nachdem an Stäben aus Yellow-Pine (6 Monate der Luft ausgesetzt, über 2 Stützen gelegt und in der Mitte belastet) das Maximum des Bruchgewichts festgestellt war, wurden 3 Gruppen von Stäben mit 95 pCt., 80 pCt. und 65 pCt. desselben belastet. Die ersten brachen nach 6000 Stunden, die zweiten nach 1 Jahr, die dritten nach 15 Monaten. Hieraus wird geschlossen, dass Stäbe aus jenem Holze etwa die Hälfte des Gewichts, das sie für einen Augenblick tragen können, für unbegrenzte Dauer tragen.

He.

F. E. KIDDER. Experiments on the fatigue of small spruce beams. Proc. Amer. Acad. (2) IX, 304-315†.

Stäbe von im Ofen getrocknetem Tannenholze wurden in der Mitte belastet, und aus der Biegung wurde ihr Elasticitätsmodul berechnet und dieser nebst den Dimensionen, dem Bruchmodul, dem Bruchgewicht und der äussersten Biegung vor den Bruche in Tabellen verzeichnet. Bei dauernder Belastung mit $^1/_{15}$ des Bruchgewichts nahm die Biegung 24 Stunden zu, dann 72 Stunden ab, dann wieder zu. Aus den Versuchen wurden folgende Schlüsse gezogen. Die Festigkeit wird durch das Trocknen im Ofen nicht wesentlich vermehrt. Der Elasticitätsmodul ist dem Bruchmodul nicht proportional. Er wird durch das Trocknen nicht grösser. Beim grössten Bruchgewichte findet grösste Biegung vor dem Bruche statt. Ein Gewicht, das anfänglich $^1/_2$ der grössten Biegung hervorbringt, bewirkt nach hinreichender Zeit den Bruch, desgl. ein Gewicht $= {}^1/_2$ Bruchgewicht. Die Festigkeit ändert sich wesentlich mit der Neigung der jährlichen Ringe gegen die Endflächen und ist am geringsten bei einer Neigung $= 45^\circ$.

He

(F. E. KIDDER.) Ueber die Festigkeit und Elasticität des Fichtenholzes. [DINGL. J. CCXLVI, 537†.

Stäbe an den Enden aufgelegt, in der Mitte mit $^1/_2$ Bruchgewicht belastet, senkten sich einige Stunden lang rasch, dann gleichmässig langsam, erst kurz vor dem Bruche, der stets mit der Zeit erfolgte, wieder rasch. *He.*

CHRISTIANI. Ueber den Durchgang von Luft durch poröse Körper bei minimalen Druckunterschieden. DU BOIS-REYMOND's Arch. 1882, 112-115†.

Es werden 2 Vorrichtungen beschrieben, mit welchen der Hr. Verfasser den Durchgang der Luft beobachtet hat. In beiden wird ein Cylinder aus dem porösen Stoffe in einen Messinghohlcylinder eingekittet, im ersten die freien Enden mit beweglichen Kapseln geschlossen, deren eine gemäss der durchströmenden Luftmenge dem Gange der andern folgt, im zweiten wird diese Menge durch ein Manometer angezeigt. Die Versuche haben zur Festsetzung von 3 Stufen der Durchgangsfähigkeit geführt. Der ersten gehören an: verschiedene Lederarten, Längscylinder aus altem, trockenem Buchsbaum und Rothbuche, ganz frischer Eiche, Ulme, Buche, Pappel, Weide, Eläagnus; der zweiten: dichter Mauerstein, Längscylinder aus frischen Linden- und Hollunderzweigen und Fichtenkohle; der dritten: Thonzellen galvanischer Elemente, Elfenbein, Kork, alte und frische Nadelhölzer, trockenes Hollundermark, altes und trockenes Eichenholz, Quercylinder aus Buchsbaum, Rothbuche, Fichtenholzkohle. *He.*

H. FISCHER. Einfluss der Feuchtigkeit auf die Festigkeitseigenschaften des spanischen Rohres. Civiling. XXVIII, 307; [DINGL. J. CCXLV, 325-327†.

Die Wassergehalte des untersuchten spanischen Rohres schwankten zwischen 7,6 pCt. und 55 pCt., nämlich dem des lufttrockenen Rohres und dem Sättigungsgrade. Beobachtet wurden die Bruchdehnungen, die bleibenden und elastischen Dehnungen an der Bruchgrenze und die Dehnung an der Elasticitätsgrenze, ferner der Porositätsgrad des Rohrstammes, das relative Gewicht der Zellsubstanz und des mit Luft erfüllten absolut trockenen Rohres, der Aschengehalt der Stammoberhaut und des innern Stammgewebes. Bei 30 bis 35 pCt. Wassergehalt erreicht die Festigkeit ein Maximum, d. i. nahe dem Saftgehalte der lebenden Pflanze. Hier ist die Arbeitsgrösse in der Stammmitte fast das 3,5 fache derjenigen, welche lufttrockenes Material aufzunehmen vermag.

He.

HARTIG. Ueber die Festigkeitseigenschaften von Tauwerk. DINGL. J. CCXLV, 494-499†.

Es lag eine sehr umfangreiche Tabelle der Resultate der Untersuchung der Festigkeitseigenschaften von Tauwerk in der Deutschen Seilerzeitung 1881 S. 137—282 vor. Es wird gezeigt, in welchen Punkten die Angaben unzureichend sind.

He.

Federn aus Messing zu machen. Centrztg. f. Opt. u. Mech. III, 107; [Beibl. VI, 405-406†.

Sie werden aus Draht gehämmert oder aus Blech gestreckt, Stösse beim Hämmern durch Anlassen vermieden. *He.*

Litteratur.

MOHR. Ueber die Darstellung des Spannungszustandes und des Deformationszustandes eines Körperelementes und über die Anwendung desselben in der Festigkeitslehre. Civiling. (2) XXVIII, 113-156*.

FRITSCH. Stoss zweier Massen unter Voraussetzung ihrer Undurchdringlichkeit behandelt. Prog. Realsch. Königsberg i. O.-Pr. 1876. [ZS. f. Math. XXVII, h-l Abth. 15†.

S. diese Berichte XXXIII, 173.

CH. GOLOVIN. Eine Aufgabe aus der Statik des elastischen Körpers. Nachrichten (Iswestija) des St. Petersb. technolog. Instituts III, 373-410.

Von mehr mathematischem Interesse. *O. Chw.*

GUSTAV SCHMIDT. Deformations-Curven. Tech. Bl. 1882, Heft III. 8 S. 8°.

Ein Bericht über diese Arbeit wird im nächsten Jahrgange gegeben.

E. LINGLIN. Traité élémentaire de la résistance des matériaux. 1. livre. Théorie générale. Extension et compression. Résistance des enveloppes. Flexion et flèches de flexion. Flexion des prismes encastrés et posés sur des appuis. Flexion des prismes chargés debout. Flexion des arcs. Torsion et angles de torsion. 2. édit. In 8°, 288 p. avec 160 fig.

Maschine zum Prüfen der Festigkeit der Materialien, construirt von L. WEBER, und Instrumente zum Messen der Gestalts-Veränderung der Probekörper, construirt von J. BAUSCHINGER. München: Literar-artist. Anstalt. Fol.

M. MERRIMAN. Constants in GORDON's formules for the threnght of columnes. J. FRANKL. Inst. 1882. Jan. N. z.

FR. C. G. MÜLLER. Wird die Zähigkeit durch die Dehnung oder durch die Localcontraction eines zerrissenen Probestabes gemessen? Stahl u. Eisen. 1882. Nr. 3.

A. MARTENS. Ueber das Eisen. Centrztg. f. Opt. u. Mech. 1882. Nr. 9-11, 13, 14, 17, 21-24.

M. TSCHEREPASCHINSKIJ. Eigenschaften des Eisens in Bezug auf seine Festigkeit. Technische Rundschau (Obsor. Russisch) 1882, II, 302, 358, 435. *O. Chw.*

Untersuchung der erforderlichen Kraft zum Zerschneiden von heissen Stahlblöcken. Stahl u. Eisen. 1882. Dec.

A. WASUM. Ueber den Einfluss von Schwefel und Kupfer auf den Stahl beim Verarbeiten desselben in der Wärme. Stahl u. Eisen. 1882. Mai.

TH. W. SCHMIDT. Die Festigkeitseigenschaften der rohen und gebleichten Leinwand. Civiling. (2) XXVIII, 507-534*.

A. MILLER. Untersuchung über den Einfluss der Temperatur auf Aeusserungen von Molekularkräften. Münch. Sitzber. 1882, 377-462*.

Ueber diese Arbeit wird im nächsten Jahrgange berichtet werden, in welchem zwei weitere Abhandlungen des Verfassers, die in diesem Abschnitte zu erwähnen sind, berücksichtigt werden.

B. Capillarität.

E. Mathieu. Théorie de la capillarité. Paris: Gauthier-Villars. VII. + 181 S. 4°.

Nach einer kurzen historischen Einleitung werden im I. Capitel die Grundlagen der Capillaritätstheorie gegeben. Der Hr. Verfasser knüpft an das Princip der virtuellen Geschwindigkeiten und folgt im Ganzen der Darstellung von Gauss in der von Bertrand herrührenden wesentlichen Vereinfachung. Die Oberflächenschichten von der Dicke der Molecularwirkungssphäre verhalten sich anders wie das Innere der Flüssigkeitsmasse, dabei ist es für die Folge gleichgültig, ob innerhalb der Oberflächenschicht Veränderungen der Dichtigkeit angenommen werden oder nicht.

Das II. Capitel behandelt die Elevation oder Depression einer Flüssigkeit an einer Wand. Es wird die Differentialgleichung einer freien Flüssigkeitsoberfläche im allgemeinen Falle und im Falle, dass dieselbe eine Rotationsfläche ist, aufgestellt. Der Fall, dass der eine Hauptkrümmungsradius unendlich gross ist, ergiebt sich im Speciellen aus der Rotationsfläche.

Im Besonderen wird das Gewicht einer in einem verticalen und geneigten Rohre durch Capillarität gehobenen Flüssigkeitsmasse, die Elevation oder Depression einer Flüssigkeit an einer verticalen Wand, zwischen zwei parallelen verticalen Platten, in einem cylindrischen und nicht cylindrischen Rohre von kreisförmigem Querschnitte, und in einem verticalen conischen Rohre behandelt.

Das III. Capitel beschäftigt sich mit der Uebereinanderlagerung von Flüssigkeiten und dem Schweben einer Flüssigkeit in Luft vermittelst eines Capillarrohres. Es wird allgemein das Gleichgewicht eines Systems untersucht, welches aus zwei Flüssigkeiten und einem festen Körper besteht, daran schliesst sich im Speciellen die Uebereinanderlagerung eines Flüssigkeitstropfens auf einer anderen Flüssigkeit — die Gleichgewichtsfiguren einer der Schwere entzogenen Flüssigkeitsmasse und zwar im Falle dieselbe eine Rotationsfläche, ein Cylinder und keine Rotationsfläche ist — endlich die Uebereinanderlagerung von Flüssigkeiten innerhalb eines Capillarrohres.

Das Schweben von Flüssigkeit in Luft vermittelst eines Capillarrohres wird für ein verticales Rohr von kreisförmigem Querschnitte, für ein verticales und geneigtes conisches Rohr, für ein verticales cylindrisches Rohr und am Ende eines verticalen Rohres behandelt.

Im IV. Capitel wird die durch die Capillarkräfte bedingte Modification des hydrostatischen Druckes untersucht. Es handelt sich um die Anziehung und Abstossung zweier verticalen parallelen Platten, die in Flüssigkeit tauchen, um den Auftrieb theilweise eingetauchter Körper, das Schwimmen kleiner Körper, welche dichter als die Flüssigkeit sind, um die Horizontalcomponenten, welche von der Flüssigkeit auf einen schwimmenden Körper ausgeübt werden, die Kraftcomponenten und Momente der Capillarkräfte überhaupt. Die Behandlung von Hrn. MATHIEU erfordert keine complicirten Rechnungen, wie sie bei POISSON vorkommen.

Der Verfasser behandelt im V. Capitel die Erhebung einer Flüssigkeit mittelst einer horizontalen Kreisscheibe und die Gestalt von Tropfen, welche entweder auf einer horizontalen Ebene aufliegen oder an derselben hängen.

Es wird die Gestalt eines grossen, eines kleinen und eines mittleren Quecksilbertropfens auf horizontaler Unterlage, die Gestalt eines solchen zwischen zwei horizontalen Platten, die Gestalt von Luftblasen untersucht. Ausführlicher wird der Einfluss der capillaren Depression auf das Barometer, sowie die Gestalt hängender Tropfen in besonderer Rücksicht auf den Moment des Abreissens behandelt. *P. V.*

R. SCHIFF. Ueber die Capillaritätsconstanten der Flüssigkeiten bei ihren Siedepunkten. Ber. d. chem. Ges. XV, 2965-2975†.

Da es sich hier um eine vorläufige Mittheilung grösserer Arbeiten handelt, die in den nächsten Jahren erschienen sind, soll hier nur bemerkt werden, dass der Herr Verfasser sich zum

Ziele stellt, in ähnlicher Weise wie Hr. Kopp für die specifischen Volumina, so für die Capillaritätsconstanten chemisch verwandter Flüssigkeiten Beziehungen aufzustellen. Der Siedepunkt ist gewählt, um vergleichbare Zustände zu haben.

Es fällt auf, wenn der Herr Verfasser für eine Reihe Flüssigkeiten endliche Randwinkel ausrechnet, dieselben aber dann weiter gleich 0 setzt. *P. V.*

Paul Volkmann. Ueber die Cohäsion von Salzlösungen. Wied. Ann. XVII, 353-390†.

Der Hr. Verfassser arbeitete mit reinen gut benetzten Röhren und konnte dann, wie er nachweist, den Randwinkel $\omega = 0$ annehmen; ferner wählte er die Röhrendurchmesser so, dass die Unsicherheiten in der Bestimmung der Steighöhen und der Röhrendurchmesser einen nahezu gleich grossen Einfluss auf den Werth der Capillaritätsconstanten ausüben; dann kann die Formel

$$a^2 = rh\left(1 + \frac{1}{3}\frac{r}{h} - 0{,}1288\frac{r^2}{h^2}\right)$$

angewendet werden.

Bei Capillaritätsbeobachtungen mit Wasser und wässrigen Lösungen empfiehlt es sich, nicht luftfreie Flüssigkeiten zu benutzen; nur dann war es möglich, die Steighöhe längere Zeit constant zu erhalten. Als Grund für das Sinken einer nicht genügend mit atmosphärischer Luft erfüllten Flüssigkeit wird die Einwirkung der atmosphärischen Luft auf die capillare Flüssigkeitsoberfläche im Innern des Rohres angesehen. Weil die Capillaritätsconstante des Wassers durch eine geringe Beimengung von Salz nur wenig geändert wird, glaubt der Hr. Verfasser annehmen zu können, dass auch eine geringe Beimengung atmosphärischer Luft nur wenig die Capillaritätsconstante beeinflussen könne. Salzlösungen absorbiren Luft weniger, als reines Wasser.

Bezüglich des Einflusses der Temperatur wird bemerkt, dass die Steighöhe wesentlich nur von der Temperatur der Flüssigkeit am Meniscus im Innern des Rohres abhängt und diese gleich der Temperatur der umgebenden Luft war. — Das specifische Gewicht der Lösungen wurde mit Hülfe eines Pyknometers bestimmt. — Die Radien der drei benutzten Röhren waren 1,103 mm, 0,7085 mm und 0,5092 mm bis auf 0,001—0,002 mm genau an einer bestimmten Stelle. — Zur Feststellung der Steighöhen wurde meistens $^1/_4$ Stunde verwendet, während der letzten 5 bis 10 Minuten blieben die Steighöhen im Allgemeinen völlig ungeändert.

Die Capillaritätsconstante des destillirten Wassers wurde zu verschiedenen Zeiten bei verschiedenen Temperaturen bestimmt. Für die specifische (a^2) und für die wirkliche Cohäsion (α) wurden die Werthe gefunden:

I. Reihe			II. Reihe		
t	$a^2[mm^2]$	$\alpha\left[\frac{mg}{mm}\right]$	t	$a^2[mm^2]$	$\alpha\left[\frac{mg}{mm}\right]$
20°	14,90	7,44			
19°	14,92	7,45			
16°	15,00	7,49	15°—16°	15,01	7,50
14°	15,06	7,53	14°—15°	15,03	7,51
12°	15,10	7,55			

Nachdem das gesammte Beobachtungsmaterial mitgetheilt ist, werden die unter Annahme einer Wandschicht von 0,004 mm berechnete specifische und wirkliche Cohäsion für die verschiedenen Salzlösungen zusammengestellt uud mit den von Hrn. QUINCKE erhaltenen Werthen verglichen. Die darauf aus den Beobachtungen gezogenen Schlüsse allgemeiner Natur über die Cohäsion von Salzlösungen finden sich in den folgenden Sätzen 2—5 des Hrn, Verfassers.

„1. Der Einfluss der Luft gestattet nicht, Capillaritätsbeobachtungen an luftfreiem Wasser und Salzlösungen mit einiger Sicherheit anzustellen. Es musste daher mit lufterfüllten Lösungen gearbeitet werden. — Es wäre interessant, wenigstens zunächst bei reinem Wasser Capillaritätsbeobachtungen im luftleeren Raume anzustellen, um einen etwaigen Unterschied festzustellen. Im luftleeren Raume könnte auch erst die von Hrn. QUINCKE als elastische Nachwirkung an der Oberfläche bezeichnete Erscheinung in ihrer Reinheit studirt werden.

2. Geringe Verunreinigungen einer Salzlösung (oder auch des reinen Wassers) — soweit sie aufgelöst werden — bringen

auch nur eine geringe Aenderung der Cohäsion oder Oberflächenspannung mit sich.

3. Die specifische Cohäsion einer Salzlösung nimmt im Allgemeinen mit zunehmendem Salzgehalte stetig ab, die wirkliche Cohäsion dagegen stets dem Salzgehalte nahe proportional zu.

4. Theilt man die Salze nach ihrer chemischen Constitution in Gruppen, so kommt in einer Gruppe den Salzen mit kleinerem Aequivalentgewichte ein höherer Werth der Cohäsion zu.

5. Die Beobachtung der Cohäsion von Salzlösungen kann dazu dienen, Cohäsionswerthe (α_2) für die wasserfreien Salze und Adhäsionswerthe (α_{12}) des Wassers an wasserfreien Salzen zu finden. Im Falle $\alpha_{12} < \frac{1}{2}(\alpha_1 + \alpha_2)$, wie bei den Salzen, kann ein fester Körper nicht in allen Verhältnissen zu Wasser mechanisch gelöst werden, im Falle $\alpha_{12} = \frac{1}{2}(\alpha_1 + \alpha_2)$ kann er es. — Es wäre interessant, letztere Relation durch Lösungen von Zucker oder Gummi arabicum in Wasser zu bestätigen. (Für Flüssigkeitsgemische wurden die Relationen schon früher bestätigt.)" *E. R.*

Eilhard Wiedemann. Ueber die wahre Cohäsion der Flüssigkeiten. Wied. Ann. XVII, 987-988†.

Die wahre Cohäsion der Flüssigkeiten d. h. die Kraft, welche nöthig ist, um zwei in der Oberflächeneinheit an einander grenzende Flüssigkeitsschichten von einander zu trennen, ist bisher nicht bestimmt, da die Messungen der Capillaritätsconstante eine äusserst complicirte Function dieser Kraft, multiplicirt mit einer Länge, welche von der Ordnung des Radius der Wirkungssphäre der Molecularkräfte ist, geben. Aus den Versuchen von Hrn. Berthelot (Ann. chim. phys. (3) XXX, 232. 1850) wird Folgendes entnommen: Wenn die Dilatabilität des Wassers ebenso gross ist wie seine Compressibilität, und der Compressibilitätscoefficient

$$= 0{,}000045$$

ist, „so entspricht einer Volumenvergrösserung um 0,00250, wie sie Berthelot an Wasser, ohne ein Zerreissen der Flüssigkeit beobachtete, eine Spannung auf der Oberflächeneinheit von etwa

55 Atmosphären. Dieser Werth liefert eine untere Grenze für die Kraft, mit welcher die Flüssigkeitsschichten auf der Flächeneinheit an einander oder an der benetzten Gefässwand festgehalten werden.“ *E. R.*

S. Wroblewski. Sur influence de la quantité du gaz dissous dans un liquide sur sa torsion superficielle. C. R. XCV, 284-287†.

Nach einigen allgemeineren Bemerkungen, in denen darauf aufmerksam gemacht wird, dass in der Regel Flüssigkeiten mit hoher Oberflächenspannung geringere Absorptionscoefficienten haben, als solche mit niederer Oberflächenspannung, theilt der Herr Verfasser zwischen den Gesetzen der Löslichkeit von Kohlensäure in Wasser und der Oberflächenspannung dieser Flüssigkeit für Drucke von 1 bis 30 Atm. folgende Beziehungen mit:

1. Das Product der Oberflächenspannung α und des Druckes P, unter dem sich die Kohlensäure befindet, ist dem Sättigungscoefficienten S bei diesem Drucke proportional, also: $\alpha P = AS$; hierin hängt A von der Temperatur ab, mit der es wächst.

2. Die Gesetze der Löslichkeit zeigen eine Abnahme des Quotienten $\frac{\left(\frac{S}{P}\right)_{P=n}}{\left(\frac{S}{P}\right)_{P=1}}$ (wo $n > 1$) mit Abnahme der Temperatur; dasselbe tritt auch ein für das Verhältniss der Oberflächenspannungen bei diesen Drucken $\frac{\alpha_{P=n}}{\alpha_{P=1}}$. *P. V.*

S. Wroblewski. Sur la tension superficielle de quelques liquides au contact de l'acide carbonique. C. R. XCV, 342-343†.

Der Hr. Verfasser hat bei Flüssigkeiten, die sich in allen Verhältnissen mit flüssiger Kohlensäure mischen, wie z. B. Alkohol, Terpentin, Aether, Chloroform, beobachtet, dass die Oberflächenspannung abnimmt mit Vermehrung des Druckes, unter dem sich das Gas befindet. Die Grösse dieser Abnahme ist bei niederen Temperaturen viel grösser, als bei höheren. Bei 0° endlich unter dem Drucke, bei welchem Kohlensäure flüssig wird, haben alle diese Flüssigkeiten ohne Unterschied die Oberflächenspannung der Kohlensäure selbst = 4.6 dyna/centim.

Der Hr. Verfasser wendet sich in dieser, wie in der vorigen Note gegen die Anschauung, nach welcher der Druck als solcher Einfluss auf die Oberflächenspannung hätte. *P. V.*

J. Plateau. Une petite illusion. Bull. de Belg. (3) III, 24-27†.

Taucht man in eine capillar gehobene Flüssigkeitsmasse ein heberförmig gebogenes Rohr, so wird die Wirkung eines Hebers erst dann eintreten, wenn das äussere Ende desselben unterhalb des nicht capillar gehobenen Flüssigkeitsniveaus liegt. Andernfalls übt die concave Flüssigkeitsoberfläche eine aufsaugende Wirkung aus, wenn man den Heber vor Beginn der Versuche mit Flüssigkeit gefüllt hat.

Insofern man auf den ersten Blick versucht sein könnte, die Bedingung des Ausfliessens von der Lage unterhalb der capillar gehobenen Flüssigkeitsoberfläche abhängig zu machen, womit ein perpetuum mobile hergestellt wäre, findet die Ueberschrift ihre Erklärung. *P. V.*

G. Van der Mensbrugghe. Sur une propriété générale des lames liquides en mouvement. Bull. de Belg. (3) I, 286-308. 1881.

Der Herr Verfasser stellt das Princip auf: Die Arbeit, welche dazu dient, eine Flüssigkeitsmasse in eine dünner und dünner werdende Lamelle zu verwandeln, ist schliesslich der Oberflächenenergie T direct und der Dicke der Flüssigkeitslamelle umgekehrt proportional zu setzen.

Es ist daher leichter eine Seifenblase unter beständiger Zuführung neuer Flüssigkeitsmasse aufzublasen, als ohne diese.

Hat man eine Seifenblase, die nach den NEWTON'schen Farben an verschiedenen Stellen verschiedene Dicken zeigt, so geschieht eine Vergrösserung der Blase auf Kosten der dickeren Stellen. Unter demselben Drucke weisen Seifenblasen von grösserer Wandstärke auch eine grössere Krümmung auf.

Der Herr Verfasser wendet sich weiter zu dem Magnus'schen Versuche, in dem zwei horizontale Flüssigkeitsstrahlen, welche unter circa 30° auf einander treffen, nach wenigen Lamellenbildungen zerstäuben. Er sieht den Grund des frühzeitigen Zerstäubens darin, dass durch die Lamellenbildung kinetische Energie auf Kosten der Oberflächenenergie verloren geht, und weist dies weiter dadurch nach, dass zwei verticale Flüssigkeitsstrahlen sich doppelt so hoch erheben, wenn sie frei von einander ansteigen, als wenn sie zusammenstossen und Lamellen bilden.

Unter dem gleichen Gesichtspunkte wird der Versuch von Hrn. PLATEAU behandelt, bei dem Wasser aus einem verticalen Schlitze eines cylindrischen Gefässes ausfliesst. Der Umsatz von kinetischer Energie in Oberflächenenergie ist viel geringer, wenn die Oberflächenenergie des ausfliessenden Wassers durch einen Ueberzug von Petroleum herabgedrückt wird. *P. V.*

J. PLATEAU. Quelques expériences sur les lames liquides mines. Bull. de Belg. (3) II, 8-18†.

Der Herr Verfasser giebt einige Ergänzungen zu seinen früheren Arbeiten. Durch Bestreuen einer durch einen kreisförmigen horizontalen Ring begrenzten Lamelle aus Glycerinflüssigkeit mit Lycopodiumpulver weist er nach, dass die Lamelle mit der Zeit dünner wird in Folge eines Zuges, der von den kleinen concaven Begrenzungsflächen am Ringe her ausgeübt wird; das Pulver sammelt sich nämlich mit der Zeit am Ringe an.

Weiter gelingt es ihm, analog dem Zerfallen eines Flüssigkeitsstrahles in Tropfen, die Verwandlung einer Röhrenlamelle in kugelförmige Blasen zur Anschauung zu bringen.

Während sich im Allgemeinen der Schwere entzogene Flüssigkeitsmassen ebenso wie Flüssigkeitslamellen formen, weist der Herr Verfasser hier auf einen Unterschied hin; längliche Lamellen können zur Bildung nur einer Kugel, Vollmassen unter denselben Umständen zur Bildung mehrerer Kugeln in der Regel Veranlassung geben.

Endlich zeigt der Herr Verfasser an einer mit Rauch gefüllten Seifenblase, dass noch während einer Zerstörung derselben eine Contraction erfolgt.

Eine weniger wissenschaftliche Anwendung der Lamellenfärbung schliesst die Reihe der Versuche. *P. V.*

C. Decharme. Formes vibratoires des surfaces liquides circulaires. Ann. chim. et phys. (5) XXV, 112-135†.

Der Herr Verfasser hatte früher (s. diese Berichte XXXVI, 240) die Schwingungen von kreisförmig begrenzten Flüssigkeitslamellen untersucht, er dehnt jetzt seine Beobachtungen auf kreisförmig begrenzte Flüssigkeitsoberflächen aus. Von einem punktförmigen Erschütterungscentrum pflanzt sich die Wellenerregung einer Flüssigkeitsoberfläche mit einer Geschwindigkeit $v = 0{,}34$ m in der Secunde fort, unabhängig von der Natur der Flüssigkeit. Diese Constante ist von Wichtigkeit, wenn man bei einer Schwingungserregung im Mittelpunkte der kreisförmigen Oberfläche die Anzahl und Lage der Knotenlinie angeben will.

Ist der Radius der kreisförmigen Begrenzung $r = v$, so ist für die Schwingungszahl des erregten Centrums $m \geqq 1$ die Anzahl der Knoten $= 2m - 1$, durch dieselben wird r in $2m$ gleiche Theile getheilt. Für $m = \frac{1}{2}, \frac{1}{4}, \ldots \frac{1}{2m'}$ giebt es keine Knotenlinien; der Fall $m = \frac{1}{3}, \frac{1}{5}, \ldots \frac{1}{2m'-1} \ldots$ kommt nicht in Betracht, da der erregende Körper schneller schwingt als die Welle.

Ist $r = \frac{2}{m'}$ und $m = m'$, so ist die Anzahl der Knotenlinien $= 2m'-1$ und dieselben stehen um $\frac{r}{2m'}$ von einander ab.

In den Zwischenfällen giebt es keine scharfe Knotenlinien. *P. V.*

P. VOLKMANN. Ueber die Molecularanziehung von Flüssigkeiten aufeinander. WIED. Ann. XVI, 321-335†.

Der Herr Verfasser entwickelt eine Theorie der Molecularanziehung von Flüssigkeiten und wendet die aufgestellten Formeln auf die vorliegenden Beobachtungen von den HHrn. QUINCKE und VON RODENBECK an. Die erhaltenen Resultate sind folgende:

„1. Die Capillaritätsconstante

$$\alpha = \frac{a^2}{2}\varrho = \frac{H}{2} = \tfrac{1}{8}\pi\varrho^2\int_0^{\infty} \nu^4\varphi(r)dr$$

kann als Maass der Cohäsion oder der Anziehung zweier gleicher Flüssigkeitstheile dienen.

2. Ein α vollkommen entsprechender Ausdruck

$$\alpha_{12} = \tfrac{1}{8}\pi\varrho\varrho_1\int_0^{\infty} \nu^4\varphi_{12}(\nu)d\nu$$

dient dann als Maass der Adhäsion oder der Anziehung zweier verschiedener Flüssigkeitstheile.

3. Ein solches Maass lässt sich aufstellen, gleichviel ob die Flüssigkeiten mischbar sind oder nicht. So lange $\alpha_{12} < \frac{1}{2}(\alpha_1 + \alpha_2)$ ist, sind die Flüssigkeiten nicht mischbar, sobald $\alpha_{12} \gtreqless (\frac{1}{2}\alpha_1 + \alpha_2)$ ist, sind sie es. Es kann sehr wohl α_{12} grösser sein als eines der beiden α_1, ohne dass eine Mischung eintritt.

4. Die Fälle einer bei der Mischung stattfindenden Contraction, sowie einer nur theilweisen Mischung von Flüssigkeiten sind in dieser Arbeit ausgeschlossen.“ *H.*

OSBORNE REYNOLDS. On drops floating on the surface of water. Proc. Manch. Soc. XXI, 1 u. 2†.

Der Hr. Verfasser hat beobachtet, dass die Erscheinung des auf einer Wasseroberfläche schwimmenden Wassertropfens durch die Reinheit der Wasseroberfläche bedingt ist. Experimentell hat er solche schwimmenden Wassertropfen am besten darstellen können, wenn er die Wasseroberfläche mit Schwefelblumen bestreute; liess er nun schnell nach einander mehrere Wassertropfen auffallen, so dienen die ersten Tropfen, welche nicht schwimmen, dazu, die Schwefelblumen aus einander zu treiben und eine reine Oberfläche herzustellen, die nächsten Tropfen zeigen dann das Phänomen. *P. V.*

A. M. Worthington. On Impact with a Liquid Surface. Proc. Roy. Soc. XXXIII, 347-349†, XXXIV, 217-230†; [Chem. News XLV, 79†.

Der Hr. Verfasser hatte früher (s. diese Berichte XXXII, 256 und XXXIII, 279) beobachtet, welche Gestalt ein auf eine feste Oberfläche aufschlagender Tropfen während des Aufschlagens annimmt. Durch die momentane Beleuchtung des Oeffnungsfunkens einer Schliessung, welche durch eine Hebelübertragung in Folge des auffallenden Tropfens verstellbar nach der Zeit gelöst werden konnte, war es ihm möglich, die Gestalt des Tropfens in verschiedenen Stadien zu verfolgen.

Um auf diese Weise auch das Aufschlagen eines Tropfens oder einer festen Kugel auf einer Flüssigkeitsoberfläche zu beobachten — es handelt sich dabei um den Zeitraum von $^1/_3$ Sec. — wurde gleichzeitig mit dem Tropfen oder der Kugel ein Zeitball auf die Hebelübertragung fallen gelassen.

Der Hr. Verfasser liess Milchtropfen in Wasser, Petroleum und Olivenöl, dann glatte und trockene Kugeln von Elfenbein und Marmor, endlich rauhe Kugeln desselben Materials auf Wasserflächen fallen.

Der Verlauf der Erscheinungen wird am besten aus den Abbildungen ersehen werden, welche der zweiten oben citirten Abhandlung beigefügt sind. *P. V.*

Litteratur.

Osborne Reynolds. On the Internal Cohesion of Liquids and the Suspension of a Column of Mercury to a height more than double that of the Barometer. Mem. Manch. Soc. (3) VII, 1-19*.

D. DJAKONOFF. Ueber den Tropfenzustand flüssiger und geschmolzener Körper. J. d. russ. chem.-phys. Ges. [2] XV, 542.

Wiederholung und Variation bekannter Versuche. *O. Chw.*

L. SEVERINI. La contrattilità dei capillari in relazione ai due gaz dello scambio materiale. Nuovo ricerche. Perugia: Boncampagni. 203 S. 8°. Con 1 tav. N. z.

VAN DER MENSBRUGGHE. Interprétation théorique de l'effet produit par une couche mince d'huile, répandue à la surface de la mer, pour calmer l'agitation des flots. C. R. XCV, 1055-1056.

JOHN LE CONTE. Apparent Attractions and Repulsions of Small Floating Bodies. SILL. J. (3) XXIV, 416-425.

C. Löslichkeit.

GERHARD KRÜSS. Ueber die Constitution von Lösungen. Ber. d. chem. Ges. XV, 1243-1249†.

Der Hr. Verfasser benutzt die Absorptionsspectren, um zu entscheiden, ob zwei in einer Lösung befindliche Farbstoffe auf einander einwirken oder nicht, indem er das Licht einmal durch die Lösungen der Farbstoffe nach einander, das andere Mal durch die Mischung derselben hindurchdringen lässt und die Aenderungen des Absorptionsspectrums untersucht. Die Beobachtungen wurden mit einem Universalspectralapparate ausgeführt, welcher mit den symmetrischen Spalten von Hrn. KRÜSS versehen war. Fuchsin zeigte den starken Absorptionsstreifen von $\lambda = 570$—518,2; dann nahm die Absorption beständig gegen das brechbarere Ende des Spectrums ab, bis sie von $\lambda = 429,6$ an schnell wieder zunahm. Die Pikrinsäure liess von $\lambda = 483,8$ an gegen Violett keinen deutlichen Farbenton mehr erkennen. Wurden beide Flüssigkeiten hinter einander gestellt, so zeigte sich wieder der Streifen 570,4—518,2 und der Wiederbeginn der starken Absorption bei $\lambda = 483,8$. Bei der Mischung beider Farbstoffe verschwand dagegen der Absorptionsstreifen 570,5—518,2, und es zeigte sich von $\lambda = 576,9$ an eine ziemlich starke gegen Violett constant zunehmende Absorption, bis von $\lambda = 483,8$ an wiederum kein deutlicher Farbenton zu erkennen war. Es ist demnach anzunehmen, dass die beiden Flüssigkeiten chemisch auf einander einwirken. Aehnliches findet beim Kaliumchromat und Cupriammoniumsulfat statt. Keine Veränderungen zeigen sich beim Mischen der Lösungen von Kaliummono- und Dichromat, von Kaliumpermanganat und Dichromat u. A. *Bgr.*

V. Alexejeff. Ueber den Einfluss des Aggregatzustandes auf die Löslichkeit. J. d. russ. chem.-phys. Ges. XIV, 110-111; [Bull. soc. chim. XXXVIII, 263; [Chem. C.-Bl. (3) XIII, 739-740†.

Bei derselben Temperatur können zwei Lösungen von Salicylsäure gleicher Structur bestehen, von denen die eine feste, die andere flüssige Säure liefert. Flüssige Säure ist löslicher als feste, und ihre Lösungen verlieren ihre Gleichartigkeit erst bei 90,5°. Die Löslichkeit der festen Säure in Wasser bei 100° beträgt 8,67 pCt. Die Annahme, dass die Körper in den Lösungen in flüssiger Form enthalten sind, ist unbegründet. *Bgr.*

A. Klepl. Notiz über eine Auflösung von entwässertem Kupfervitriol in Methylalkohol. J. f. prakt. Chem. (2) XXV, 526-527†.

Absoluter Methylalkohol vermag amorphen, wasserfreien, nicht aber krystallisirten Kupfervitriol aufzulösen. Wasserhaltiger Methylalkohol giebt an entwässerten Kupfervitriol Wasser ab, ohne von dem Salze etwas aufzulösen. *Bgr.*

H. PRECHT und B. WITTGEN. Löslichkeit von Salzgemischen der Salze der Alkalien und alkalischen Erden bei verschiedener Temperatur. Ber. d. chem. Ges. XV, 1666-1672†.

Die Herren Verfasser haben ihre früheren Versuche (s. diese Berichte XXXVII, 256—258) fortgesetzt und folgende Gemische untersucht: 1. Kaliumsulfat und Chlornatrium, 2. Kaliummagnesiumsulfat, 3. Kaliummagnesiumsulfat und Chlornatrium.

1. Angewendet wurden 210 g K_2SO_4 und 332 g NaCl auf 800 Theile Wasser, sodass für jedes Salz bei 100° eine Sättigung eintreten konnte. Der Procentsatz der Lösung an NaCl, K_2SO_4, KCl ergiebt sich für die verschiedenen Temperaturen aus folgender Tabelle (Mittel aus 3 Versuchsreihen):

t	10	20	30	40	50	60	70	80	90	100
NaCl	23,1	23,3	23,5	23,7	23,9	24,1	24,0	23,5	23,1	22,7
K_2SO_4	5,6	6,1	6,5	7,0	7,4	7,9	8,4	8,0	8,0	8,0
KCl	2,2	2,1	2,0	1,9	1,9	1,8	2,1	3,3	4,5	5,6

Der Chlor- und Natriumgehalt entspricht nicht dem im Chlornatrium vorhandenen Verhältnisse, vielmehr ist ein Ueberschuss von Chlor in allen Fällen vorhanden. Es ist mithin eine wechselseitige Zersetzung eingetreten, indem sich KCl und Na_2SO_4 gebildet haben, wie schon Hr. KARSTEN vermuthet hat.

2. Angewendet wurden 800 g krystallisirtes Doppelsalz und 800 g Wasser:

t	10	20	30	40	50	60	70	80	90	100
K_2SO_4	9,4	10,9	12,4	13,8	14,7	15,2	15,6	16,0	16,6	17,2
$MgSO_4$	9,8	10,8	11,8	13,1	14,8	16,3	16,8	17,1	18,1	18,2

Die gesättigte Lösung enthält mithin das Kalium- und Magnesiumsalz nicht im molecularen Verhältnisse. Die Zersetzung ist am geringsten bei etwa 40°, bei niedriger und bei hoher Temperatur dagegen am grössten.

3. Angewendet wurden 350 g krystallinisches Kaliummagnesiumsulfat, 166 g Chlornatrium und 400 g Wasser. Der Verlauf der bei höherer Temperatur eintretenden Zersetzung war in diesem Falle so eigenthümlich, dass nahezu 30 Bestimmungen zwischen den Temperaturen 10° und 100° gemacht wurden.

t	10	15	20	25	30	35	40
NaCl	20,85	20,85	20,75	20,67	20,05	19,40	19,10
K_2SO_4	7,25	7,60	8,00	8,50	9,00	9,60	10,20
$MgSO_4$	5,07	5,40	5,70	6,05	6,52	7,01	7,50
$MgCl_2$	—	—	—	—	0,10	0,18	0,25

t	45	50	55	60	65	70	75
NaCl	19,00	18,80	18,65	19,05	19,64	19,32	16,68
K_2SO_4	10,80	11,82	12,89	12,70	12,32	12,60	13,45
$MgSO_4$	8,00	8,35	8,64	7,90	6,90	6,40	5,40
$MgCl_2$	0,30	0,40	0,45	0,50	0,71	1,05	3,20

t	80	85	90	95	100
NaCl	15,50	15,25	15,00	14,70	14,42
K_2SO_4	14,30	15,09	14,49	13,90	13,49
$MgSO_4$	4,70	4,60	4,90	5,30	5,62
$MgCl_2$	4,20	4,50	4,80	5,10	5,35.

Bis 55° zeigt sich mithin eine regelmässig verlaufende Löslichkeitszunahme der Bestandtheile des Doppelsalzes, sodass wohl bis zu dieser Temperatur eine wechselseitige Zersetzung in erheblichem Maasse nicht eingetreten ist. Von 55°—65° nimmt die Löslichkeit des Natriums rasch zu, während diejenige des Kalium- und des Magnesiumsulfates zurücktritt. In Folge der nunmehr bei 70°—80° stattfindenden Ausscheidung des Natriumsulfates sinkt die Chlornatriumlinie um mehrere Procente und verläuft alsdann bis 100° unter schwachem Sinken in gerader Richtung. Die Entstehung des Natriumsulfates wurde auch durch die Analyse des beim Siedepunkte (109°) der Lösuug ungelöst gebliebenen Antheils des festen Salzgemisches nachgewiesen. *Bgr.*

Otto Hecht. Krystallwassergehalt und Löslichkeit des buttersauren Calcium. Lieb. Ann. CCXIII, 65-74†.

Es wurde möglichst reine Buttersäure (zwischen 161,5° und 163,5° siedend) verwandt, deren Reinheit durch die Analyse des

Silbersalzes geprüft wurde. 100 Theile Wasser lösen bei 4,6° 0,3450 Theile buttersaures Silber. Der aus wässeriger Lösung zwischen 6° und 80° auskrystallisirende buttersaure Kalk hat dieselbe Zusammensetzung $Ca(C_4H_7O_2)_2 + H_2O$. Unter 0° existirt wahrscheinlich ein an Krystallwasser reicheres Salz. Für die Löslichkeit des buttersauren Kalkes, welcher bekanntlich beim Erwärmen der kalt gesättigten Lösung auskrystallisirt, wurden folgende Resultate erhalten:

Temperatur	100 T. Wasser lösen T. $Ca(C_7H_7O_2)_2 + H_2O$	Temperatur	100 T. Wasser lösen T. $Ca(C_7H_7O_2)_2 + H_2O$	Temperatur	100 T. Wasser lösen T. $Ca(C_7H_7O_2)_2 + H_2O$
0°	21,38	35°	17,88	70°	16,47
5°	20,86	40°	17,49	75°	16,47
10°	20,35	45°	17,18	80°	16,47
15°	19,84	50°	16,90	85°	16,51
20°	19,32	55°	16,69	90°	16,58
25°	18,82	60°	16,53	95°	16,80
30°	18,33	65°	16,47	100°	17,37

Die Löslichkeitscurve verläuft von 0°—25° geradlinig. Zwischen 25° und 65° werden die für gleiche Temperaturzunahmen sich neu ausscheidenden Salzmengen allmählich kleiner. Bei 65° ist das Minimum der Löslichkeit erreicht. Zwischen 65° und 82° verläuft die Linie horizontal, um zwischen 82° und 100° in einem etwas steileren Winkel wieder anzusteigen, als sie vorher gefallen war. *Bgr.*

JOHN M. THOMPSON. On the Action of the Component Salts as Nuclei on Supersaturated Solutions of certain Compound Salts. Rep. Brit. Assoc. 1882. 490-493†.

Wenn man auf die übersättigte Lösung eines Doppelsalzes einen seiner beiden Bestandtheile als Nucleus wirken lässt, so tritt bald eine Krystallisation ein, bald nicht, wie die nachfolgende Tabelle zeigt:

Gelöste Substanz	Nucleus	Resultat
$HgCl_2, 2NH_4Cl, 3H_2O$	$HgCl_2$ (primatisch)	wirksam
-	$HgCl_2$ (aus heisser Lösg. ausgeschieden)	bald wirksam, bald nicht
-	NH_4Cl	nicht wirksam
$HgBr_2, 2NH_4Br, 3H_2O$	$HgBr_2$	wirksam
-	$HgBr_2$ (aus heisser Lösg. ausgeschieden)	bald wirksam, bald nicht
-	NH_4Br	nicht wirksam
HgJ_2, K_2J_2	HgJ_2	wirksam
-	KJ	nicht wirksam
$HgCl_2, 2NH_4Cl, 3H_2O$	$HgBr_2, 2NH_4Br, 3H_2O$	wirksam
$HgBr_2, 2NH_4Br, 3H_2O$	$HgCl_2$ (prismatisch)	wirksam
-	NH_4Cl	nicht wirksam
$HgCy_2, NH_4Cl$	$HgCy_2$	wirksam
-	NH_4Cl	wirksam
$AlK(SO_4)_2.12H_2O$	$Al_2(SO_4)_3.18H_2O$	nicht wirksam
-	K_2SO_4	nicht wirksam
$Zn_3Cu(SO_4)_4, H_2O$	$ZnSO_4, 7H_2O$	wirksam
-	$CuSO_4, 5H_2O$	wirksam
$NaNH_4HPO_4, 4H_2O$	$Na_2HPO_4.12H_2O$	nicht wirksam
-	$(NH_4)_2HPO_4$	nicht wirksam
-	$NH_4H_2PO_4$	nicht wirksam
-	$Na_4P_2O_7$	nicht wirksam
$NaNH_4HAsO_4, 4H_2O$	$Na_2HAsO_4, 12H_2O$	nicht wirksam
-	$(NH_4)_2HAsO_4, 2H_2O$	nicht wirksam
$KNaH_4C_4O_6, 4H_2O$	$K_2H_4C_4O_6$	nicht wirksam
-	$Na_2H_4C_4O_6$	wirksam
$K_3Na_3(H_5C_6O_7)_2$	$K_3H_5C_6O_7$	wirksam
-	$Na_3H_5C_6O_7$	wirksam
$MgNaH_5C_6O_7$	$MgH(H_5C_6O_7)$	nicht wirksam
-	$Na_3H_5C_6O_7$	nicht wirksam

Die Doppelchloride, -bromide und -jodide vermögen mithin in übersättigten Lösungen dem störenden Einflusse eines ihrer Bestandtheile nicht zu widerstehen, ohne dass indess eine Spaltung in die einzelnen Salze eintritt. Das Doppelsalz aus dem Quecksilbercyanid und Ammoniumchlorid wird dagegen durch den Nucleus in seine Bestandtheile zerlegt. — Alaun und Phosphorsalz werden durch keines der constituirenden Salze zerlegt. — Citronensaures Natrium-Magnesium wird durch keinen der beiden Bestandtheile zersetzt; das weinsaure Natrium-Kalium nur durch das (schwerer lösliche) Natriumtartrat. *Bgr.*

K. STAMMER. Löslichkeit des schwefelsauren Bleioxyds. Chem. Ztg. 1882 Nr. 4; [Arch. d. Pharm. (3) XVII, 209-210†.

Fällt man ein lösliches Sulfat durch basisches Bleiacetat (Bleiessig), so löst sich der Niederschlag im Ueberschuss des Fällungsmittels wieder auf. In Bleizuckerlösung ist das Bleisulfat unlöslich. *Bgr.*

WLADIMIR ALEXEEW. Ueber die Lösungen, welche Salicylsäure mit Wasser bildet. J. f. prakt. Chem. (2) XXV, 518 bis 520†; [Chem. C.-Bl. (3) XIII, 763-764†; [Bull. soc. chim. XXXVIII, 145-148.

Salicylsäure löst sich in allen Verhältnissen in Wasser, wenn sie damit im verschlossenen Rohre über 100° erhitzt wird. Beim Abkühlen scheiden sich aus manchen Röhren Krystalle, aus anderen Oeltropfen ab. Bei einem zwischen 61,2 und 4,57 pCt. liegenden Gehalt von Salicylsäure zerfallen die Lösungen in eine obere Schicht (Lösung von Salicylsäure in Wasser) und in eine untere stark lichtbrechende (Lösung von Wasser in flüssiger Salicylsäure). Salicylsäure und Wasser bilden drei Arten von Lösungen: 1) Lösung von Wasser in Salicylsäure, 2) Lösung von Salicylsäure in Wasser, welche beim Erkalten flüssige Säure abscheidet, und 3) Lösung von Salicylsäure in Wasser, welche beim Erkalten Krystalle von Salicylsäure absetzt. *Bgr.*

C. SCHEIBLER und D. SIDERSKY. Löslichkeit des Strontiumhydroxydes in Wasser bei verschiedenen Temperaturen. SCHEIBLER's Neue ZS. f. Rüben-Zucker-Industrie VII, 257-259; [Chem. C.-Bl. (3) XIII, 33-34†; [Polyt. Notizbl. XXXVII, 27-28.

Die Versuche beziehen sich auf das krystallisirte Hydroxyd ($SrO_2H_2 + 8H_2O$). Ihre Ergebnisse sind in einer Tabelle zusammengestellt, welche in der citirten Abhandlung nachzusehen ist.

Bgr.

G. LANDRIN. Recherches sur la solubilité des aluminates de chaux dans l'eau. Influence de cette solubilité sur le durcissement définitif des matériaux hydrauliques. C. R. XCIV, 1054-1055†.

Die Calciumaluminate sind in Wasser löslich. Wird 1 g Aluminat mit 500 ccm kaltem oder kochendem Wasser behandelt, so löst sich auf

	I	II	III
Thonerde	0.216	0.206	0.410
Kalk	0.256	0.248	0.243

Versuch I bezieht sich auf die Verbindung Al_2O_3, 2 CaO, Versuch II und III auf die Verbindung Al_2O_3, CaO (bei II nicht vollständig geschmolzen).

Bgr.

E. LEIDIE. Mathematical and Experimental Researches on the Curves of Solubility in Water of the Varieties of Tartaric Acid. Paris: impr. Davy. [C. R. XCV, 87; [J. pharm. et chim. VI, Septbr. 1882; [Chem. News XLVI, 233†.

Die Resultate sind in Chem. News in Form von Tabellen gegeben.

Bgr.

VAN BABO and C. PORTELE. Solubility of Potassium Bi-tartrate. J. pharm. et chim. VI. Septbr. 1882; [Chem. News XLVI, 233†.

Bei 0° löst Wasser 0.37 pCt., bei 100° dagegen 6.102 pCt. Die Löslichkeit nimmt mit der Temperaturerhöhung regelmässig zu.

Bgr.

B. E. SLOAN. On the Solubility of Jodine in Arsenic Trichloride. Chem. News XLVI, 194-195†.

Jod löst sich in Arsentrichlorid, wenn es mit demselben in verschlossenen Röhren erhitzt wird und scheidet sich beim Erkalten wieder theilweise aus. 100 Theile Arsenchlorid lösen bei 0°, 15°, 96° bezw. 8.42, 11.88, 36.89 Theile Jod.

Bgr.

R. COWPER. Ueber die Löslichkeit von Glas in Reagentien. J. chem. Soc. 1882, 254-256; [Chem. News XLV, 104; DINGL. J. CCXLVI, 204†.

Der Herr Verfasser erhitzte in Röhren aus böhmischen Glase verschiedene Flüssigkeiten 6 Tage lang auf 100°. 100 ccm davon hatten gelöst: Wasser 8—10 mg, Schwefelwasserstoffwasser 9 bis 12 mg, Ammoniak 8 mg, verdünnte Ammoniakflüssigkeit 26—43 mg, Schwefelammoniumlösung bis 52 mg. *Bgr.*

HAGER. Ueber die Löslichkeit des Morphium sulfuricum in Wasser. Pharm. Centralh. 1882. Nr. 9; [Arch. d. Pharm. (3) XVII, 296-297†.

Reines Morphiumsulfat braucht zur Auflösung bei 17.5° 20 Theile Wasser. Eine Spur freier Schwefelsäure befördert die Löslichkeit sehr. *Bgr.*

LAROCHETTE. Lösung von Morphium in Oel. J. of Pharm. (4) LIV, XII, 394; [Arch. d. Pharm. (3) XVII, 937†.

5 Theile krystallisirtes Morphium werden von 100 Theilen ausgepresstem Mandelöl gelöst. *Bgr.*

FREDERICK B. POWER. Die Löslichkeit des Morphiumsulphates. Amer. J. of Pharm. LIV (4) XII, 97-99, 139; [Arch. d. Pharm. (3) XVII, 470†.

Zur Lösung bei 15° C. sind 23.99 und 23.80, rund 24 Theile Wasser erforderlich. Die Präparate verschiedener Fabriken scheinen eine verschiedene Löslichkeit zu besitzen. *Bgr.*

F. Emich. Löslichkeit der Glycocholsäure. Monatsh. d. Chem. III, 336-342; [Beibl. VI, 638†].

100 Theile Wasser lösen bei t^0 x Theile Glycocholsäure:

t	20	40	80	100
x	0.033	0.102	0.235	0.85.

E. W. (Bgr.)

V. Alexejeff. Gegenseitige Löslichkeit von Flüssigkeiten. J. russ. chem.-phys. Ges. [1] XIII, 558; [Bull. soc. chim. XXXVIII, 259; [Chem. C.-Bl. (3) XIII, 328-329†.

Die Wirkung des Druckes auf die Löslichkeit ist sehr gering. Bei gewissen Temperaturen werden alle untersuchten Flüssigkeiten in allen Verhältnissen mischbar. Isobutylalkohol mischt sich mit Wasser bei 116—123°; Kresol aus Steinkohlentheer mit Wasser bei 118—119°; Anilin bei 140°. *Bgr.*

Litteratur.

Vulpius. Lösungsmittel für Jodoform. Arch. d. Pharm. (3) XVII, 44†.

Von ausschliesslich pharmaceutischem Interesse. *Bgr.*

B. Aexejeff. Ueber Lösungen. J. d. russ. chem.-phys. Ges. [1] XIV, 195. *O. Chw.*

— — Versuch einer Theorie der Lösungen. J. d. russ. chem.-phys. Ges. [1] XIV, 526. *O. Chw.*

D. Diffusion.

A. Colson. Sur la diffusion des solides. C. R. XCIV, 26 bis 28†; [Mondes (3) III, 667.

Einer gegebenen Temperatur entspricht ein constanter Diffusionscoefficient des Kohlenstoffs in das Eisen. Silicium diffundirt sehr leicht in Kohlenstoff. Platindraht, inmitten eines mit kieselsäurefreiem Russ gefüllten irdenen Tiegels erhitzt, war nach der Operation kieselsäurehaltig. Bei genügend langem Erhitzen erhält der Platindraht eine krystallinische Textur und besitzt die Zusammensetzung $SiPt_2$. Enthält der Russ 60 pCt. Kieselsäure, so erhält man eine Verbindung von der Formel Si_2Pt_3 von der Dichte 14,1, deren Schmelzpunkt mit dem Schmelzpunkte des gewöhnlichen Glases zusammenfällt. *Bgr.*

Violle. Sur la diffusion du carbone. C. R. XCIV, 28-29†.

Nach einer Schmelzung von Palladium in einem Porzellantiegel, der in einem Graphittiegel stand, zeigte sich der letztere in eine erdige Masse verwandelt, während der Porzellantiegel äusserlich das Ansehen eines Kohlentiegels hatte. Die Kohle war in das Porzellan hineindiffundirt, um so tiefer, je länger die Erhitzung dauerte. Die Diffusion erfolgte zwischen 1000° und 1500°. *Bgr.*

Sydney Marsden. Sur la diffusion d'une poudre impalpable dans un corps solide. Ann. chim. phys. (5) XXVI, 286-288†.

In die Wand von Schmelztiegeln aus Berliner Porzellan, die 10—12 Stunden lang in Berührung mit äusserst feinem Kohlenpulver auf eine sehr hohe Temperatur erhitzt waren, war bis zu einer bestimmten Tiefe Kohlenstoff diffundirt, der sich nach dem Behandeln des Porzellans mit Flusssäure, Chlorwasserstoffsäure und Natriumcarbonat als äusserst feines Pulver ausschied. Man hat hier ein Beispiel der Diffusion eines festen Körpers in einen andern. *Bgr.*

PERNOLET. Nouveaux exemples de la diffusion du charbon. C. R. XCIV, 99-100†.

Eine Diffusion des Kohlenstoffs findet im grossartigen Maassstabe in folgenden Fällen statt:

1. Bei der Reduction von Zinkoxyd durch Kohle in den thönernen Muffeln.

2. In den Cokeöfen, in denen Steinkohle, ähnlich wie bei der Gasbereitung, trocken destillirt wird, um den Theer und das Ammoniakwasser zu gewinnen.

3. In den Oefen, die zur Darstellung der unter dem Namen Pariser Kohle bekannten Holzkohle dienen. *Bgr.*

J. E. ENKLAAR. Sur l'osmose des sels. Arch. Néerl. XVII, 232-260†.

Bei dem zu den Versuchen dienenden Apparate stand das Diffusionsgefäss — eine an Stelle des Bodens mit sorgfältig gereinigter Kaninchen- oder Hasenblase verschlossene Flasche, die 50 ccm Salzlösung enthielt — in einem Becherglase, in welchem sich 100 ccm Wasser befanden. Das Ganze stand in einem Cylinder, welcher von Wasser von constanter Temperatur umgeben war. Nach Verlauf von 6 Stunden wurde die Salzlösung mit einem Heber abgezogen und der Salzgehalt titrirt. Es zeigte sich, dass die Beschaffenheit der Membran selbst von Einfluss auf die Diffusion war. Durch eine trockene Blase diffundirt anfangs weniger, als später, wenn sie durchnässt ist. Am besten ist deshalb eine Blase, welche schon eine (für verschiedene Salze verschieden lange) Zeit hindurch verwendet worden ist. Auch die Spannung der Membran, sowie Alter und Art des Thieres, von welchem die Membran stammt, sind von Einfluss auf die Osmose.

Bei gleichen Versuchsbedingungen gilt in voller Strenge der von Hrn. BEILSTEIN nur für annähernd giltig gehaltene Satz, dass die Quantitäten Salz, welche in gleichen Zeiten durch die gleiche Membran diffundiren, der Concentration der betreffenden Salzlösungen proportional sind. Hinsichtlich des Einflusses der Gegenwart eines Salzes auf die Diffusion eines anderen Salzes ergab sich aus den Versuchen mit 22 gemischten Chloriden, dass jedes Salz die ihm eigenthümliche Diffusibilität unabhängig von der Anwesenheit eines andern Salzes beibehält. Nur dann, wenn moleculare Einflüsse (Bildung von Doppelsalzen), wie beim Vermischen von Magnesium- oder Kaliumchlorid mit den Chloriden der Alkalien sich geltend machen, scheinen Ausnahmen stattzufinden, sodass man die Osmose als Criterium für das Vorhandensein von Doppelsalzen benutzen könnte.

Die Diffusionserscheinungen können auch Aufschluss über die Zersetzung von Salzlösungen geben, wenn dabei weder ein Niederschlag noch eine Krystallisation eintritt. Verändern die in einem Salzgemische enthaltenen Salze ihre Diffusionsgeschwindigkeit in einem bestimmten Maasse, so kann man auf Umsetzung schliessen. Das ist z. B. der Fall für $NaCl$ resp. $CaCl_2$ und KNO_3. Moleculare Mengen von $MgCl_2$ und KNO_3 setzen sich nur theilweise um; wendet man dagegen einen Ueberschuss von KNO_3 an, so tritt eine vollständige Umsetzung ein. — Die Diffusionsgeschwindigkeit ist für die Chloride der Alkalien, des Ammoniums, des Magnesiums und der alkalischen Erden umgekehrt proportional dem Moleculargewichte. — Die Salzsäure vermindert die Diffusibilität des Kochsalzes. Die Verminderung ist unabhängig von der Menge der zugeführten Säure; eine kleine Menge derselben übt bereits einen deutlich verzögernden Einfluss aus. Das Quantum der Säure, welches diffundirt, ist proportional dem anfangs vorhandenen. Dieses Resultat steht mit der Diffusion gemischter Salze in Widerspruch, die ein jedes für sich unabhängig von der Gegenwart der anderen diffundiren.

Bgr.

H. Gal. Recherches sur le passage des liqueurs alcooliques à travers des corps poreux. C. R. XCV, 844 bis 846†.

Durch directe Versuche wies der Herr Verfasser nach, dass Alkohol, welcher in thierische Blasen eingeschlossen ist, nicht immer eine Zunahme seiner Concentration erfährt, sondern dass dann, wenn der Feuchtigkeitsgehalt der äusseren Luft sehr gross ist, das Gegentheil eintritt. Bei der Erklärung dieser Diffusionsvorgänge ist mithin neben der Wirkung der Membran, welche bisher allein berücksichtigt wurde, auch auf den Zustand der Atmosphäre Rücksicht zu nehmen, in welche hinein die Diffusion stattfindet. *Bgr.*

J. D. R. Scheffer. Untersuchungen über die Diffusion einiger organischen und anorganischen Verbindungen. Ber. d. chem. Ges. XV, 788-795†.

Aus der Fick'schen Formel

$$dS = k.q \cdot \frac{du}{dx} \cdot dt,$$

worin k die Diffusionsconstante (d. h. die Menge Salz bezeichnet, welche im stationären Zustande in der Einheit der Zeit durch die Einheit des Querschnittes fliesst, wenn die Höhe des ganzen Diffusionscylinders der Längeneinheit und die Differenz in der Concentration an beiden Enden des Cylinders der Einheit der Concentration gleich ist) bezeichnet und aus den Formeln von den HHrn. Simmler und Wild (Pogg. Ann. C, 217) erhält man, wenn q_0 die Menge der Salzlösung bezeichnet, die in den zu $^2/_3$ gefüllten Cylinder gebracht wurde ($h_1 = \frac{2}{3}h$), q die in der Zeit T vom Anfange an diffundirte Salzmenge und h die Höhe des Cylinders ist

$$\frac{q_0 - q}{q_0} = \frac{6\sqrt{3}}{\pi^2}\left\{e^{-\left(\frac{\pi}{2h}\right)^2 kT} - \frac{1}{25}e^{-\left(\frac{5\pi}{2h}\right)^2 kT} - \dots\right\},$$

vorausgesetzt, dass die Concentration am oberen Rande des Cylinders stets gleich Null ist. Hr. Korteweg hat die correspondirenden Werthe von $\frac{q_0 - q}{q_0}$ und $\frac{kT}{h^2}$ aus der Reihe berechnet. Einige derselben sind:

$\frac{q_0-q}{q}$	1.00	0.95	0.90	0.85	0.80
kTh^2	0.00000	0.04012	0.06323	0.08668	0.11132
$\frac{q_0-q}{q}$	0.75	0.70	0.65	0.60	0.55
kTh^2	0.13751	0.16547	0.19550	0.22795	0.26320
$\frac{q_0-q}{q}$	0.50	0.45	0.40		
kTh^2	0.30184	0.34454	0.39228		

Der Hr. Verfasser führte nun eine Reihe von Versuchen nach der von den HHrn. SIMMLER und WILD modificirten GRAHAM'schen Methode aus, nach welcher die Diffusionscylinder nicht auf den Boden des umringenden Wassergefässes, sondern möglichst hoch in demselben gestellt werden. Der Inhalt der Cylinder und des Gefässes war so, dass die Salzlösung in die 40fache Wassermenge diffundirte. Besonders ausführlich wurde die Diffusion der Salzsäure untersucht. Die Versuchsdauer schwankte zwischen 1—17 Tagen, der in den Cylindern zurückgebliebene Antheil zwischen 98—39 pCt. Die Werthe von k stimmen dabei nahezu überein. Der Mittelwerth von k bei 8° ist $k_8 = 2.07$, bei 15.5°: $k_{15.5} = 2.57$ (GRAHAM $k_5 = 1.742$). Die Diffusionsconstanten für andere Körper sind in folgender Tabelle enthalten:

	t	k		t	k
Oxalsäure	7.5°	0.70	Citronensäure	9°	0.42
Essigsäure	8°	0.66	Mannit	10°	0.38
-	14.5°	0.81	Natriumacetat	14—15°	0.72
Weinsäure	9°	0.46	Chloralhydrat	9°	0.54
Bernsteinsäure	15°	0.55	Chlorammonium	17.5°	1.31

Bgr.

F. MARTINI. Figures de diffusion dans les liquides. Cim. (3) IX, 156; [J. de phys. (2) I, 520†.

Ein feiner Strahl von gefärbtem Alkohol dringt von unten nach oben in eine offene Glocke, welche in ihrem unteren Theile eine Salzlösung oder Säure haltiges Wasser und darüber reines Wasser enthält. Der capillare Strahl breitet sich birnförmig oder in Gestalt eines horizontal gestreiften Doppelkegels oder baumförmig aus. Diese Diffusionsfigur entsteht an der Trennungsfläche der dichteren Flüssigkeit und des Wassers. Wendet man destillirtes Wasser anstatt des Alkohols an, so entsteht eine schirmförmige Figur. *Bgr.*

L. Boltzmann. Zur Theorie der Gasdiffusion. Wien. Ber. LXXXVI [2] 63-99.

Rein mathematisch; s. Jahrb. d. Math. XIV, 907.

Bgr.

A. v. Obermayer. Versuche über die Diffusion der Gase. Wien. Ber. [2] LXXXV, 147-168*; [Wien. Anz. 1882, 10 u. 75; [Carl Rep. XVIII, 501-502†; [Chem. News XLV, 79.

Die Versuche wurden nach einer von Hrn. Stefan angegebenen Methode für die Gascombinationen Luft-Kohlensäure, Wasserstoff-Kohlensäure, Sauerstoff-Kohlensäure ausgeführt und ergaben eine Abweichung vom Diffusionsgesetze in der Weise, dass kleineren Diffusionzeiten kleinere Werthe des Diffusionscoefficienten entsprechen, und dass diese Werthe sich mit wachsender Zeit rasch einem Grenzwerthe nähern. Dieselben Abweichungen vom Diffusionsgesetze ergaben sich für die Combination Luft-Kohlensäure bei Versuchen nach der Maxwell'schen Methode. Bei Gasen von wenig verschiedenen Moleculargewichten (Stickstoff-Sauerstoff, Stickoxydul-Kohlensäure) ist die Abweichung zwischen den in verschiedenen Zeiten erhaltenen Diffusionscoefficienten sehr gering, so dass die Vermuthung nahe liegt, dass die Verschiedenheit der Moleculargewichte von Einfluss auf die Abweichungen vom Diffusiongesetze ist. Bei der Diffusion Luft-Kohlensäure liegt eine Einmischung der Luft, wenn dieselbe überhaupt stattfindet, innerhalb der Grenzen der Beobachtungsfehler. *Bgr.*

K. Waitz. Ueber die Diffusion der Gase. Wied. Ann. XVII, 201-236, 351-352†.

Der Herr Verfasser untersuchte die Diffusion der Gase nach einer optischen Methode, nachdem er sich durch Vorversuche überzeugt hatte, dass die von Hrn. Stefan (Wien. Ber. [2] LXXVIII, 957) gegen die optische Untersuchung der Diffusion von Flüssigkeiten erhobenen Einwände für Gase nicht zutreffend sind, sobald die Diffusion langsam und ruhig erfolgt. Zur Untersuchung wurden die Jamin'schen Interferenzerscheinungen an dicken Glasplatten benutzt; die Phasendifferenz der beiden an der vorderen und hinteren Wand der Platte reflectirten Strahlen wurde dadurch geändert, dass der eine Strahl das Gefäss passirte, in welchem sich die Diffusion vollzog, während der andere eine Röhre durchstrahlte, die mit einem Gase von constanter Zusammensetzung angefüllt war. Da in Folge der Diffusion die Phasendifferenz continuirlich geändert wird, so beginnen die Interferenzstreifen zu wandern, und aus der Zahl derselben, welche in einer bestimmten Zeit das Gesichtsfeld passiren, kann man auf die Aenderung der Zusammensetzung des Gasgemisches schliessen. Für ein Gemisch von zwei chemisch nicht auf einander wirkenden Gasen gilt die Beziehung

$$\frac{x}{Z} = \frac{A_0 - A}{A_0},$$

wenn Z die Anzahl aller in einem Querschnitte enthaltenen Gastheilchen, x die Anzahl der Theilchen erster Art, A_0 die Anzahl der Interferenzstreifen bezeichnet, die das Gesichtsfeld passiren, wenn das erste Gas allmählich durch das zweite ersetzt wird. Die Beobachtungen, die sich nur auf die Diffusion von Kohlensäure in Luft beziehen, wurden in der Weise angestellt, dass man die Zeiten notirte, zu denen entsprechende Punkte der Interferenzerscheinung an dem Fadenkreuzschnittpunkte des Fernrohres vorübergingen, d. h. zu denen sich der 1, 2, ... n Interferenzstreifen verschoben hatte. Als Resultat ergab sich, dass der Diffusionscoefficient der beiden Gase in einander nicht constant ist. Vielmehr nimmt er in einem bestimmten Querschnitte nach Beginn der Diffusion mit der Zeit ab und erreicht bald für jeden

Querschnitt einen constanten Grenzwerth. Die Aenderung dieser Grenzwerthe von einem Querschnitt zum andern erfolgt proportional dem Abstande der Querschnitte von der freien Oberfläche des Diffusionsgefässes. Diese Versuchsergebnisse stehen scheinbar in Widerspruch mit den von Hrn. OBERMAYER erhaltenen. Indess ist zu berücksichtigen, dass sich die Versuche von Hrn. OBERMAYER auf den mittleren Diffusionscoefficienten der ganzen diffundirenden Gasmasse beziehen, während der Herr Verfasser nur den Coefficienten für die einzelnen Schichten im Diffusionsgefässe untersuchte.

Bgr.

V. HAUSMANINGER. Ueber die Veränderlichkeit des Diffusionscoefficienten zwischen Kohlensäure und Luft. Wien. Ber. [2] LXXXVI, 1073-1089; [Wien. Anz. 1882, 241-242†.

Für den Fall, dass der Diffusionscoefficient zweier Gase eine Function des Mischungsverhältnisses derselben ist, verwandelt sich die partielle Differentialgleichung für den Partialdruck p des einen der Gase in die folgende:

$$\frac{\partial p}{\partial t} = \frac{\partial}{\partial x}\left[k\frac{\partial p}{\partial x}\right].$$

Versuche über die Diffusion von Luft und Kohlensäure ergaben in der That eine Veränderlichkeit des Diffusionscoefficienten. Das den Versuchsbedingungen entsprechende Integral der obigen Differentialgleichung ist

$$p = a\int_0^{\frac{x}{\sqrt{t}}} \frac{dy}{k}\cdot e^{-\int_0^y \frac{y.dy}{2k}}.$$

Ist p aus den Versuchen als Function von t und der Tiefe x bekannt, so berechnet sich der Diffusionscoefficient k durch die Formel

$$k = \frac{1}{2}\cdot\frac{dy}{dp}\int_0^{p_0} ydp,$$

wobei $y = \frac{x}{\sqrt{t}}$ ist.

Der nach dieser Gleichung für Kohlensäure-Luft berechnete Diffusionscoefficient ist für grössere Kohlensäuregehalte grösser, doch ist die Uebereinstimmung eine so geringe, dass dies möglicherweise sogar durch Störungen in Folge des Abhebens des Deckels verursacht ist und der Diffusionscoefficient in Wahrheit doch constant ist. *Bgr.*

G. HÜFNER. Einige Versuche über Diffusion von Gasen durch den Hydrophan von Czernowitza. WIED. Ann. XVI, 253-273†.

Der zu den Versuchen dienende Apparat war ein wenig modificirtes BUNSEN'sches Diffusiometer (s. BUNSEN, Gasometrische Methoden). Die Versuchsmethode war die BUNSEN'sche; nur mussten die Versuche, namentlich diejenigen über den Einfluss des Druckes auf die Diffusionsgeschwindigkeit verschiedener Gase etwas umständlicher ausgeführt werden, weil Kautschukverbindungen absichtlich vermieden wurden. Bezeichnet P den auf 0° reducirten Barometerstand, p die ebenfalls auf 0° reducirte Höhe der Quecksilbersäule im Versuchsrohre, t die Beobachtungszeit (in Secunden), V das während derselben (in eine calibrirte Röhre) eingetretene Gasvolumen, so ist die Einströmungsgeschwindigkeit (auf den Druck = 1 reducirt)

$$C = \frac{(P-p)V}{t}.$$

Der Hr. Verfasser erhielt folgende Zahlen für das Verhältniss $\frac{C}{p}$ bei zwei verschiedenen Drucken p

	$\frac{C}{p}$ I	$\frac{C}{p}$ II
Wasserstoff in Wasserstoff	1,527	1,511
Sauerstoff in Sauerstoff	0,368	0,373
Kohlensäure in Kohlensäure	0,344	0,346
Luft in Luft	0,329	0,328

Innerhalb gewisser (allerdings nicht weit gezogener) Grenzen ist die Geschwindigkeit der Gasdiffusion durch den Hydrophan der Druckdifferenz proportional.

Die Diffusionsgeschwindigkeit des Sauerstoffs, welche nach den angeführten Versuchen grösser ist als die der Luft, wurde bei einer zweiten Versuchsreihe kleiner gefunden. Die Differenz ist gering und die Abweichung der Versuchsresultate von einander findet in der Temperaturdifferenz ihre Erklärung (die ersten Versuche wurden im Juli, die anderen im November ausgeführt). Uebrigens ist auch die Geschwindigkeit des Stickstoffs grösser als die des Sauerstoffs. Das GRAHAM'sche Gesetz, nach welchem sich die Diffusionsgeschwindigkeiten der verschiedenen Gase umgekehrt verhalten wie die Quadratwurzeln aus den specifischen Gewichten, ist sonach nicht mehr gültig.

Bei den Versuchen, zwei verschiedene Gase (Wasserstoff und Sauerstoff) in einander diffundiren zu lassen, änderte sich das Verhältniss der durch den Hydrophan im Laufe der Diffusion ausgetauschten Gasmengen, und zwar wird der Quotient kleiner. Diese Unregelmässigkeiten rühren von der Absorption her, welche der Hydrophan auf die Gase ausübt. Der zur Untersuchung der Absorption benutzte Apparat war dem ähnlich, welchen Hr. WROBLEWSKI bei seinen Untersuchungen über die Absorption durch Kautschuk benutzte (WIED. Ann. VIII, 35; diese Berichte XXXV, 273). Die Werthe des Absorptionscoefficienten α, d. h. des Verhältnisses des absorbirenden Körpervolumens zum absorbirten Gasvolumen sind für die untersuchten Gasarten in folgender Tabelle zusammengestellt:

Gasart	Temperatur	α	Gasart	Temperatur	α
	4.5°	5.375	Wasserstoff	11.4°	0.03898
	7.1	5.992		11.8	0.05100
	7.3	6.050	Sauerstoff	10.2	0.8292
Kohlensäure	9.8	7.031	Luft	10.2	0.7938
	10.3	7.067			
	10.4	6.911			
	13.1	6.226			

Die Versuche wurden mit sehr geringen Mengen Hydrophan (1.5368 ccm) ausgeführt und sind deshalb nicht absolut genau.

Bgr.

Litteratur.

S. v. Wroblewski. Ueber die Anwendung der Photometrie auf das Studium der Diffusionserscheinungen bei den Flüssigkeiten. Carl Rep. XVIII, 415-429*.

S. diese Berichte XXXVII, 277-278.

A. Vivien. Diffusion; conférences publiques faites en avril 1881, à la Société industrielle de Saint-Quentin et de l'Aisne. Saint-Quentin: impr. Moreau.

E. Absorption.

K. Ångström. Die Ausdehnung des Wassers durch Absorption. Wied. Ann. XV, 297-308†; Öfvers Sven. Vet. Ak. Förh. XXXVIII. No. 6, 37-49*. 1881.

Der Herr Verfasser bestimmte die Volumenvergrösserung, welche das Wasser bei der Absorption von Gasen erfährt, die in geringerer Menge in ihm löslich sind. Die Versuche wurden mittelst eines modificirten Dilatometers angestellt, welches gestattete, dass 1) jede Volumenbestimmung bei constanter Temperatur ausgeführt werden konnte, 2) die zur Absorption verwendeten Gase eingeleitet werden konnten, ohne dass die Flüssigkeit der Verdampfung ausgesetzt wird, 3) die absorbirte Gasmenge mit Genauigkeit bestimmt werden konnte. Die Versuche mit atmospärischer Luft, Stickstoff, Kohlenoxyd, Sauerstoff, Wasserstoff und Kohlensäure ergaben, dass die Volumenzunahme des Wassers der absorbirten Gasmenge proportional ist, wie schon früher von den HHrn. Mackenzie und Nichols, Nichols und Wheeler für CO_2 und NH_3 gefunden war. Ist δ der Absorptionsdilatationscoefficient (d. h. die Volumenzunahme der Flüssigkeit durch Absorption der Volumeneinheit des Gases), β der Absorptionscoefficient (nach den Bestimmungen von Hrn. Bunsen), das Product $\delta\beta$ die Volumenzunahme des Wassers durch Sättigung mit den Gasen, so erhält man die folgende Tabelle:

Gas	δ	β	$\delta\beta$
Stickstoff	0.00145	0.0203	0.0000294
Atmosphärische Luft	0.00140	0.0247	0.0000346
Kohlenoxyd	0.00127	0.0329	0.0000418
Sauerstoff	0.00115	0.0193	0.0000474
Wasserstoff	0.00106	0.0411	0.0000204
Kohlensäure	0.00125 0.00133	1.7967	0.002246 0.002389

Aus der geringen Verschiedenheit der Werthe von δ bei Gasen von übrigens sehr verschiedenen physikalischen und chemischen Eigenschaften scheint hervorzugehen, dass die Absorption ein rein physikalischer, kein chemischer Vorgang ist. Für HCl, NH_3, SO_3 ergaben sich die [approximativen] Werthe von δ bezw. 0.00097, 0.00077, 0.00091. Es scheint deshalb nicht richtig einen qualitativen Unterschied in der Absorption leicht condensirbarer und sogenannter permanenter Gase zu machen. *Bgr.*

S. v. Wroblewski. Untersuchungen über die Absorption der Gase durch die Flüssigkeiten unter hohen Drucken. Theil I. Das Verhalten der Kohlensäure in Wasser. Wied. Ann. XVII, 103-128†.

Entgegen den Behauptungen von Hrn. Stefan (Wien. Ber. LXXVII), nach denen die Gase, speciell die Kohlensäure, im Wasser als solche vorhanden sind, ist der Verfasser durch seine Versuche mit einem eigens construirten Compressionsapparate, dessen Beschreibung in der Abhandlung nachzusehen ist, zu dem Resultate gelangt, dass die Kohlensäure mit Wasser ein Hydrat bildet. Wird Kohlensäure in Berührung mit Wasser in ein Glasrohr bei 0° bis nahe zur Verflüssigung comprimirt und der Druck dann plötzlich vermindert, so dass er aber nicht unter 12.3 Atmosphären (kritischer Druck für 0°) sinkt, so bedeckt sich die innere Fläche des Eudiometerrohres bis zu der Höhe, zu welcher man bei der Compression mit dem Wasser hinaufgegangen war, mit einer dünnen Schicht von undurchsichtigem, feinem Reife, der mit einem Male verschwindet, wenn der Druck unter 12.3 Atmosphären sinkt. Der Reif kann auch durch Expansion bei höheren Temperaturen hervorgerufen werden, nur steigt alsdann der kritische Druck. Derselbe beträgt bei $+6.8^{\circ}$ bereits 26.1 Atmosphären. Luft und Wasser zeigten kein analoges Verhalten. Der Verfasser betrachtet den entstandenen Reif als ein Hydrat der Kohlensäure ($CO_2 + 8H_2O$), welches sich unter hohem Drucke bildet, aber leicht dissociirbar ist. Der kritische Druck ist gleich der Dissociationsspannung. *Bgr.*

S. v. WROBLEWSKI. Sur les lois de solubilité de l'acide carbonique dans l'eau sous de hautes pressions.

C. R. XCIV, 1355-1357†; J. de phys. (2) I, 452-456.

Mittelst des von ihm construirten Compressionsapparates (C. R. XCIV, 954) ist der Verfasser zu folgenden Resultaten über die Löslichkeit der Kohlensäure in Wasser bei höherem Drucke gelangt:

1. Bei constanter Temperatur wächst der Sättigungscoefficient, d. h. die beim Atmospärendrucke in Cubikcentimeter gemessene Gasmenge, welche von 1 ccm Wasser gelöst wird, viel langsamer als der Druck und strebt einem gewissen Grenzwerthe zu.

2. Bei constantem Drucke nimmt dieser Coefficient mit der Erniedrigung der Temperatur zu. *Bgr.*

W. L. GROTHWIN. Ueber die Natur der Lösung.

Proc. Edinb. Soc. 1881-82, 834; [Ber. d. chem. Ges. XV, 3039-3304†.

Der Verfasser untersuchte den Einfluss, welchen im Wasser gelöste Chlorverbindungen auf die Löslichkeit des Chlors ausüben. Die Löslichkeit des Chlors ist abhängig von der Menge des vorhandenen Chlorhydrats und nimmt mit der Menge desselben zu, wahrscheinlich weil beim Zersetzen des Chlorhydrats eine kleine Menge unterchloriger Säure und Chlorwasserstoff entstehen.

Die Maximallöslichkeit des Chlors in reinem Wasser liegt, wenn viel Chlorhydrat gebildet war, bei 12°. Manche Chloride ($MgCl_2$, $CaCl_2$, Fe_2Cl_6, $CoCl_2$, $SrCl_2$) verhindern die Bildung von Chlorhydrat. Der Verfasser gelangt zu folgenden allgemeinen Sätzen:

1. Die Löslichkeiten haben die Tendenz bei hohen Temperaturen identisch zu werden.

2. Die Löslichkeit für gemischte Chloride ist gewöhnlich ein Mittel zwischen denen der einzelnen Verbindungen.

3. Die Löslichkeit des Chlors in Wasser wird durch die Anwesenheit von Chlorlithium und Chlorwasserstoff vergrössert.

4. Die Chloride beeinflussen die Löslichkeit des Chlors chemisch bei niedrigen, aber mechanisch bei hohen Temperaturen.

Bgr.

E. Kumpf. Ueber die Absorption von Chlor durch Chlornatriumlösungen. Inaug.-Diss. Graz 1881; [Beibl. VI, 276; [Chem. C.-Bl. (3) XIII, 354†.

Die Absorption wurde für 3 Lösungen von verschiedener Concentration bestimmt. Der Werth der Absorptionscoefficienten ist:

$x = 2.2317 - 0.05505t + 0.000025t^2$ für 9.97 pCt. NaCl.

$x = 2.1923 - 0.11281t + 0.0032806t^2 - 0.00004218t^3$

für 16.01 pCt. NaCl.

$x = 1.7440 - 0.06717t + 0.00117t^2 - 0.0000097t^3$

für 19.66 pCt. NaCl.

Bei ganz gesättigter Kochsalzlösung ist mit der Absorption von Chlor keine Ausscheidung von NaCl verbunden. *Bgr.*

W. Rössler. Absorption von schwefligsauren Gasen durch Kupfervitriol unter Bildung von Kupferoxydul. Polyt. Notizbl. XXXVII, 4-6†.

Starke Kupfervitriollösung absorbirt fein zerstäubtes Schwefeldioxyd und wird grünlich. Beim Verdünnen mit Wasser fällt metallisches Kupfer, beim Zusatze von Salzsäure Cu_2Cl_2 aus. In der Lösung befindet sich mithin Kupferoxydul, welches durch Einblasen von Luft wieder in Kupferoxyd verwandelt werden kann. *Bgr.*

J. T. DUNN. On the Solubility of Sulphur Dioxide in Sulphuric Acid. Chem. News XLV, 270-272†.

Der Verfasser untersuchte die Löslichkeit von trockenem Schwefeldioxyd in concentrirter Schwefelsäure bei verschiedenen Temperaturen. Er erhielt für den Absorptionscoefficienten *e* (bei 760 mm Druck) folgende Werthe, wenn *t* die Temperatur bedeutet:

t	17.0	16.1	11.1	26.9	42.0	50.9	62.3	84.2	1.1
e	28.14	28.86	33.78	19.27	12.82	9.47	7.21	4.54	51.11

Für Säuren von verschiedener Concentration wurden folgende Werthe erhalten:

	t	*e*		*t*	*e*
Säure *a*	9.8	29.03	$H_2SO_4 . 2H_2O$	15.7	25.39
- *b*	8.6	39.91	$H_2SO_4 . 4H_2O$	16.7	28.86
- *c*	6.9	45.38	$H_2SO_4 . 10H_2O$	14.1	32.40
- *d*	6.9	48.67	$H_2SO_4 . 20H_2O$	16.8	31.56
$H_2SO_4 . H_2O$	16.4	20.94	$H_2SO_4 . 50H_2O$	15.5	36.78

Bgr.

W. HEMPEL. Ueber die Löslichkeit der Gase in Absorptionsmitteln. Ber. d. chem. Ges. XV, 910-911†.

Im Anschlusse an eine Abhandlung über die Bestimmung des Stickoxydulgases macht der Verfasser darauf aufmerksam, dass in vielen Fällen ein Arbeiten über wässrigen Flüssigkeiten möglich ist, wenn dieselben so mit den Gasen gesättigt sind, dass die gelösten Gasmengen genau dem Partialdrucke entsprechen, welchen die gelösten Gasantheile bei der nachfolgenden Analyse ausüben. Diese Bedingung ist erfüllt, wenn man mit denselben Absorptionsmitteln zwei oder drei Analysen desselben Gasgemenges direct hinter einander ausführt. *Bgr.*

W. Hempel. Ueber die Löslichkeit der Gase in vulkanisirtem Gummi. Ber. d. chem. Ges. VV, 912-913†.

Nach Hrn. K. Zulkowsky (Ber. d. chem. Ges. V, 759) absorbirt Gummi gewisse, namentlich die lichtgebenden Bestandtheile des Leuchtgases. Weitere Versuche des Verfassers zeigten, dass Gummi auch Kohlensäure und Stickoxydul löst. Stücke schwachen Gummischlauches von 3 cm Länge und 4—5 cm äusserem Durchmesser absorbiren etwa 0,2 ccm Kohlensäure und 0,9 ccm Stickoxydul. Das Absorptionsvermögen ist mithin so gering, dass nur bei ganz genauen Gasanalysen Gummiverbindungen zu vermeiden sind. *Bgr.*

E. Wiedemann. Ueber eine Eigenschaft des Absorptionscoefficienten. Wied. Ann. XVII, 349-350†.

Nach Hrn. Bunsen ist der Absorptionscoefficient α für die Temperatur t

$$\alpha = a - bt + ct^2,$$

wo a und b Constante sind; oder

$$\alpha = a\left(1 - \frac{b}{a}t + \frac{c}{a}t^2\right).$$

Der Verfasser hat für eine Reihe von Gasen, die durch Wasser absorbirt sind, mit den Werthen a, $b.10^6$, $c.10^7$ die Werthe $\frac{b}{a}$ und $\frac{c}{a}$ zusammengestellt und gefunden, dass die Werthe von $\frac{b}{a}$ nur wenig (von 0.02—0.05) schwanken, während a selbst von 0.02 bis 79.789 steigt. $\frac{b}{a}$ giebt aber an, ein wie grosser Bruchtheil des bei 0° absorbirten Gases bei einer Temperaturerhöhung um 1° entweicht. Diese Menge scheint mithin bei allen Gasen innerhalb enger Grenzen zu variiren. *Bgr.*

P. Regnard. Appareil permettant d'enregistrer, sous forme de courbe continue, le dégagement ou l'absorption des gaz, et en particulier ceux qui résultent des phénomènes de fermentation et de respiration. C. R. XCV, 77-80; [ZS. f. Instrk. II, 299-300†.

Der ohne Zeichnung schwer verständliche Apparat dient hauptsächlich dazu, das Freiwerden der Kohlensäure bei Gährungs- und Fäulnissprocessen, sowie den Verbrauch von Sauerstoff im Athmungsprocess continuirlich zu untersuchen. *Bgr.*

Th. Schloesing. Sur l'absorption des corps volatils à l'air de chaleur. C. R. XCIV, 1187-1189†; [Dingl. J. CCXLV, 436.

In der Technik gelangen viele Gase, welche absorbirt werden sollen, nicht mehr im vollkommen gasförmigen Zustande, sondern zu Nebeln condensirt, in die absorbirenden Medien. Um eine vollkommene Absorption zu ermöglichen, ist es nöthig den ursprünglichen gasförmigen Zustand wieder herzustellen, wie dies der Verfasser durch mehrere Versuche bewiesen hat.

Bgr.

O. Tschirikoff. Ueber die Anwendbarkeit des Palladiums zur Absorption von Wasserstoff in geschlossenen Röhren. J. d. russ. chem.-phys. Ges. [1] XIV, 47-48; [Chem. C.-Bl. (3) XIII, 821†.

In eine Glasröhre wurde eine Pd-Spirale, Zn und HCl gebracht. Die Röhre wurde zugeschmolzen und 24 Stunden bei gewöhnlicher Temperatur stehen gelassen. Beim Oeffnen der Röhre zeigte sich nicht nur kein Ueberdruck, sondern sogar eine geringe Luftverdünnung, obwohl der Berechnung nach der Druck in der Röhre 25 Atmosphären betragen musste. Das Volumen des entstandenen (und durch Erhitzen des Palladiums spät wieder in Freiheit gesetzten) Wasserstoffs betrug 187 ccm. Das Palladium kann mithin zur quantitativen Bestimmung der in geschlossenen Gefässen entwickelten Wasserstoffs dienen. *Bgr.*

H. Zueblin. The Halogens and Permeability of Platinum. Engineering XXXIII, 409†.

Platinblech, welches von sehr feinen Löchern durchbohrt ist, zeigt sich bei gewöhnlicher Temperatur für Chlor undurchgänglich, während Luft leicht hindurchdringt. Durch glühendes Platin dringt bekanntlich Wasserstoff, nicht aber die Luft. Stark erhitztes Chlor vermag den Sauerstoff nicht zu verdrängen.

Bgr.

H. Kayser. Ueber die Verdichtung der Gase an Oberflächen. Wied. Ann. XV, 624-636†.

Der Verfasser untersuchte die Adsorption der Gase an Oberflächen von verschiedenem Material mittelst eines Apparates, der dem zuerst von ihm angewandten (Wied. Ann. XII, 526) im Wesentlichen gleich war. Bei den Untersuchungen, welche mit Kohlensäure, schwefliger Säure und Ammoniak angestellt wurden, wurde der Druck bestimmt, welchen bestimmte Volumina der Gase nach der Berührung mit verschiedenen festen Körpern in Folge der verschiedenen Adsorptionsfähigkeit derselben ausüben. Die zur Adsorption dienenden Oberflächen bestanden aus Glas-, Messingpulver oder Eisenspänen. Die Resultate sind in Form von Tabellen zusammengestellt, aus denen sich ergiebt, dass die Adsorption im leeren Gefässe am kleinsten ist. Sie wächst, abgesehen von kleineren Unterschieden, in der Reihenfolge: leeres Gefäss, Eisen, Messing, Glaspulver. Kohlensäure wird vom Eisen stets in geringerer Menge adsorbirt, als vom Messing. Während aber bei niedrigen Drucken Eisen mehr verdichtet als das leere Gefäss, wird von 850 mm an der Druck an Eisen am höchsten, d. h. die Adsorption nimmt ab. Von 1000 mm an ist bei der Kohlensäure ein Unterschied an Glas und Messing nicht mehr vorhanden. — In Bezug auf das Verhalten der verschiedenen Gase zu derselben Oberfläche ergiebt sich, dass im leeren Gefässe SO_2 verhältnismässig nur wenig adsorbirt wird; CO_2 und NH_3 ergeben ganz gleiche Werthe. An der grossen Glasfläche (Glaspulver) dagegen wird CO_2 verhältnismässig wenig, NH_3 schon sehr stark, SO_2 am stärksten verdichtet. Von den Metallen wird SO_2 immer in geringerem Maasse adsorbirt als NH_3, bis durch Annäherung an den Condensationsdruck dieses Verhältniss geändert wird. Zwischen NH_3 und SO_2 finden sich an Metallen bei niedrigeren Drucken kaum Unterschiede, während NH_3 erheblich stärker verdichtet wird. Die Versuche, deren Resultate sich wegen der Verschiedenheit der Oberfläche und der Zwischenräume der adsorbirenden Substanzen nicht streng mit einander vergleichen lassen, zeigen den erheblichen Einfluss der Oberflächenverdichtung, der bei Versuchen über das Mariotte'sche Gesetz oder bei Dampfdichtebestimmungen nicht unberücksichtigt bleiben darf. Sie zeigen auch, dass die Verdichtung sowohl vom Gase als von der Wand abhängt, und dass mithin Gesetze wie die von den HHrn. Angus Smith und F. Weber aufgestellten unrichtig sind. *Bgr.*

Eilhard Wiedemann. Ueber die Verdichtung von Flüssigkeiten an festen Körpern. Wied. Ann. XVII, 988-990†.

Aus den Untersuchungen von Hrn. Van der Waals über die Grösse der Molecularkräfte wird gefolgert, dass die auf der Flächeneinheit verdichtete Menge

$$d < Kasa$$

ist, wenn K den Zug bedeutet, welchen eine Flüssigkeit in Folge der Molecularkräfte auf ihre oberflächlichen Theile ausübt, der Compressibilitätscoefficient α vom Drucke unabhängig, s das specifische Gewicht der Flüssigkeit und die Dicke a der Flüssigkeitsschicht gleich der Wirkungssphäre der Molecularkräfte ist. Für Wasser wird berechnet, dass *Kasa*, also erst recht *d*, eine vollkommen unmessbare Grösse ist. *E. R.*

Litteratur.

WOLLNY. Kohlensäuregehalt des Bodens. BIEDERM. C.-Bl. f. Allg. Chem. X, Theil 8; [Chem. News XLV, 1161*.

Zweiter Abschnitt.

Akustik.

8. Physikalische Akustik.

R. KÖNIG. Quelques expériences d'acoustique. Paris 1882. 248 S. 8°†. [Beibl. VI, 709-710*; [Nature XXVI, 203-206*.

Das Buch ist im Wesentlichen ein Abdruck der in den letzten Jahren von Hrn. R. KÖNIG publicirten akustischen Abhandlungen, enthält aber auch einiges Neue, z. B. eine Untersuchung darüber, ob die Schwingungszahl einer Stimmgabel geändert wird dadurch, dass sie Curven schreibt; Hr. KÖNIG findet keine Aenderung. — Besonders interessant wird das Buch durch die vorzüglichen Abbildungen, namentlich der Combination verschiedener Schwingungen, und der Manometerflammen. *H. K.*

J. BOUSSINESQ. Sur un potentiel à quatre variables, qui rend presque intuitives l'intégration de l'équation du son et la démonstration de la formule de Poisson concernant le potentiel inverse à trois variables. C. R. XCIV, 1465-1468†; [WIED. Beibl. VI, 906-909†.

Bezeichnet ϱ die Dichte in jedem Punkte $(x_1 y_1 z_1)$, und beschreibt man um den Punkt (xyz) eine Kugel vom Radius r, deren Oberfläche σ, so erhält man das neue, vom Verfasser als das „sphärische" bezeichnete Potential ausgedrückt durch

$$(1) \quad \varphi = \int \frac{\varrho \partial \sigma}{r} = \frac{1}{r} \int \varrho \partial \sigma = \frac{\varrho_1 \sigma}{r} = 4\pi r \varrho_1 .$$

Bildet man hieraus

$$\Delta_2 \varphi = \frac{\partial^2 \varphi}{\partial x^2} + \frac{\partial^2 \varphi}{\partial y^2} + \frac{\partial^2 \varphi}{\partial z^2}$$

und vollzieht die Integration über eine concentrische Hohlkugel von der Dicke ∂r, indem man deren Element einerseits in der Form $\partial \sigma \partial r$, andererseits in der Form $\partial x_1 \partial y_1 \partial z_1$ darstellt, so erhält man durch Vergleichung beider Resulte:

$$\frac{\partial^2 \varphi}{\partial r^2} = \frac{\partial^2 \varphi}{\partial x^2} + \frac{\partial^2 \varphi}{\partial y^2} + \frac{\partial^2 \varphi}{\partial z^2}.$$

Dies ist die Gleichung des Schalles, wenn man unter r die Zeit versteht und als Längeneinheit die Geschwindigkeit der Fortpflanzung des Schalles in dem Fluidum betrachtet. Aus Gleichung (1) wird dann auf einfache Weise das Integral abgeleitet, welches Poisson für die Gleichung des Schalles gegeben hat, ebenso eine andere Formel von Poisson, ferner die charakteristische Eigenschaft des directen Potentials $\int r \partial m$. Dann wird noch jenes Poisson'sche Integral auf das Problem kleiner Bewegungen angewandt, welche in einem unbegrenzten elastischen Fluidum Dilatationen $\theta = \varrho(x, y, z)$ hervorrufen, die anfangs an verschiedenen Orten entstehen. Es zeigt sich wieder, dass die gesammte, von jedem Molecül erfahrene Verrückung bis zum Augenblicke, wann wiederum Gleichgewicht eintritt, in Richtung gleich und in Grösse proportional der Newton'schen Anziehung ist, welche eine bestimmte Masse mit der Dichte $\varrho(x, y, z)$ in jedem Punkte des Raumes auf die Masseneinheit ausüben würde. *He.*

F. Auerbach. Ueber Tonschwingungen fester Körper in Gegenwart von Flüssigkeiten. Wied. Ann. XVII, 964 bis 983†; [J. de phys. (2) II. 422-423.

Die Schwingungen eines einem Körper angehörenden Punktes von der Masse m im leeren Raume sind gegeben durch:

$$(1) \quad m \frac{d^2 x}{dt^2} = -\varepsilon x.$$

Finden die Schwingungen in einer Flüssigkeit statt, so wird zu setzen sein:

$$(2)\qquad (m+\mu)\frac{d^2x}{dt^2} = -\varepsilon x,$$

wo μ von der Natur und Ausdehnung der Flüssigkeit, und von der Gestalt und Grösse des festen Körpers abhängen kann. Nennt man die Schwingungszahl eines mit Flüssigkeit gefüllten Glascylinders n, die desselben leer n_0, so folgt aus obigen Gleichungen:

$$n = n_0\sqrt{\frac{m}{m+\mu}}.$$

Wenn man gleich weite und hohe Gläser benutzt, die sich nur durch die Glasdicke unterscheiden, und sie stets bis an den Rand mit Wasser füllt, so geht die Gleichung über in

$$n = \sqrt{\frac{n_0^3}{n_0+c}},$$

welche der Verfasser experimentell bestätigt. — Der Verfasser führt dann einige neue Bezeichnungen ein, indem er $\frac{n_0}{n}$ die geometrische Tonerniedrigung nennt, $\frac{n_0-n}{n_0}$ die arithmetische. Er findet die Sätze: die arithmetische Tonerniedrigung, welche eine Flüssigkeit in einem cylindrischen Glase von mittlerer Tonhöhe hervorruft, ist der Wurzel aus n_0 nahezu umgekehrt proportional; die Tonerniedrigung, welche eine Flüssigkeit in einem cylindrischen Glase, das sie vollständig erfüllt, hervorruft, ist von der Höhe des Glases nicht merklich abhängig; die geometrische Tonerniedrigung ist desto grösser, je enger das Glas ist, die arithmetische ist annähernd umgekehrt proportional zur Wurzel aus der Weite. — Der Verfasser untersucht dann noch den Einfluss theilweiser Füllung, und verschiedene Flüssigkeiten; die Tonerniedrigung ist abhängig von der Dichtigkeit und Elasticität.

H. K.

K. VIERORDT. Das Gesetz der Schwächung des Schalles bei seiner Fortpflanzung in der freien Luft. ZS. f. Biologie XVIII, 383-397†; [Naturf. XV, 479.

Nach der Theorie soll die Intensität des Schalles abnehmen umgekehrt proportional zum Quadrate der Entfernung. Der Verfasser hat dieses Gesetz ziemlich zum ersten Male dem Versuche unterworfen und ein ganz anderes Resultat erhalten. Um Schalle von bekannter Stärke zu erhalten, liess er Hämmer (die an Pendeln befestigt waren) auf Platten aus einer bestimmten Höhe niederfallen, wobei die Schallstärke proportional zu $h^{0,59}$ wächst, wie der Verfasser in früheren Versuchen fand, wenn h die Fallhöhe bedeutet. Es wurde die Fallhöhe bestimmt, die nöthig war, um in gemessener Entfernung den Schall noch wahrzunehmen, und es fand sich, dass der Schall in freier Luft im einfachen Verhältniss der Entfernung von der Schallquelle abnimmt. Bei anderen Versuchen fielen Kugeln aus gemessener Höhe herab; es ergab sich dasselbe Resultat. Dabei fand sich noch, dass im Zimmer der Schall auf gleiche Abstände viel weniger geschwächt wird, als im Freien, was sich durch Reflexe erklärt. — S. auch Abschnitt II, 9 Seite 374.

H. K.

E. ALLARD. Mémoire sur la portée des sons et sur les caractères à attribuer aux signaux sonores. Paris 1882. II + 46 S. u. 1 Taf. 4°.

— — Portée des sons dans l'air. C. R. XCV, 1062-1064†; [Cim. (3) XIII, 177-178.

Für verschiedene Tonquellen, Glocken, Pfeifen, Trompeten, hat der Verfasser die zur Tonerzeugung nöthige Arbeit T, welche zwischen 0,33 und 1200 $\frac{\text{Kilogrammmeter}}{\text{Secunde}}$ lag, und die Entfernung, bis zu welcher die Töne hörbar waren — 1,89 bis 9,44 km — gemessen. Es zeigt sich, dass die Grösse $\frac{T}{x^2}$ nicht für alle die gleiche ist, sondern von 0,10 bis 13,46 zunimmt. Zur Erklärung nimmt der Verfasser an, dass die Luft einen Theil der

Bewegung reflectirt und dispergirt; er führt einen „Coefficienten der akustischen Durchsichtigkeit" ein, welcher gleich dem Theile der Schallintensität ist, welche eine Luftschicht von 1 km Dicke passiren lässt, und sucht diesen aus seinen Versuchen zu bestimmen. Er findet die Gleichung

$$T0{,}473^{x} = 0{,}0000277\,nx^{2}$$

wo n die Schwingungszahl bedeutet. Dieser Gleichung genügen alle gefundenen Resultate. — S. auch Abschnitt II, 9 Seite 375.

H. K.

Lord RAYLEIGH. On an Instrument capable of measuring the Intensity of Aerial Vibrations. Phil. Mag. (5) XIV, 186-187†; [Beibl. VII, 96-97*.

Die Thatsache, dass eine leichte, um eine verticale Axe drehbare Scheibe sich senkrecht zu der Richtung der auf sie wirkenden Luftschwingungen zu stellen sucht, benutzt der Verfasser zur Messung der Intensität dieser Schwingungen. Er hängt einen mit einem leichten Magneten versehenen Spiegel in einer Messingröhre so auf, dass die Luftschwingungen unter einem Winkel von 45° auf den Spiegel stossen und beobachtet alsdann die Ablenkung, welche das seitwärts auf einer Scale entworfene Bild eines Spaltes erfährt.

Pt.

H. KAYSER. Ueber Schallgeschwindigkeit im Holz. Verh. d. phys. Ges., Berlin 1882, Nr. 5, 1-3; [Beibl. VI, 570.

Die von Hrn. IHLSENG*) desfalls gegebenen Werthe seien um 73 m zu gross, weil die Leitung der Wärme und die Reibung unberücksichtigt blieb. Diese Ausstellung bezieht sich auf die Methode der KUNDT'schen Staubfiguren, mittels deren jener Forscher aus ihm unbekannten Gründen Resultate erhielt, welche um 61 m grösser waren, als diejenigen, die gefunden wurden, wenn der Holzstab seine Schwingungen auf einen Cylinder schrieb.

Hh.

---

*) Sill. J. (3) XVII, 125—132, s. diese Berichte XXXV, 289.

V. Neyreneuf. Sur l'écoulement du son dans les tuyaux. C. R. XCV, 218-220†.

Der Verfasser hat einen Brenner für eine empfindliche Flamme construirt, und benutzt dieselbe zu Intensitätsmessungen. In einem Kasten eingeschlossen befindet sich ein Schlagwerk; mit dem Kasten werden Röhren von verschiedener Weite und Länge verbunden, und vor deren anderes offenes Ende die empfindliche Flamme in eine solche Entfernung gebracht, dass sie bei den Glockenschlägen nicht mehr zuckt, woraus man die Intensitätsschwächung durch die Fortleitung in der Röhre berechnen kann. Der Verfasser findet die Intensität proportional zur vierten Potenz des Radius, umgekehrt proportional zur Länge der Röhre.

H. K.

Th. Vautier. Sur un mouvement vibratoire à la naissance d'un jet de vapeur. C. R. XCIV, 642-643†; [Beibl. VI, 570*.

Bereits im Jahre 1826 wurde von einem Maschinisten die Beobachtung gemacht, dass eine Scheibe, welche senkrecht zu der Axe eines Gas- oder Dampfstrahles der Ausströmungsöffnung genähert wird, in einer Entfernung von etwa 0,2 mm schwebt, in Schwingungen geräth und einen Ton erzeugt. In 0,2 mm Entfernung von der 2,7 mm weiten Oeffnung eines Dampfkessels von 4,5 Atmosphären Spannung erzeugte eine Platte von 6 mm Durchmesser und 1,5 mm Dicke einen Ton, welcher nahezu $a_6 = 7250$ Schwingungen entsprach. Die Amplitude der ganz regelmässigen Schwingungen betrug 0,7 mm; es konnten dieselben ganz scharf auf berusstem und unberusstem Glimmer mittelst feiner Spitzen aufgezeichnet werden. Der Verfasser will hierauf die Construction eines Chronographen gründen, welcher unmittelbar $\frac{1}{7200}$ Secunde angiebt.

Pt.

O. N. Rood. On a Method of Studying the Reflexion of Sound-Waves. Sill. J. (3) XIX, 133-134†.

Herr Rood lässt eine Scheibe rotiren, von der abwechselnd Sectoren herausgeschnitten und stehen geblieben sind. Auf der einen Seite befindet sich der Beobachter, auf der andern die Tonquelle (Stimmgabel). Herr Rood findet:

1. Bei senkrechter Incidenz werden die kurzen Wellen stärker reflectirt als die langen, und die regelmässige Reflexion ist reichlicher von grossen als von kleinen Flächen. — Bei Aufstellung dieses Satzes hat der Verfasser die Beugung des Schalles, welche wohl die Hauptursache der Erscheinungen sein wird, gar nicht berücksichtigt.

2. Bei schrägem Auffallen ist die Reflexion am reichlichsten in der gesetzmässigen Richtung, aber die reflectirten und gebeugten Wellen können auch in allen anderen Richtungen nachgewiesen werden. — S. auch diese Berichte XXXVI, 271.

H. K.

J. Tyndall. Note on General Duane's Soundless Zones. Proc. Roy. Soc. XXXIV, 18-20†.

Die Erscheinung, dass um ein Nebelhorn sich in einiger Entfernung eine Zone befindet, in der man nichts hört, erklärt Hr. Tyndall durch Interferenz zwischen den directen und den von der Meeresoberfläche reflectirten Wellen. *H. K.*

John Le Conte. Sound-Shadows in Water. Sill. J. (3) XXIII, 27-40†; Phil. Mag. (5) XIII, 79-98; Carl Rep XIX, 229-242†.

Bei seinen Bestimmungen über die Schallgeschwindigkeit im Wasser bemerkte Colladon, dass feste Körper, in den Weg zwischen der Schallquelle und dem Beobachter gebracht, ziemlich scharfe Schallschatten erzeugen; es war aber nur der Schlag des Hammers auf die Glocke, nicht der Glockenton hörbar. Hr. le Conte sucht diese Erscheinung zu erklären, und hat dazu Versuche angestellt. Bedingung für das Zustandekommen scharfer Schatten ist, dass die Wellenlänge klein im Vergleich zum Schatten gebenden Körper sei, was bei Tönen, namentlich im

Wasser, wo die Wellen 4 Mal so lang sind, als in Luft, im Allgemeinen nicht der Fall ist, so dass durch Beugung die Schattengrenzen verwischt werden. — Die Versuche des Verfassers wurden im Hafen von S. Francisco bei Gelegenheit der submarinen Sprengung von Felsen mit Dynamit gemacht. Flaschen wurden in das Wasser eingesenkt, wobei sie entweder durch Schatten eines Baumstammes vor der directen Wirkung der Explosion geschützt waren und dann ganz blieben, oder, auf der der Explosion zugekehrten Seite des Stammes eingetaucht, zersplittert wurden. Ebenso wurden dicke Glasröhren horizontal eingesenkt, und es zeigte sich, dass die aus dem Schatten hervorragenden Enden abgebrochen wurden, der mittlere Theil unverletzt blieb. Die Schattengrenze war ganz scharf. — Die Erklärung von COLLADON's und seinen eigenen Versuchen sieht der Verfasser darin, dass nur eine kurze Welle durch den Schlag des Hammers oder die Explosion hervorgerufen wird, im Vergleich zu deren Länge die Dimensionen des Schatten gebenden Körpers gross sind. Er meint, dass bei der ausserordentlich kurzen Dauer der Dynamitexplosion auch in Luft der Schatten der Explosionswelle scharf sein müsse, und führt eine Beobachtung an, die dies zu bestätigen scheint. — S. auch Abschnitt II, 9 Seite 377.

H. K.

O. TUMLIRZ. Ueber die Beugung des Schalles. Lotos 1882. II, 35. Mit 18 Fig.

Optische Analogien sind in der Akustik nur unvollkommen zulässig, weil die räumliche Ausdehnung der Einzelschwingungen zu gross ist, und ebene oder lineare Schallwellen bei jeder Gelegenheit in cylindrische oder sphärische übergehen. Am auffälligsten sind die betreffenden Unterschiede bei der Beugung. Zu diesen Versuchen sind verwendet Röhren von 16—21 mm Weite und 120 mm Länge, stehend auf, mit Kohlenpulver bestreutem, Kartenpapier, an deren oberer freien Mündung elektrische Funken überschlagen. Die Figuren erscheinen im Allgemeinen als concentrische Kreise, welche um Hindernisse in jenseits wieder vereinigten Bogen gehen. Liegt ein Schirm unter der Röhre parallel der Grundfläche, so entsteht durch Interferenzen ein geometrisch treues Bild des Schirms, ähnlich einem Lichtschatten. — Wellen, welche aus mehreren Oeffnungen einer Wand hervortreten, verbinden sich in kleinem Abstande zu einer gleichgeformten. *Hh.*

TITO MARTINI. Dei suoni prodotti all' efflusso dei liquidi. Atti R. Inst. Ven. (5) VIII; [J. de phys. (2) I, 511-515†; [Beibl. VII, 17-18†; [Mondes (3) II, 586-589†; [Nature XXVII, 183†.

Ein langes Glasrohr ist unten durch eine Metallplatte verschlossen, welche ein Loch hat, dessen Durchmesser gleich der Dicke der Platte ist. Lässt man aus ihm Flüssigkeiten ausfliessen, so tönt die Flüssigkeitssäule, und zwar stark nur dann, wenn ihre Länge gleich einem Vielfachen der halben Wellenlänge des Tones in der Flüssigkeit ist; man kann dieselbe daher durch diese Versuche finden. Nach Hrn. MARTINI ist für

	Dichtigk.	Temp.	Geschw. des Schalls	Coeff. der Compressibilität
Alkohol	0,841	17,6	1288,5 m	—
Alkohol abs.	0,808	16	1232,0 m	0,0000826
Schwefeläther	0,727	13	1144 m	0,0001065
Petroleum	0,800	16,5	1354 m	0,00006958

H. K.

C. DÉCHARME. Hydrodiapasons. C. R. XCV, 597-598†.

Der Verfasser hat früher gefunden, dass, wenn zwei Wasserstrahlen direct gegen einander treffen, sie sich anziehen, wenn sie aus dickwandigen Oeffnungen austreten, sich abstossen, wenn aus dünnwandigen. Daraufhin hat er „Wasserstimmgabeln" construirt. Ein U-förmig gebogenes Kupferrohr ist in der Mitte mit der Wasserleitung verbunden. Die oberen Enden sind gegen einander gebogen, so dass die Wasserstrahlen gegen einander treffen. Beim Austritt letzterer beginnt die Stimmgabel zu schwingen und zu tönen, auch wenn sie ganz in Wasser eingetaucht ist. Eine Gabel gab dabei einen Ton von 217,5 halben Schwingungen. *H. K.*

Ivan Zock. Ueber das Pythagoräische Komma in der natürlichen Tonleiter und den Einfluss desselben auf die Tonnomi (Tonarten). Carl Rep. XVIII, 748-764†.

Der Verfasser erklärt die bisherigen Tonleitern für unnatürlich und unharmonisch und schlägt neue Intervalle vor, so beschaffen, dass die slavischen Melodieen sich spielen lassen. Die wesentlich musikalisch interessanten Auseinandersetzungen lassen sich nicht in Kürze wiedergeben, und muss daher auf das Original verwiesen werden. *H. K.*

E. Beltrrmi. Sulla teoria della scala diatonica. Cim. (3) XI, 44-49†.

Die diatonische Tonleiter wird folgendermaassen construirt. Bezeichnet man die Tonica mit 1, mit r und s die Intervalle zwischen ihr und den beiden anderen Tönen des vollständigen Accords, mit $\frac{1}{2}$ das Intervall der Octave, so ist die Tonleiter:

$$1,\quad 2s^2,\quad r,\quad \frac{1}{2s},\quad s,\quad \frac{r}{2s},\quad rs,\quad \tfrac{1}{2}$$

wobei jede folgende Grösse kleiner sein muss, als die vorhergehende; dies ist erfüllt, wenn

$$1 > 2s^2 > r > \frac{1}{2s},$$

also muss sein

$$1 > 2s^2 > \frac{1}{2s} \quad \text{und} \quad \frac{1}{2s} < r < 2s^2.$$

Der Verfasser beweist dann den Satz, dass die Verhältnisse r und s den einfachsten rationalen Zahlen entsprechen, welche diesen beiden Ungleichungen genügen, und giebt an, wie man mittelst Kettenbruchentwicklung diese Zahlen finden kann.

H. K.

Matzka. Kritische Berechnungen der musikalischen Töne und der diatonischen Tonleitern. Abh. d. Böhm. Ges. d. W. 1881-1882 (6) XI, 31.

Die Abhandlung ist ohne physikalischen Werth. Der Verfasser will Gründe für die Wahl der gebräuchlichen Töne haben, und da ihm die physikalischen Gründe unbekannt zu sein scheinen, glaubt er in Zahlenbeziehungen solche zu finden.

H. K.

SCHNELL. Harmonische Theilung und consonirender Dreiklang. Arch. d. Math. LXVIII, 219-222†.

Der Verfasser meint, es werde nicht genug hervorgehoben, dass die Schwingungszahlen (die er wunderlicher Weise Pulsmengen nennt) beim Durdreiklang eine arithmetische, beim Molldreiklang eine stetige harmonische Proportion bilden. *H. K.*

Lord RAYLEIGH. Acoustical Observations. Phil. Mag. (5) XIII, 340-347†.

Eine offene Orgelpfeife giebt angeblasen einen andern Ton, als auf welchen sie resonirt und zwar je nach dem Winddrucke einen verschiedenen. Bei geringem Drucke gab eine Pfeife, deren Resonanz-Maximum 255 Schwingungen entsprach, einen um 4 Schwingungen tieferen Ton, bei starkem Drucke einen um 11 höheren.

Weiter macht der Verfasser darauf aufmerksam, dass auch sehr langsame Schwebungen genau beobachtet werden können, wenn nur die Töne rein und gleichmässig stark sind.

Sehr hohe Töne werden nur wenige Secunden nach ihrem Beginne vom Ohre wahrgenommen, dann ist dasselbe für sie taub; doch genügt momentanes Vorhalten der Hand, um sie wieder vernehmbar zu machen. *H. K.*

HURION. Détermination des ventres des tuyaux sonores à l'aide des flammes manométriques. J. d. phys. (2) I, 136-138†.

Der Verfasser führt in die offenen Orgelpfeifen ein Rohr ein, an dessen Ende eine manometrische Kapsel befestigt ist.

Die Flamme zeigt Zacken, so lange die Mündung der Röhre nicht in einem Schwingungsbauche liegt. — Dieselbe Methode, nur vollkommener, hat schon Hr. R. König eingeführt; sie leidet an dem Uebelstande, dass durch Einschieben der Röhre die Tonhöhe der Pfeife geändert wird, was auch Hr. Hurion bemerkt hat

H. K.

Rayleigh. On a new arrangement for sensitive flames. Cambridge Phil. Soc., Nov. 8, 1880; [Sill. J. (3) XXIII, No. 133, 51†.

Ein Leuchtgasstrahl tritt in ein geschlossenes Gefäss, dessen Vorderwand aus einer biegsamen Membran hergestellt ist, und gelangt dann in ein kurzes Messingrohr, das oben auf das Gefäss aufgesetzt ist. An dem oberen offenen Ende des Rohres wird das Gas angezündet. Schallwellen wirken auf die Membran und dadurch auf das ausströmende Gas. *H. K.*

Serra-Carpi. Position of nodes and loops in organ-pipes. Annuario del R. Inst. tecnico di Roma 1881-1882; [Nature XXVI, 44-45†; C. R. XCIV, 171-172†.

Es wird ein an einer Gummimembran befestigtes Mikrophon in die Pfeifen geschoben, welches durch eine Batterie mit einem Telephon verbunden ist. In den Knoten hört man einen Ton, sonst schweigt das Telephon. *H. K.*

Noack. Ueber Töne, die beim Zusammenwirken zweier Gasflammen entstehen. Prog. Gymn. Worms 1882, S. 31-37. Ber. d. Oberhess. Ges. XXII, 194-208; Wied. Ann. XIX, 914-927†.

Hr. Kundt hat zuerst beobachtet, dass, wenn zwei Luft- oder Gas-Strahlen schräg zusammentreffen, durch Reibung derselben an einander ein Ton entsteht. Hr. Noack hat zwei Gasflammen, von denen die eine horizontal die andere vertical brannte, solche Töne hervorbringen lassen, und folgende Resultate erhalten:

Brennt eine horizontale Flamme gegen eine verticale, so geräth letztere in Vibrationen; die Tonhöhe wächst mit kleiner werdender Brenneröffnung. Die Tonhöhe ist proportional dem Abstande der horizontalen Flamme von der Mündung des verticalen Brenners, umgekehrt proportional dem Abstande der verticalen Flamme von der Oeffnung des horizontalen Brenners. Die Tonhöhe wächst mit dem Drucke des Gases im horizontalen Brenner und fällt in demselben Verhältnisse mit wachsendem Drucke im verticalen Brenner. *H. K.*

V. NEYRENEUF. Tube chantant. J. de phys. (2) I, 461-462†.

Es entsteht ein Ton, wenn zwei Flammen gegen einander brennen, oder eine Flamme und ein Luftstrom zusammenstossen. Wenn man eine Kupferröhre vertical aufstellt und in ihre untere Oeffnung eine Gasflamme fast horizontal hineinbrennen lässt, so giebt die Flamme in Verbindung mit dem Luftstrome, der durch die Röhre geht, einen Ton. Solche Röhren sprechen dann auch sehr leicht auf alle ausserhalb angegebenen Töne an.

H. K.

BOLTZMANN. Photographie von Schallwellen. Wien. Anz. 1882, Nr. 26, 242-243†.

Auf der Platte eines Phonographenmundstücks war senkrecht dazu ein Platinplättchen angelöthet; im Sonnenscheine gab dies einen scharfen Schattenrand, der durch eine Cylinderlinse zu einem Punkte vereinigt wurde, nachdem er durch eine Linse vergrössert worden war. Dies Bild, welches beim Sprechen gegen die Platte Schwingungen ausführt, wurde auf einer rasch vorübergezogenen Trockenplatte photographisch fixirt. Den Vocalen entsprechen ziemlich einfache Curven, *u* hat am wenigsten Zacken, *a* am meisten; die Consonanten geben complicirte Curven.

H. K.

STROH. Vibratory Experiments. Nature XXVI. 134-135†.

Die Versuche von Hrn. BJERKNES über Einwirkung im Wasser schwingender Körper auf einander hat Hr. STROH dahin abgeändert, dass die schwingenden Theile, über Kapseln gespannte Membranen, sich in Luft befinden. Wenn die Schwingungen gleiche Phase haben, ziehen die Kapseln sich an, bei entgegengesetzter Phase stossen sie sich ab. Der Verfasser fand, dass im ersten Falle die Luft zwischen 2 solchen Kapseln verdünnt, im zweiten verdichtet wird. Er untersuchte ferner die Richtung der Luftströmung zwischen 2 Kapseln mit Hülfe kleiner Flammen, und fand, dass die Stromlinien bei gleicher Phase den Kraftlinien entgegengesetzter Magnetpole entsprechen, bei ungleicher Phase aber den Kraftlinien zwischen gleichen Polen. Diese Linien wurden auch sichtbar gemacht, indem man die Membranen in Glycerin schwingen liess, dem etwas Anilinblau zugesetzt wurde.

H. K.

ROB. WEBER. Apparat zur Darstellung der Wellenbewegung. Verh. d. Schweiz. Naturf. Ges. in Aarau, 1881, LXIV, 66-67†.

Es wird eine auf Glas gezeichnete Wellencurve, welche man vor einem Stabgitter vorbeizieht, projicirt. — S. auch Seite 184.

H. K.

JAMES BLYTH. Note on an Electric Sonometer. Proc. Roy. Soc. Edinb. 1880-1881, XI, 28†; [Mondes (3) II, 370†.

Zwischen den Polen eines starken Elektromagneten geht ein gespannter Draht durch, welcher von einem periodisch unterbrochenen Strome, — mit Hülfe einer elektromagnetischen Stimmgabel, — durchflossen wird. Der Draht beginnt dann zu schwingen und zu tönen, und je nach der Spannung erhält man verschiedene Töne.

H. K.

W. LE CONTE STEVENS. An Organ-Pipe Sonometer. J. FRANKL. Inst., July 1882; SILL. J. (3) XXIII, 479-482†.

Der Apparat ist in der Weise gebildet, dass zwei vereinigte Orgelpfeifen als Resonanzkasten für darauf ausgespannte Klavierdrähte dienen. Es ist eine Theilung vorhanden, und die Stellungen der Stege für temperirte und natürliche Scala sind markirt. Wegen weiterer Details muss auf das Original verwiesen werden.

H. K.

C. H. HAUSCHEL. Ton- und Accord-Angeber. Techniker XIII, 203.

Ein Cylinder enthält abgestimmte Metallblätter. Jener, um eine Achse drehbar, ist eingeschlossen in einen zweiten, welcher mehrere, den Vibrirplatten entsprechende Einschnitte trägt. Die musikalischen Vorzeichen der Accorde und die in diesen enthaltenen Noten sind auf den Verschlüssen der inneren Röhre angebracht. Wenn bestimmte von ihnen durch Drehung hinter den Oeffnungen des Aussenmantels fühlbar werden, so erhält man beim Blasen in ein Mundstück die Klangcombinationen der betreffenden Tonart.

Hh.

E. HARTMANN. Neue akustische Apparate. Centrztg. f. Opt. u. Mech. III, 8-9; [ZS. f. Instrk. II, 115†; [Beibl. VI, 191-192.

Es werden drei Apparate von WEIGLE in Stuttgart beschrieben; das Motorophon, welches durch Membranschwingungen mechanische Bewegung in Schall umsetzt; der Phonomotor, der das umgekehrte leistet; das Elektromagnetophon, in welchem durch einen Elektromagneten eine Membran in Schwingungen versetzt wird.

H. K.

PFAUNDLER. Apparat zur Darstellung der Figuren von LISSAJOUS. Centrztg. f. Opt. u. Mech. 1882, Nr. 4; [ZS. f. Instrk. II, 190†.

Es werden 4 Apparate zur subjectiven und objectiven Darstellung der LISSAJOUS'schen Figuren beschrieben.

H. K.

BOURBOUZE. Sur un transmetteur des sons à table d'harmonie munie de cordes. C. R. XCIV, 76-77†.

Wenn man gegen den Resonanzboden eines Klaviers singt, so gerathen bekanntlich die Seiten von entsprechender Stimmung ins Mitschwingen. Setzt man ein Mikrophon auf den Resonanzboden und verbindet es mit Batterie und Telephon, so kann man durch letzteres sehr deutlich den Gesang hören, besser, als wenn direct gegen ein Telephon oder Mikrophon gesungen wurde. Demgemäss baut Hr. BOURBOUZE Mikrophone zur Gesangübertragung so, dass er sie auf ein Brett befestigt, auf welchem Saiten aufgespannt sind, die je um einen halben Ton verschieden gestimmt sind. *H. K.*

Anti-Resonatoren. Popular science Monthly 1881, Novb., 140; [Nature II, 26.

Die Schallwirkung geschlossener Räume wird durch, zwischen den Wänden ausgespannte Drähte verbessert, deren Schwingungen die, sonst einseitig widerhallende, akustische Erregung gleichmässiger über die ganze Oertlichkeit verbreiten. Hr. H. ENGLER hat dieses antiresonatorische System im South Kensington-Museum zu London mit günstigem Erfolge für die bis dahin schlechte Akustik angewendet, indem einige Fuss unter der Zimmerdecke ein aus Dräthen und Federn hergestelltes Netzwerk hergestellt wurde. *Hh.*

AMADEO GENTILLI. Der Glossograph. Leipzig: J. J. Weber, 1882, 15 S. u. Nachtrag; [Mondes (3) V, 270-271†.

Hr. GENTILLI hat einen Apparat construirt, welcher aus 6 kleinen Hebeln besteht, die in den Mund eingeführt, beim Sprechen durch die Zunge und Lippen bewegt werden. Ausserhalb des Mundes schliessen die Hebel durch Contacte elektrische Ströme, welche in einem Schreibapparate durch Elektromagnete wirken, so dass 8 Schreibstifte in Bewegung gesetzt werden. Jeder Buchstabe wird durch Zeichen einer oder mehrerer Federn charakterisirt, und es soll möglich sein, die erhaltenen Zeichen zu lesen. Wegen constructiver Einzelheiten ist auf das Original zu verweisen. — S. auch Abschnitt II, 9 Seite 365. *H. K.*

Litteratur.

MELVILLE BELL. Sounds and their Relation. London: Trübner & Co. 1882. [Nature XXV, 503-504†.

K. VIERORDT. Das Maass der Schallstärke. ZS. f. Biol. XVII, 361-367. 1881; [Beibl. VI, 344*.

E. TISCHER. Ueber die Scheidung von Schallstärken. Inaug.-Diss. Leipzig. 48 S. 8°. N. z.

RAYLEIGH. On an effect of vibrations upon a suspended disc. Proc. Cambr. Soc. IV, 18. 1880*; [Beibl. VI, 344*.

H. SMITH. Analysis of Tunning Fork. Nature XXVI, 196.

MILLER. Apparate zur Darstellung der Figuren von LISSAJOUS. Centrztg. f. Opt. u. Mech. III, 38-40; [Beibl. VI, 448*.

RAYLEIGH. On a new arrangement for sensitive flames. Proc. Cambr. Soc. IV, 17-18. 1880*. [Beibl. VI, 448. — S. Seite 358.

BRESINA. Ueber die Schwingungen der Luft in der chemischen Harmonika. CARL Rep. XVIII, 81-110†.
s. diese Berichte XXXVII, 306.

V. NEYRENEUF. Sur une nouvelle flamme sensible. Mem. de Caen 1882, Abh. 2. 23 S. 8°; [Beibl. VI, 572*.

SCHUBRING. Theorie der Tonleiter. ZS. f. ges. Naturw. LV, 49.

G. F. WEIGLE. Apparate zur Klangfarbe-Analyse. Centrztg. f. Opt. u. Mech. III, No. 16.

SILVANUS P. THOMPSON. The Beats of Mistuned Consonances. Phil. Mag. (5) XIII, 68-70†.

BOSANQUET. The Beats of Mistuned Consonances. Phil. Mag. (5) XIII, 131†.
Enthält eine Polemik über Priorität. S. auch Beibl. VI, 344.
H. K.

E. Price Edwards. On Sound Signals. Rep. Brit. Ass. 1882, 670†.

Bespricht praktische Fragen über Schallsignale. *H. K.*

W. P. Cooper. Applications of the principle of the phonodynamograph. J. Frankl. Inst. 1882, July.

S. P. Thompson. A new Phonautograph. 1882, 4 S.†

---

9. Physiologische Akustik.

Labus. L'hypermegalie et la paralyse de la luette et leur influence sur la voix. Milan 1880. 19 S. 8°. [Centrbl. f. d. med. Wiss. XX, 699†.

Störungen der Tonbildung durch das Zäpfchen können mechanisch sein, weil dasselbe die Form der Resonanzhöhle des Mundes und Rachens beeinflusst, oder nervös-reflectorisch. In letzterem Sinne verschwinden hysterische Stimmbandlähmungen, wenn der Kehlkopfspiegel die uvula berührt. — Im tiefen Brustregister hängt das Zäpfchen schlaff herab, bei fortschreitender Tonhöhe zieht es sich zusammen, beim Falset bewegt es sich bis zur Horizontallage rückwärts. Vergrösserung oder Lähmung beeinträchtigen natürlich diese Actionen. Das Verhalten der uvula bei Sängern ist besonders berücksichtigt. ***Hh.***

Sur les caractères offerts par la parole chez les sourds-muets auxquels on a appris à articuler des sons. — Lettre de M. Al. Gr. Bell à M. Dumas. C. R. XCIII, 1036.

Hr. HÉMENT*) hatte nach Beobachtungen an PEREIRE's Institut behauptet, dass Taubstumme nach Erlernung der Sprache, diese im Dialect ihrer Heimat übten, was auf Erblichkeit der maassgebenden organischen Formen deute. Hr. AXON**) unterstützt diese Meinung. Hr. BELL dagegen fand dies nie, oder blos dann, wenn die Kinder zuvor gesprochen hatten, ehe sie stumm geworden waren. Bei diesen lag offenbar halbbewusste Erinnerung früherer Zustände vor, keine Erblichkeit ihrer Bedingungen. Hrn. BLANCHARD's***) Erfahrung rauher harter Aussprache geheilter Taubstummen wird bei entsprechender Erziehung vermieden. *Hh.*

R. KOENIG. Remarques sur le timbre. J. de phys. (2) I, 525-542†.

Die Unterscheidung der harmonischen und partialen Töne gehört ins allgemeine Gebiet der Akustik. Näher betrifft uns der Einfluss der Phasendifferenz jener auf den Klang, weil hierbei naturgemäss die Vocale beigezogen werden. Bei diesen nimmt in der Regel die Stärke der in einem Klange vereinten harmonischen Töne erst zu, dann ab. Die Combination der Töne: 1, 3, 5, 7 von gleicher Intensität glich dem *E*, wenn die Phasendifferenz 0, dem *A*, wenn sie $^1/_4$ war. Bei den nach Hrn. AUERBACH's Schema gebildeten Vocalklängen erscheint der Ton schärfer und stärker mit der Phasendifferenz $^1/_4$ als 0; insbesondere für *U*, am wenigsten für *A*. Der Phasendifferenz dürfen mindestens solche Unterschiede zugeschrieben werden, wie sie beim nämlichen Vocal je nach der Aussprache auftreten. *Hh.*

AMADEO GENTILLI. Glossograph, automatischer Schnellschreib-Apparat. Leipzig: J. J. Weber. 15 S. u. Nachtrag; Arch. f. Anat. und Physiol. (physiol. Abthlg.) [1. u. 2.] S. 182. Illustr. Ztg. Leipzig, LXXVIII, 200. Mit vier Zeichnungen. Nr. 2019.

*) C. R. XCIII, 754.
**) Nature, XXV, 101.
***) C. R. XCII, 755.

Eine zierliche Verbindung von Hebeln, Federn, Flügeln und Stiften ist so compendiös zusammengestellt, dass es ohne Beschwerde beim Sprechen im Munde gehalten werden kann. Die Seele des Mechanismus liegt in sechs feinen Hebeln, welche nach Lage, Länge und Eingriff in andere Stücke so angeordnet sind, dass die den einzelnen Buchstaben entsprechenden eigenthümlichen Stellungen und Bewegungen der Mundwerkzeuge bestimmte Einwirkungen hervorbringen. Von den häufigst vorkommenden Buchstaben, auf welche die meisten anderen unter Vernachlässigung der hier unwesentlichen Orthographie phonetisch sich zurückführen lassen, beeinflussen *ch*, *r*, *g* mit gehobenem Zungenrücken den Hebel IV; *s*, *h*, *l* mit gehobener Zungenspitze den Hebel VI; *t*: V und VI; *f*, *b* mit Betheiligung der Lippen II und III; *m*, *n*, unter Senkung des Gaumensegel I. Von den Vocalen wirken *a*, *o*, *u* auf III; *e*, *i* auf IV und V. — Diese Hebel lösen verschiedene Ausweichungen von Schreibstiften, welche auf einem mittelst Uhrwerk vorbeigezogenem Papierstreifen einfache Symbole verzeichnen, deren Dechiffrirung nach einem auf Silbenbau und Consonantencombination gegründeten Systeme bei einiger Uebung leicht gelingt. Eine elektrische Transmission ist so eingerichtet, dass der Beginn der Bewegung einen Ruhestrom unterbricht, ihr Ende einen Arbeitstrom schliesst. Sprech- und Schreib-Mechanismus sind möglichst unabhängig von einander angelegt. Um auch den phonetischen Einfluss der Nase geltend zu machen, können sich zarte Flügel eines Rädchen vor ihren Oeffnungen bewegen. Nach Prüfungen eignen sich die italienische und deutsche Sprache besonders zur akustischen Naturselbstschrift, welche 4—5 mal so schnell arbeitet, als die gewöhnliche; die Stenographie aber kaum so bald verdrängen dürfte — unter Anderem schon wegen der Unbequemlichkeit der Praxis. Der Nachschreiber müsste zugleich die Rede, wenn auch leise, nachsprechen! *Hh.*

C. STRUCK. Eine singende Maus.*)

Im October 1879 fing Hr. Lehrer NEESE in Waren eine singende Maus, welche bis August 1880 in der Gefangenschaft lebte, laut und andauernd ihre Töne kiö, kiö, kiö, gefolgt oft in höherer Terz von leiserem hji, erzeugend. Das wohl genährte ausgewachsene Männchen, mus musculus L., gab vielleicht nur das den meisten Mäuseböcken eigene leise Gezwitscher als lauteren geschlechtlichen Lockruf. Das Thier schien keineswegs von der kranken Beschaffenheit, welche Hr. COHEN in Hamburg als verengerte und entzündete Luftröhre bei den stets schnell wegsterbenden Exemplaren fand, von denen er deshalb bezweifelt, ob die Chinesen aus Liebhaberei singende Mäuse in Käfigen dauernd erhalten können, welche Möglichkeit in Obigem bestätigt wird. Bei andrer Gelegenheit beobachtete allerdings auch Hr. NEESE frühen Tod einer gefangenen Singmaus. *Hh.*

G. M. TH. EIMER. Die Stimme der Eidechsen.

Humboldt XI, 397†.

Das, unter den Reptilien fast ausnahmslos blos dem Chamäleon und Geko zugeschriebene Stimmvermögen kommt auch der schwarz-blauen Eidechse zu, welche auf dem Faraglione-Felsen in Italien gefunden wird. Ihr Laut gleicht dem leisen Piepen eines jungen Vogels und wird fast in jeder Secunde einmal aus offenem Rachen hervorgebracht. Männliche wie weibliche Thiere schreien in solcher Weise Wochen lang, um dann auf einige Monate zu verstummen. Aus der Geräuschfolge chri, bschi, riae, bi, bschiae heben sich namentlich ch, sch, i, ae hervor. Irgend welche äussere oder innere Abweichung vom normalen Verhalten der Eidechsen war nicht zu sehen. Eine Mauereidechse aus Capri sang erst, nachdem sie erblindet war. Dass kein beim späteren Aufenthalt in rauher Luft erworbener Katarrh der Nasenschleimhaut die Laute verschuldet, beweist die Erfahrung Hrn.

*) Wo die Mittheilung veröffentlicht ist, konnte vorläufig nicht wieder festgestellt werden.

Eimer's an einer eben erst auf dem mittleren Faraglione-Felsen bei Capri erbeuteten Eidechse, welche beim Anfassen ein heiseres scharfes bschi oft hintereinander ertönen liess. — Von ähnlichen Thieren ist bekannt, dass die Leguane beim Einfangen zischen, ebenso Tupaya Douglasii in Oregon, die kleine Lacerta viridis am Mittelmeer (Dugés) knarre, die grosse Lacerta ocellata des Südens gereizt die Luft fauchend ausblase, ebenso Lacerta viridis bei Triest (Landois). Endlich beschreibt ein Engländer Mr. Pascal*) den wheet-t-wheet klingenden Ruf einer Eidechse bei Ajaccio und Oliver**) das Geräusch tweet-tweet von der Gekoart Hemidactylus frenatus Schleg. *Hh.*

E. Hoffer. Ueber den sogenannten Trompeter in den Hummel-Nestern. (Biologische Beobachtungen an Hummeln und Schmarotzerhummeln.) Mitt. naturw. Ver. Steiermark. 1882, 81†.

Goedart***) erzählt, in den Hummelnestern steige Morgens ein Trompeter auf den Giebel und wecke durch anhaltendes Summen die Thiere zur Arbeit. Réaumur erklärt dies für falsch. Hr. Hoffer fand lange Zeit hindurch in für Hummelnester eingerichteten Kästchen zur Morgenkühle Alles still am Stocke, während über Nacht wohl ein oder das andere Insekt kurz summte. Mit aufgehender Sonne erwachten die Thiere anscheinend gemeinsam zur Arbeit. Am 7. Juli 1881 erhielt er von seinem Bruder ein schönes Nest mit circa 150 Individuen von Bombus ruderatus ohne Männchen. Nachdem das dreistöckige Wabengebäude in ein mit Flugloch und Glasplatte versehenes Kästchen gesetzt worden war, begannen die Hummeln bald ihre Arbeit und förderten sie so fleissig, dass schon am Abend des ersten Tages das, von den beim Transport beschädigten Larven gesäuberte, Nest mit einer strohdurchflochtenen Wachsdecke über-

*) Nature, 10. Novbr. 1881.

**) Nature, 22. Decb. 1881.

***) De insectis. 1685.

zogen war, in welcher 23 Oeffnungen ausgespart waren. Am nächsten Morgen $^1/_2$4 Uhr vernahm man ein eigenthümliches Summen im neuen Stocke und fand, „dass eine Hummel mit Macht ununterbrochen die Flügel schwang und so den Gesang ertönen liess.“ Ein kleines Weibchen stand am obersten Punkte der Wachshülle, den Leib hochaufgerichtet, den Kopf abwärts, mit gleichförmiger Stärke die Flügel schwingend. „Dadurch entstand hauptsächlich der Ton; aber sie stiess offenbar auch durch die Stigmen Luft aus, denn sonst hätte der Ton unmöglich solche Stärke haben können.“ Aus den grösseren Löchern streckten einzelne Hummeln den Kopf, wie wenn sie horchten und zum bald unternommenen Ausfluge sich bereiteten. Der Ruf verklang erst um 4 $^1/_4$ Uhr. Am nächsten Tage früh 3 Uhr herrschte volle Ruhe. 18 Minuten danach summte ein Thier ein Paar Mal kurz und leise auf; dann kam ein solches hervor, krabbelte vielfältig hin und her, richtete schliesslich den Kopf gegen das Nest, hob sich, wie wenn es fliegen wollte, und brachte nun bis 4 $^1/_4$ Uhr die bekannten Laute rrr hervor, bis es erschöpft zusammensank, erst nach 5 Minuten kräftig genug, ins Nest zurückzukehren. Dies wiederholte sich täglich und wurde von vielen Zeugen beobachtet. — Es scheint, dass nur sehr starke Stöcke einen Trompeter besitzen. Ausser bei Bombus ruderatus beobachtete einen solchen Hr. FIRTSCH an Bombus lapidarius. Auch Hr. KRISTOF bestätigt das Vorkommen des „Hummel-Trompeters“ in einzelnen Fällen. — Am 25. Juli 4 Uhr früh wurde der Trompeter während seiner Function gefangen und nach empfindlicher Gegenwehr getödtet. Der nächste Morgen blieb ruhig bis 4 h 8 min. Jetzt stieg ein kleines Weibchen heraus und führte genau das Nämliche aus, wie der frühere Trompeter. — Nach längerer Zeit wurden, behufs der Reinigung des Stockes von Raupen der Aphonia Colsnella, die Hummeln mit Aether betäubt und der Hälfte ihrer Waben beraubt. Die Thiere erholten sich rasch zu gewohnter Thätigkeit; doch erst nach 5 Tagen erschien ein neuer Trompeter, wie es schien, von geringerer Fertigkeit und Ausdauer.

Hh.

E. Ketteler. Einige Bemerkungen zu Arbeiten der HHrn. Lommel, Glazebrook und Mathieu. Wied. Ann. XV, 613-623†.

Von dieser wesentlich optischen Arbeit gehört hierher eine auf S. 620—621 eingeschaltete Bemerkung über akustische Verhältnisse. Fourier's Reihe kann in der Optik nur eine formelle Bedeutung haben, in der Akustik dagegen eine materielle „in Folge der Organisation der Schnecke unseres Ohres.“ — Die Dämpfung der Schallschwingungen sollte nicht ausschliesslich auf Reibung zurückgeführt werden. Der Unterschied zwischen Knall und Ton, wie Anfang und Ende der Schallempfindung wäre schärfer zu fassen, weil „die Empfindung der Reinheit und Identität z. B. eines Vocal- oder Violin-Klanges, wenn er nach längerem gleichmässigen Anhalten im langsamen Decrescendo zum Abklingen gebracht wird, sofort bei Abnahme der Amplituden“ kaum „eine getrübte werden“ kann. Wenn die einzelnen Corti-schen Fasern neben der Periode der Schwingungen auch die Weite derselben empfinden, so wird der homogene Ton an den extremsten Punkten seiner Bahn, Schallquelle und Gehörgang, charakterisirt durch den Ausdruck $Ne^{-kt}\sin(rt+\psi)$ — sofern nur der Extinctionscoefficient der Quelle nicht gegen die Länge der fortgepflanzten Welle allzu gross ist. — Erkennt das Ohr einen Klang in allen Phasen als identisch, so entspricht ihm Fourier's Reihe, wobei die Exponentialfunction e^{-kt}, allen einzelnen Partialtönen gemeinsam, den Summen- oder Integral-Zeichen vorzusetzen ist. (Hrn. v. Helmholtz' pendelartig einfache Partial-Schwingungen.) *Hh.*

Lord Rayleigh. Very high Notes. Rapid Fatigue of the Ear. Phil. Mag. (5) XIII, 344-345; [Naturf. XV, 280†.

Die hohen Töne einer Lockpfeife wurden mittelst eines beschwerten Luftschlauches unter Regulirung durch ein Wassermanometer bei constantem Drucke angeblasen. Der zuerst höchst widerliche Ton erlosch nach 2—4 Sec., erschien aber wieder, wenn er selbst nur eine halbe Secunde unterbrochen, oder das Ohr eben so lange mit der Hand bedeckt wurde. Viele hörten solche hohen Töne überhaupt nicht, und der Verfasser selbst nicht mehr, wenn die Wellenlänge unter $^1/_2$" herabsank, die Schwingungszahl also über 24576 stieg. Diese Werthe wurden gefunden unter einem Wasserdrucke von $2^1/_2$" zu 1.28" und 1.304" für zwei verschiedene Pfeifen. Die Gleichmässigkeit der Pressung, wie des entsprechenden Tones erprobte man an der unveränderten Erscheinung der empfindlichen Flamme. S. S. 376. *Hh.*

VICTOR URBANTSCHITSCH. Ueber subjective Schwankungen der Intensität akustischer Empfindungen. PFLÜGER Arch. XXVII, 436-454†.

Die Intensitätsschwankungen der Hörempfindungen sind bei binotischem Hören auffälliger, fehlen aber auch bei monotischem nicht. Zwei als besondere Eindrücke aufgefasste Schalleinflüsse vermischen sich zeitweise. Bei sehr schwacher Schalleinwirkung treten schon vor der Ermüdung Perceptions-Schwankungen auf. Mitten in einer Gehörprüfung macht sich zuweilen eine besonders starke Empfindung geltend, sogar bei Schwerhörigen. Es kann selbst ein Stadium des Nichthörens dem des Hörens vorangehen. Man könnte an eine Summirung wiederholter Einflüsse denken; es kommen aber derartige Fälle vor, wo die Einschaltung von Erholungspausen jene Cumulirwirkung aufhebt. Bei Feststellung physiologischer Schwankungen der Hörschärfe ist sorgsam das begünstigende Moment längerer Zeitdauer unschädlich zu machen. In den binotischen Prüfungen wurde der Schall von Stimmgabeln: C, Dis, c, dis durch eine dreifach getheilte Röhre beiden Ohren zugeführt, und etwa ungleiche Hörfähigkeit mittelst Wattebäuschchen ausgeglichen. Dies muss geschehen, weil nach POLITZER*) bei binotischem Hören am schwächer percipirenden Ohre sogar die Schallwahrnehmung unterdrückt werden kann, und Intensitätschwankungen blos hervortreten, wenn etwaige binotische Differenzen nur kleine Werthe haben. Sehr schwache Gehörschwankungen geben sich oft in der

*) Arch. f. Ohrenheilk. I, 335.

Form einer Verschiebung des subjectiven Gehörfeldes kund. Bei Normalhörenden ist schwer zu constatiren, ob die Schwankungen subjectiven oder objectiven Ursprunges sind. Deshalb sind Schwerhörige besonders geeignet zu jenen Untersuchungen, natürlich unter Ausscheidung pathologischer Verhältnisse. Nun folgt die Mittheilung von 15 Fällen, S. 442—446. Sie bestätigen beträchtliche Gehörschwankungen als regelmässige Erscheinung. Einzelne Töne wandern von einem Ohre auf das andere über, oft erst nach voraufgegangenem anderweitigen Reize, so dass es scheint, als ob erst ein gewisser akustischer Erregungszustand hervorgebracht werden müsse. Bei anderen Tönen wieder bleibt die Ueberwanderung aus. Die Intensitätsveränderung kommt bald rasch bald langsam zu Stande. Vielleicht besitzen die akustischen Centren ein bestimmtes Empfindungsmaass gemeinsam. Dessen Vertheilung auf beide Ohren könnte indess veränderlich sein, bald gleich, bald einseitig vorwaltend. Die Abschwächung oder gänzliche Aufhebung des Prüfungstones findet immer erst statt, wenn das subjective Hörfeld in Kopfesmitte verlegt ward. Bei dieser Verrückung kam zuweilen vor, dass der anfangs einseitig wahrgenommene Ton in verwirrtes Geräusch überging, mit späterer Wiederannäherung an das Ohr aber die musikalische Färbung zurückerhielt. Die Unempfänglichkeit des Ohres für einen bestimmten Ton kann längere Zeit bestehen. Umgekehrt vermag das einmal kräftig erregte Ohr später den erregenden Ton wahrzunehmen, selbst in einer Schwäche, welche sonst kein genügender Reiz gewesen wäre. Einen lebhaften Wettkampf beider Hörfelder bringt man zum Stillstande, indem die binotische Einwirkung des Prüfungstones in dem Augenblicke begonnen wird, wenn der Ton einseitig verstärkt erscheint. Erhöhung der Erregungsfähigkeit kann sich auch auf andere Töne erstrecken. — Angereihte, jedoch blos indirect hierher gehörige, Untersuchungen über ähnliche Intensitätsvariationen der Empfindung an Tastsinn, Wärmegefühl, Geschmack, Geruch, Gesicht*) führen zur Annahme,

*) Kaiser's physiologische Optik 1882, S. 294; Giraud-Teulon, Die Seitentheile der Netzhaut periodisch unempfindlich.

dass alle Sinnesempfindungen steten physiologischen Schwankungen der Intensität unterliegen. *Hh.*

Binaurikulares Hören. [Humboldt III, 113†.

Die telephonische Verbindung der grossen Oper in Paris mit dem Industriepalaste der elektrischen Ausstellung gab besonders merkwürdige Erfolge, wenn man jedes Ohr mit je einem Telephon bewaffnete. Es entstand eine Art „auditiver Perspective". — Längs der Bühne standen zehn Mikrophone aus zwei Reihen von je fünf Stück schwachen Kohlenstäbchen, neben einander auf Brettchen lose befestigt. Letztere ruhten auf Bleiplatten von vier Kautschukblöcken getragen. Diese Mikrophone, eine Volta'sche Kette und die Telephone bildeten einen Stromkreis. Jedes Mikrophon versorgte acht Telephone. Inductionsdrathrollen waren an zwei Stellen eingeschaltet. Zehn Empfang-Stationen mit je acht Telephonen waren so aufgestellt, dass jedes Ohr der Lage der Schallquelle entsprechend aus verschiedenen Entfernungen die Eindrücke erhielt und danach deren Ausgangspunkt localisiren konnte. *Schw. (Hh.)*

Weil. Vorläufige Mittheilung über Gehör-Untersuchung an 4500 Schulkindern. Gesundheit VI, 225.

— — Die Resultate der Untersuchung der Ohren und des Gehörs von 5905 Schulkindern. ZS. f. Ohrenheilk. XI, 106-128; Gesundheit VI, 83; [Arch. f. Ohrenheilk. XIX, 92.

Als normalhörig gilt, wer Flüstersprache auf 20—25 m vernimmt. Ueber 30 pCt. Volksschulkinder entbehren dies Vermögen. Wenigstens 30 pCt. hören auf dem einen oder andern Ohre mangelhaft. In wohlhabenden Kreisen vermindert sich das Verhältniss auf 10 pCt., steigt aber hier wie dort mit dem Alter. Landschulen „bieten verhältnissmässig gute Verhältnisse". (Degerloch.) In psychologischer Hinsicht ist bemerkenswerth, dass anscheinender Mangel von Aufmerksamkeit zuweilen in unbekannten Gehörleiden begründet ist. Viele einschlägige pathologische Zustände nämlich werden gar nicht oder zu spät untersucht und behandelt. Deshalb wird gewünscht, „die Lehrer sollten bei Beginn jedes Semesters die Kinder auf ihr Gehör prüfen“. *Hh.*

Sur quelques-unes des recherches scientifiques contenues dans les manuscrits de Léonard de Vinci. Lettre de M. Ch. Ravaisson à M. le Président. C. R. XCIII, 496. (Les écrits de Léonard de Vinci, par Charles Ravaisson-Mollien. Extrait de la Gazette des Beaux-Arts.)

In dem Bande der Schriften Leonordo da Vinci's, wo Govi Bemerkungen über die Luftschiffahrt, Delécluze über eine Dampfkanone fand, wird ein Verfahren beschrieben, um ferne Töne zu vernehmen, analog denjenigen, welche in den letzten Jahren ersonnen wurden, als Vorläufer der elektrischen Telephonie.

„Senkt man auf einem Schiffe den Trichter einer Hör- oder Sprachröhre ins Wasser und hält das andere Ende ans Ohr, so hört man weitentfernte Schiffe. Ebenso ist es, wenn besagte Röhre an die Erde gelegt und behorcht wird.“ *Hh.*

Vierordt. Das Gesetz der Schallleitung in der freien Luft. ZS. f. Biol. XVIII, 383; [Naturf. XV, 479-480†.

Die fast als Postulat mechanischer Principien anerkannte Abnahme der Schallstärke beim Hören in der Luft mit dem Quadrate der Entfernung hatten die HHrn. Vierordt und Oberbeck*) als ungenau erwiesen. Dabei galt als Voraussetzung, dass nicht die lebendige Kraft des Fallkörpers beim Aufschlagen auf die Schall gebende Platte, sondern die einfache Geschwindigkeit zur

*) Naturf. XI, 356 und XIV, 278.

Berechnung der Schallstärke maassgebend sei. Bei einigen Versuchen correspondirten 5° Elevation des Falles und 13.74 m Ohr-Abstand. Dann wechselte man letzteren im Verhältnisse von 1 : 2 : 3 : 4 und fand, „dass zur Erzielung eben noch wahrnehmbarer Empfindungen Schallstärken erforderlich sind, welche annähernd proportional den Abständen des Ohres von der Schallquelle wachsen“. Kräftigere Schallreize wurden aus der Minimalentfernung 54.96 m, ansteigend = 1 : 2 : 3 : 4 geprüft hinsichtlich des Elevationswinkels, dessen Durchfallung gerade noch eine Empfindung auslöste. Statt der Aufsuchung der Schwellenwerthe wurden endlich noch verschiedene Schallimpulse verglichen, wobei sich ergab, dass auch hier von einem Abstande zum andern „unbegreiflicher Weise“ die Schallstärke immer um gleichviel abgemindert werde. Zusammengehörige Zahlen sind z. B.

Entfernung 22.9 cm,	Schallstärke 51.74
Entfernung 45.8 cm,	Schallstärke 85.77
Entfernung 91.7 cm,	Schallstärke 120.88

Der Widerspruch der Thatsachen mit der Theorie sich verbreitender Kugelwellen kann zur Zeit nicht gelöst, sondern blos durch Berufung auf die Erfahrung aufrecht erhalten werden. — Der Schall wird beim Fortschreiten in Mitteln unveränderlichen Querschnittes durch die Längeneinheit stets um den nämlichen Betrag geschwächt. Eine Kugel, welche aus 6 cm und aus 0.57 cm fällt, erzeugt Schalle, deren Intensität wie 4 zu 1 sich verhält. In den Abständen 1 m und 2 m vernommen, entspricht die Abschwächung keineswegs dem Quadratverhältnisse. — Vielleicht ist die innere Reibung der akustisch schwingenden Theilchen von Einfluss. Bemerkenswerth ist indess die Beobachtung Lord RAYLEIGH's, „nach welcher die durch einen besonderen Apparat gemessene Intensität der Luftschwingungen oft in keinem Verhältnisse zur gleichzeitigen Gehörsempfindung steht“. *Hh.*

E. ALLARD. Mémoire sur la portée des sons et sur les caractères à attribuer aux signaux sonores. Paris, 1882. [C. R. XCV, 1062-1064†.

Der Gegenstand ist vorwiegend von allgemein akustischem Interesse, indem die Tragweite verschiedener Instrumente mit Berücksichtigung der Schwingungszahlen der Töne und der zu ihrer Erzeugung nothwendigen Arbeit untersucht wird. Bemerkenswerth erscheint, dass auch hier die Proportionalität zwischen Abnahme der Schallstärke und dem Quadrat der Entfernung nicht bestätigt wird, wofür die Ursache in Schwächungen durch zerstreuende Reflexion der Schallwellen in der unhomogenen Luft verlegt wird. Die Höhe der Töne hat keinen Einfluss, wenn die Arbeit gleich bleibt. Verbindet man die Punkte, bis zu denen der Schall in verschiedenen Richtungen gegen den Wind hörbar ist, so entsteht eine Ellipse, deren einen Brennpunkt die Schallquelle einnimmt, während die Excentricität von der Windstärke bedingt ist.

Hh.

H. Knapp. Knochenleitung. Trans. Amer. otol. soc. II, 407; [Schmidt's Jahrb. d. Med. V, 197†.

Schallwellen, durch die Knochen des Kopfes dem Gehörnerv zugeleitet, bedingen blos eine unbestimmte quantitative Empfindung. Für Vernehmung der Sprache, Klangfarbe, Musik sei dagegen die Vermittlung der Paukenhöhlenorgane unerlässig. Punction des Trommelfelles bei Leiden des Mittelohres verbessert stets die Hörfähigkeit. Schwerhörigen nützt das Audiphon nie mehr, als das Hörrohr. *Hh.*

Lord Rayleigh. Acoustical Observations IV. Phil. Mag. (5) XIII, 340-347; [Beibl. VI, 920-922†.

Von physiologischer Bedeutung ist die Richtungschätzung mit einem Ohre, deren Experimentaluntersuchung an einerseits Tauben negative Resultate ergab, und die rasche Ermüdung des Ohres durch sehr hohe Töne. Der Ton einer Lockpfeife, welche mit möglichst constantem Luftdrucke angeblasen wurde, verschwand nach einigen Secunden deutlicher Vernehmung. Hielt man die Hand blos momentan vor das Ohr, so erholte sich dies rasch und vollständig genug, um den (andauernden) Ton wieder zu hören. Dessen Wellenlänge betrug 1.3 Zoll (engl.). Töne von $^1/_2$″ Wellenlänge „sind von vornherein unhörbar.“

Hh.

Lord Rayleigh. Estimation of the Direction of Sounds with one ear. Phil. Mag. (5) XIII, 343-344; [Naturf. XV, 251†.

Im Januar 1881 machte Lord Rayleigh auf obige Frage bezügliche Beobachtungen an einem Manne, welcher auf einem Ohre taub geworden war. Den Ausgangspunkt von Stimmen oder Geräuschen, wie Händeklatschen, verwechselte er fast alle Mal; jedenfalls viel öfter, als bei normalem beiderseitigem Hören vorkommt. Einen lange und laut von vorn her ihn Anredenden glaubte er hinter sich stehend. Von reinen musikalischen Tönen wusste er nicht anzugeben, ob sie von rechts oder links, von hinten oder vorn kämen. Wenn in ersteren Richtungen für sehr nahe erzeugte Töne das Unterscheidungsvermögen sicherer schien, so mochte dies in der nicht vollkommenen einseitigen Taubheit liegen. In einigen Erscheinungskreisen dagegen schienen indess unnachweisbare Behelfe des Urtheiles vorhanden, weil verhältnissmässig wenige Irrungen vorkamen. *Hh.*

John le Conte. On Sound-Shadows in Water. Sill. J. (3) XXIII, 27-40; Phil. Mag. (5) XIII, 98-112; [Naturf. XV, 123-125†.

Die Unbestimmtheit akustischer Schatten folgt einerseits aus der reichlichen Beugung der breiten Schallwellen, anderseits aus der grossen Empfindlichkeit des Gehörorganes oder aus dessen wenig genauem Unterscheidungsvermögen für Verschiedenheit der Schallstärken. Hohe Töne geben deutlichere Schatten. — Colladon hatte bei Versuchen im Genfer See gefunden, dass die Schallschatten im Wasser schärfer begrenzt sind, als in der Luft. 1874 begann Hr. le Conte derartige Beobachtungen bei Sprengungsarbeiten im Hafen von San Francisco. 300′ von der 15 pfündigen Patrone mit 75 pCt. Nitroglycerin, welche 15′ unter dem Wasser explodirte, empfing man zwei getrennte Stösse, deren erster durchs Wasser vermittelt blos eine Erschütterung gab, während der zweite hörbare von der Stelle kam, wo aufsteigende Wasserstrahlen den Ort der Entladung andeuteten. Viel später kamen die Explosionsgase zum Vorschein. — Glasflaschen, mit Wasser oder Luft gefüllt, wurden so neben einem verticalen Pfeiler, dem Standpunkte des Beobachters, versenkt, dass sie hinter oder vor ihm hinsichtlich der 40′ entfernten Explosionsstelle im Wasser schwebten. Im ersten Falle blieben sie unberührt, im zweiten wurden sie zerschmettert. Aehnliches geschah mit langen Glasröhren, welche so angelegt waren, dass die Grenzen der Erschütterungswellen scharf erkenntlich waren. Das nämliche Resultat wurde erhalten 12′ hinter dem Pfeiler, dessen Schatten sich demnach in gleicher Breite zwischen parallelen senkrechten Ebenen fortpflanzte, und deshalb nicht breiter ward, weil die Wellenerzeugung nicht punktuell stattfand. — Nebenerscheinungen, zumal hydrodynamischer Art, bleiben hier, als untergeordnet, weg. Dagegen ist noch erwähnenswerth, dass Dynamitexplosionen selbst von verhältnissmässig kleinen Hindernissen in den Erschütterungswellen abgelenkt werden. Die von Colladon gefundene relativ scharfe Begrenzung der Schallschatten im Wasser, das indess den Schlag des Hammers weiter fortpflanzte, als den Ton der Glocke, ist wohl weniger im Medium, als der Versuchsbedingung kurzer, scharfer, explosiver Schallimpulse begründet. — Lord Rayleigh fand, den optischen Angaben Poisson's und Arago's analog, hinter der Mitte einer grossen Scheibe fast unveränderte Stärke eines rings herum akustischen Schatten werfenden hohen Tones. *Hh.*

Aug. Lucae. Bei Schwerhörigen beobachtete gute Perception tiefer musikalischer Töne. Arch. f. Ohrenheilk. XV, 273; [Schmidt's Jahrb. d. Med. V, 198.

18 Tage vor dem Tode eines im sechsten Lebensjahre blind und taub gewordenen Mannes fand Hr. LUCAE, dass die unter C_1 gelegenen Töne der Physharmonica besser vernommen wurden, als höhere. Aus den Sectionsergebnissen schien wichtig Reichthum von Otolithen an den CORTI'schen Fasern, Geringfügigkeit der Labyrintflüssigkeit, Kalkconcremente im Vorhofe, Unversehrtheit der Schnecke; deshalb blieb die musikalische Empfänglichkeit erhalten und erlosch die Wahrnehmung schwacher Geräusche. — Von 117 Harthörigen vernahmen 49 tiefe Töne auffallend gut, 19 fast normal. Der hohe Werth musikalischer Grenztöne ist für die Diagnose durch die Sprache nicht ersetzbar.

Hh.

J. KESSEL. Ueber die Verschiedenheit der Intensität eines linear erregten Schalles in verschiedenen Richtungen. CBl. f. d. med. Wiss. XX, 326.

Hr. LUCAE beobachtete zuerst, dass bei Verstopfung der Gehörgänge der Ton einer seitlich ans Scheitelbein gesetzten Stimmgabel auf dem anderseitigen Ohre gehört werde. Ueberall wird in gasförmigen Medien der Ton einer Stimmgabel nach der Längsrichtung des Stiles besser geleitet, als senkrecht dazu. Dies stimmt allerdings nicht überein mit der theoretisch angenommenen centrischen Verbreitung des Schalles. Wahrscheinlich werden eben die Molecüle in der linearen Stossrichtung leichter und stärker bewegt. — Derselbe Forscher*) giebt an, dass bei gleich starker Erregung beider Ohren eine Wahrnehmung gemacht und in die Mittelebene verlegt werde, bei ungleicher Erregung näher dem stärker gereizten Ohre. Das beste Binauralhören geschehe nach vorn in der Medianfläche; absolut werde monaural am besten gehört in der Axe des Gehörganges. Die Ohrmuschel besitzt 5 scharf abgegrenzte Hörbezirke, welche bei ruhiger Kopfhaltung den Schall in verschiedener Stärke zuführen, bei Bewegungen des Kopfes aber Schwankungen der

*) Ueber die Function der Ohrmuschel bei den Raum-Wahrnehmungen. Arch. f. Ohrenheilk. XVIII, 120.

Intensität hervorrufen. — Der nämliche Autor*) findet, dass tiefe Töne von Geräuschen leicht ausgelöscht, höhere weniger beeinflusst werden. Positiver Druck im Gehörgange, wenn das hintere Segment des Trommelfelles sich gegen die Paukenhöhle biegt, schwächt tiefe Töne wie Geräusche bis zur Vernichtung; negativer Druck bloss jene, während Geräusche verstärkt werden. Hohe Töne werden gut durch die Kopfknochen geleitet und deshalb von Druckveränderungen im Ohre wenig beeinflusst. Die kürzesten Fasern des Trommelfelles oben und vorn schwingen am besten mit den höchsten, die längsten unten und hinten mit den tiefsten Tönen; am oberen Theile des hintern Segmentes und am dritten Sector werden die Geräusche am leichtesten übertragen.

Hh.

VITUS GRABER. Die Gehörorgane der Insecten.
Zool. Anzeiger, 1881; [Humboldt I, 77.

Geradflügler, Käfer und Fliegen waren bisher auf vereinzelte Formen von Gehörorganen untersucht — besonders durch LEYDIG, welcher Stifte führende Nervenendigungen und saitenartige Gebilde mit muthmasslich akustischen Fähigkeiten beschrieb. — Hr. GRABER findet Hörorgane bei den Gliederthieren sehr weit verbreitet. Sie treten an verschiedenen Leibsegmenten, an Beinen und Flügeln auf. Die Schwingkölbchen der Fliegen tragen Platten, welche an die Membrana reticularis CORTI's erinnern. Die mit Trommelfell ausgestatteten Hörwerkzeuge an den Vorderbeinen der Heuschrecken und Grillen kommen auch an mittleren und hinteren Beinen vor. Sie fehlen auch den Schwaben und Feldheuschrecken nicht. *Hh.*

GRABER. Ueber das Gehör der Insecten. Humboldt I, 99.

LINNÉ sprach den Gliederthieren Gehör-Organe und -Empfindungen völlig ab. BONNET fand zwar, dass auf Schall-

*) Ueber das Hören von Tönen und Geräuschen. Arch. f. Ohrenheilk. XVIII, 136.

reize mehrere Insecten reagirten, schrieb dies aber einer mechanischen Erregung von Tastnerven zu. Brunelli beobachtete, dass einerseits die männlichen Heuschrecken, gleich den Feld- und Herd-Grillen ihr Gezirpe unterbrechen, wenn sie durch Geräusche gestört werden, anderseits die Weibchen mittelst jenes angelockt werden. 1844 beschrieb Siebold die von Nervenfasern versorgten Trommelfelle dieser Geschöpfe. Hr. Graber stellte vor einigen Jahren durch akustische Versuche fest, dass jene Thiere nicht bloss im Allgemeinen für Schallreize empfänglich seien, sondern auch ein wirkliches Vermögen der Tonunterscheidung besitzen. Hr. Lubbok prüfte die Ameisen auf ihre Hörfähigkeit — anscheinend mit negativem Erfolge. Er schloss daraus nur, dass die ihnen adäquaten Eindrücke vielleicht viel feiner sein müssen, als wir sie akustisch hervorzubringen pflegen; wohl auch ihr Gehör von ganz anderer Beschaffenheit sei, als das unsrige. Hr. Graber fand vor einem Jahre durch mikroskopisch-entomologische Forschungen, dass die Nervenausläufer am Trommelfelle der Heuschrecken auch bei vielen anderen Insecten vorkommen, wenn schon allerdings ohne die wohl mit Recht als specifisch-akustisch angesprochene Membran. Sie können aber trotzdem der Hörempfindung dienen und ist dies schon formell durch Analogie wahrscheinlich. Um dies auch functionell zu erproben, wurde mit Russen, Kakerlaken, Ruderwanzen, Schwimmkäfern akustisch experimentirt, und bei allen mehr oder weniger feine Hörfähigkeit erkannt. Die Ruderwanzen (Corixa) halten sich meist am Boden des Aquariums auf, mit den Mittelbeinen angeklammert, die Hinterfüsse ausspreizend. So ruhen sie 5—10 Minuten lang, zuweilen schnell aufsteigend, um Luft zu schöpfen. Durch Anschlag eines Glasstäbchens an die Glaswand des Aquarium wurde ein Schall erzeugt. Zumal die nächst sitzenden Thiere sahen sich hierdurch zu schleuniger Flucht veranlasst. Freilich konnten hierbei auch Wellen oder schwache Stösse in der Flüssigkeit hervorgebracht werden. Vermied man dies so gut als möglich, so blieb der gleiche Erfolg. Dagegen liessen sich ruhig sitzende Corixen wenig oder gar nicht stören, wenn ein Rührstäbchen nahe bei ihnen ins Wasser gesenkt ward. Klemmte man nun das Stäbchen 2 cm vom Thiere fest und berührte das aus dem Wasser ragende Ende mit einer klingenden Glocke, so floh sofort das Insect. Weil dasselbe unter Wasser hört, muss sein bezüglicher Sinn sogar äusserst scharf functioniren; denn auf Luft angewiesene Geschöpfe hören in dem dichteren Medium nur höchst unvollkommen. — Hensen hatte bei seinen akustischen Versuchen an Krebsen geschlossen, dass rein in der Luft erzeugte Töne nicht wirkten, wohl auch gar nicht ins Wasser übergingen. Der Klang einer frei in der Luft angeschlagenen Tischglocke wirkte jedoch sichtlich auf die im Wasser sitzenden Ruderwanzen. — Noch empfindlicher erweisen sich kleine Wasser- und Schwimmkäfer aus der Gattung Lacophilus, deren akustische Reaction viel sicherer ist, als die der vorhergenannten Thiere. Vermuthlich finden schon vor dem starken schreckhaften Eindrucke akustische Wahrnehmungen schwächerer Art statt, welche wir bloss deshalb nicht direct erkennen, weil die Reizschwelle an Thieren unbestimmter erscheint. — Am besten wirken höhere Töne von 1000 bis 3000 Schwingungen. — Die eigentliche Qualität der Schallempfindung der Insecten ist natürlich, wie alles rein Subjective, auf physikalischem Wege unerforschbar. . Doch spricht die Schwäche der wirksamen akustischen Reize, die Fähigkeit der Klangdifferenzirung und die Ausbildung besonderer Organe dafür, dass die Gehörempfindung der Gliederthiere specifisch sei, und nicht bloss graduell vom Tastgefühle abweiche. *Hh.*

Graber. Ueber das Gehör der Insecten. Arch. f. mikrosk. Anat. XXI, 65; [Naturf. XV, 248.

Durch zweimonatliche Beobachtungen und Versuche fand Hr. Graber die Schabe (Blatta germanica) höchst akustisch empfindlich. Auf dem Zimmerboden laufend stand das Thier still nach jedem Geigenstriche. Viele in einem Glase eingeschlossene Schaben wurden von einem darüber geleiteten Schalle unruhig; bei grosser Stärke desselben wie vom Schreck gelähmt. Eine geblendete an einem Faden hängende Schabe schnellte empor oder zuckte mit den Beinen durch tönende Reize. — Mehrere Käfer reagirten ähnlich, doch schwächer auf akustische Eindrücke; Engerlinge und Ameisen nicht. — An Wasserinsecten beschrieb Hr. Graber seine Erfahrungen schon früher*). — Die Insecten gewöhnen sich an akustische Reize, so dass deren Beantwortung keine Reflexerscheinung sein kann. Letzterm widerspricht auch die geschlechtliche Bedeutung der Heuschrecken-Töne.

Hh.

Emil Kraepelin. Psychische Zeitmessung. Schmidt's Jahrb. d. Med. XI, 205-213.

Nur Weniges ist direct auf die Akustik bezüglich. — Im Allgemeinen liegt die nervöse Reactionszeit für Schallreize in Mitte der optischen und tactilen. Bei Minimalreizen wächst die absolute Länge der Reagirzeit, während die relativen und individuellen Differenzen sich verwischen. Von grossem Einflusse erscheint die Aufmerksamkeit, deren maximaler Spannungsgrad am leichtesten und sichersten erreicht wird bei möglichst genauer Bekanntschaft mit Zeit, Localisirung, Stärke und Qualität des Reizes. Der gewohnheitsmässige Grad gespannter Aufmerksamkeit bedingt vielleicht vornehmlich die subjectiven Eigenthümlichkeiten der psychophysischen Chronometrie. Aeussere, wie jahreszeitliche, und innere, wie geschlechtliche, Unterschiede erscheinen von untergeordneter Bedeutung. — Buccola beobachtete die Einwirkung von Gehörreizen auf Schwachsinnige, und fand die Reactionszeiten in gleichem Verhältnisse wachsend mit dem geistigen Verfalle. An Personen mit fixen Ideen und Verfolgungswahn betrugen sie 0.114—0.159—0.318 Sec., bei ruhigem Schwachsinn: 0.162—0.240—0.426, bei aufgeregtem, verwirrtem, tiefem Schwachsinn: 0.274—0.506—1.690. — Schon 1865 liess Hr. Donders mehrere Vocale als akustische Reize agiren. Nach dessen Methode operirten die HHrn. Kries und Auerbach, um die Unterscheidungszeit festzustellen für Geräusch und Ton: 0.023 bis

---

*) Humboldt I, 99. S. voriges Referat.

0.046 Sec., für hohe Töne: 0.019—0.049 Sec., für tiefe Töne: 0.034—0.054 Sec. Die Farbendistinction geschah meist schneller, als die akustische (0.012—0.034). — Hr. FISCHER*) maass die zur Unterscheidung von Schallstärken nöthige Zeit, und fand aus 9 Versuchen: 0.006—0.1316″. Er constatirte mit der Zahl der möglichen akustischen Reize ein regelmässiges schnelles Wachsen der Reactionszeit. Die Länge der Zeiten ist schneller progressiv, als die Zahl der Schallstärken; vielleicht indess nur, wo es sich um Unterscheidung von Intensitäten handelt, während qualitativen Differenzen langsameres Wachsen entspricht. — Hr. FRIEDRICH traf psychophysische Bestimmungen über das Aussprechen 1—6 stelliger Zahlen. Bis zur dritten Stelle sind die Differenzen klein und fast constant. Darüber hinaus steigt die Unterscheidungsdauer mit Vermehrung der Stellenzahl. Einsilbige Worte fordern die vierfache Zeit einfacher Lichtreize, also eine kürzere, als für zusammengesetzte Gesichtseindrücke nöthig zu sein pflegt. — Für Schalleindrücke stehen die Längen der Unterscheidungs- und Wahl-Zeiten in umgekehrtem Verhältnisse. — Hr. TRAUTSCHOLD untersuchte die Apperception eines Wortes mit angeknüpfter Association, deren Mittelzeit bloss Abweichungen von 0.72 Sec. erkennen lässt, während bei nothwendig werdender psychischer Subsumtion ein erhöhter Zeitaufwand von 0.1″ eintritt. — Im Allgemeinen beträgt die nahe constante Durchschnittdauer eines einfachen sinnlichen Reactionsvorganges 0.1—0.2 Sec. Neben der einfachen Reactionszeit muss man aber unterscheiden die Erregung, die Erfassung, welche sich in die Perioden der Apperception und der Willensfunction auseinanderlegt, die Rückwirkung. Das psychophysische Stadium pflegt länger zu sein, als das physiologische. *Hh.*

A. GENZMER. Untersuchungen über die Sinnes-Wahrnehmungen des neugeborenen Menschen. Halle, 1882. 8⁰. 28 S. [CB. f. d. med. Wiss. XX, 777.

---

*) Philosophische Studien I, 472.

Hierher gehört bloss, dass Hr. Genzmer gegen Hrn. Kussmaul behauptet, „dass fast alle Kinder schon vom ersten oder höchstens zweiten Lebenstage an für Gehörreize empfindlich sind“.

Hh.

H. Ploss. Das Kind in Brauch und Sitte der Völker.

Anthropologische Studie. 2. Aufl. Berlin: Auerbach 1882. II. Bd. 26 Cap.: „Das Kind und die Muttersprache“. [Gesundheit XXII, 349.

Die Aneignung der Sprachlaute geschieht so, dass die mit kleinerer physiologischer Anstrengung den schwierigeren vorangehen*). Den ersten Anlass zur Tonbildung geben fast immer unangenehme Empfindungen, viel später behagliche Gefühle, womit die Klangfarbe der Stimme sich ändert. Vom 3. oder 4. Monat ab beginnt die Verbindung elementarer Laute, wobei das Uebergewicht der Lippen-, Zungen-, Gaumen-Laute individuell erscheint. Die unwillkürlichen Lautcombinationen des Kindes sind wichtig für die sprachliche Entwickelung**). — Von elementaren Lauten gelingen zuerst dem Kinde die Labialen, mit Vocalen verbunden; viel später die Dentalen, deren anatomische Vorbedingungen ja anfangs ganz fehlen. Darauf folgen Gaumen-, dann Kehl-Laute, zuletzt l, s, r, v, z***). Von Vocalen erscheint am frühsten a mit ä anklingend, dann e, o, u, am schwersten i. Da unter den Consonanten p und m sehr bald auftreten, so sind die Bildungen papá, mama naheliegend. *Hh.*

S. P. Thompson. On the Function of the two Ears in the Perception of Space. Phil. Mag. (5) XIII, 406-416†.

Es werden die früher aufgestellten Theorien über die Thätigkeit der beiden Ohren bei der Bestimmung einer Schall-

*) Fritz Schultz. Die Sprache des Kindes. Leipzig 1882.

**) Vierordt. Die Sprache des Kindes. Deutsche Revue 1879, III, 29.

***) Corazzini: I componimenti minori della litteratura popolare italiana nei principali dialecti. Benevento 1877.

richtung dargelegt, dieselben einer Kritik unterzogen und ihre Resultate zusammengefasst in eine Theorie, welche dem Verfasser am besten den bisherigen Erfahrungen zu entsprechen scheint.

Nach A. STEINHAUSER (Wien 1877, Phil. Mag. (5) VII, 181, 261) und ähnlich GRAHAM BELL (Amer. J. of Otology, July 1880, S. 169) suchen wir nach dem Gehör eine Schallquelle — z. B. eine hoch in der Luft singende Lerche —, indem wir den Kopf um eine verticale Axe so weit drehen, bis der Schall in beiden Ohren gleich laut ertönt, dann das Gesicht auf- oder abwärts wenden, bis er das Maximum der Stärke erreicht.

Da der Verfasser 1877 entdeckt hatte, dass eine Phasendifferenz eines Tones in den beiden Ohren bemerkt werden könne (dasselbe fanden etwas später unabhängig Hr. GRAHAM BELL und Sir W. THOMSON), so stellt er in seiner früher gegebenen Theorie diesen Umstand als mithelfend bei der Bestimmung der Schallrichtung hin. Aehnlich Hr. A. M. MAYER.

Hr. MACH (Prag, Archiv f. Ohrenheilk. 1874) bemerkt, dass ein Schall, wenn seine Quelle nicht in der Symmetrieebene des Kopfes sich befindet, den beiden Ohren auch der Qualität nach verschieden erscheint, indem das Ohr hohen Tönen gegenüber als Resonator dient, bei verschiedener Richtung aber verschieden kräftig.

Aehnlich deutet in seiner Theorie Lord RAYLEIGH (1876. Trans. Mus. Assoc.) darauf hin, dass der Kopf selbst als Schirm wirkt und daher bei unsymmetrischer Schallrichtung hohe Töne in sehr verschiedener Intensität zu den beiden Ohren gelangen lässt.

Vollständig verwirft der Verfasser die Theorie von KÜPPER (Archiv f. Ohrenheilk. II, 158), welche annimmt, dass verschiedene Schallrichtungen verschiedene Theile des Trommelfelles ungleich stark erregen und darin den Anlass der Richtungsempfindung sieht.

Indem ich, was die näheren Erörterungen und Ausführungen betrifft auf die Originalarbeit verweise, gebe ich noch die zusammenfassende Theorie des Verfassers:

„Urtheile in Bezug auf die Richtung von Schallen sind im Allgemeinen gegründet auf die Empfindung der verschiedenen

Intensität in den beiden Ohren; aber der bemerkte Unterschied der Intensität, auf welchen ein Urtheil sich gründet, ist gewöhnlich nicht die Differenz der Intensität des tiefsten Tones oder des Grundtones des zusammengesetzten Klanges, sondern auf den Unterschied der Intensität von individuellen Tönen des Klanges, für welche die Intensitätsdifferenz den grössten Einfluss auf die Qualität des Schalles hat.“ *E. Wt.*

RÜDINGER. Ein Beitrag zur Anatomie des Sprachcentrums. SCHMIDT's Jahrb. d. Med. V, 236.

Der Ausbildungsgrad der dritten Stirnwindung wird unter der Voraussetzung functionell und anatomisch parallel laufender Vervollkommnung an Menschen verschiedenen Geschlechtes, Alters und Stammes, wie an höheren Thieren verglichen. Beim Weibe wird das Stirnhirn später und seichter gefurcht, die Sylvische Grube später geschlossen. Der Gorilla hat bloss Rudimente des Gyrus frontalis, und steht in dieser Hinsicht tiefer als Orang und Chimpanse. Mikrocephalen und Neger zeigen geringe Entwicklung der dritten Stirnwindung, welche dagegen an hervorragenden Rednern ungewöhnlich reich entfaltet gefunden wurde. An Taubstummen erscheint dieselbe links absolut klein. In Ermangelung anderer Beziehungen darf die BROCA'sche Hirnwindung als Organ des Sprachvermögens betrachtet werden. *Hh.*

W. HACK. Phonischer Stimmritzenkrampf. Wien. med. Wochenschr. 1882, Nr. 2-5; [CBl. f. d. med. Wiss. XX, 681.

Ueberanstrengung bildete in zwei Fällen die Ursache. Ein Ausrufer konnte im Zimmer ganz gut sprechen. Anfangs bekam er den Anfall der Stimmlosigkeit nur bei Thätigkeitsversuchen seines Berufes — ersichtlich aus Angst, — später jedesmal, wenn er im Freien reden wollte. — Ein Unterofficier wurde von Krampf der Mm. vocales befallen, indem er beim Commandiren durch maasslose Anstrengung eine durch Erkältung herbeigeführte

Heiserkeit zu besiegen suchte. Das Leiden wurde nicht geheilt, während er in Chloroform-Narkose wie im Traume verständlich zu sprechen vermochte. *Hh.*

S. Moos und H. Steinbrügge. Doppelseitiger Mangel des ganzen Labyrinths bei einem Taubstummen. ZS. f. Ohrenheilk. XI, 281; [CBl. f. d. med. Wiss. XX, 889.

Die Leiche eines 35jährigen Taubstummen zeigte völligen Mangel von Vorhof, Bogengängen, Ampullen und Schnecke, wie Atrophie des Hörnerv, welcher vielfach varikös war und viele marklose Fasern hatte. — Der anatomische Befund erscheint wichtig für die Entwicklung des Gehörorganes, welche in den einzelnen Regionen selbstständig erfolgen dürfte. Hier wäre einzig die Ausbildung des Ohrbläschens gestört gewesen. *Hh.*

Boucheron. Des troubles de l'équilibration chez les jeunes enfants, sourds-muets par otopiésis. De leur disparition lors du retour de l'ouïe. C. R. XCIV, 538; [Brit. med. J. 1882, Nr. 1107; [Aerztl. Intellgzbl. München XX, 227.

Die meisten Taubstummen wurden taub durch Affection des Gehörorganes, und diesen verbleibt die Intelligenz. Eine häufige Ursache liegt in der Compression des Hörnerven, später zur Entartung führend, von der Paukenhöhle aus übertragen auf die Gehörknöchelchen und Labyrinthflüssigkeiten. Viele Taubstumme gehen langsam und sind mancherlei nervösen Anfällen unterworfen, wie solche auch nebst Störungen des Gleichgewichtes auf Reizung der Nerven der halb kreisförmigen Gänge erscheinen. Lässt die „otopiesische"*) Compression nach, so verschwinden solche Symptome. Gleichzeitig bessert sich das Gehör und die Gangfähigkeit. *Hh.*

---

*) οὖς, ὠτός, Ohr; πίεσις, Pressung.

J. Seitz. Taubheit nach Mumps. Schweizer ärztl. CBl. XIX. [CBl. f. d. med. Wiss. XXI, 74†.

Nach Entzündung der Ohrspeicheldrüse und veraltetem Mittelohrkatarrh war auf dem rechten Ohre das Verständniss für starke Stimme, und die Vernehmlichkeit einer dicht angelegten Uhr erloschen. Dabei bestand Rauschen und Sausen im Ohre, ferner hoher Metallklang begleitend alle äusseren Geräusche. Das Sausen auf dem linken Ohre beeinträchtigte dessen Hörfähigkeit nicht. Als Allgemeinsymptom war Schwindel und unsicherer Gang vorhanden. *Hh.*

Edward Woakes. Throat-deafness. Amer. J. of Otolg. II, 22; [Schmidt's Jahrb. d. Med. V, 198.

Die Leidensform stimmt mit Weber-Liell's „progressiver Schwerhörigkeit" nicht ganz überein. Hier hatte das Trommelfell seine Accommodationsfähigkeit eingebüsst wegen Parese des Tensor und Levator palati, des Tensor tympani und M. staped. Dort fehlt jede spasmodische Muskelcontraction. Winterkälte und deprimirende Einflüsse scheinen veranlassend zu wirken durch Erschöpfung der vasomotorischen Nerven. *Hh.*

Nadine Skwortzoff. De la cécité et de la surdité des mots dans l'Aphasie. — Thèse. Paris, 1881. 8°. 142 S. [CBl. f. d. med. Wiss. XX, 128†.

Obschon eine Kranke schreiben konnte, vermochte sie geschriebene Worte nicht zu lesen, wohl aber später in Reliefbuchstaben zu erkennen. — Worttaubheit wurde bei fortbestehendem Gehör für Geräusche beobachtet. — Nachdem in der dritten Stirnwindung der Begriff zum Worte sich gestaltete, führen letzteres centrifugale Fasern zur Brücke, und von da zu den Sprechwerkzeugen. Verletzung des Hirncentrums der Wortbildung führt zu verbaler Amnesie, diejenige der Brücke zu Logoplegie. Ist der nervöse Weg des Hörens zerstört, so folgt Worttaubheit. *Hh.*

Blau. Doppelhören bei Otitis media purulenta acuta. Arch. f. Ohrenheilk. XV, 233.

Nach Diphtheritis war links eiterige Entzündung des Mittelohres aufgetreten. Die Stimmgabel wurde hier um einen halben Ton tiefer (?) als rechts gehört, vermuthlich wegen grösserer (?) Spannung der Membr. basilaris auf der kranken Seite. Nach der Heilung bestand Abnormität der Knochenleitung, indem die Uhr von der linken Schläfe nur rechts, vor Tragus und Proc. mastd. links gehört wurde. *Hh.*

Schrauth. Bericht aus dem Münchener Garnisonlazareth über Ohrenkranke und die forensische Wichtigkeit der Gehörleiden. Aerztl. Intellgzbl. München XVI, 174.

Die Einleitung allgemeinen Inhaltes giebt besondere Berücksichtigung militärärztlicher Untersuchung und Prüfung des Gehörorganes, wie der Entlarvung von Simulanten. In letzterer Hinsicht ist sehr zweckmässig die Ansetzung einer gestrichenen Stimmgabel auf die Mitte des Kopfes. Der Simulant giebt gewöhnlich an, er höre nichts, und zwar auch auf dem gesunden verstopftem Ohre. — Die beschriebenen Fälle sind grossentheils traumatischen Ursprungs oder werden von Erkältung hergeleitet, welche ja wirklich leicht Entzündungen der Nasen- und Rachenhöhle veranlasst, die sich durch die Eustachische Röhre in das Mittelohr fortpflanzen können. — Ohne jeglichen objectiven Befund, doch mit fast sicherem Ausschluss von Simulirung verlief ohne alle Besserung ein Fall von nahe vollständiger Taubheit, anscheinend hervorgerufen durch Erschütterung des Labyrinthes mittelst eines vor dem Ohre vorbeigefeuerten Flintenschusses. *Hh.*

H. Knapp. Beiderseitige rudimentäre Ohrmuschel mit Fehlen der äusseren Gehörgänge. ZS. f. Ohrenheilk. XI, 55; [CBl. f. d. med. Wiss. XX, 255.

Akustisch bemerkenswerth ist, dass die Uhr von den Kopfknochen, aber nicht von den Zähnen aus gehört wurde. Gewöhnliche Sprache wird auf 1—2', laute auf 5—6' verstanden. Die eigene Stimme bietet weder in Stärke, Höhe noch Klang etwas Auffälliges. Musikalische Töne werden vom tiefsten Klavierton bis zum Tone mit 12000 Schwingungen eines KOENIG'schen Stabes vernommen. *Hh.*

Moos. Doppelseitige Labyrinthaffection. ZS. f. Ohrenheilk. XI, 51; [CBl. f. d. med. Wiss. XX, 266.

Ein dreizehnjähriger Knabe war nach doppelseitiger Parotis unfähig geworden, links Stimmgabeltöne zu hören. Rechts vernahm er von den Schädelknochen aus *C* und C_1, nicht aber A_1. *Hh.*

H. KNAPP. Angeborener fibröser Verschluss des äusseren Gehörganges. ZS. f. Ohrenheilk. XI, 251; [CBl. f. d. med. Wiss. XX, 860.

Bei vollständiger Verschliessung des linken Gehörganges wurde die Uhr vom Warzenfortsatz aus am deutlichsten vernommen, und zwar besonders gut, wenn der rechte Gehörgang verstopft wurde. Eine zwischen Stirn und Augenbrauen angesetzte Stimmgabel wurde links besser, als rechts gehört. Die Vermuthung, dass Paukenhöhle und Trommelfell des linken Ohres normal entwickelt seien, konnte nicht bewahrheitet werden, weil der Versuch einer Operation wegen Hämophilie aufgegeben werden musste. *Hh.*

SWAN M. BURNETT. Objective Wahrnehmung von Tönen im Ohre in Folge von willkürlicher Contraction der Tubenmuskeln. ZS. f. Ohrenheilk. IX, 1.

Rechts vor verlängertem Ohrcanal und geöffnetem Mund waren die durch willkürliche Zusammenziehung der Rachenmuskulatur hervorgebrachten G e r ä u s c h e 50 cm weit vernehmlich, links nur in grösserer Nähe. Sie mussten stets beiderseits zugleich erzeugt werden. Der M. tensor tymp. war unbetheiligt, denn weder Hammer noch Trommelfell bewegten sich. Die

Vorderwand der pharingealen Tubenmündung blieb unverändert, die hintere verzog sich schräg nach Vorn und Oben. Wahrscheinlich war die eigentliche akustische Ursache Auseinanderreissung der feuchten Tubenflächen. *Hh.*

SAMUEL SAXTON. Ohrgeräusche. Amer. J. of Otolg. II, 193.

„Tinnitus aurium" entsteht durch abnorme Blutbewegung in Nähe des Schall leitenden Apparates. In der Norm unhörbare Töne können hier vernommen werden. Die Geräusche sind bloss dauernd, wenn der Leitungsapparat anatomisch verändert ist; sonst können sie verschwinden oder wechseln. Entotische Geräusche verschuldet oft Krampf des M. tensor tymp., seltener oder doch schwerer nachweisbar Contraction des M. stapedius. Nach GOTTSTEIN veranlasste letztere bei einer Dame anhaltendes Rauschen in den Ohren, das sich minderte bei Druck am vorderen unteren Winkel des Proc. mastoideus; vielleicht weil hiermit günstige Aenderungen des Blutlaufes oder Reizungen sensibler Nervenfasern hervorgerufen wurden, welche die Bewegungsanomalie reflectorisch aufhoben. *Hh.*

F. TUCZEK. Ohrgeräusche. Berl. klin. Wochenschr. 1881 Nr. 30; [CBl. f. d. med. Wiss. XX, 10.

J. HERZOG. Ohrgeräusch. Monatsschr. f. Ohrenheilk. 1881, Nr. 8; [CBl. f. die med. Wiss. XX, 27.

Nach Hrn. TUCZEK veranlasste bei einer 29jährigen Frau ein auf 20 cm beiderseits, doch lauter links, objectiv hörbares, „knipsendes" Ohrgeräusch im Rhythmus der doppelten Pulsfrequenz Melancholie, welche nebst dem Geräusche verschwand durch Druck gegen die hintere Wand des Gehörganges. — Hr. HERZOG berichtet von einem 71jährigen Fräulein, das durch rhythmische Geräusche im linken Ohr „rasend zu werden" befürchtete. Das Stethoskop fand hinter dem linken Ohr ein dem Puls isochrones blasendes Geräusch, das durch Druck geschwächt wurde. Gleiches geschah für die Hörfähigkeit, welche links vermindert war. Die Ursache lag wahrscheinlich in Blutüberfüllung der Ohrgefässe, deren Geräusche durch die Knochen fortgeleitet werden. *Hh.*

GUSTAV BRUNNER. Labyrintherschütterung. ZS. f. Ohrenheilk. IX, 142.

Nach Büchsenschuss vor dem linken Ohre war bei einem 36jährigen Mädchen Taubheit eingetreten, welche sich erst in der zweiten Woche besserte, während noch nach zwei Jahren links die Hörweite nur $^1/_3$ der Norm war. Der Schallwahrnehmung gesellte sich ein eigenthümlicher Beiklang zu. Wahrscheinlich lag Labyrinterschütterung und centrale Hyperästhesie vor. — Ausfall jeder Tonempfindung verräth Functionsstörung der Schnecke. Aufhebung der Perceptionsfähigkeit für Geräusche ist viel seltener. *Hh.*

CHARLES E. HACKNEY. Künstliches Trommelfell. ZS. f. Ohrenheilk. IX, 3; [SCHMIDT's Jahrb. d. Med. V, 201.

YEARSLEY's Wattekügelchen scheint für Trommelfell-Defecte der beste Ersatz. Die Oeffnung darf nur bei durchgängiger Tuba ganz bedeckt werden. Die Hörverbesserung tritt nicht sogleich auf und ist meisst für das Sprachverständniss günstiger als für die Uhr, besonders wenn die Gehörknöchelchen unberührt sind. — Das Wattebäuschchen wirkt nicht bloss akustisch günstig, sondern auch mechanisch, indem es gegen Luft schützt, durch leichte Reizung die Perforation heilt und vielleicht Pilzverbreitung (Aspergill. nigrc.) abhält. *Hh.*

G. MAYERHAUSEN. Association der Klänge, speciell der Worte, mit Farben. Klin. Mon.-Bl. f. Augenheilk. XX, 383; [SCHMIDT's Jahrb. d. Med. IV, 22.

In den Fällen der HHrn. KAISER*) und NUSSBAUMER**) zeigte das Mitempfinden der Farbe bei allen Worten eine Ab-

*) Memorabilien XXII, 524. 1882.

**) S. diese Berichte XXIX, 364.

hängigkeit jener vom Charakter der enthaltenen Vocale. Nach Hrn. Schenkl empfand eine Dame bloss dann eine Farbe, wenn ein Eigenname gesprochen wurde. Die Bestimmtheit der Angaben ist nicht immer vollständig; die Fähigkeit überhaupt meist angeboren. Hr. Mayerhausen hält für möglich, dass a schwarz, o roth, ei gelb (Ei) empfunden werde, weil die Vocale in den betreffenden Worten vorkommen; woraus die weiteren Vorkommnisse secundär folgten.

Hr. E. Aglave*) berichtet über einen Herrn, für den die menschliche Stimme mit Farbenempfindung verknüpft ist. Unabhängig vom Gegenstand ruft die Stimme jeder Person eine bestimmte Farbe hervor; nur ist eine gewisse Tonstärke nothwendig. Gleiche Töne auf verschiedenen Instrumenten lösen verschiedene Farben aus, für deren Erscheinung demnach der Klang von Einfluss wäre.

Hr. Geissler erzählt von einem Augenarzt, vorbehaltlich dessen Original-Mittheilung, dass a schwarz, l weiss, i roth, o gelb, u braun, ü grün, au ockerfarbig, eu rehfarben, ö orange bei ihm hervorrufe. *Hh.*

H. Secrétan. Ueber ein Reibegeräusch im Kniegelenk.

C. R. de la Soc. de Biol. 1882, III, 121; [Schmidt's Jahrb. d. Med. 1883, XI, 122.

Ein oft recht intensives vibrirendes Schwirren im Kniegelenk wird gehört, wenn bei über einander geschlagenen Beinen das obere langsam am Unterschenkel gehoben und dabei die Kniescheibe mit der Hand umfasst wird. Die hintere Fläche der Kniescheibe reibt sich wahrscheinlich an den Femurcondylen.

Hh.

N. Friedreich. Beiträge zur physikalischen Untersuchung der Blutgefässe.

Deutsch. Arch. f. klin. Med. XXIX, 256-363; [Schmidt's Jahrb. d. Med. XI, 179.

---

*) Recueil d'Ophth. 1882 Nr. 9. — [Klin. Mon.-Bl. f. Augenheilk. XX, 399.

1. Das Nonnengeräusch und seine diagnostische Bedeutung. — Das Jugularvenengeräusch tritt schwach oder stark auf, und ist bloss in letzterem Fall ein pathologisches Zeichen hydrämischer oder oligocythämischer Blutbeschaffenheit. Hier kann neben der im Allgemeinen vorhandenen ungleichen Weite des Strombettes eine Abnormität der Blutzusammensetzung als Ursache wirken. Vena cava superior wie Venae anonymae zeigen oft Nonnengeräusche, ob autochthon oder fortgeleitet stets hochgradige Anämie andeutend. Doch kann auch örtliche Gefässverengerung, Druck substernaler oder mediastinaler Geschwülste Anlass sein. Nur bei sehr starker Oligocythämie und Hydrämie beobachtet man das Nonnengeräusch in den Cruralvenen; fast nie an Brachial- oder Axillar-Venen. An Vena cava inferior hörte es Hr. FRIEDREICH rechts vom Nabel mittels trichterförmigen Stethoskopes, das mit langsamen Druck in die Tiefe geführt wurde. Die Athmung hat Einfluss. Rein exspiratorisches Geräusch ist selten. Die Herzbewegungen bedingen oft eine diastolische Verstärkung der Jugularvenengeräusche wegen Druckverminderung in Cava superior und Blutaspiration.

2. Der exspiratorische Cruralvenenklappenton und die Regurgitationsgeräusche der Cruralvene. Jener kommt vor auch am Gesunden beim Ausathmen unter stark mitwirkender Bauchpresse. Ein gezogenes Blasegeräusch hört man, wenn bei äusserer Schenkelrotation unter dem POUPART'schen Band auscultirt wird. Es darf nur selten auf Insufficienz höher gelegener Klappen bezogen werden, sondern ist meist exspiratorisches Insufficienzgeräusch der Cruralvenenklappen. Dagegen ist ein herzsystolisches Regurgitationsgeräusch ein sicheres Zeichen für Insufficienz der Tricuspidalklappen.

3. Ueber Töne und Geräusche an den Arterien. Sie sind Membrantöne, durch Wellenbewegung und Wandspannung hervorgerufen, oder Flüssigkeitsgeräusche als Folgen der Strömung. Der arterielle Ton setzt voraus Vernichtung, wenigstens Schwächung des tonus der Gefässmuskeln, denn sie entstehen stets in betreffenden Leiden bei Unberührtheit der Elasticität. Diastolisches Spontangeräusch an der Bauchaorta deutet auf Insufficienz der

Aortaklappen, kommt aber auch localbeschränkt vor. — Rein arterielle echte Doppeltöne der Cruralarterie erscheinen bei Insufficienz der Aortenklappen mit oder ohne Mitralaffection und unversehrten Tricuspidalklappen; dann gehört der erste Ton der Diastole, der zweite der Systole. Es kommt jedoch auch vor, dass beide in die arterielle Diastole fallen. — Durch Druck werden an den Arterien Doppelgeräusche erzeugt bei Insufficienz der Semilunarklappen, Aortenaneurisma, arteriellem Atherom, doch auch in acuten Fiebern. Das erste Geräusch fällt in die Diastole, das zweite in die Systole, seltener beidemal in erstere. — In zwei Fällen war ein Doppelgeräusch auf die Abdominalaorta beschränkt; einmal erschien spontanes Doppelgeräusch an der Art. thyreoidea sup.; einmal an der Aorta descendens thoracica, — doch ausserhalb, in der Umgebung. *Hh.*

W. Bechterew. Ueber die functionelle Beziehung der unteren Oliven zum Kleinhirn und die Bedeutung derselben für die Erhaltung des Körpergleichgewichts. Pflüg. Arch. XXIX, 257.

Wir erwähnen die Arbeit, weil ein dem Ohre eng verbundenes Organ oft für das Gleichgewicht des Körpers im Stehen und Gehen in Anspruch genommen wurde, und eine bezügliche Bemerkung am Schluss des Aufsatzes vorkommt. Mit dem Kleinhirn in Beziehung stehen drei periphere Organe des Gleichgewichtes: zuerst die Bogengänge des Ohrlabyrinthes, mit dem Gehörorgan in Zusammenhang, bekannt hinsichtlich der Functionsstörungen, welche ihre Verletzung hervorruft; dann die graue Substanz des dritten Hirnventrikels, wahrscheinlich zur Thätigkeit, insbesondere Bewegung der Augäpfel bezugnehmend; endlich die Oliven des verlängerten Markes, deren anatomische Verhältnisse auf Verbindung mit dem Tastvermögen hinweisen. — Die hier nicht näher verfolgbaren Versuche an Hunden ergaben Rollungen des Leibes um die Längsachse, Zwangslagen, Taumeln beim (manchmal ganz unmöglichen) Stehen und Gehen. *Hh.*

LEWINSKI. Zur Lehre von den Auscultationsmethoden.
Berl. klin. Wochenschr. 1882, Nr. 6; [CBl. f. d. med. Wiss. XX, 524.

Zwei gleiche Stethoskope, deren eines hohl, das andere massiv ist, geben an nämlicher Bruststelle verschiedene Athmungsgeräusche. Durch Vergleichung mit dem unmittelbaren Auscultationsschall fand sich, dass das hohle Instrument mittels Resonanz der Lufträume eine eigenthümliche Klangfärbung giebt, welche das vesiculäre Athemgeräusch dem bronchialen nähert, während klangloses Rasseln klingend werden kann. Das solide Stethoskop macht wegen Schallverlustes bei der Fortleitung die Geräusche dumpfer und unbestimmter. — Für die Kreislauforgane sind diese akustischen Aenderungen bedeutungslos. *Hh.*

DRUMMOND. Ueber Auscultation der Trachea und des Mundes bei Erkrankungen der Brusteingeweide.
Congr. brit. med. Assoc. 1882; Brit. med. J. 1882, Nr. 1138, 773 21. October; [Aerztl. Intelligenz-Bl., München 1883, 19.

Bei heftiger Anstrengung, also vermehrter Herzthätigkeit hörte Hr. DRUMMOND an sich selbst, während der Exspiration bei offenem Munde ein pfeifendes Blasen synchron mit der Systole, vielleicht aus der Congression der Luftröhre durch den Aortenbogen erklärlich. Später wurde gefunden, dass auch eine kleine Verstärkung der Herzaction, wie beim Erheben vom Sitzen oder Liegen, das Phänomen hervorruft, wenn das Doppelstethoskop an den Mund gelegt wird. Als pathologisches Zeichen erscheint es bei Aortenaneurismen, bei grossen auch diastolisch. Es verschwindet beim Zuhalten der Nasenlöcher. Unter in $2^1/_2$ Jahren untersuchten 24 Fällen fehlte es bloss 3 Mal, und war einmal verdeckt von Rasselgeräuschen, trat dagegen nie auf bei Aneurysma der Innominata. Es wird am besten gehört bei Percussion mit gleichzeitiger Auscultation im Munde als scharfer hoher amphorischer Ton wie BAAS' percutoauscultatorisches Blasen oder LAENNEC's bruit de pot fêlé; bei Pleuraexsudat klingt es kurz und hoch, bei Pneumonie laut und tief, bei pleuritischer Membranverdickung hoch aber gedämpft, bei Pneumothorax laut resonant. *Hh.*

G. K. MATTERSTOCK. Beiträge zur Lehre von der Percussion des Herzens. Festschrift zur 3. Säcularfeier der Alma Julia Maximiliana .... Leipzig: Vogel 1882. II, 247-284.

Grundlage bildet die Untersuchung von 4000 Männern im 15.—35. Lebensjahr. Im ersten Theil („Zur Form der Herzdämpfung") soll durch die Percussionsgrenzen die Lage des gesunden (und kranken (?)) Herzens klar gelegt werden. Der zweite („Von der Schallart des Herzens") theilt einige akustische Erscheinungen „im Bereiche des der Brustwand anliegenden Herzabschnittes" mit, welche bisher nicht gehörig beachtet worden seien. ***Hh.***

Litteratur.

J. D. EVERETT. Vibratory motion and sound. London: Longmans 1882. 8⁰. *Hh.*

URBANTSCHITSCH. Lehrbuch der Ohrenheilkunde. Wien und Leipzig 1882.

Hörbilder durch graphische Darstellung der Functions-Variationen kranker Ohren. *Hh.*

BEZOLD. Schallleitung im Ohre. Arch. f. Ohrenhlk. XVI, 1.

Das u. A. von den HHrn. MACH und KESSEL nachgewiesene Gleiten der Gelenkflächen zwischen Ambos und Steigbügel, wie Hammer und Ambos wird compensirt durch die äusserst labile Gleichgewichtsstellung und Thätigkeit der Binnenmuskeln des Ohres. Steigerung wie Minderung des Luftdruckes finden in Pauke und Labyrinth nicht im entgegengesetzten Sinne, sondern gleichzeitig statt. *Hh.*

DOLBEAR. Minimalschwingzahl der Tonempfindung. Amer. J. of Otolg. Minimum 2. *Hh.*

EDUARD FOURNIÉ. Function der Tuba Eustachii. Gaz. des Hôp. 30, 31, 32, 108.

Neben den bekannten Aufgaben erfüllt die Tuba den Zweck, die Resonanz der Geräusche zu hindern oder zu schwächen. *Hh.*

KESSLER. Function der Ohrmuschel bei Raumwahrnehmungen. Verschiedenheit der Intensität eines linearerregten Schalles in verschiedenen Richtungen. Das Hören von Tönen und Geräuschen. Arch. f. Ohrenheilk. (3) XVIII, 120, 129, 136. *Hh.*

Wattekügelchen oder Flüssigkeit als künstliches Trommelfell. MICHAEL: Berl. klin. Wochenschr. XIX, 8; GRAF: ZS. f. Ohrenheilk. (2) XI, 128. *Hh.*

J. L. BLAKE. Vocalisation and articulation. Proc. Roy. Soc. Edinburg 1881/82, 815. *Hh.*

W. WHITNEY. Further Words as to Surds and Sonants, and the Law of Economy as a phonetic Force. Cambridge 1882. *Hh.*

R. TIMMERMANN. Ueber Ton- und Doppeltonbildung in der Regio inguinalis, speciell in der Vena cruralis. Inaug.-Diss. Halle 1882. *Hh.*

W. KIRCHNER Ueber die Einwirkung des Nervus Trigeminus auf das Gehörorgan. Festschrift zur 3. Säcularfeier der Alma Julia Maximiliana .... Leipzig: Vogel 1882. II, 1-15*.

WEBER-LIEL. Ueber die Entstehung des Gehörschwindel. Mon.-Schr. f. Ohrenheilk. XVI, 6. *Hh.*

RAF. COÏN. Stottern, Stammeln, Lispeln und andere Sprachfehler, deren Entstehung, Heilung und Verhütung. 2. Aufl. Wien, Leipzig, Pest: Hartleben. IV + 150. *Hh.*

CHERVAIN. Ueber Heilung des Stotterns. J. de Thér. IX, 401. JUIN. *Hh.*

DE ROSSI. Zur Physiologie des Ohres. Arch. med. ital. I, 148. *Hh.*

EUG. HOLT. Taubheit bei Kesselschmieden und Besserhören bei Geräusch. Trans. of Amer. Otology-Soc. III, 34. *Hh.*

Ladreit de Lacharrière. Mittel zur Messung des Hörvermögens. Ann. d. mal. de l'oreille et du larinx. VIII, 124. *Hh.*

CHRISTIAN LOVÉN. Om muskeltonen vid intermittent elektrisk retning samt om några i sammanhang dermed stående elektrisk-akustiska företeelser. Öfv. K. Vet. Ak. Förh. XXXVIII, Nr. 1, 37-59*.

Berichtigungen

zur 2. Abtheilung des XXXVII. Jahrganges.

Seite XI	Zeile 4 von oben	} Bobyleff statt Rolyleff.	
- 1086	- 13 von oben		
- 1087	Columnentitel		

- 1197 werde vor Bockendahl eingeschoben: Bobyleff. Druck strömender Flüssigkeit auf Grenzwände. 1086.
- 1224 Zeile 28-30 von oben werde gestrichen: Rorylepf. Druck ··· 1086.

zur 1. Abtheilung des XXXVIII. Jahrganges.

Seite 7 Zeile 18 von oben Travaux statt Traraux.
- 49 - 4 von unten MM. Caspari, Lieusson, ··· statt M. M. Caspari, Lieusson, ···
- 50 - 11 von oben Mitteln statt Mtteln.
- 192 - 17 von oben Querschnitte statt Querschnittee.

FSC
www.fsc.org
MIX
Papier | Fördert gute Waldnutzung
FSC® C083411

Kolibri 360 GmbH
Ferdinand-Jühlke-Straße 7
99095 Erfurt, Deutschland
produktsicherheit@kolibri360.de